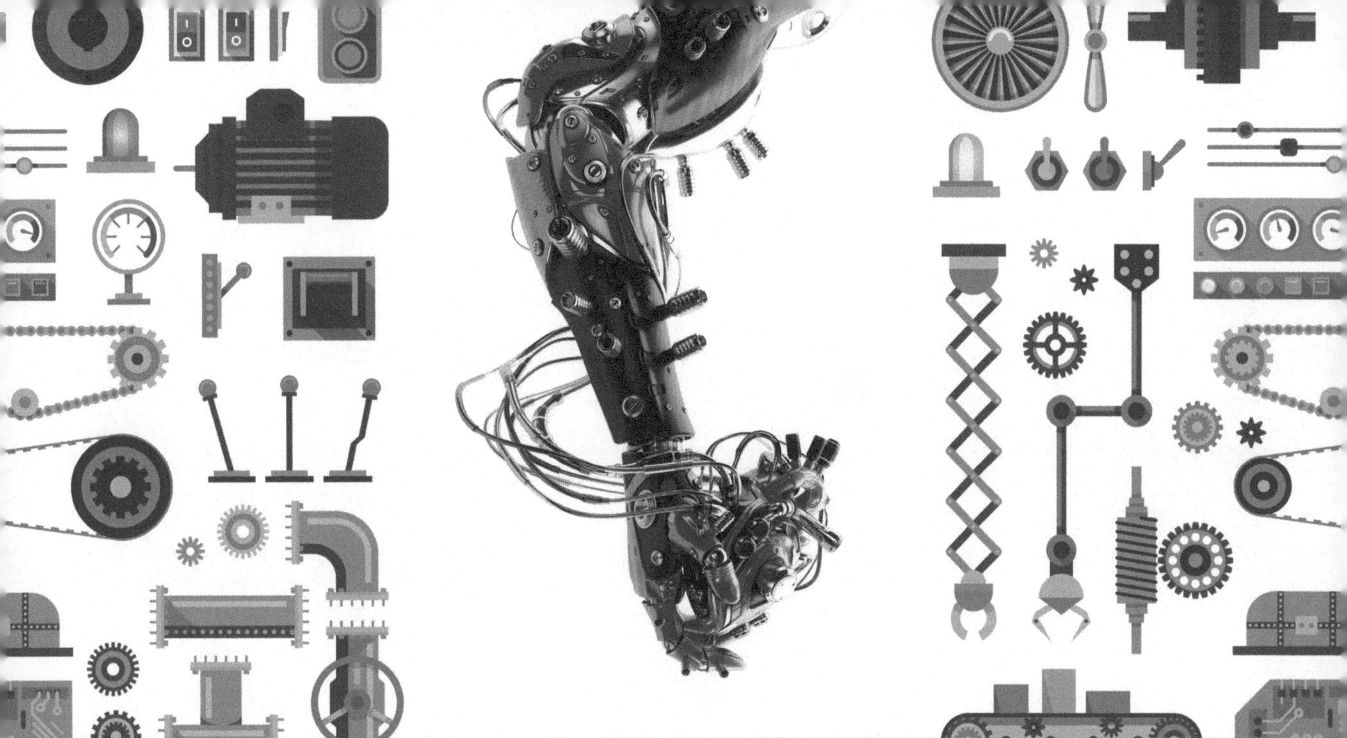

로봇공학 개론

정용욱 · 정구섭 지음

GS인터비전

머리말

21세기에 들어서면서 로봇은 가정에 등장하기 시작했다. 애완 로봇이 사람과 같이 놀아주고, 청소 로봇은 집안 곳곳을 알아서 깨끗하게 치워준다. 경비 로봇이 집을 지켜주고, 재활 로봇은 몸이 불편한 사람을 도와준다. 로봇은 이제 우리 일상생활과 밀접한 연관을 가지고, 우리 삶의 질과 복지 향상에 큰 기여를 하고 있다. '무뇌로봇'에서 '지능로봇'으로 진화하고 있는 이런 추세를 감안하면 '똑똑하고 일을 척척 처리해내는 사람'에게 '로봇 스럽다'는 말을 할 때가 곧 올 것이다.

출산율 저하 · 노령화 문제를 앞으로 로봇이 해결할 것이다. 국내 로봇시장은 2020년도에 1가구 1로봇 시대가 실현될 것으로 예상되며 국내 시장규모 100조원, 세계 시장점유율 20%를 달성할 수 있을 것으로 기대된다. 이러한 로봇시장의 폭발적 성장은 로봇이 최첨단 기술들의 융합을 통해 구현되는 고부가가치 품목임과 동시에 인간 친화적 인터페이스와 자율 이동 등 로봇 고유의 특성을 활용해 보안, 교육 등 다양한 응용서비스 창출이 가능하기 때문이다.

산업용 로봇은 실용화 이래 산업현장에서 널리 사용되고 있으나, 산업용 매니퓰레이터 등은 고정된 위치에서 일정한 범위내의 작업만이 가능하기 때문에 이동하면서 작업을 해야 되는 여러 산업현장에서는 부가적으로 이동 기능 또는 주행 기능이 필요하게 된다. 또한 공장의 자동화 및 무인화 시스템을 위해서는 필수 불가결한 요소인 무인 운반자에 대한 기술개발로써 이동로봇에 관한 연구가 필요하게 된다.

이에 이 책에서는 기존의 고정된 로봇 매니퓰레이터의 기본개념, 공간표시, 기구학, 동력학뿐만 아니라 이동로봇의 기구학, 동력학 및 제어를 위한 제어시스템 구성 등의 내용을 전개한다.

이 책을 개발함에 있어 수차례 내용을 검증하였음에도 불구하고 미비한 점이나 오류가 다수 있으리라 생각되므로 독자 여러분의 계속적인 지도 편달을 바라며, 계속적인 보충 · 보완을 할 것을 약속하는 바이다. 또한 이 책이 출판되기까지 많은 보탬과 수고를 아끼지 않은 출판사 사장님과 편집부 여러분께 진심으로 감사를 드린다.

2017년 2월

저자 씀

차례

Chapter 1 로봇공학의 개요

로봇이란 무엇인가?

"로봇" 이란 말은 오늘을 살아가는 우리에게 상당히 친숙한 단어다. 수세기 동안 인간은 인간을 닮은 기계를 만들려고 노력해 왔다. 하지만, 로봇은 시대와 사람에 따라 조금씩 다른 그림으로 그려진다. 어릴 적 로봇 태권 V를 보면서 자란 세대들에게 실제 산업 현장에서 돌아가는 로봇은 조금은 한심스럽게 생각되어질 수도 있을 것이다. 더구나 1700년대에는 태엽장치로 만들어진 기계오리가 로봇으로 불려지기도 했으며, 오늘날 사람들은 1970년경에 만들어진 산업용 로봇들에 대해 로봇이라 불리기에는 너무 바보 같다고 말을 한다. 철판에 나사못을 박는 것과 같은 단순한 작업만을 수행하기 때문이다.

1970년대 중반부터 급속히 발달한 전자공업과 마이크로컴퓨터의 눈부신 진보로 인하여 로봇에 대한 연구가 활발히 이루어지고 있으며, 현재는 실용화가 되어 공장용 작업 로봇으로 많은 분야에서 활용되고 있다.

그림 1-1 자동차조립 공장의 산업용 로봇

이미 자동차 제조업 현장에서는 조립, 용접, 도색, 운반 및 품질검사에 이르기까지 로봇의 도움이 없이는 단 한 대의 자동차 생산도 불가능하다. 과거에는 인력을 대체하는 자동화와 생산성 개선의 개념이었다면, 이제 로봇은 사람이 할 수 없는 수준의 고정밀 작업을 수행하여 혁신적인 품질 수준을 보장하는데 필수적인 도구가 되고 있다.

인간형 로봇은 현재 연구용으로 개발되고 있는 정도이지만, 가까운 미래에 가사일과 노인 간병 등의 가정용 목적이나 각종 재해현장 등 위험한 환경에서 활동하는 목적으로 사용될 전망이다. 대표적인 것으로는 일본의 혼다에서 개발한 P3, 아시모(ASIMO) 그리고 우리나라에서 개발한 휴보(Hubo)가 있다.

특히 아시모의 경우에는 어린아이 정도의 키에 두 다리로 걸으면서 방향을 전환할 수 있다. 걷는 동작도 사람처럼 자연스럽고 사람과 악수할 정도로 손을 움직일 수도 있다. 또한, 미국 MIT에서 개발한 키스멧(Kismet)은 주위 환경 변화에 따라 스스로 감정을 생성해 얼굴 표정으로 표현하는 로봇으로 인간형 로봇의 하나라 할 수 있다.

지금까지 미국 로봇계의 전반적인 분위기는 휴머노이드 로봇 보다는 실생활에 직접 쓰일 수 있는 로봇이나 인공지능을 우선시 하는 기류가 강했었다. 그러다가 다르파(DARPA, Defense Advanced Research Projects Agency: 미국 국방성 산하 연구기관)는 후쿠시마 원전이 폭발하자 사태를 수습하기 위해서 지뢰제거 로봇 등 몇몇 군용 로봇들이 투입 되었으나 어떤 로봇도 사태를 해결하지 못했고 결국 원전 엔지니어들 수십 명이 방사능 피폭을 당하면서 원전 안으로 들어가서 문제를 해결해야 했었든 것을 계기로 휴머노이드 로봇에 관심을 기울이기 시작하였다.

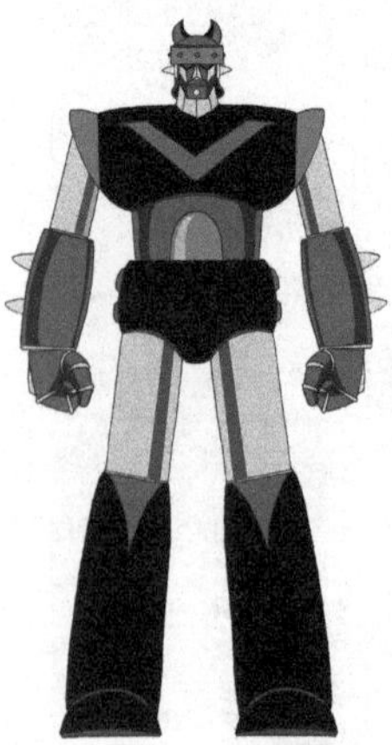

그림 1-2 로봇 태권 V

그림 1-3 아시모(ASIMO)

그림 1-4 휴보(Hubo)

DARPA 프로젝트의 책임자들은 그들이 지금껏 해온 방식대로 DARPA 챌린지를 통한 기술의 진보를 통해서 이런 재난 상황을 해결하자고 했다. 그리고 그들이 후쿠시마 현장을 직접 방문하고 둘러본 뒤 내린 결론은 휴머노이드 로봇 경진대회였다.

휴머노이드 로봇은 비단 재난 상황뿐만 아니라 우리 실생활에서도 청소하기 위한 청소로봇, 요리하기 위한 요리로봇, 빨래하기 위한 빨래 로봇을 구매할 필요 없이 각 가정에 휴머노이드 로봇 한 대만 있으면 모든 가사를 로봇에게 맡길 수 있는 것이다. 그래서 재난 상황뿐만 아니라 많은 경우에서 휴머노이드 로봇이 답인 경우가 많다. 최근 몇 년간 휴머노이드 로봇에 대한 연구와 투자가 크게 증가하고 있으며 심지어는 대량생산 버전까지 나올 준비를 하고 있다.

스스로 구동하는 휴머노이드 로봇을 운반체의 개념으로 바꾸어 생각한다면, 요즘 각 자동차 업체에서 경쟁적으로 개발 중인 무인자동차의 개념으로 확대 가능하다. 무인자동차는 아직까지 매출로 이어지고 있지는 않으나, 벤츠, 구글, 아우디 등 주요 메이커들은 2020년 이전 상용화가 가능하다는 연구성과를 보고 중이다.

주요 국가 정부는 로봇기술을 창조, 혁신산업은 물론 국가경쟁력의 원동력으로 인식하고, 로봇산업에 대한 지원을 확대하고 있다. 구글은 로봇 및 인공지능 관련다수 기업을 인수하여 무인자동차, 물류/배송, 재난구조 등 서비스 로봇사업에 투자를 확대하고 있다. 의료, 물류 등 서비스 품질 고도화는 물론, 순찰, 재난 대응 등 공공 서비스분야의 질적 개선까지 로봇의 활용 범위가 빠르게 확장되고 있다.

벤츠·BMW 비켜! 구글·애플 무인차 간다

· 미래 자동차 시장의 판이 바뀐다. 전통적인 자동차 회사들의 입지가 흔들리고 있다. 자동차 시장의 지각변동은 전기차 회사 테슬라로부터 시작됐다. 테슬라는 전기차 사업으로 기존 자동차 회사를 뛰어 넘는 시장의 주류로 떠올랐다. 신규 자동차 사업자가 갈 길을 보여준다. 전기차의 중요 부품은 스마트폰 구성과 유사하다. 스마트폰 관련 업체가 더 유리하다. 이러한 부분에 강점을 가진 업체는 단연 구글과 애플이다.

· 구글과 애플은 이미 자동차 사업에 뛰어 들었다. 구글은 자율주행 자동차 분야에서 가장 앞선다. 이미 시제품을 만들어 시험 운행중이다.

· 애플의 CEO는"자동차 산업은 변화의 기로에 서 있다. 미래 자동차에서 중요한 부분은 소프트웨어다. 빠른 시일 안에 자동차 안에서 아이폰을 경험할 날이 올 것이다"라고 말했다.

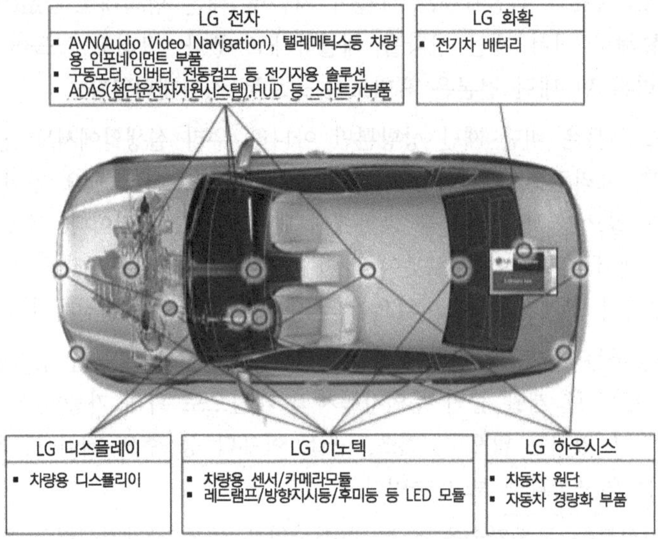

LG계열사 친환경 자동차 부품사업현황

· 모건 스탠리 조사에 따르면 미래 전기차 시장 주도 세력은 구글과 애플이다. 구글과 애플은 스마트폰 카메라·센서·배터리·디스플레이 전문가로 통한다. 전기차 개발에 절대적으로 유리한 조건을 갖췄다. 모건 스탠리는 이 두 회사가 차세대 성장동력은 웨어러블 기기가 아니라 전기차와 자율주행 자동차라고 분석한다.

· 최근 조직 개편에 나선 삼성전자도 스마트카에 집중할 것으로 보인다. LG전자도 마찬가지다. 스마트카에 필요한 인포테인먼트 시스템과 정보통신, 전기·전자 부품 등은 국내 전자 업체들의 강점을 지닌 분야다. 스마트폰이나 PC, TV 등 전자제품 시장이 예전 같지 않은 것도 전자업계가 자동차 분야로 방향을 트는 이유다. 삼성전자와 LG전자까지 본격적으로 가세하면 미래 자동차 시장은 IT와 가전업체의 격전장으로 변한다.

· 자동차 경쟁의 중심축이 IT 업체로 서서히 이동 중이다. 아직까지는 전통적인 자동차 제조업체가 시장을 이끌고 있지만 언제 뒤집힐지 모른다. 벤츠와 BMW 대신 구글과 애플이라는 이름을 자동차 시장에서 더 많이 들을 수 있는 날이 머지 않았다.

무인자동차(자율주행자동차)에 대한 관련업계의 관심은 뜨겁다. 업계는 2020년에는 부분 자율주행자동차가 상용화될 것으로 예상한다. 사실 자율주행 자동차 이슈는 더 이상 자동차 업계만의 것이 아니다. 구글과 애플 등 IT 기업도 자율주행 자동차 기술을 기반으로 자동차 시장에 진출할 계획이다. 이미 구글은 구글카를 통해 자율주행 기술을 키워가고 있다. 직접 자동차 사업을 하지는 않지만 이 기술을 서비스 사업에 접목시킬 계획이다. 애플 또한 '타이탄' 프로젝트라고 명명된 무인차 개발 프로젝트에 수백명 인력을 투입한 결과, 시험운행 단계에 근접한 상태다.

스마트폰 운영체제를 놓고 치열한 경쟁을 벌였던 애플과 구글은 향후 자동차 분야에서도 격돌이 불가피할 전망이다. 그동안 가능성만 제기됐던 애플의 전기차 시장 진출이 본격적으로 수면으로 떠올랐기 때문이다. 애플 본사가 있는 미국 샌프란시스코 근교에서 촬영용 카메라가 여럿 달린 미니 밴이 목격된 데 이어 월스트리트저널은 애플이 '타이탄'이란 이름의 극비 전기차 개발 프로젝트를 진행 중이라고 보도한바 있다.

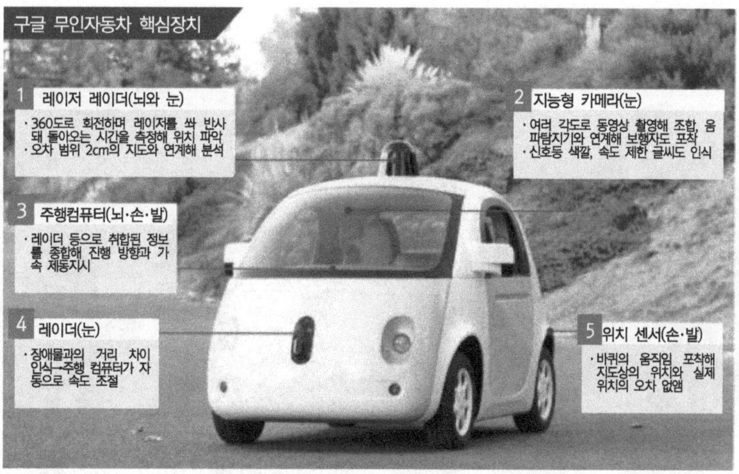

그림 1-5 구글 무인자동차 핵심장치

자동차와 로봇의 구분

1.1 로봇의 정의

1.1.1 로봇의 어원

'로봇'의 어원은 체코슬로바키아어의 강제노동을 뜻하는 'Robota'이며, 1921년 체코슬로바키아의 극작가 카렐 차펙(Karel Capek)이 그의 풍자적인 희곡 'R.U.R' (Rossum's Universal Robots)에서 처음 사용함으로써, 유행하게 되었다.

로봇의 어원인 'Robota'는 체코어로 "강제적 노동 또는 노예"를 뜻한다. 이 희곡은 로봇들이 자신들의 창조주인 인간을 전부 살해하게 되는 비극을 인상적으로 묘사한 것으로 기계문명 사회 속에서 인간 대 기계와의 관계를 예견하였다는 점에서 높이 평가되고 있다.

로봇이라는 말이 탄생하기 이전부터 '자동인형(automata)', '살아 움직이는 인형(animated doll)' 등의 말로 로봇의 개념은 이미 널리 알려져 있었다. 여기에는 19세기 막바지에 발명돼 20세기 초부터 광범위한 대중적 영향력을 행사한 매체인 영화에 힘입은 바 크다.

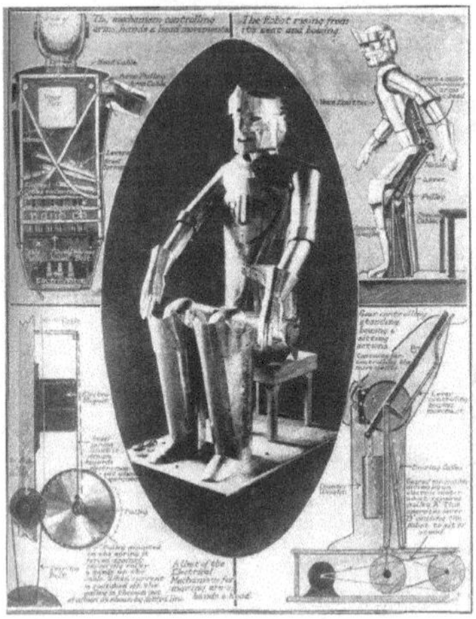

그림 1-6 'R.U.R'에 등장하는 로봇

그림 1-7 'R.U.R'에 등장하는 로봇

희곡 'R.U.R' (Rossum's Universal Robots)

- 바다 한가운데 위치한 섬에 '로섬의 유니버설 로봇(Rossum's Universal Robots)'이라는 로봇 공장이 들어선다. 섬을 방문한 대통령의 딸, 헬레나는 공장장 도민(Domin)의 적극적인 구애를 받아 결혼한다.
- 헬레나는 걸 박사(Dr. Gall)에게 로봇도 사람처럼 영혼을 지녀야 한다고 주장한다. 헬레나와 걸 박사는 그들의 계획을 비밀리에 진행한다.
- 일상생활 속에 깊숙이 침투해 버린 로봇들은 자신들이 사람보다 뛰어난 능력을 지니고 있음을 깨닫고 반란을 일으키고, 반란에 성공한 로봇들은 사람들을 무차별적으로 살상한다. 알퀴스트만 남기고 모두 죽인다.
- 세월이 흘러 생식 기능이 없는 로봇은 서서히 그 수가 감소하기 시작한다.
- 로봇들은 알퀴스트에게 로봇 생산 기술을 발명하라고 강요한다. 하지만 알퀴스트는 로봇을 복제하려는 시도를 거듭하지만 계속해서 실패한다.
- 자신이 지구상에 남은 마지막 사람임을 알게 된 알퀴스트는 자신에게 로봇의 미래가 달려있다며 오히려 그들을 협박한다.
- 잠시 잠들었던 알퀴스트는 헬레나(Helena)와 프리머스(Primus)라는 두 로봇에 의해 깨어나게 되고, 로봇에게 사랑이라는 사람의 감정이 있음을 발견한다.
- 헬레나와 프리머스는 일찍이 걸 박사와 헬레나가 비밀리에 만들었던 사람의 영혼을 지닌 로봇이었던 것이다.
- 알퀴스트는 기뻐하며 그들을 해부하여 로봇 탄생의 비밀을 밝히기보다는 각각 '아담'과 '이브'라 명한 후 연구실 밖 세상으로 내보낸다.

Karel Capek

Rossum's Universal Robots

Isaac Asimov

1942년 러시아 태생 미국인 과학자 겸 작가인 아이작 아시모프(Isaac Asimov)는 'Runaround' 라는 그의 작품에서 로봇이 지켜야할 3가지 규칙 이른바 '로봇의 윤리헌장'을 언급하였는데 매우 흥미롭다.

제1원칙 : 로봇은 인간을 해쳐서는 안 되며 위험에 처해있는 인간을 방관해서도 안 된다.

제2원칙 : 로봇은 제1원칙에 위배되지 않는 한 인간의 명령을 복종해야 한다.

제3원칙 : 로봇은 상위 원칙에 위배되지 않는 한 자기 자신을 보호해야 한다.

이전까지 SF에나 등장하며 신비스런 차원에 머물렀던 로봇은 이 3원칙에 의해 비로소 나름대로의 자립성을 획득하게 되었다. 과학기술이 발달하면서 이제 SF뿐 아니라 공학적 고려의 대상이 되면서 과학자나 엔지니어들에게도 이 3원칙은 유념해야할 사항으로 자리 잡았다.

지금까지 여러가지 다양한 산업용 로봇이 나오면서 차츰 인간의 생활과 산업의 중심에 서게 되었다. 이제 로봇의 미래는 가정으로 들어오는 것이다.

지금은 보편화된 청소 로봇이 가정에 들어와 있다. 일렉트로룩스(Electrolux)에서 트릴로바이트(Trilobite)라는 제품을 처음으로 출시했었는데 가격이 비싼 것이 흠이었다. 하지만, 불과 몇 년 지나지 않아 아이로봇(iRobot)사의 룸바(Roomba)가 획기적인 가격대로 일반 소비자에게 소개되고, 대중화 시대를 열어갔다. 또한, 가정용 로봇으로 첫 밀리언셀러가 되었다. LG전자와 삼성전자도 청소 로봇을 시장에 선보이기 시작했다. 그밖에 대표적인 로봇으로는 아직 시장에서 구매할 수 있는 제품은 아닙니다만, 영화에서나 볼법한 인간 형태의 아시모(ASIMO)로 혼다(Honda)사가 지속적으로 개발 및 홍보 중이다. 모양은 영화에서 본 로봇들과 비슷하지만, 그 기능은 걷고, 천천히 달리기가 일부 가능한 수준으로 아직은 많은 차이가 있는 듯하다. 이외에도 수많은 분야에서 다양한 용도의 로봇들이 개발되고 제품이 출시되지만, 아직 우리 기대 수준과 현실에서의 로봇은 온도차이가 존재하는 듯하다.

로봇기술과 산업이 IT와 BT, CT 등 여타 첨단 산업과 융합하면서 변화무쌍한 모습으로 급속히 진화하고 있다. 인간을 닮은 휴머노이드 로봇, 인간의 표정이나 몸짓을 보며 감정을 읽거나 인터넷을 통해 스스로 지식을 축적해갈 수 있는 인공지능 로봇이 속속 등장하고 있다. 영화 속에서나 볼 수 있었던 로봇이 아침을 여는 세상이 성큼 다가오고 있다.

로봇시장의 무게중심이 인간을 돕는 서비스 로봇 쪽으로 기우는 것은 산업상 통계수치를 넘어선 의미를 내포한다. 지난 90년대 이후 PC와 휴대폰이 현대인의 생활패턴을 완전히 바꿔놓았듯이 일상 속에서 로봇에 의존하는 새로운 삶의 양식이 도입되기 때문이다.

로봇의 변천사 1

그림 1-8 로봇의 변천사 2

최근 MS의 빌 게이츠 회장은 로봇산업을 1970년대의 PC산업과 비교하면서 로봇혁명의 시대가 왔음을 선언한 바 있다. 집집마다 사람과 유사한 지능을 가진 로봇제품이 온갖 서비스를 제공하는 상황은 경제, 문화, 사회전반에 혁명적인 파장을 가져올 것이다. 지금이야 로봇이 집안에서 청소와 같은 허드렛일이나 담당하지만 머지않아 인간의 능력을 무한히 확장하는 도구로서 존재가치를 입증할 것이다.

1.1.2 로봇의 정의

로봇이 무엇을 가리키는 것인가라는 명확한 정의는 사실상 존재하지 않는다. 그것은 "RUR(Rossum's Universal Robots)"로봇이 "사람을 대신하여 노동을 하기 위해 만들어진 존재" 또는 "사람의 모습을 본떠 만들어진 존재나 행동을 모방하여 만들어진 존재" 중 하나 이상에 해당하는 존재에 대해 독립적으로 이용되고 있기 때문이다.

그러나 특정 분야에서는 정의를 명확하게 정하고 있는 경우도 있다. 일본공업규격(JIS)에서는 "JIS B 0134"(1998년)에 의해 산업용 로봇의 정의를 "자동제어에 의한 조작 기능 또는 이동 기능을 갖고 다양한 작업을 프로그래밍 방식으로 수행 할 수 있는 산업에 사용 되는 기계" 라고 규정하고 있다. "JIS B 0134"에서는 동시에 많은 산업용 매니퓰레이터 로봇 용어를 정의하고 있다.

사람 대신 작업 장치의 경우 어느 정도의 공정 나름대로 절차를 자동으로 연속 하는 것이 로봇이라고 하나의 동작을 하거나 인간이 작업을 할 필요가 있는 장비 즉 불도저와 포크레인 등의 조종사가 탑승 할 필요가 있는 것은 기본적으로 로봇이라고 부르지 않는다. 반면에, 수동 조작도 사람의 형태를 한 기계 장치라면 로봇의 범주에 포함 할 수 있고 파워드 슈츠 등을 포함한 "사람의 형태를 한 차량 또는 작업 기계 '에 대해서도 마찬가지로, 일반적으로 로봇이라고 한다. 또한 작업 기계도 고급 원격 조작 및 자동 제어 기술의 도입이 되어 인간이 단순한 작업지시 명령들에 접근하고 있다는 점에서 더욱 경계가 애매 하다.

인형의 종류는 어떤 작업을 목적으로 한 장치가 아닌 자동으로 작동하는 것도 아니지만, 미리 디자인 된 일련의 특정 동작을 하여 오토메타나 꼭두각시 인형 등에서 로봇의 원형을 발견할 수 있기 때문에 간접적으로 오토메타와 꼭두각시 인형을 로봇의 일종으로 간주 될 수 도 있다. 동시에, 모터 등의 동력이 내장 된 기계적 또는 전기적으로 인간의 작업을 전달하여 작동 조작자도 로봇의 일종으로 간주되지만, 이들은 엄격한 정의에 의한 분류가 아니라 다분히 숙어적인 표현법이다.

요즘은 컴퓨터 언어에 의한 프로그램이나 소프트웨어도 로봇으로 취급 될 수 있다. 또한 인터넷 정보를 자동 검색하는 소프트웨어도 로봇이라 할 수 있다 검색을 명령하면 결과와 정보가 반환되기 때문이다 이들은 사물로 존재하지 않지만, "사람 대신 어떤 작업을 어느 정도 공정절차를 자동으로 연속 (효율적으로)것이라는 점에서 보면 반드시 로봇이 아니다 라고 부정할 수는 없다 이들은 기계적 로봇과의 구별을 위해 축약형 봇(Bot)라는 것이 많다(인터넷 봇, 봇넷 등).

다른 용법으로 로봇 '기계적'이라는 개념을 인간에 적용하여 "스스로 판단하지 못하고 지시 대기 인 인간"과 "자신의 의지가 아닌 타인에게 조종되고 움직이는 인간을 "로봇"이라고 경멸 의뜻으로 비유 할 수 있다. 그러나 비슷한 사람을 가리켜 꼭두각시라는 비유는 그 이전부터 존재하기 때문에 새로운 단어를 변형 중 하나로 적용시킨 것이라 할 수 있다. 영어에서도 비슷한 비유로 "로봇"을 이용하지만, 영어도 먼저 "오토마타 (기계인형) "이라는 단어가 비유에 이용되고 있었다.

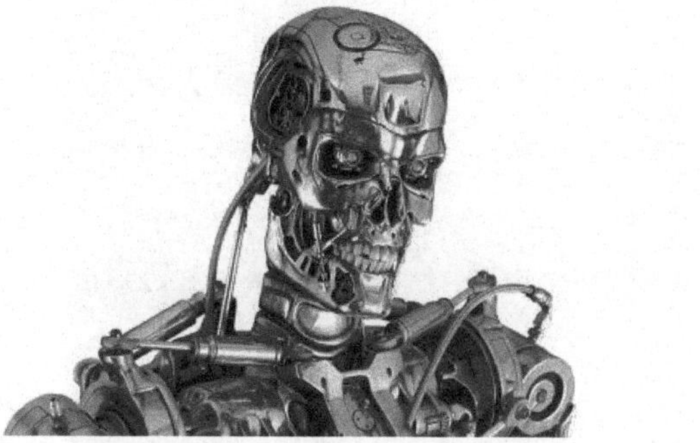

그림 1-9 로봇이란 무엇인가?

결론적으로 로봇의 사전이나 공상과학 등에서 "기계인간"으로 정의되는 경우가 많으나, 이는 좀더 실용적인 측면으로 정의되는 것이 바람직할 것이다. JIRA(Japan Industrial Robot Association), AFRI(Association Francaire de Robotique Industrille), RIA(USA Robotic Industries Association), BRA(British Robot Association) 등에서 각각 다른 정의를 내리고 있으나, 전체적으로 "산업용 로봇이란 부품, 재료, 기구 등을 다루기 위해 고안된 **재 프로그래밍이 가능한 기계적인 장치**" 라고 정의를 할 수가 있을 것이다.

인조인간(人造人間)이라고도 한다. 본래 사람의 모습을 한 인형 내부에 기계장치를 조립해 넣고, 손발과 그 밖의 부분을 본래의 사람과 마찬가지로 동작하는 자동인형을 가리켰다.

지능형 로봇의 정의를 알아보자. 21세기 들어 산업 패러다임은 정보화 사회를 거쳐, 지능기반사회로 바뀔 것으로 예상되며, 이에 로봇은 노동대체 수단이라는 전통적 로봇에서 인간 친화적인 지능형로봇으로 변화할 것으로 보인다. 따라서 지능형로봇은 사람의 지령에 의해 수동적, 반복적 작업을 수행하던 과거의 전통적 로봇을 벗어나, 외부환경을 인식(Perception)하고 스스로 상황을 판단(Cognition)하여 자율적으로 동작(Manipulation)하는 로봇으로 정의된다.

로봇의 발전이 우리의 삶에 미칠 영향

로봇의 발전은 인간의 지속적인 편리함 추구에 맞물려 계속적으로 발전을 거듭할 것이다. 자동차는 머지않아 운전자의 조작없이 스스로 주행할 것이고, 로봇청소기는 청소를 완벽하게 할 것이며, 육아와 교육도 로봇이 알아서 해줄 것이다. 혹시 발생할지 모를 전쟁도 로봇끼리 싸우다 결국 승패가 결정나고 끝날 수도 있다. 산업용 로봇에 힘입어 생산성은 높아지고 재난 구조용 로봇 등의 활약으로 인간의 평균수명은 길어질 것이다. 이의 영향으로 인간은 평균적으로 보다 윤택한 생활을 보다 오래 영유할 수 있을 것이다.

로봇이 대체할 확률이 높은 직업 상위 10종		로봇이 대체할 확률이 낮은 직업 상위 10종
텔레마케터	1	전문테라피스트(치료사)
세무 대리인	2	정신건강담당 사회복지사
시계 조립공	3	치과 전문의
금융회사의 대출 담당	4	내과 전문의
은행 금전 출납 직원	5	영양사
스포츠 경기 심판	6	구강외과 전문의
회사 · 기관의 조달 담당	7	안무가
포장 기계 관리원	8	초등학교 교사
제분 기계 관리원	9	무대전시 디자이너
신용 분석가	10	족부(足部) 전문의

그림 1-10 로봇대체 확률 높고-낮은 직종

그림 1-11 20년 내에 사라질 직업군

그러나 모든 사람들이 로봇의 발달로 혜택을 볼 수 있는 것은 아니다. 옥스퍼드대학의 교수는 정보기술과 로봇 등의 발달로 20년 이내에 텔레마케터, 세무대리인, 시계조립공, 회계사, 전문작가 등 현재의 많은 직업이 없어질 것으로 전망했다.

파이낸셜 타임즈의 칼럼니스트는 로봇의 발전이 중산층의 소득정체, 노동과 자본의 소득배분의 왜곡, 장기적인 실업률 증가 등을 초래할 것으로 예상하고 있다. 극단적인 경우 로봇의 보유 여부에 따라 첨예한 양극화가 진행되면서 빈민계층은 만성적인 불황과 공황의 생활화가 진행될 수도 있다고 예상했다.

미국의 경우 2000년 이후 노동생산성이 높아지면서 제조업에서 고용이 감소하고 있고, 전체 국민의 소득은 증가하지만 중산층의 소득은 오히려 감소하는 등 빈부격차 문제가 심화되고 있다. 이 같은 현상의 원인을 정보기술의 발전과 산업용 로봇의 증가 등으로 보는 주장도 설득력 있게 받아들여지고 있다.

우리가 로봇의 발달에 따른 혜택에서 소외되지 않기 위해서는 어떤 준비가 필요할까?

일반적으로 가장 쉽게 말할 수 있는 인간의 대응은 로봇이 대체할 수 없는 직업을 선택하는 것이라고 말할 수 있다. 비판적 사고와 감정적 교류 등을 필요로 하는 직업이 그 예라고 한다. 현재 중산층을 이루고 있으며, 앞으로도 중산층에서 벗어나기 힘든 대부분의 노동자들이 이 같은 직업을 찾기란 결코 쉬운 일이 아닐 것이다. 그러나 이 또한 로봇사회 준비를 위한 긍정적인 답변은 아니다.

미국 일자리 8000만개 로봇에게 빼앗길 것

· 생산설비 자동화로 미국에서만 8000만개 일자리가 로봇에게 빼앗길 것이라는 전망이 나왔다. 텔레그라프 등 외신에 따르면 영국은행(BOE) 수석은 최대 노조단체인 노동조합회의 연설에서 수십년 내 로봇에 자리를 빼앗길 미국 일자리 수를 이같이 추정했다. 현재 미국 취업자(농업 종사자 제외)는 1억 4,300만명이다. 결국 이중 절반 이상이 로봇에 넘어갈 수도 있다는 설명이다. 영국은 1,500만개 일자리가 로봇으로 대체될 것으로 봤다. 영국 취업자는 3,100만명이다.

· 영국은행(BOE) 수석은 이런 일자리 대부분이 저임금 직종이라고 말했다. "기술은 비숙련 노동자에게는 역진세와 같을 수 있다"며 "소득 양극화를 심화시킬 수 있다"고 지적했다. 과거에는 기술 진보가 새 물건 수요를 만들어냈고, 새로 탄생한 산업 분야에서 일할 노동자가 필요했지만 이제는 다르다고 그는 주장했다.

산업현장에서 활용중인 제조용 로봇

· 그는 "기계가 더 똑똑해지면서 오로지 인간 기술력에 의존하며 남아 있는 공간은 더 좁아질 가능성이 커졌다"며 "무인 자동차처럼 불과 10년 전만해도 상상하기 힘들었던 일이 이제는 현실이 되고 있다"고 말했다.

1.1.3 로봇의 역사

로봇이란 용어가 언제부터 사용되어지기 시작하였으며 현재까지 개발되어진 로봇 역사를 간단히 알아보자.

1921 체코의 극작가 카렐 차펙(Karel Capek)의 희곡 '로섬의 유니버설 로봇(Rossum's Universal Robots)'에서 로봇이라는 용어가 처음으로 등장. 어원은 체코어로 힘겨운 노역을 뜻하는 '로보타(robota)'

1940 년대 후반 Oak Ridge와 Argonne National Laboratory에서 방사성 물질을 처리하기 위해 master-slave형의 로봇 개발

1941 SF작가 아이작 아시모프가 최초로 로보틱스(robotics·로봇공학)라는 용어사용

1942 아시모프 '로보틱스의 3 법칙(Three Laws of Robotics)' 발표

1950 년대 중반 George C. Devol는 프로그래밍에 의하여 운전되는 매니퓰레이터 개발

1952 NC machine 개발 (MIT)

1955 Denavit-Hartenberg 동차변환(Homogeneous Transformation)사용

1956 조지 데볼과 조셉 엥겔버거, 최초의 로봇회사인 유니메이션 (Unimation) 설립.

1959 미국의 Joseph Engelberger에 의해 최초의 산업용 로봇 Unimate 개발

1960 년대 초에 H.A.Ernst가 개발한 MHT는 감각 센서에 의해 얻은 정보를 Feedback 시킴으로써 로봇 운용자의 도움이 없이 작업 가능

1961 제너럴 모터스(GM) 뉴저지 공장 생산라인에 최초의 산업용 로봇 유니메이트(UNIMATE) 배치

1963 최초의 인공팔 설계

1967 Mark II 개발 (Unimation Inc.)

1968 Shakey (SRI) - 지능형 로봇

1969 최초의 로봇팔인 스탠퍼드 암 (Stanford Arm) 제작-스탠퍼드 대학 빅터 샤인먼 교수

1970 년대에는 시퀀스제어에서 마이크로프로세서를 제어시스템에 사용하여 보다 더 범용성이 있고 전문화된 로봇이 출현

1970 스탠퍼드 리서치 인스티튜트 인터내셔널이 최초의 인공지능 이동로봇 세이키 제작

그림 1-12 NC machine (MIT)

그림 1-13 Mark II (Unimation Inc.)

그림 1-14 최초의 산업용 로봇 유니메이트

그림 1-15 Shakey-intelligent robot

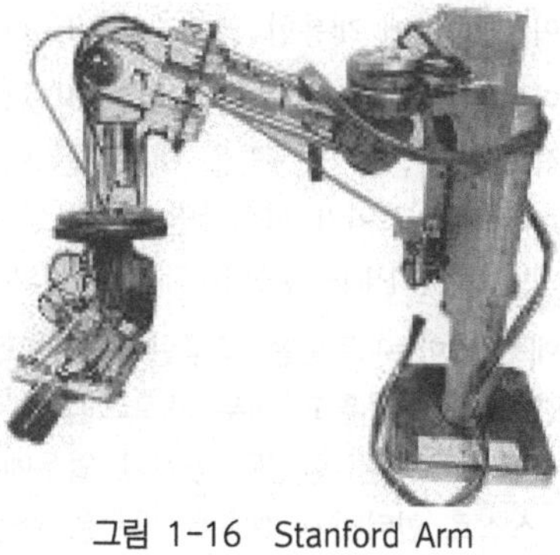

그림 1-16 Stanford Arm

1973 신시내티 마이크론이 마이크로컴퓨터에 의해 작동하는 최초의 산업용 로봇 T3 상용화 및 출시

1974 Cincinnati Milacron은 (Tomorrow Tool)로 불리는 최초의 컴퓨터 제어 산업용 로봇 개발

1976 우주선 바이킹 1, 2호 탐사 작업에 로봇 팔 사용

1978 PUMA (Unimation Inc.)

1979 일본의 야마나시 대학교에서 SCARA(Selective Compliance Assembly Robot Arm)로봇 개발

1981 Canegi Mellon 대학에서 처음으로 직접 구동모터 로봇 제작

1994 카네기멜론대학 로봇연구소가 제작한 단테 2 탐사로봇이 알래스카 스퍼산에서 화산재 등 탐사

1995 프레드 몰과 존 프로드, 수술로봇 회사 인튜이티브 서지칼 설립

인간의 노동력 대신하는 '로봇'

· 로봇 이전에도 자동으로 움직이는 기계장치가 있었다. 태엽을 감아 작동하는 시계, 수력을 이용한 자동문, 사람이나 동물처럼 움직이는 자동인형 등을 가리키며 통칭해 오토마톤(automaton)이라 부른다. 18세기 스위스 시계 제작자 자케 드로(Jacquet Droz)가 개발한 글씨 쓰는 소년 형상의 오토마톤이 가장 유명하다. 이 작품을 변형시켜 실제로 제작한 오토마톤이 2011년에 개봉한 영화 '휴고(Hugo)'에 등장하기도 한다.

· 오토마톤은 신기한 장치 또는 비싼 장난감 취급을 받았지만 로봇은 그보다 한 단계 발전해 본격적으로 인간의 노동력을 대체하는 데 쓰인다. 1961년 최초의 산업용 로봇 '유니메이트(Unimate)'가 쓰이기 시작하면서 대량생산 시대의 핵심으로 자리 잡은 것이다. 오늘날 정밀부품이나 대형기계를 생산할 때는 로봇의 역할이 필수적이다.

· 공장에서 일하는 로봇은 고정된 움직임에 따라 정해진 과업만을 수행한다. 다른 동작을 시키려면 작동을 멈추고 내부 프로그램을 바꿔서 새로운 값을 입력해야 한다. 그러나 기술이 발전하면서 로봇은 한정된 공간과 업무에서 벗어나게 되었다. 유비쿼터스 기반 통신기술 덕분에 스스로 인터넷에 접속해 새로운 과업을 부여받는 온라인 로봇까지 등장했다. 대표적인 것이 클라우드 로봇(cloud robot)이다.

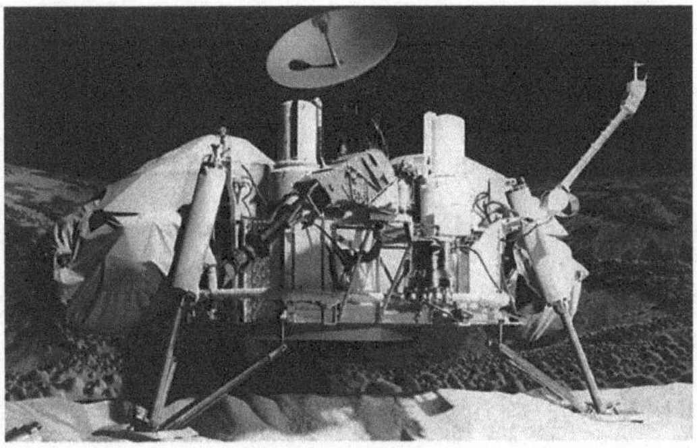

그림 1-17 바이킹 2호

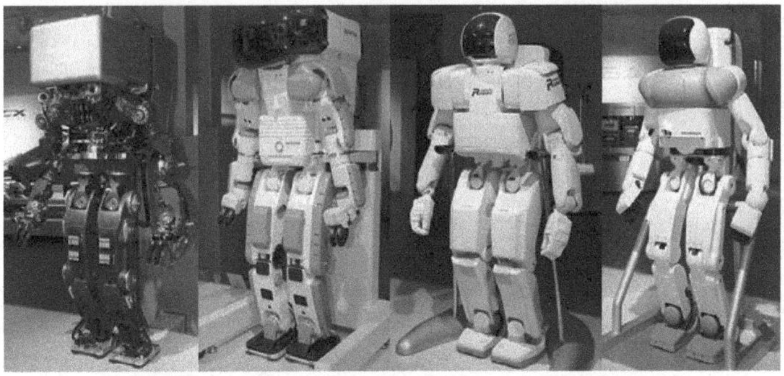

그림 1-18 일본 혼다사의 인간형 로봇 P1,P2,P3,P4

1997 나사 화성탐사선 패스파인더 화성에 착륙. 탐사로봇 소저너 로버 화성 탐사에 나서 화성 및 다른 행성들의 사진을 지구로 전송

1997 혼다 10년간의 극비 작업 끝에 인간처럼 걷고 계단을 오르는 휴머노이드 로봇 P3공개

1999 일본 소니사에서 최초의 애완로봇 AIBO(Artificial Intelligence Robot) 출시

2000 혼다 차세대 휴머노이드 로봇 아시모 공개 : 세계 최초로 사람처럼 두 발로 걷는 로봇 '아시모'가 태어났다. 팔과 다리가 두 개씩 달리고 일어서서 걷는 로봇을 휴머노이드라고 한다. 일본의 자동차·오토바이 제조사인 혼다가 만든 아시모는 세계에서 가장 똑똑한 휴머노이드다. 아시모는 2004년, 2005년 두 차례에 걸쳐 업그레이드됐는데, 2005년형 아시모는 사람이 천천히 뛰는 수준인 시속 6㎞로 달릴 수 있다. 이 신형 아시모는 2006년부터 일본의 혼다 사무실 2곳에서 손님을 접대한다. 손님이 들어오면 대기실로 안내하고 커피 심부름을 한다. 커피를 놓고 돌아설 때는 인사도 빼먹지 않

는다. 협동 기능도 있어서 다른 아시모가 배터리를 충전하고 있으면 알아서 친구의 일을 도와준다.

2001 소니 로봇 강아지 아이보 2세대 출시

2002 카네기 멜론이 제작한 사회성 로봇그레이스(GRACE) 등장

2005 KAIST에서 제작한 '알버트 휴보'를 한국의 부산에서 개최된 APEC 정상회담에서 공개

2006 한국의 COEX에서 개최된 '로보월드 2006'에서 안드로이드 로봇인 에버원(Ever-1)이 개막식에서 MC로 활약하며 축하공연에는 휴보가 등장. 휴보는 실제 뮤지컬 배우들과 함께 '오즈의 마법사' 한 장면을 연출. 에버원의 동생 에버투 뮤즈(Ever-2 Muse)는 가수로 등장. 이를 위해 에버원(35개)의 두 배에 가까운 60개의 모터를 내장해 립싱크 기능 및 전신율동 기능을 갖춤

2006 미국 보스톤 다이내믹스 (Dynamics)사의 빅 독(Big Dog) 개발

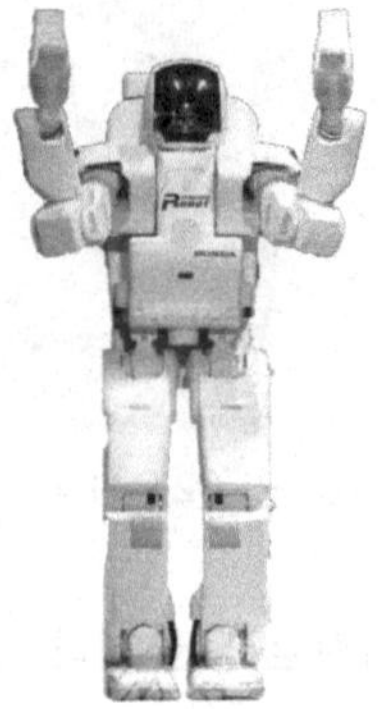

그림 1-19 HONDA-P3

그림 1-20 아이보 2

그림 1-21 Ever-1

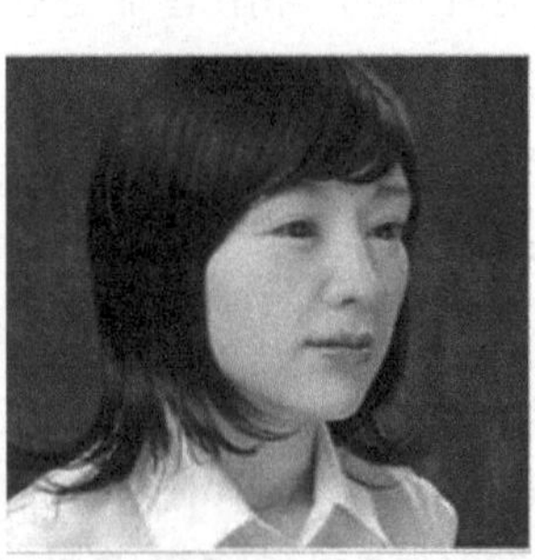

Ever-22 Muse

2011 로보월드 2011에서 지능형 로봇 '키보' 등장. 기존의 휴머노이드 로봇에 비해 로봇과 인간의 감정 교류가 가능한 게 가장 큰 특징. 한국의 휴보나 일본의 아시모 등 이전까지의 휴머노이드 로봇이 단순히 걷고 뛰고 계단을 오르는 이족 보행을 위한 기구적인 부분을 강조한 데 비해 사용자에게 최대한 친근하게 느껴지고, 다양한 감정을 교류할 수 있는 상호작용 기술을 지님. 사용자의 얼굴과 위치를 비롯해 움직이는 물체, 음성, 소리 및 소리가 나는 방향 감지 등 기본적인 인식 기술을 탑재해 사용자에게 물건을 가져주고, 포옹하는 동작 가능

2012 휴보2 : 힙합댄서처럼 엉덩이를 흔들며 춤을 출 수도 있는 기능 완성. 완전한 전신제어 기능 가능

2013 DRC 휴보 개발 : 재난현장에서 활약할 수 있는 로봇. 휴보2에 이어 개발된 DRC휴보는 한층 더 발달된 운동성능과 강력한 힘, 무거운 물건도 척척 집어들 수 있는 기능성까지 갖춤.

2015 DRC 휴보 : 세계 재난로봇 대회서 우승. 휴보는 미국 캘리포니아주 포모나 전시장에서 미 국방부 산하 방위고등연구계획국(DARPA) 주최로 열린 'DARPA 로봇공학 챌린지(DRC)' 결선 대회에서 미국, 일본, 독일 등 로봇 강국의 로봇들을 제치고 정상에 올랐다.

세계 재난로봇대회, KAIST '휴보' 역전 우승

- KAIST교수 연구팀이 만든 한국 로봇이 세계 최강의 재난대처 로봇 자리에 올랐다. KAIST에서 개발한 휴머노이드 휴보가 그 주인공이다. 이 로봇은 2015년 이틀간 미국 캘리포니아주에서 열린 미국 국방부 산하 방위고등연구계획국(DARPA) 로보틱스 챌린지에서 종합 우승을 차지했다.
- 이 대회는 일본 후쿠시마 원자력발전소 사고와 같은 대형 재난이 발생했을 때 사람 대신 사고 수습을 맡을 로봇을 개발하기 위해 마련됐다. DARPA는 ▶자동차 운전 ▶차에서 내리기 ▶문 열기 ▶밸브 잠그기 ▶드릴로 벽에 구멍 뚫기 ▶험지 돌파 ▶계단 오르기 등 8개 과제를 가장 빨리 끝내는 로봇에 상금 200만 달러(약 22억원)를 걸었다. 미 항공우주국(NASA) 등 전 세계 24개팀이 도전장을 던졌고, 한국에서는 KAIST와 서울대(로봇명 똘망 SNU), 로봇기업 로보티즈(로봇명 똘망)가 참가했다. 한편 이번 대회 24개 팀 중 3위를 차지한 카네기멜론대가 휴보를 사용하는 등 총 10개 외국팀이 한국산 하드웨어(로봇 본체와 부품)를 사용해 대회기간 화제가 됐다.

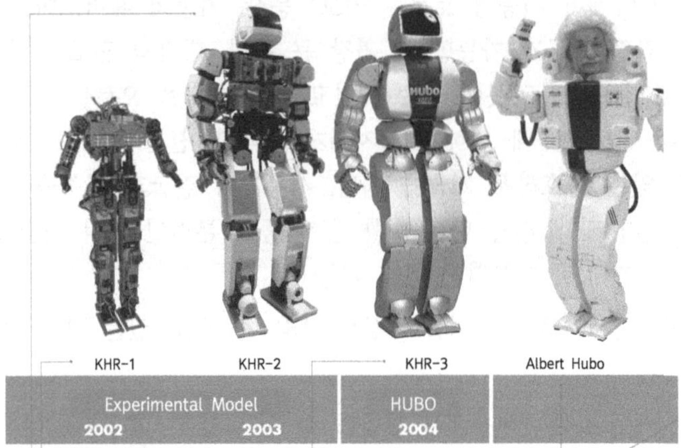

- KHR-1 한국 최초의 인간형 로봇이다 머리가 없었고, 케이스를 씌우지 않아 해외 언론에선 'KAIST Headless Robot'라고 부르기도 했다.
- KHR-2 휴보의 실험용 모델. 사실상 로봇 휴보가 가지고 있는 기능을 대부분 가지고 있다. 몸체가 더 무겁고, 출력이 다소 약한 것이 흠이다.
- 휴보(KHR-3) KHR-1이나 KHR-2 가 실험용 로봇이라면 이 로봇은 개발을 끝마친 공개형 로봇이다. 공식적으로는 한국 최초의 인간형 로봇으로 볼 수 있다.
- 알버트 휴보/ 휴보 FX-1 로봇 '휴보'의 변형 타입. 알버트 휴보는 휴보의 몸체에 아인슈타인의 얼굴을 얹은 로봇이고, FX-1은 휴보의 크기를 월등히 키워 사람이 탈 수 있도록 만들었다.

그림 1-23 로봇 휴보 개발의 역사-1

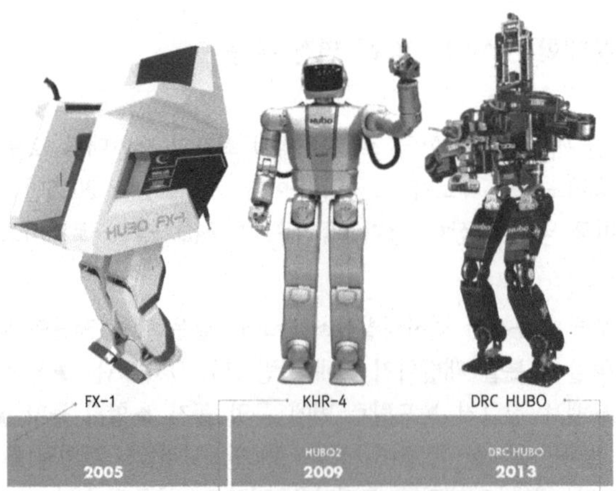

- 휴보(KHR-4) 세계에서 3번째로 개발된 두 발로 달릴 수 있는 로봇. 구형 휴보에 비해 훨씬 날렵해 졌으며 모터 힘도 세졌다.
- DRC 휴보 휴보2의 변형. 재난 구조용 로봇으로 험난한 환경에서 움질일 수 있도록 여러 가지 부분을 개조했다. 팔다리 길이를 늘려 키를 조금 더 크게 만들었으며, 팔의 비율을 늘려 오랑우탄처럼 긴 팔을 달아 줬다. 필요하면 두 팔을 등 뒤로 돌려 네발로 걸을 수 도 있다. 팔이 길어진 덜분에 사다리 등도 기어 올라갈 수 있다. DRC 휴보에 대한 자세한 정보는 취재 6에서 볼 수 있다.

그림 1-24 로봇 휴보 개발의 역사-2

아시모와 휴보의 비교

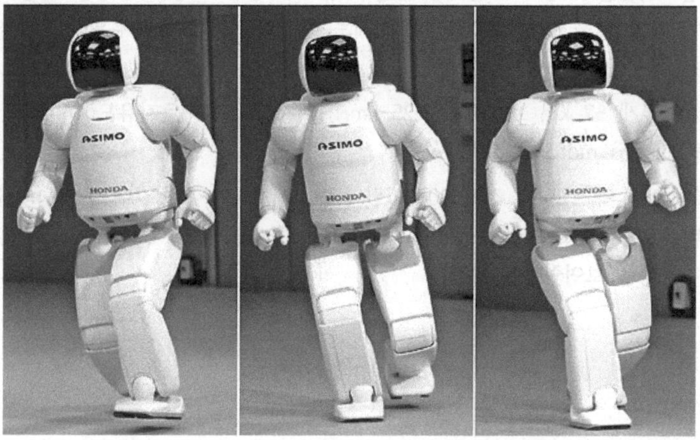

일본 혼다에서 제작한 '아시모'로봇

- 2005년 12월 혼다는 사람을 안내하거나 음식을 나를 수 있을 정도로 기능이 개선된 아시모-2 발표. 아시모-2는 IC-칩을 지닌 사람의 움직임을 식별 후 안내하는 기능을 새로 갖춤. 걷는 속도도 종전의 2배인 시속 6 ㎞로 크게 향상.
- 목적지를 지시받으면 장애물이 나타나도 멈춰 서지 않고 아시모-1과는 달리 스스로 피해가며 앞으로 이동가능.

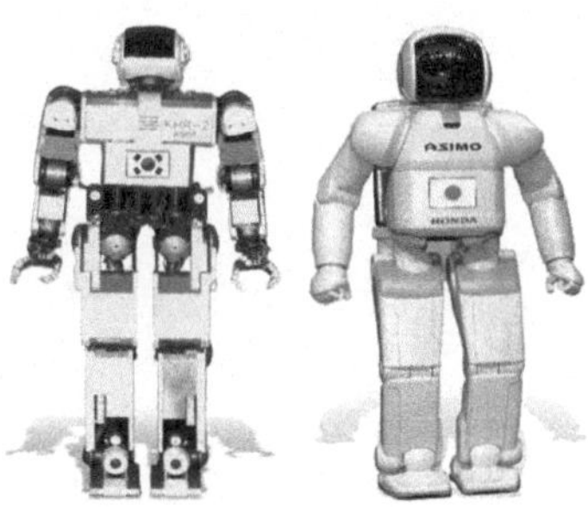

휴보와 아시모

카이스트 제작/알버트 휴보

- 한국과학기술원(KAIST)은 2005년 10월 15일 부산에서 개최된 APEC 행사장에서 인간형 휴먼로봇 알버트 휴보를 공개. 알버트 휴보는 세계적인 과학자 알버트 아인슈타인 얼굴을 지닌 휴머노이드 로봇.

- 30여개의 얼굴 근육을 모사하는 서보모터를 이용, 웃고 기뻐하고 놀라며 화난 얼굴의 모습을 재연할 수 있는 머리가 있다. 휴머노이드 로봇 연구센터에서 개발한 이족보행로봇인 휴보의 보행 알고리즘을 도입하여 걷거나 춤을 추면서 다양한 표정과 감정을 표현하고 상대방의 얼굴을 바라보며 말을 하는 등 인간의 신체로 표현할 수 있는 대부분의 모습을 그대로 행할 수 있는 로봇.
- 키 137 cm, 무게 57 kg, 보행속도 1.25 km/h를 자랑하며 구동자유도 66 DOF, 구동기 DC motor, RC Servo motor를 사용.
- 혼다의 아시모가 약 15년에 걸쳐 3000억원의 연구개발비가 들어간데 비해 휴보는 약 3년간 8억원의 비용으로 아시모에 비견될 정도의 성능을 보여 휴머노이드 로봇에서 일본과 경쟁할 수 있는 가능성을 보여줬다는 평가.

예제 1-1

로봇의 장점 및 단점에 대하여 간단히 설명하시오.

1.2 로봇의 응용분야

실제 로봇은 초인간적인 능력을 가지거나, 사람이 하기 힘든 위험한 곳에서의 작업, 지루한 반복작업 등에 적합하도록 고안되어졌으며, 그 응용분야는 아래 그림에 나타난 것처럼 광범위하며, 향후 그 분야는 더욱 더 다양해 질 것이다.

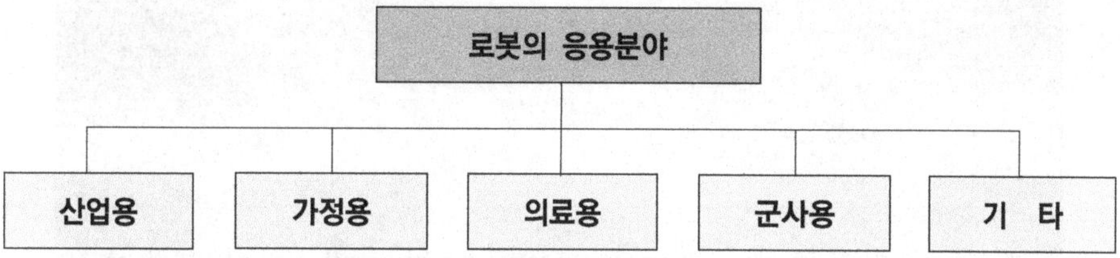

그림 1-25 로봇의 응용분야

인간이 만든 '인간 없는 자동차 시대'… 현실이 된 미래 기술

세계 최대 전자제품 박람회인 CES(Consumer Electronics Show)가 열린 미국 라스베이거스의 전시장. 메르세데스 벤츠 전시장 무대 오른쪽에서 은색 자동차 한 대가 등장했다. 순간 무대 아래 있던 관람객이 탄성을 터트렸다. 차 안에는 아무도 타고 있지 않았다.

벤츠 회장은 옅은 미소를 지으며 무선 마이크에 대고 말했다. "당신은 벤츠의 미래 무인 콘셉트카 'F015 럭셔리인모션(Luxury in Motion)'을 보고 있습니다." 이어 "놀라운 혁신은 이뿐만이 아닙니다. 차 안을 보시죠"라고 하자 천천히 앞문이 열리고 운전석이 뒤쪽으로 180도 회전했다. 운전자가 핸들을 잡지 않고 뒤로 돌아 책을 보거나, 뒷좌석의 승객과 대화를 나눠도 된다는 것이다. 회장은 "21세기에 가장 중요한 사치품은 개인의 공간과 시간"이라며 "자동차는 단순한 운행 수단을 넘어 궁극적으로 움직이는 생활공간이 될 것"이라고 했다.

CES의 주인공은 가전제품이 아니라 자동차였다. 적어도 세계 언론의 관심만 놓고 보면 그랬다. 글로벌 자동차 업체들이 차세대 자동차 기술을 선보이는 각축장이었다.

왜 자동차 회사들이 가전 전시회에 나타났을까? 자동차가 종합 전자기기처럼 돼가기 때문이다. 정보통신기술(ICT)이 기계 기술을 밀어내고 자동차의 핵심이 되고 있는 것이다.

아우디는 무인차로 고속도로 주행까지 시연했다. 샌프란시스코 실리콘밸리를 출발해 이틀간 900 ㎞를 평균 시속 112 ㎞로 무인 주행해 라스베이거스에 도착했다.

그림 1-26 벤츠 회장이 무인 자동차 'F015 럭셔리인모션' 소개

'잭(Jack)'이란 명칭이 붙은 이 차는 길이 막히면 스스로 속도를 줄이고, 저속 차량이 앞에 나타나면 안전하게 추월해 나갔다. 운전석에는 미국 IT 전문 매체 기자 5명이 번갈아 타서 운전대에서 손을 떼고 잭의 무인 주행 과정을 기록했다. 그중 한 기자는 이렇게 썼다. "옆 차량 뒷좌석에 앉아있던 소녀와 눈이 마주쳐 두 손을 흔들며 인사했다. 그러자 소녀는 큰 사고라도 날 것처럼 놀라며 방방 뛰었다. 아마 내가 미친 줄 알았을 거다. 웃음을 참을 수 없었다."

포드의 최고경영자(CEO)는 "운전대와 브레이크 페달이 필요 없는 무인 자동차가 5년 안에 도로에 등장한다."고 했다.

물론 아직도 넘어야 할 산이 많다. 아우디의 잭은 교통이 혼잡한 라스베이거스 시내에 진입하면서 안전을 이유로 무인 주행을 해제했다. 도로 위에 차와 행인이 너무 많아 센서가 대응할 수 없었기 때문이다.

시동 걸린 자동차 운영체제(OS) 경쟁

폴크스바겐 전시관에서는 영화 '마이너리티 리포트'의 한 장면과 같은 시연이 펼쳐졌다. 시연자는 차의 내비게이션을 손가락으로 누르지 않고 손짓으로만 조작했다. 책을 넘기듯 손을 좌우로 흔들어 화면 전환을 하고, 손가락을 몇 개 펼치느냐에 따라 앱을 켜거나 끌 수 있었다. 대시보드에 내장된 카메라와 적외선 센서로 동작을 인식한다.

현대차는 CES에서 자동차 내비게이션 3대를 차 밖에 떼어 놓고 따로 전시했다. 어른 손바닥 만한 크기의 화면에 대고 "MGM 그랜드 호텔로 가줘"라고 말했다. 그러자 5초 뒤 화면에 지도가 작동되면서 길을 알렸다.

이 시스템은 구글의 자동차용 운영체제(OS)인 '안드로이드 오토'나 애플의 '카플레이'를 내장한다. 스마트폰 환경을 차로 옮긴 것이기 때문에 모바일 OS 양대 축인 구글과 애플이 관련 시장을 주도하고 있다.

기존 내비게이션은 공장에서 처음 설치된 기능만 수행할 수 있으나, OS가 내장된 내비게이션은 음성통화, 정보검색, 자동주차 등 새로운 기능들이 인터넷을 통해 자동 설치·업그레이드된다. 휴대전화로 치면 내비게이션은 '피처폰', OS는 '스마트폰'과 같은 것이다.

자동차도 웨어러블… 시계로 차 부르고 주차

1980년대 미국에서 방영된 인기 드라마 '전격Z작전'의 주인공은 손목시계에 대고 "키트, 도와줘"를 외친다. 그러면 인공지능 자동차인 '키트'가 어디선가 나타나 주인공을 구해낸다. 이번 CES에서는 '키트'에 근접한 기술들이 대거 등장했다.

삼성전자 전시관에선 삼성전자의 웨어러블 기기 '기어S'를 이용해 BMW i3를 무인주차하는 시연이 열렸다. 시연자가 손목에 찬 '기어S'에 대고 "주차해 줘"라고 지시하자, 옆에 주차돼 있던 i3가 자동으로 시동이 걸렸다. 운전자가 없는 상태에서 차의 핸들이 좌우로 회전하면서 주차 각을 맞췄고, 이어 약 3 m를 후진한 차는 폭 1.8 m 정도의 가설 주차장에 쏙 들어갔다.

그림 1-27 삼성전자의 '기어S2'로 작동되는 무인 주차 기술

새로운 사고 예측 시스템 등장

자전거가 우회전하자 마주 오던 차의 속도가 저절로 줄어든다. 동시에 자전거 운전자의 헬멧에서는 경고등이 켜지고, 자동차 운전자는 사고 위험 경보를 내비게이션에서 나오는 육성을 통해 안내받는다. 볼보의 충돌 방지 시스템(ACS)이다. 특수 제작한 자전거 헬멧에 신호 발송 장치를 달았고, 여기서 나오는 신호를 분석해 자동차 내비게이션을 통해 운전자에게 경고 신호를 보낸다.

GM은 자동차의 어느 부분이 고장 날지 미리 예측해 주는 '드라이버 어슈런스(driver assurance)'시스템을 공개했다. 엔진, 배터리, 연료 펌프에 달린 센서들이 정보를 수집해 GM이 운영하는 클라우드로 전송하면, 데이터 분석을 통해 운전자에게 이메일과 문자 메시지로 고장 발생 가능성을 알려준다.

1.2.1 산업용 로봇

① 용접작업 : 용접작업은 매우 노동집약적이고, 작업환경이 열악하여 위험하므로 현재 단일 용도로는 제일 많은 로봇 사용이 되고 있다. 현재 가장 주목되는 기술개발의 동향은 고품질의 용접성을 보장하면서 얼마나 더 속도를 높일 수 있느냐다. 그리고 이와 함께 로봇의 적용 범위를 얼마나 확대할 수 있느냐다. 특히 용접로봇은 빠르게 용접을 하면서도 센싱(Sensing)에 대한 부분을 얼마만큼 따라갈 것이냐도 중요한 논제라고 할 수 있겠다. 특히 우리나라는 자동차 산업 등 수요 시장이 큰 편이라 세계 각국의 용접로봇 브랜드가 모두 진출해 있는 상태이며, 스폿이나 아크 용접로봇이 많이 보급되었다. ① Spot(스폿) 용접용 로봇, ② 아크(Arc) 용접용 로봇, ③ 레이저(Laser) 용접용 로봇 등

② 조립 로봇 : 산업체에서 가장 개발에 관심을 많이 가지는 분야중 하나로써, 단순한 두개의 부품의 조립에서 현재는 다른 모양의 여러 가지 부품을 동시에 조립할 수 있는 기술적인 단계에 있다. 이러한 조립분야에서의 로봇 역할은 최근에는 여러 대의 로봇 협조하여 작업을 함으로써 보다 더 작업효율을 향상시키고 있다.

③ 도장 로봇 : 가전제품 자동화, 가구, 선박 등과 같은 곳의 도장에 많이 사용이 되며, 일반 작업자보다 더 균일한 도장을 할 수가 있으며, 재료의 낭비를 줄이고, 유해한 물질에 인간이 노출되는 것을 줄여준다.

④ 검사 로봇 : 카메라, 레이저, 초음파, 자기센서 등을 이용하여 부품의 위치를 알아내거나, 불량품을 찾아내고, 제품을 기준에 따라 분류하는 작업으로써 앞으로 센서분야의 기술향상에 따른 값싼 고성능 센서와 더불어 그 용도가 매우 넓어질 전망이다.

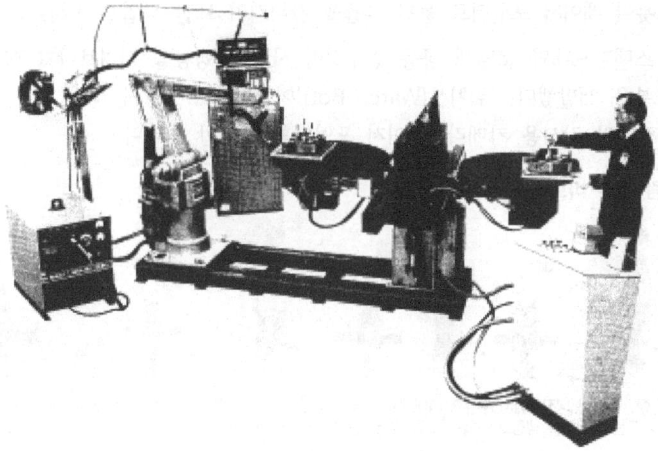

그림 1-28 Hobart Motoman 로봇 아크 용접 시스템

그림 1-29 자동차 용접용 로봇

실수 바로 잡아주는 로봇

· 로봇은 사람이 시킨 대로 일을 한다. 하지만 앞으로는 이와 반대로 사람이 로봇의 지시를 받아야 할지 모른다. 예를들면 자동차 조립 라인에서 작업자가 실수로 볼트 하나를 빠뜨리면 로봇이 레이저 포인터로 놓친 부품을 가리키며 보완 작업을 지시하는 식이다.

· 미국 스탠퍼드대와 코넬대 공동 연구진이 사람의 행동을 지켜보다가 실수를 찾아내 바로잡는 로봇을 개발했다. '워치봇(Watch-Bot)'이란 이 로봇은 삼각대 위에 비디오게임기용 동작 인식 장치와 감시용 카메라, 레이저 포인터를 장착한 형태다.

사람 실수 바로잡는 로봇 '워치봇'

1 관찰 사람이 냉장고에서 우유를 꺼내 잔에 따라 마시고는 우유팩을 냉장고에 넣는 것을 잊어버린다 **2 기억 환기** 레이저 포인터로 우유팩을 가리켜 사람이 실수를 바로잡도록 한다 자료: 미 스탠퍼드대

· 작동 원리는 먼저 사람이 냉장고에서 우유를 꺼내 컵에 따라 마신다. 워치봇은 이 동작을 여러 번 관찰해 스스로 동작의 정상 형태를 학습한다. 만약 사람이 우유를 마신 뒤 남은 우유팩을 냉장고에 집어넣는 것을 잊었다고 치자. 로봇은 이 장면과 정상 동작을 비교해 우유팩이 밖에 남아 있는 것이 이상하다는 것을 파악하고, 우유팩에 레이저를 비춰 사람의 기억을 환기시키는 방법이다.

· 연구진은 워치봇이 노년층의 일상생활에 큰 도움을 줄 것으로 기대했다. 나이가 들수록 기억력이 떨어져 사소한 집안일을 실수하는 경우가 많다. 영국의 조사기관에 따르면 성인은 하루에 세 번 정도 뭔가를 잊어버린다. 세탁기에 빨래 넣는 것을 잊기 일쑤고, 요리 전에 냉동실의 재료를 해동하는 것을 잊는 것도 다반사였다. 가스불을 끄지 않아 화재로 이어지는 심각한 일도 생긴다. 워치봇은 일상의 불편을 없앨 뿐 아니라 안전까지도 챙길 수 있는 새로운 형태의 로봇이다.

⑤ 이송 로봇 : 주로 컨베이어 벨트 등의 부품을 들어 올려서, 제품을 조립하는 것과 같은 단순 반복 작업이다. 이동로봇을 이용하여 제품을 운송하는 일과 같은 분야에서 많이 사용이 되고 있다.

아래 사진은 초대형 유리기판을 옮기는 LCD이송로봇이다. LCD이송로봇의 기술진화가 머지않아 한계점에 도달할 것이란 전망이 나오고 있다. 얇은 LCD 기판 면적이 커질수록 로봇팔로 이송하기가 점점 어려워지고 제품수율에도 악영향을 주기 때문이다.

LCD 이송로봇은 LCD 생산라인을 새로 설치할 때 400~500대나 들어가기 때문에 2000년대에 들어와 산업용 로봇시장의 새로운 아이템으로 자리 잡았다. 깨지기 쉬운 대형 유리기판을 안전하게 옮기려면 각 공정에 투입된 로봇장비의 동작은 지극히 부드럽고 약간의 떨림도 없어야 한다. LCD 이송로봇은 야스카와, 산쿄 등 일본 업체가 시장수요를 거의 석권해왔다. 국내서는 TES, 현대중공업이 고도의 기술력이 필요한 8세대 LCD 이송로봇을 차례로 국산화하면서 시장경쟁에 뛰어든 상황이다. 지난해는 일본 샤프와 소니가 함께 투자하는 10세대 라인(2800×3130 ㎜)에 맞춰 덩치를 더 키운 초대형 LCD 이송로봇(사진)이 등장해 화제를 모았다.

가장 큰 문제는 초대형 유리기판을 기계팔로 옮기다 보면 미세한 충격으로 유리표면에 크랙이 생겨 생산수율을 낮추는 원인이 된다는 점이다. 결국 LCD 업체들은 신형 LCD 생산라인을 구축할 때 로봇기반의 이송단계를 가급적 줄이고 공압식 운송장치 등을 선호하고 있다. 이같은 추세를 보면 앞으로 10세대, 11세대 LCD 설비투자가 본격화돼도 관련 로봇수요는 예전보다 떨어질 가능성이 높다.

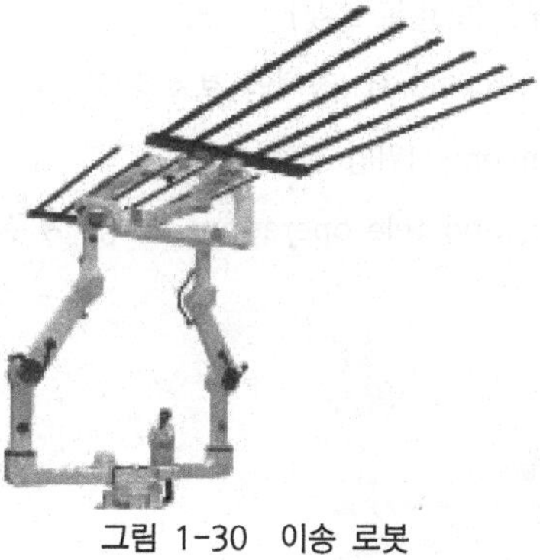

그림 1-30 이송 로봇

⑥ 기계공작 로봇 : 일반적으로 로봇 손에 작업에 필요한 도구가 장치되어 있으며 그 도구를 가지고 필요한 작업을 수행하며, 작업정밀도가 특히 요구가 된다. 자동화된 공작기계를 통한 경제적이고 안정적인 고속 생산. 오늘날 생산 현장에서는 점점 더 짧아지는 납기 조건에서 더욱 엄격한 요건 및 정밀도를 만족시켜야 하는 과제를 안고 있다. 이런 상황에서 생산 현장의 생산성 및 경제성을 증대시키는 방법은 기계공작 로봇의 도입이다.

기계공작 로봇은 이미 수년 전부터 인체와 직접 접촉하는 의료기술 분야와 같이 높은 안전요건이 적용되는 산업분야에서 그 안전성을 입증해 왔으며 그 프로그래밍 및 조작 방법도 상당히 간편해졌다. 로봇은 생산 현장의 경쟁력을 높이고 안정적 일자리 유지 및 창출에 일익을 담당하고 있다.

로봇의 응용분야

- Part loading (부품 선적)
- Pick and place operations (집고 배치하는 작업)
- Welding (용접)
- Painting (도장)
- Sampling(추출 검사)
- Assembly operation (조립작업)
- Manufacturing (제조작업): drilling, deburring, cutting
- Surveillance (감시)
- Medical applications (의료용 로봇)
- Assisting disabled individuals (장애인 보조용 로봇)
- Hazardous environments (위험 환경)
- Underwater, space, and tele-operations (수중, 우주, 원격작업)

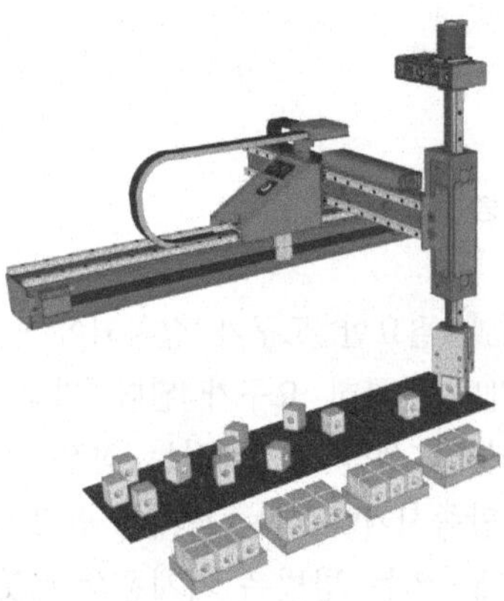

pick and place ROBOT

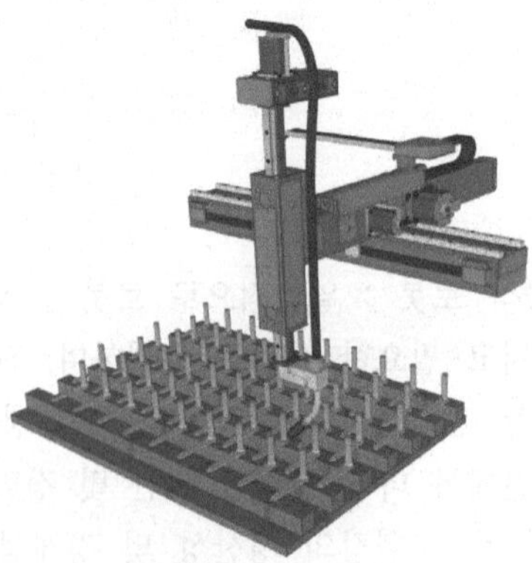

welding ROBOT

커지는 중국 로봇시장 - 세계 1위 로봇 수입국

· 중국을 설명할 때 흔히 '인다(人多)·지대(地大)·물박(物博)'이라는 표현을 쓴다. 사람은 많고 땅이 넓으며, 물자가 풍부하다는 뜻이다. 그러나 실제 일선 산업현장에서 느끼는 중국은 조금 다르다. 저렴하고 풍부한 노동력으로 가득 찬 인구대국은 이미 옛말이 됐다. 오히려 가파른 임금 상승에 인력난이 겹치며 골머리를 앓는 기업이 많다.

· 약 10여년 전 중국 남부에서 시작된 인력난은 최근 동부 연안도시를 거쳐 점차 내륙까지 전방위로 확산되는 양상이다. 특히 숙련 기능공 부족 문제가 심각하다. 2013년 중국 인력자원사 회보장부에 따르면 중국 제조업의 숙련 기능공 부족 인원은 400만명에 이른다. 임금 상승으로 비용이 상승하고 인력난이 심화되자 기업은 돌파구 마련에 전전긍긍하고 있다.

· 대안으로 떠오르고 있는 것이 공장 자동화와 로봇시스템의 도입니다. 지난해 중국은 전 세계 최대 산업용 로봇시장으로 부상했다. 세계로봇연맹(IFR)에 따르면 2013년 중국의 로봇 구매량은 총 3만6560대다. 글로벌 로봇 구매의 20%에 달하는 수치다. 처음으로 일본을 제치고 세계 1위 로봇시장으로 부상했다.

중국 지리자동차 닝보 공장

중국의 국가별 로봇 수입 현황 단위:달러

순위	국가	금액
1	일번	1억 4849 만
2	독일	5284 만
3	미국	1721 만
4	한국	1519 만
5	대만	968 만
6	영국	856 만
7	스웨덴	837 만

2014년 1~4월까지 자료:한국무역협회

· 폭발적인 로봇 수입량 증가에도 중국은 인구 대비 로봇 사용량이 적은 나라에 속한다. 아직 그만큼 시장의 성장 여력이 있다는 뜻이다. 중국의 노동자 1만명당 로봇 보유량은 23대다. 한국이 396대, 세계 평균이 58대인 것과 비교하면 매우 낮은 수준이다. 아직도 상당수의 작업을 사람 손에 의존하고 있다.

· 중국 입장에서 로봇 시장은 인건비 상승 문제와 인구 고령화 문제를 해결할 수 있는 열쇠다. 일반 제조기업의 생산력을 제고한다는 차원에서도 주목할 필요가 있다. 주문자상표부착생산(OEM) 방식의 기업으로 시작해 중견 소형가전 업체로 성장한 선전아이메터가 대표적인 사례다. 이 회사 관계자는 "선풍기 한대를 페인팅 하는데 2명이 필요하지만 로봇 한 대를 사용하면 최고 9대의 선풍기를 페인팅 할 수 있다"며 "페인팅을 하는 두께나 광택도 사람이

하는 것보다 우수하다"고 말했다. 이 회사는 프레스·모터·선반 등 여러 부문에 총 3000만 위안을 투자해 자동화 설비 도입에 앞장서고 있다.

· 전문가들은 앞으로 30년 간은 중국 로봇시장이 30% 이상의 고속성장을 유지할 것으로 전망한다. 우리 기업들도 급성장하는 중국 로봇시장에 주목할 필요가 있다. 현재 중국 로봇시장은 일본·스위스·독일 브랜드가 장악하고 있지만 여전히 신규수요가 많다. 비록 후발주자지만 틈새시장을 잘 노린다면 성공 가능성이 크다. 향후 로봇 분야는 단순히 공장 자동화 설비가 아닌 인터넷과 디지털이 결합된 생산방식이 주류를 이룰 것으로 보인다. 또한 IT산업의 급성장에 따라 단순 제조용 로봇에서 지능형 로봇의 수요 확대로 패러다임이 빠르게 변화할 것으로 예측된다. 중국 정부도 이런 가능성에 주목하고 관련 지원과 투자를 늘리고 있다.

1.2.2 가정용 로봇

현재에는 가정용 로봇 숫자가 극히 제한적이나, 앞으로는 급속한 증가세를 보일 분야로써 가사용 및 장난감 로봇 등을 들 수 있다.

① 청소로봇 : 청소로봇은 대중들에게 서비스 로봇에 대한 관심을 일으킨 일등공신이다. 지난 2000년대 초반 청소로봇의 가전시장 진입이 없었다면 요즘과 같은 로봇 붐은 애당초 기대하기도 힘들었을 것이다. 다양한 첨단로봇을 개발하는 지능형 로봇회사들도 실상을 들여다보면 청소로봇에 매출 대부분을 의존하고 있다. 현재 시판되는 청소로봇들은 위치인식의 한계로 구석구석 깔끔한 청소를 기대하기 힘들다. 또한 청소성능도 눈에 보이는 먼지만 대충 빨아들이는 수준이다. 일반적인 성향의 소비층은 이같은 청소로봇의 특성과 한계를 충분히 이해하지만 노동해방을 꿈꾸는 주부들의 높은 기대치와는 아직도 거리가 있다. 앞으로 청소로봇시장은 내비게이션과 스팀 등 고기능 제품들이 한판 승부를 벌일 것으로 예상된다. 고령화 사회가 도래함에 따라 체력이 부족한 고령자의 가사노동을 대신할 청소로봇의 수요처는 계속 늘어날 것이다.

② 헬스케어 로봇 : 사람은 누구나 건강하고 장수하는 삶을 바란다. 이러한 욕망에 편승해서 최근 로봇기술을 이용해 신체적 건강을 추구하는 시장수요가 급격히 늘고 있다. 헬스케어 로봇은 운동효과를 높이는 자동헬스기구, 신체를 자극하는 안마장치, 온 몸을 움직이는 게임기기 등 다양한 모습으로 우리 곁에 다가오고 있다. 헬스케어 로봇의 범주에 넣을 수 있는 가장 고전적인 기계장치로는 러닝머신(treadmill)이 있다. 지난 50년대 미국방부가 병사들의 체력 테스트를 위해 개발한 러닝머신은 이후 피트니스 센터의 체력관리용으로 급속히 수요가 늘었고 단일품목으로 연간 30억 달러 규모의 세계시장을 형성했다. 심지어

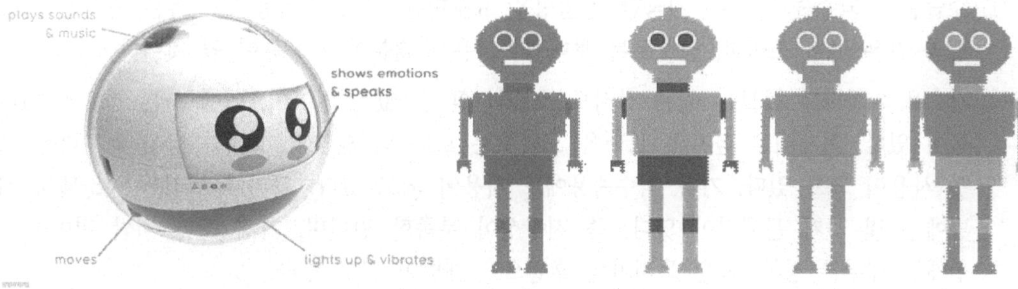

그림 1-31 자폐증 치료 로봇

일반 가정에서도 러닝머신을 설치해놓고 수시로 뛸 정도로 대중화에 성공한 상품이다. 러닝머신에서 촉발된 헬스기구의 자동화 트렌드는 2000년대 이후 첨단 IT와 접목하면서 로봇화의 길로 들어서고 있다.

③ 자폐증 치료 로봇 : 자폐증 어린이와 함께 놀면서 여러 가지 교육을 수행할 수 있는 '레카(Leka)'란 이름의 공 모양 로봇은 상대방의 행동을 인지할 수 있는 능력을 지니고 있다. 자폐증 어린이와 움직임과 소리, 진동과 빛 등을 통해 감각적인 자극(sensory stimulation)을 주고받으면서 여러 가지 게임을 진행할 수 있다. 또 길을 안내하는 가이드 역할, 여러 가지 패턴의 대화를 나눌 수 있는 교사 역할 등도 가능하다. 무엇보다 치료가 가능하다. 레카 관계자는 이 대화형 로봇을 통해 자폐증 은 물론 다운증후군, 중복 장애 등을 치료할 수 있다고 말했다. 당초 이 로봇은 가정에서 장애 어린이들을 가르치려는 부모, 특수 교사들을 위해 고안됐다.

1.2.3 의료용 로봇

생명 연장과 병 치료 및 건강에 대한 사회적 관심과에 따라, 과도한 업무량을 요구하는 의료 시술과, 의료 서비스의 보편화에 따른 간호사의 단순 노무가 증가하는 경향이 있다. 이에 따라 단순 반복적인 작업의 의술과 첨단의술을 보조하는 기능을 수행하고, 간호사의 단순 노무를 보조하거나, 시술후의 병간호를 보조하는 지능 로봇을 개발하여, 미래의 인간의 수명과 건강을 로봇의 의해 개선하여 고령화, 선진 사회를 위한 대비가 필요하다.

21세기에는 생체 역학을 이용한 신체 대체 및 복원 기술 등이 필요한 기술로 부각되고 있으며, 또한 인간은 공간과 환경에 대한 제약을 덜 받고, 보다 많은 시간을 여가활용에 할애하는 생활을 진보된 의료지원 기술에 의해 구현하고자 하는 사회적 요구가 증대됨에 따라, 이를 수용하는 기술로써, 의료지원 로봇의 개발은 필연적이라고 볼 수 있다.

① 수술용 : 뇌수술과 같이 지극한 정밀성을 요구하는 곳의 수술용으로 혹은 방사선 치료 등과 같은 곳에 쓰이며, 앞으로는 보다 더 넓은 수술분야에 응용이 될 것이다

② 간호용 : 환자를 돌보는 일은 잠시도 소홀히 할 수 없는 일이며, 이에 따른 간호의 어려움이 있다. 현재에도 환자의 보행을 도와주는 로봇 및 환자의 상태를 항상 검사하는 로봇 사용이 되고 있다. 기타 의수족용에도 사용이 되고 있다. 그러나 이러한 시스템의 개발에는 몇 가지 문제점이 있다. 즉 시장성이 부족한 편이며, 가격 또한 비싼 편이어서, 현재는 대부분 정부, 혹은 독지가의 후원으로 개발이 되고 있다.

다빈치 수술로봇

· 다빈치 로봇수술은 다빈치(daVinci)라고 불리는 로봇을 이용한 수술방법으로써, 환자는 수술대에 누워있고 수술하는 의사는 콘솔에 머리를 넣고 3차원 영상을 보며 원격으로 로봇을 조종하며 수술한다.

· 정확히 로봇이 수술을 한다고 이야기하는 것 보다는 로봇이 도와주는 수술이란 표현이 맞다. 기존의 복강경 수술의 장점인 그대로 이어 받으며 추가적으로 로봇 암이 360도 회전하면서 얻게 되는 기술적 편리함과 동시에 떨림이 없이 미세 봉합이 가능하여 현존하는 최고의 최소 침습 수술 (MIS)을 시행한다. 또한 기술자는 3차원의 영상을 방해 없이 자신이 조정하면서 수술을 할 수 있어 매우 편리하다.

다빈치 수술로봇

· 그러나 장점만 있는 것은 아니다. 장비 자체가 고가라서 수술비 역시 기존의 수술 방법에 비해 고비용이다. 게다가 소독 등 재정비에 시간이 소요되기 때문에 하루에 2건 이상의 수술이 어렵다고 한다.

· 환자는 전신 마취를 다른 수술과 다름없이 한 뒤 로봇의 암을 환자 복강내에 삽입하게 된

다. 이때에는 수동으로 복강경 수술과 마찬가지로 의사가 직접 위치를 설정하여 복강 내 가스를 주입하고 포트를 삽입한 뒤 로봇 암을 위치시킨다. 로봇 암과 카메라가 들어가게 되면 이제 원격 조정으로 수술을 하게 된다.

· 수술들의 공통점은 복강경 수술이 가능하다는 것과, 미세 혈관 및 성형이 필요한 수술들이라고 할 수 있다. 로봇이 대량 생산되고 가격이 저렴해 진다면 아마도 복강경 수술을 대체하게 될지도 모른다. 하지만, 잊지 말아야 할 것은 결국 사람이 조정하는 수술이라는 것이다.

1.2.4 군사용 로봇

① 전투용 로봇 : 평화시에는 병력의 감축효과가 있고, 전투 시에는 정찰용, 재급유용, 지뢰탐지용, 기타 위험한 상황에 군인을 대체하여 사용이 되고 있다.

최첨단 산업 기술을 미리 볼 수 있는 곳이 어디일까. 역사적으로 군사 기술이 산업 기술을 선도한 사례는 수없이 많다. 지금은 산업용·의료용으로 널리 사용하는 레이저를 비롯해 레이더·GPS·인터넷 등 수많은 혁신 아이디어와 제품이 군사 기술에 뿌리를 두고 있다. 미사일 기술을 응용해 알약 형태 내시경을 만든 사례도 있다. 이런 성공 사슬은 현대전과 첨단 산업에도 그대로 적용되고 있다. 따라서 지금 군에서 어떤 첨단 기술과 무기가 개발되는지를 알아보는 것은 산업계에서도 충분히 의미 있는 일일 것이다.

영화 '아이언맨'의 주인공은 강철로 된 옷을 입고 지상의 게릴라들과 전투를 벌인다. 총알도 뚫지 못하는 이 옷에는 강력한 동력이 갖춰져 하늘을 날아다니고 강철 문을 부순다. 미국의 대규모 방위산업체들은 '아이언맨' 전투복을 개발하기 위해 발 빠르게 움직이고 있다. 정확히 표현하자면 착용형 로봇 또는 동력외골격, 즉 '입는 로봇'이다. 고강도 합금으로 만들어진 프레임을 모터와 배터리로 움직이게 하며, 착용자에게 부담을 주지 않기 위해 유압 서스펜션 장비를 장착한다. 이 로봇 장비를 입은 병사는 며칠이고 60 ㎏이 넘는 군장을 짊어지고 행군하면서도 피로를 느끼지 않는다. 90 ㎏의 물건도 가볍게 들 수 있다.

최신예 전투기 조종석은 혁신 기술의 작은 경연장이다. 최신 전투기는 '헬멧 장착 디스플레이(HMD·Helmet Mounted Display)'를 도입했다. 각종 비행, 전투 정보를 조종사 헬멧에 띄워주는 것이다. 지난해 구글이 내놓은 스마트 안경이 나오기도 전에 군에서 진작에 나왔다.

개량된 차세대 헬멧(JHMCS)은 조준 능력도 갖췄다. 공대공 단거리 미사일 AIM-9X 사이드와인더는 적 전투기가 앞이 아니라 옆에 있더라도 이 헬멧을 쓴 조종사가 바라보는

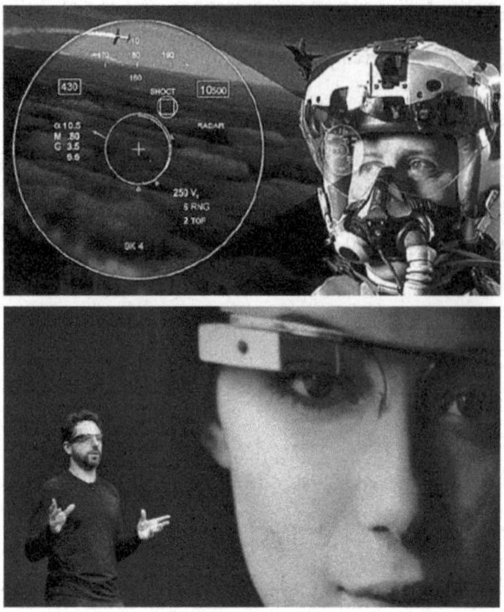

그림 1-34 헬멧 장착 디스플레이(HMD · 사진 위), 구글이 선보인 스마트 안경(사진 아래)

그림 1-35 미국의 방위산업체들이 개발중인 '아이언맨' 전투복

목표를 향해 방향을 바꿔 날아가고 격추할 수 있다. 옛날 영화에서 보던 '도그 파이팅(Dog fighting)', 즉 적 전투기 꼬리를 쫓아가 미사일·기관총을 쏘는 전투 방식은 이제 구시대 유물이 됐다. 이 기술은 소방관들이 연기 속에서도 빌딩 내부 구조나 출구를 식별할 수 있도록 하는 시스템 개발로 이어지고 있다.

② 폭발물 취급용 : 위험한 폭발물 등의 취급에 인간을 대신하여, 사용되고 있다.

③ 감시용 : 포로의 감시 등 인간이 하기에는 지루하거나, 정밀성에 한계가 있는 분야에 감시용으로 사용되고 있다.

그 외에도 방사능 노출이 된 곳, 유독가스, 고온, 고압, 고전압, 유독 화학물, 화재 등과 같은 위험한 장소, 항공 우주, 해저, 광산, 건설현장 등과 같은 특별한 환경, 혹은 임업, 농업, 수산업 등과 같은 넓은 분야에 많이 쓰여지고 있다.

④ 우주용 : 인간이 작업하기 어려우며, 지구와 같은 작업환경을 만들기 위해서는 많은 비용이 소모 되는 우주탐사 등에 사용이 되고 있다. 실재로 1976년 7월에 화성에 착륙한 바이킹(Viking) I호는 화성의 토양 분석을 위한 샘플 토양 채집에 매니퓰레이터가 사용이 되었으며, 1982년 3월에는 RMS(Remote Manipulatory System)가 우주왕복선 콜롬비아(Columbia)호에 탑재되어 과학장비를 우주선에서 우주로 이송하는 데 사용이 되었다. 궁극적으로는 이러한 작업에 인공지능 이동로봇이 인간을 대신하게 될 것이다.

그림 1-36 Remote Manipulatory System

⑤ 농업용 : 호주에서는 양털을 깎는 로봇이 개발이 되어 유용하게 쓰여지고 있으며, 그밖에도 과수원의 농약 살포 및 과일의 수확 등에 사용이 되고 있다.

⑥ 해저탐사용 : 미래의 자원의 보고인 해양에 대한 관심이 고조되고 있는 것과 더불어, 이의 개발을 위한 탐사에 대한 많은 연구가 진행이 되고 있다. 또한 1985년 여름에는 대서양에 침몰한 인도 여객기의 블랙박스 회수 및 해저 4km에 1912년에 침몰한 타이타닉(Titanic)호의 탐사 및 사진 촬영에 원격 조종 로봇이 사용되었다.

⑦ 교육용 : 선생님을 보조해서 학생들에게 지식을 전달하는 지능형 로봇이 속속 상용화되고 있다. 로봇을 교사의 대역으로 교육현장에 투입하는 사례는 한국이 세계최초다. 이러한 형태의 교육 로봇은 지난 10년간 국내 교육시장의 지형을 바꿔놓은 e러닝의 새로운 형태로서 잠재력을 막 드러낸 상황이다.

교육용 로봇시장은 크게 두가지 종류로 구분된다. 하나는 어린이들이 로봇을 직접 조립하면서 과학원리를 깨우치게 돕는 학습교재(로봇키트)가 있다. 학생들이 로봇의 구조와 작동방식을 이해하려면 로봇을 스스로 만들고 조정해 보는 것이 최고의 교육방식이다. 두번째는 어린이에게 학습콘텐츠를 전달하는 교육도구로서 로봇시장인데 최근 지능형 로봇의 킬러앱으로 가능성이 높아지고 있다. 로봇을 교육매체의 관점에서 상용화시킨 것은 우리나라가 원조다.

1.3 로봇의 분류

산업계에서 사용되는 로봇은 크게 매니퓰레이터와 이동 로봇의 두가지로 분류된다.

우선, 매니퓰레이터는 여러개의 팔을 가지고 물체를 집어 옮기거나 말단효과장치(End-effector)를 사용하여 조립하는 작업 등의 기능을 수행하며, 이동 로봇은 자율적으로 장애물을 피해가며 주어진 경로를 따라가서 물체를 이송하는 작업을 수행한다. 매니퓰레이터 로봇은 회전 운동 또는 선 운동의 관절을 가질 수 있으며 그 자유도에 따라 연결된 링크의 운동이 결정된다. 이동 로봇은 센서와 액츄에이터(actuator)를 가지고 자유로이 움직여 위치를 바꾸어 나가는 것이다.

매니퓰레이터(manipulator)는 인간의 팔과 유사한 동작을 제공하는 기계적인 장치이다. 그것의 주요 기능은 팔 끝에서 공구가 원하는 작업을 할 수 있도록 특별한 로봇의 동작을 제공하는 것이다. 로봇의 움직임은 일반적으로 팔과 몸체(어깨와 팔꿈치) 운동, 손목관절 운동의 2가지 종류로 나눌 수 있다. 이러한 2가지 동작과 연관된 각각의 관절(joint) 운동도 자유도(degrees of freedom) 로서 언급될 수 있다. 각 축은 1개의 자유도와 같다. 전형적으로 산업용 로봇은 4~6 자유도를 갖는다. 손목 관절은 3가지 운동, 즉 피치(pitch), 요(yaw), 롤(roll) 운동에 의해 특정한 방위를 갖고서 공간에 위치할 수 있다. 피치, 요와 롤의 관절들은 방위 좌표축(orientation axis)이라고 불려진다.

따라서 매니퓰레이터는 물리적으로 작업을 수행하는 로봇의 일부분이다. 매니퓰레이터가 구부리고 미끄러지고 회전하는 점들은 관절 또는 위치 좌표축(position axis)으로 불리어진다.

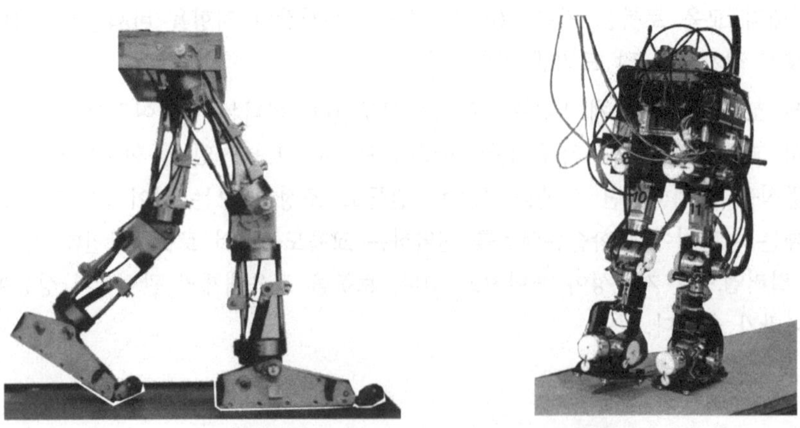

그림 1-37 Master-Slave Walking Robot

매니퓰레이터는 링크, 기어, 액추에이터와 피드백 기구와 같은 기계적 장치를 사용함으로써 실행된다. 기준 좌표계(world coordinate system)는 절대적인 기준 좌표계로서 매니퓰레이터 내에 고정된 위치로서 인식된다. 주행의 x축의 매니퓰레이터가 안쪽 바깥쪽으로 이동하고, y축 운동은 매니퓰레이터가 옆 방향으로 이동하며, 또한 z축 운동은 매니퓰레이터가 아래위로 이동한다.

그림 1-38 6자유도 힘 궤환 매니퓰레이터

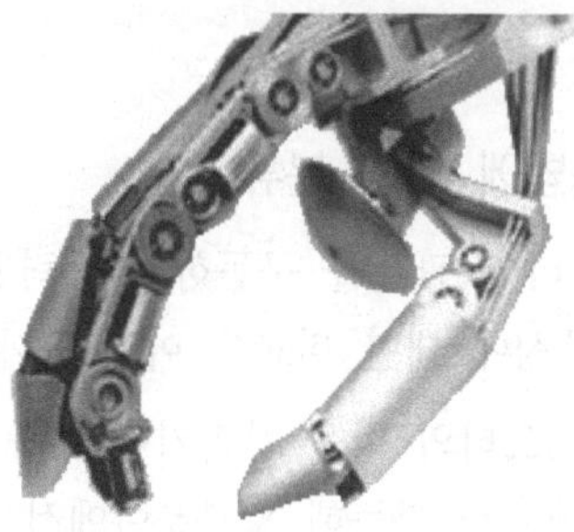

그림 1-39 End-effector

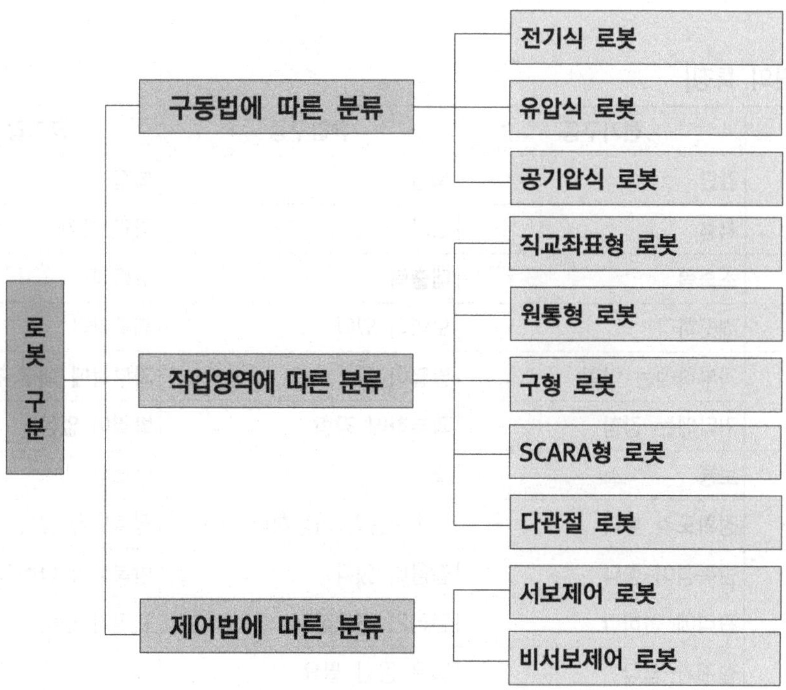

그림 1-40 로봇의 구분

로봇 매니퓰레이터의 기계적 설계는 그것의 작업 영역과 운동 특성에 직접적으로 관계가 있다.

로봇 매니퓰레이터에 대한 보다 더 효율적인 이해를 위해 여러 방법으로 분류 할 수 있으나, 여기서는 매니퓰레이터를 구동법, 작업영역, 운동제어법에 의해서 분류를 하겠다. 이외에도 입력정보, 표시에 의해서 매니퓰레이터 고정시퀀스 로봇, 가변시퀀스로봇, 플레이백 로봇, 수치제어 로봇, 지능로봇 등으로도 나눌 수가 있다.

1.3.1 구동법에 의한 분류

매니퓰레이터의 관절을 구동하는 동력원에 의하여 전기식, 유압식, 공기압식으로 나눌 수가 있으며, 그 특성에 대한 비교는 아래 표에 나타나 있다.

첫째는 전기모터의 힘을 감속기어로 증폭시켜 로봇팔을 움직이는 방식이다. 전기모터를 쓰면 정밀한 위치제어가 가능해 로봇분야에서 가장 보편적으로 사용된다. 나머지 두가지 방식은 공기압과 유압 실린더로 로봇팔을 작동시키는 것이다. 실린더를 쓰면 부품구성이 단순해지고 힘도 세지는 장점이 있지만 정교한 작업을 수행하기에는 적합하지가 않다.

[각 동력원의 특징]

구분	전기구동	유압구동	공기압구동
구 조	**간단**	복잡	복잡
가 격	**저렴**	고가	약간 고가
출 력	소출력	**대출력**	고출력
청정도	깨끗하다	오염이 있다	깨끗하다
안정성	과부하에는 약함	발열이 큼	**과부하에 매우 강함**
	기타에는 강함	**과부하에 강함**	**발열이 없음**
응답성	보통	좋음	나쁘다
기 타	**정확도**가 높다	고속구동이 가능하다	정확도가 낮다
	반복성이 좋다	잡음이 있다	반복성이 나쁘다
	관리에 편하다	관리가 필요하다	관리가 쉽다
	설계가 쉽다	넓은 공간 필요	
	저속구동		

이족 보행로봇의 구조를 보면 로봇에서 모터가 차지하는 비중이 얼마나 큰지 확연히 드러난다. 로봇이 사람처럼 걷거나 움직이려면 적어도 수십개의 모터를 주렁주렁 장착해야 한다.

휴보(Hubo)의 걷는 동작이 꽤 자연스러운 이유는 손가락에서 발끝까지 무려 41개의 모터가 들어가기 때문이다. 사람의 몸이 수백개의 근육으로 움직이는데 비하면 아직 멀었지만 로봇이 정교해질수록 내장되는 모터 숫자도 점점 늘어나기 마련이다.

(1) 전기식 구동

① 회전운동 모터 : 매니퓰레이터의 관절을 주로 DC, AC 모터나 스텝핑 모터와 같은 모터에 의해서 구동이 되며, 일반적으로 필요한 토크를 발생시키기 위해서 기어와 결합을 하여 사용이 된다. 이 경우, 부하의 관성 모멘트와 점성 마찰계수 등이 모터의 동적 변수에 영향을 준다. 요즈음 감속비가 높고, 소형, 경량이고, 효율이 높은 하모닉 드라이브로 많이 사용이 된다. 또한 기어에 의한 마찰을 줄이기 위해서 모터를 관절 측에 직접 연결하는 기어가 없는 직접 구동 모터가 많이 쓰이기 시작한다.

그림 1-41 스텝핑 모터

② 직선운동 모터 : 직선운동모터는 회전형 모터의 기본구조를 직선상으로 전개하여 전기에너지를 직접 직선운동 에너지로 변환하는 추력발생장치로 간단히 정의할 수 있으며, 아래와 같은 장점 때문 에 직교 좌표형 로봇 등에 사용이 되며, 점점 그 사용의 범위가 확대되고 있다.

(2) 유압식 구동

유압식은 매니퓰레이터가 큰 힘을 필요로 할 때 많이 쓰이며, 모터로 유입되는 흐름, 누설, 압축기로 들어가는 흐름과 같은 주된 흐름에 의하여 동작을 한다. 이 경우 저속에서 전기식보다 더 원활히 시스템을 구동시킬 수 있다.

(3) 공기압식 구동

유압식과 비슷한 구조를 가졌으며, 특히 유연한 동작을 필요로 하는 곳이나 화재의 위험이 있는 용도에 쓰여질 수 있다. 정확한 위치 제어는 어려우나 가격이 비교적 싸며, 그 용도가 제한되어 있다.

그림 1-42 공기압 pick-and-place 로봇

1.3.2 작업 영역에 의한 분류

작업 영역이란 매니퓰레이터의 공구단(End-Effector)이 도달할 수 있는 3차원 공간의 점들의 집합이라고 정의 될 수 있다. 매니퓰레이터의 베이스에서 첫 세 관절을 주축, 나머지 세 관절들의 축을 보조축이라면, 일반적으로 주축에 의해서 매니퓰레이터의 작업기구의 위치가 정해지며 보조 축에 의해서 그 방향이 정해진다. 작업 영역에 따른 매니퓰레이터의 분류는 주축의 움직임에 따라 생성되는 매니퓰레이터의 작업영역의 기하학적인 형태에 의해서, 직교 좌표형(Cartesian)로봇, 원통형(Cylindrical)로봇, 구형(Spherical)로봇, 스카라형(SCARA)로봇, 다관절(Articulated)로봇 등으로 나눌 수 있다.

작업영역에 따른 분류

- 직교 좌표형 로봇 : Cartesian/rectangular/gantry (3P) : 3 Prismatic joint
- 원통형 로봇 : Cylindrical (R2P) : 2 Prismatic joint and 1 revolute joint

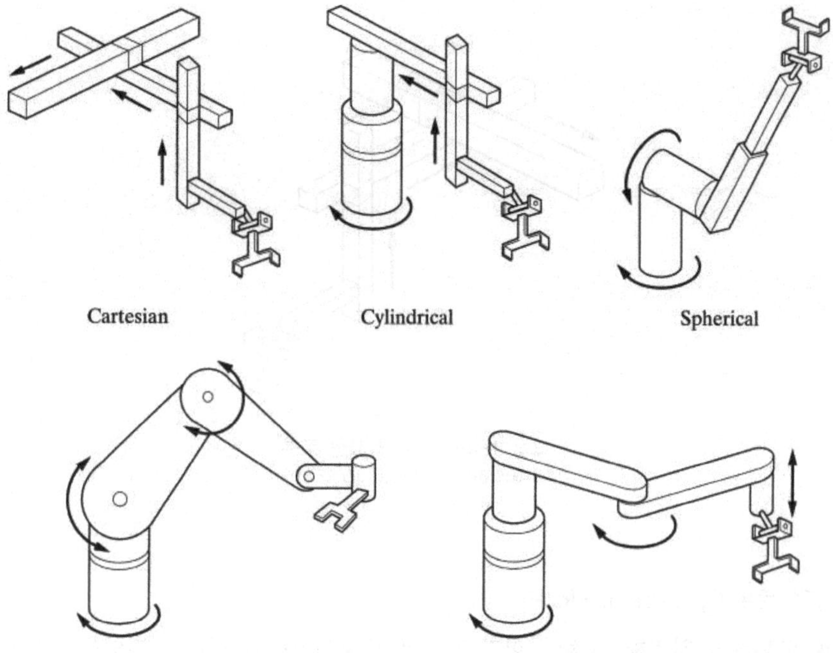

그림 1-43 일반로봇의 전형적인 작업 공간 형상

- 구형 로봇 : Spherical (2RP) : 1 Prismatic joint and 2 revolute joint
- 스카라형 로봇 (2RP): Selective Compliance Assembly Robot Arm (SCARA): 2 paralleled revolute joint and 1 additional prismatic joint
- 다관절 로봇 : Articulated/anthropomorphic (3R) : All revolute (Human arm)

(1) 직교 좌표형 로봇(Cartesian/rectangular/gantry)-3P

직교 좌표 로봇의 한 예는 그림과 같으며, 이 로봇은 관절 축 방향의 3개의 직교하는 축을 가지고 있어서 작업영역은 직육면체이며, 갠트리 로봇(이동 기중기 로봇) 등이 이에 속하며, IBM의 RS-1과 Olivetti의 SIGMA 로봇이 있다. 이 로봇은 분해력(resolution)과 정확성이 좋고, 장애물 회피가 비교적 용이하고, 관절의 움직임을 제어하기 쉬운 장점이 있는 반면에 프레임이 크고 작업 공간이 제한되어 있고, 직선 운동을 위한 기구학적인 설계가 복잡하고, 운용을 위해 넓은 바닥이 필요한 것과 같은 단점이 있다. 특히 NC방식을 취하기 쉽다.

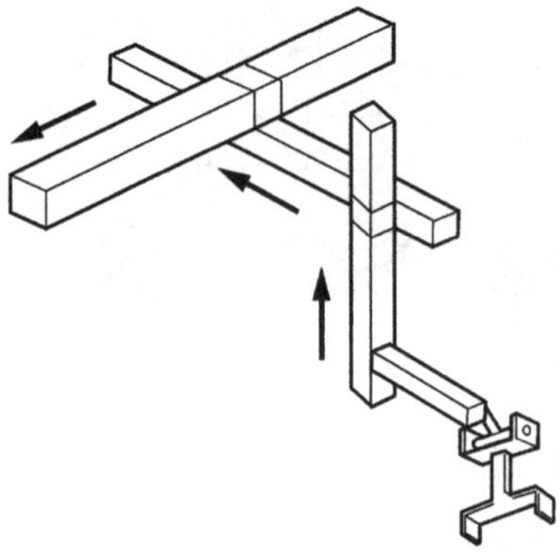

그림 1-44 직교 좌표형 로봇
(Cartesian/rectangular/gantry)

(2) 원통형 로봇(Cylindrical)-R2P

직교좌표 로봇들의 첫번째 관절이 회전 관절로 대치된 형태이며, 그 작업영역은 원통형이다. 대표적인 예로서는 Prab사의 Versation Model F6000및 Stanford arm 등이 있다. 이 로봇은 장애물 회피가 비교적 용이하고, 직교좌표 로봇에 비해 기구학적인 설계가 간단한 장점이 있는 반면에 구조가 크고 직교좌표 로봇에 비해 정확성과 분해력이 떨어지는 단점이 있다.

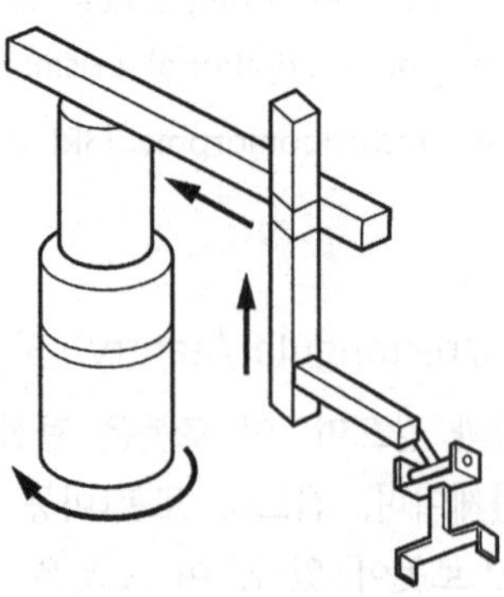

그림 1-45 원통형 로봇(Cylindrical)

(3) 구형 로봇(Spherical)-2RP

이 로봇은 원통형 로봇의 2번째 관절이 회전 관절로 대체된 것이며 작업영역이 구의 형태를 취하고 있다. 그 대표적인 예로는 Unimation 사의 Unimate 200B 등이 있다. 이 로봇은 무게가 가볍고 구조가 간단하고, 분해력이 좋은 반면에 장애물 회피에 제한이 있고 반지름에 비례하는 위치 오차가 큰 단점이다.

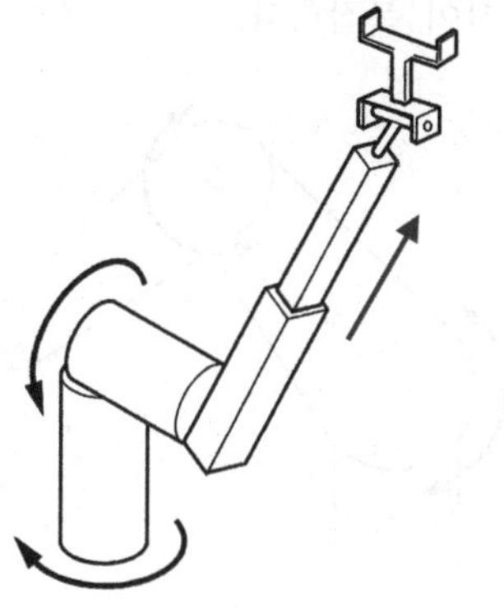

그림 1-46 구형 로봇(Spherical)

(4) SCARA형 로봇(Selective Compliance Assembly Robot Arm)-2RP

구형 로봇처럼 2개의 회전관절과 1개의 미끄럼 관절을 가지고 있으나 그림에서 보는 것처럼 3축이 모두 수직적인 형태를 가졌다. 이 로봇은 비교적 값이 싸고 빠르고 유연한 동작이 필요한 곳에 사용이 되며 특히 조립작업 등에 많이 쓰인다. 예로서는 U.S.Robot의 Maker 22 등이 있다.

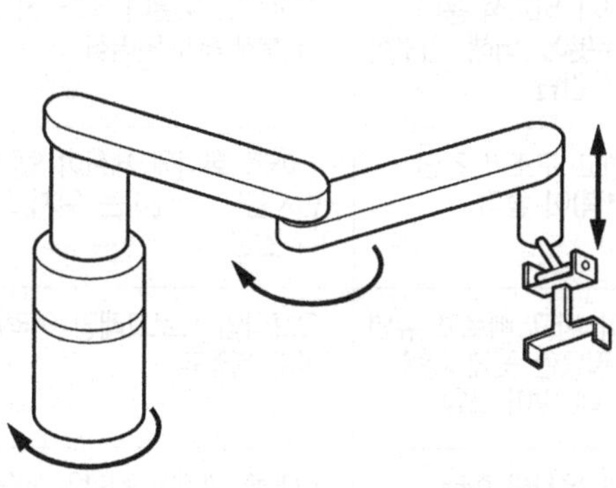

그림 1-47 SCARA형 로봇

(5) 다관절(회전관절) 로봇(Articulated/anthropomorphic)-3R

이 로봇은 인간의 팔과 유사한 형태를 하고 가졌으며 회전 관절 로봇이라 불리기도 하며, 대표적인 예로는 PUMA 500/600 시리즈, Cincinnati Milacron의 T3 등이 있다.

이 로봇은 작업물로의 접근이 없고 다른 로봇과의 작업영역에 호환성이 있는 장점이 있으나 해결력(분해력)과 정확성이 떨어지며 장애물 회피에 제한이 있고 진동이 심한 단점이 있다. 또한 교육에 있어서 관절간의 계산이 복잡하다.

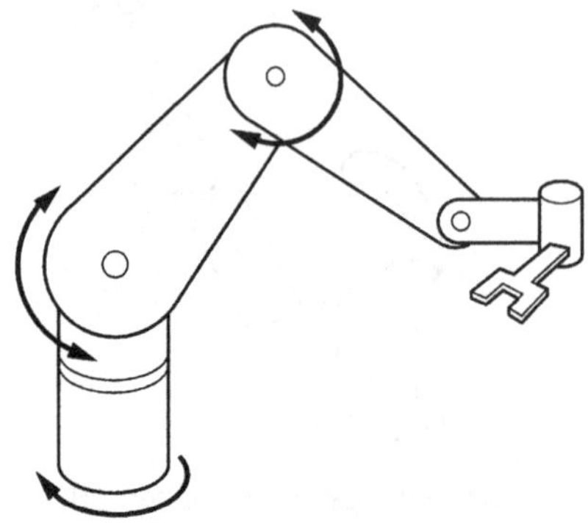

그림 1-48 다관절(회전관절) 로봇
(Articulated/anthropomorphic)

[5가지의 매니퓰레이터 형상의 장단점]

형상	장점	단점	특징
직교 좌표형 Cartesian(3P) (x, y, z)	· 장애물 회피가 비교적 용이 · 관절의 움직임 제어가 쉽다.	· 프레임이 크고 작업 공간이 제한	· NC방식
원통 좌표형 Cylindrical(R2P) (θ, y, z)	· 장애물 회피가 비교적 용이 · 직교좌표 로봇에 비해 기구학적인 설계가 간단	· 직교좌표 로봇에 비해 정확성과 분해력이 떨어짐	· Stanford arm
구 좌표형(수직) Spherical(2RP) (θ, y, β)	· 무게가 가볍고 구조가 간단 · 분해력(해결력)이 좋다.	· 장애물 회피에 제한이 있다. · 반지름에 비례하는 위치 오차가 발생	· Unimate 200B
SCARA 좌표형 (수평)(2RP) (θ, φ, z)	· 비교적 값이 싸고 빠르고 유연한 동작이 필요한 곳에 사용 · 조립작업 등에 많이 쓰임	· 오프라인 프로그래밍 어려움 · 아주 복잡함	· U.S.Robot의 Maker 22
다관절 좌표형(수직) Articulated(3R) (θ, β, α)	· 인간의 팔과 유사한 형태 · 최소 공간에 최대 작업영역	· 장애물 회피에 제한이 있음 · 진동이 심함	· PUMA 500/600

산업용 로봇의 분류

□ 산업용 로봇의 분류(형태별)

1) 제어축수에 의한 분류
   - 3축 제어 로봇 (3 axes Robot)
   - 4축 제어 로봇 (4 axes Robot)
   - 5축 제어 로봇 (5 axes Robot)
2) 제어형태에 의한 분류
   - 시퀀스 컨트롤 로봇 (Sequence controlled Robot)
   - 상각궤도 조작 로봇 (Trajectory operated Robot)
   - 적응제어 로봇 (Adaptive Robot)
   - 원격조정 로봇 (Tele operated Robot)
3) 기계적 구조에 의한 분류
   - 직교 좌표형 로봇 (Cartesian/gantry (3P))
   - 원통형 로봇 (Cylindrical (R2P))
   - 구형 로봇 (Spherical (2RP))
   - 스카라형 로봇 (SCARA(2RP))
   - 다관절 로봇 (Articulated/anthropomorphic (3R))

1.3.3 제어법에 의한 분류

로봇은 또한 로봇의 축을 제어하는 방법에 의하여 서보제어 로봇과 비서보제어 로봇으로 나눌 수 있다.

(1) 서보제어 로봇

서보 제어 로봇은 또한 연속 경로 및 지점 간에 따라 나눌 수가 있다. 모두 각 축에서의 정보, 즉 각축의 위치 및 속도가 연속적으로 주제어기에 되먹여 감으로 비교적 큰 기억 용량을 필요로 한다. 또한 일반적으로 비서보 제어 로봇에 비하여 제어 및 기계적인 구조가 복잡하여 비 서보 제어 로봇에 비하여 비싼편이나 사용의 유연성이 크므로 많이 이용이 되어 지고 있다.

서보(servo)라는 것은 추종한다, 따른다는 의미이며, 명령을 따르는 모터를 서보모터라고 한다. 좀 더 쉽게 이야기하면, 환풍기나 선풍기, 제분기, 믹서기, 윤전기 등에 들어가는 모터처럼,

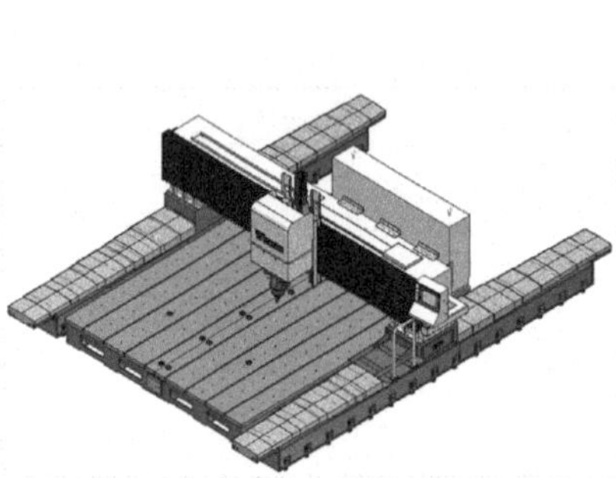

그림 1-49 압력&위치제어(Servo System)

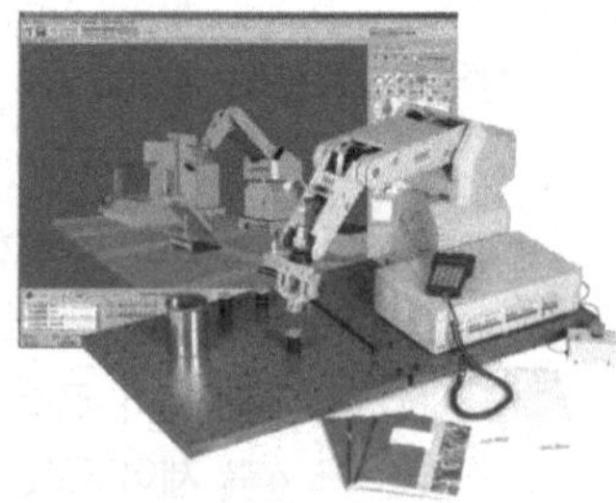

그림 1-50 Servo System

적당한 속도로 힘껏 잘 돌아가 주기만 하면 되는 모터나, 자동차의 파워 윈도우처럼 사용자가 일일이 멈추고 움직임을 제어하는 모터를 서보모터라고 하지 않는다.

이에 반해서, 프린터, DVD, 공작기계, CCTV 카메라, 캠코더 등에 사용되는 모터처럼 명령에 따라 정확한 위치와 속도를 맞출 수 있는 모터를 서보모터라고 한다. 여기서 중요한 사실은, 모터 자체를 가지고 서보모터냐 아니냐를 따지는 것은 아니다. 서보모터라는 개념은, 모터의 구동시스템까지 포함하는 것이다. 어떠한 종류의 모터라 하더라도 적당한 알고리즘과 회로를 가지는 구동시스템을 갖다 붙여서 위치와 속도를 추종할 수 있도록 만들면, 서보시스템이 이루어지는 것이다. 즉 서보제어 시스템은 궤환(Feedback)제어 시스템에 해당한다.

(2) 비서보제어 로봇

비교적 간단한 형태의 로봇으로서, 각 축의 초기 및 최종 위치만 주어지면 관절이 움직이는 과정에 대한 정보를 사용하지 않고 작동된다. 일반적으로 프로그램에 의해서 매니퓰레이터의 엑츄에이터에 제어 신호가 전해지면 엑츄에이터가 작동을 하며 작동을 멈추게 하는 리미트 스위치와 같은 작동을 멈추게 하는 장치에 의하여 정지되고, 이 신호가 오면 같은 방법에 의하여 연속적으로 다음 단계의 동작이 진행이 된다. 이러한 종류의 로봇은 그 구조가 간단하여, 가격이 싸서 소형 로봇 등에 많이 사용이 된다.

그 이외에도 공구단의 움직임을 제어하는 방법에 따라 점대점 동작(point to point motion)과 연속동작(continuous motion)으로 나눌 수 있다.

[로봇의 운동제어 형태]

제어법	응용분야
Point to point	sport welding
	pick and place
	loading and unloading
Continuous path	spray painting
	arc welding
	gluing

1.3.4 자유도에 따른 분류

자유도(DOF)는 일반적으로 로봇 형태의 완전한 표현을 위해 필요로 하는 일반화된 좌표수와 기구학적으로 독립인 비-홀로노믹 제약 방정식의 수의 차이로서 정의할 수 있는데, 대개의 경우 로봇의 동작을 위해 필요로 하는 모터의 수와 동일하다.

자유도는 일반적으로 이동로봇 형태의 완전한 표현을 위해 필요로 하는 일반화된 좌표수와 기구학적으로 독립인 비-홀로노믹 제약 방정식의 수의 차이로서 정의할 수 있는데, 대개의 경우 이동로봇의 동작을 위해 필요로 하는 모터의 수와 동일하다.

일반적으로 이동로봇이 가질 수 있는 최대의 자유도 수는 3 자유도이며 이는 아래에서의 분류에 의해 구해질 수 있다. 좌표 (X, Y)는 World 좌표 시스템에 대한 이동로봇의 위치를 나타낸다. 각 θ는 X축에 평행한 선상에 대한 바퀴나 이동로봇의 방향을 나타낸다. 다음의 기구학 방정식에서 이동로봇은 미끄럼이 없는 평면표면을 구른다고 가정한다.

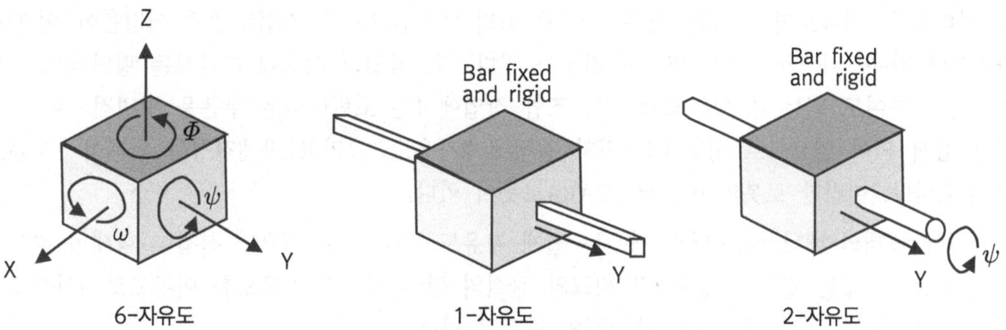

그림 1-51 구동에 따른 자유도의 분류

구분	최대 자유도	비교
매니퓰레이터	6 DOF	x, y, z, roll, pitch, yaw
이동 이동로봇	3 DOF	x, y, θ

[로봇 관절의 형태]

관절의 형태	표시법	의미
회전관절	R	축을 중심으로 회전운동을 하는 관절
미끄럼관절	P	축방향으로 직선운동을 하는 관절

[로봇의 형태와 자유도]

형	위치결정	자세결정	자유도
직각좌표형	PPP	RRR	6
원통좌표형	RPP	RRR	6
극좌표형	RRP	RRR	6
다관절형	RRR	RRR	6

매니퓰레이터는 일반적으로 물체의 공간적인 위치 결정을 위해서 3자유도, 또한 공간적인 자세 결정을 위해 3자유도 등 전체적으로 6자유도가 필요하다.

단, 여기서 P(prismatic, translational)은 미끄럼관절, R(revolute, rotary)은 회전관절을 각각 나타낸다. 자유도가 크다는 것은 제어에 어려움이 많으므로 작업수행에 어려움이 없으면, 가능하면 자유도가 작은 것이 편리한 경우가 많다. 즉, 작업의 성질에 따라서는 평면적으로 위치결정을 하여도 되는 경우도 있다. 즉, 조립 작업에서는 조립하려는 부품을 평면적으로 움직이고 집게 되어 있으므로 평면적인 위치 결정에 2자유도, 그리고 자세결정을 위해서 1자유도가 필요하다. 이러한 로봇의 예로서 SCARA로봇이 있다.

간단한 형태의 매니퓰레이터의 경우는 쉽게 자유도를 구할 수 있으나 복잡한 형태인 경우는 쉽게 구할 수 없는 경우가 있다. 각 링크와 관절의 쌍이 하나의 자유도를 이루므로 4자유도의 매니퓰레이터의 경우, 4개의 링크와 4개의 관절이 있다.

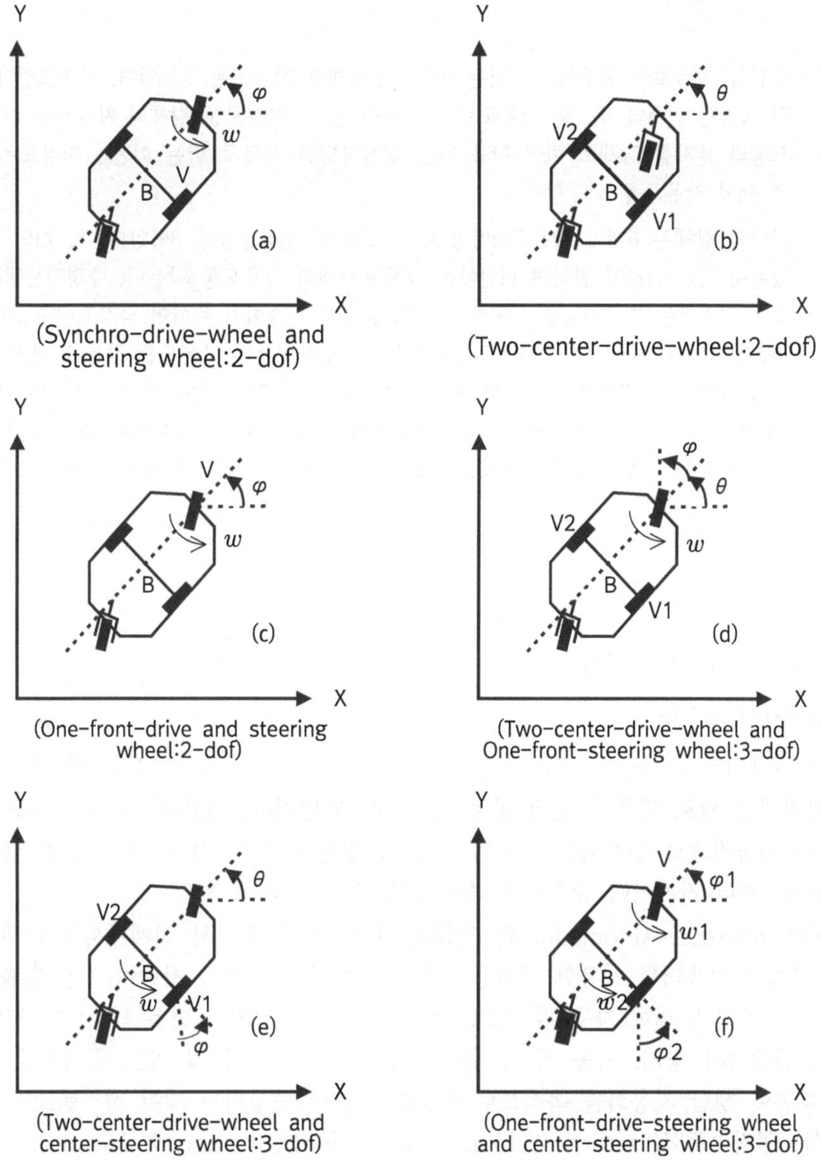

그림 1-52 2-dof 혹은 3-DOF의 이동로봇

자유도(DOF)

- 공간을 자유로이 운동할 수 있는 n개의 질점계의 자유도는 3 n이며, 구속조건이 m개 있으면 독립된 변수의 수, 즉 자유도는 3n - m이 된다. 자유로운 강체의 자유도는 6이지만, 직선 모양의 분자를 강체로 하여 다룰 때는 결합방향을 축으로 하는 회전의 자유도는 없는 것으로 해서 자유도를 5로 한다.
- 하나의 강체는 6개의 자유도(3방향(X, Y, Z)축의 병진운동과 3방향(X, Y, Z)의 회전운동)를 갖는다. 한 축(Z)에 관하여 회전하는 강체는 1개의 자유도를 갖는다. 수평면상에서 회전하고 있는 디스크는 미끄러짐을 허용한다면 그 운동을 기술하기 위하여 극좌표계구성의 3 변수와, 평면에 수직인 축에 대한 디스크의 회전각 1변수의 4개의 자유도를 갖는다. 반면에 미끄러짐이 없다면, 수평면상을 구르는데 자유롭고, 평면에 수직인 축에 대한 디스크의 회전각 1변수를 주면 구속조건이 주어져서 2개의 자유도를 갖게 된다. 수학적으로 보면, C개의 독립구속조건을 갖는 N개의 입자로 구성된 (Holonomic System)계의 자유도는 3N-C이다.

1.3.5 이동여부에 따른 분류

(1) 로봇 매니퓰레이터

로봇 매니퓰레이터는 사람의 팔과 비슷한 기능을 가진 기계. 즉, 작업의 대상물을 이동시키는 것을 가리키는 말로 각종 로봇에 공통되는 기본 개념이다. 인간이 조작하는 매니퓰레이터, 같은 동작을 자동적으로 반복하는 고정형, 컴퓨터 명령에 따라 여러가지 복잡한 동작을 하는 수치제어형 등 여러 가지이며 급속하게 복잡, 고도화 되어 가고 있다.

산업자동화(Industrial Automation)란 제품을 제조하는데 있어서 설계에서부터 생산의 제어 시스템, 로봇이나 컴퓨터를 이용한 생산설비 등을 조화롭게 사용해 사람이 직접 힘쓸 필요성을 줄여 기계나 컴퓨터에 의해 자동화한 일괄 생산 시스템을 말한다. 넓은 의미로는 컨베이어, 산업용 로봇, 품질검사 장치, 자동 창고, 무인 운송차, 수치 측정 및 제어 공작기계 등과 같이 공정의 일부분이 생산 자동화를 목적으로 사용되기 위해 구성되는 제어 시스템들도 모두 포함된다. 또한 공장자동화(Factory Automation), 무인공장(Unmanned Factory), 생산자동화(Production Automation) 등으로 다르게 표현되기도 한다.

1908년 10월 미국 디트로이트의 포드자동차 공장에서 컨베이어 벨트 조립 라인을 도입한 자동차 '모델T'가 최초로 생산되었다. 포드 자동차의 창설자인 헨리 포드는 2대 원칙인 '1초

이상 걷지 않는다', '결코 몸을 구부리지 않는다'를 채택한 컨베이어 시스템이 처음으로 적용된 것이다. 자동차를 구성하는 여러 부품들이 컨베이어 벨트를 따라 물 흐르듯이 이동하며 쉽고 간편하게 조립되었다. 단순하면서도 높은 생산성으로 대량생산 시대를 열었던 것이다. 포드의 '모델T' 이전까지의 자동차는 장인들에 의해 수공 생산되던 '핸드메이드 고가품'이었다면 포드는 대량생산과 생산기술 혁신을 통해 자동차를 공산품으로 생산해냈다. 컨베이어 시스템이 적용된 자동차 대량생산 체제가 산업자동화 시장의 본격적인 시작을 알린 후 자동차를 비롯해 일반기계 산업의용접 등 다양한 분야에서 활용되는 산업용 외팔로봇이 대표적인 공장자동화 시스템으로 점차 확대되었다.

또한, 깨지기 쉽고 무거운 LCD 기판과 수많은 공정이 요구되는 반도체 생산에 필요한 운반로봇, 제조과정에서 인간의 눈을 대신해 기계에 시각을 부여하여 다양한 분야에서 정밀한 측정과 결함 검사에 활용되는 머신비전, 산업현장의 온도, 충격 등의 환경에 맞게 설계된 맞춤형 컴퓨터인 산업용PC도 산업자동화 시스템의 한 분야이다.

그 외에 온도, 습도, 속도, 각도, 조도 등 해당 정보를 측정해 해독 가능한 신호로 변환하는 역할을 해주는 센서, 디지털 또는 아날로그 입출력 모듈을 통해 연산과 같은 특수한 기능 수행을 위해 프로그램 가능한 메모리를 사용하여 여러 종류의 기계나 프로세서를 제어하는 디지털 전자 장치인 PLC(Programmable Logic Controller)도 산업자동화 시스템에 포함된다.

현재 전세계 수요는 여전히 정체되고 있는 가운데 특히 제조업체들의 가격 경쟁이 심화되고 있다. 비용절감을 위해 중국을 비롯한 신흥국으로의 진출도 계속된 임금 상승으로 인하여 채산성 마저 악화되고 있는 상황이다. 이러한 저성장 국면에서의 어려움을 극복하기 위한 대안으로 '산업자동화'가 전세계 제조업계의 핵심 화두로 대두되고 있다.

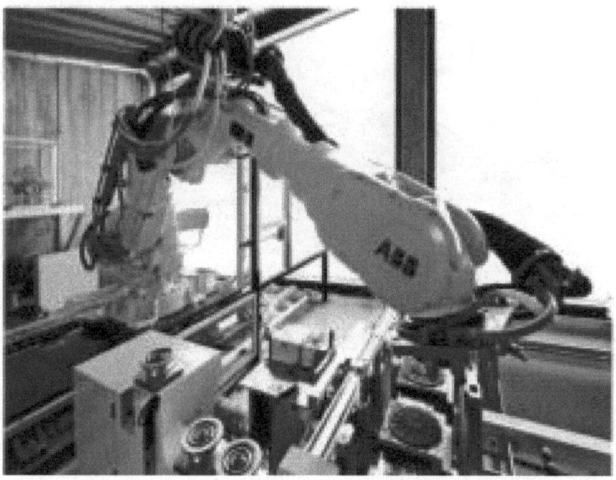

그림 1-53 일반로봇의 전형적인 작업 공간 형상

(2) 이동로봇

최근 다양한 작업 환경의 변화에 따른 대처방법으로 이동 로봇에 대한 필요성이 중요시 되고 있다. 로봇 매니퓰레이터는 고정된 위치에서 일정한 범위내의 작업만이 가능하기 때문에 이동하면서 작업을 해야 되는 여러 산업현장에서는 부가적으로 이동 기능 또는 주행 기능이 필요하게 된다.

(a) 바퀴형(Wheeled type)

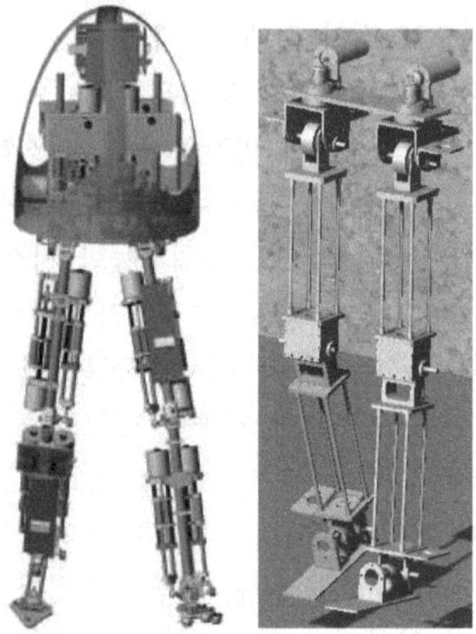

(b) 다리를 갖는형(Legged type)

(c) 크롤러형(Crawler type)

그림 1-54 이동로봇의 종류

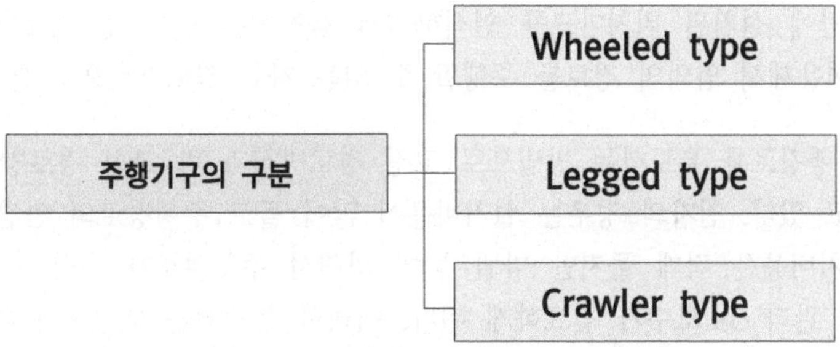

그림 1-55 이동로봇의 주행기구에 따른 분류

그림 1-56 2대의 바퀴형 이동로봇이 협동 작업을 하는 모습

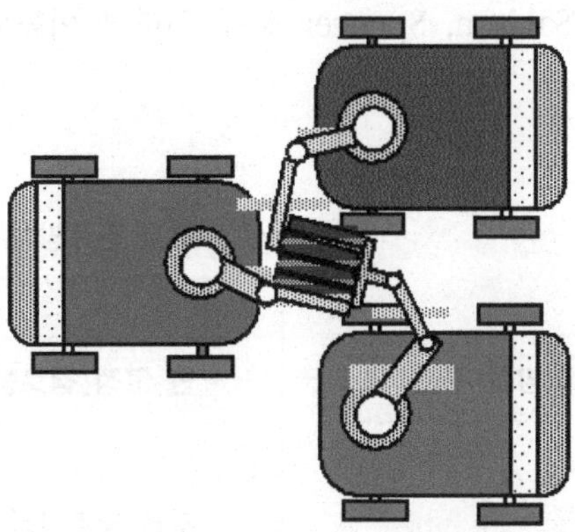

그림 1-57 3대의 바퀴형 이동로봇이 협동작업을 하는 모습

유도제어 방식에 따라서는 1) 주행면에 설치된 고정경로를 이용하는 고정 경로방식, 2) 주행경로의 중간 중간에 설치된 위치마크를 인식하면서 움직이는 반 고정 경로방식, 3) 외부 및 내부의 센서를 이용해서 임의의 경로를 주행할 수 있는 자유 경로방식으로 분류할 수 있다.

이동로봇의 주행경로를 유도하는 방법으로 고정 경로방식과 반 고정 경로방식이 산업현장에서 많이 사용되고 있다. 전자의 경우는 설치비용이 많이 들고 주행경로의 변경이 곤란하다. 후자의 방법은 설치비용은 적게 들지만 마멸 등에 의해서 주행경로가 손상 받을 우려가 있다. 따라서 주기적인 관리 및 보수가 필요하게 된다. 이러한 문제점을 해결하기 위한 대책으로 주행면에 경로를 설치할 필요가 없고 주행경로에 유연성을 갖는 자유 경로방식의 이동로봇에 대한 연구가 필요하게 된다.

다양한 환경에 따라서 작업이 가능한 이동로봇의 실현을 위해서는

1) 주행제어 기능

2) 위치 및 방향인식 기능

3) 장애물의 인식 기능이 요구된다.

이러한 기능을 만족하는 이동로봇의 개발이 필요하다. 바퀴형 주행방식을 이용한 이동로봇에 대한 연구는 여러 연구가에 의하여 계속적으로 연구되어져 오고 있다.

· Muir와 Neuman은 여러 가지 형태의 이동로봇에 대한 연구를 체계적으로 전개
· Alexander, Maddocks는 이동로봇의 바닥 접촉 시 발생 현상에 대한 연구 활발
· Saha, Angeles 등에 의하여 3-바퀴의 2-자유도를 갖는 AGV (automatic guided vehicle)에 대한 수학적 모델링
· 그 외에도 Yamamoto, Samson, Spencer 등에 의하여 이동로봇에 대한 연구가 계속적으로 이루어져오고 있다.

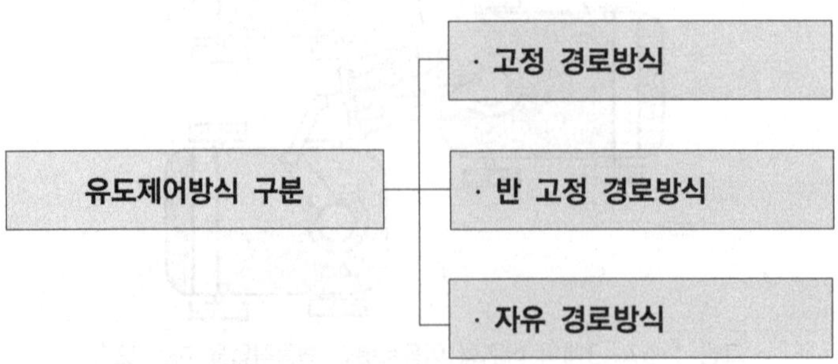

그림 1-58 유도제어 방식에 따른 분류

[유도제어 방식에 따른 장단점 비교]

구분	장점	단점	사용예
고정 경로	· 경로설정이 간단	· 설치비용이 많이 듬 · 주행경로의 변경이 곤란	
반고정 경로	· 경로 설치비용은 적음	· 마멸 등에 의한 주행경로 손상 · 주기적인 관리 및 보수가 필요	
자유 경로	· 경로 설치비용은 없음 · 주행경로의 유연성	· 설계가 복잡 · 제작비 많음	

그림 1-59 물체인식 센서를 갖는 이동로봇 AGV

제조업계 생존을 위한 '중국 Exodus'

- '세계의 공장'으로 불리는 중국에서 탈출을 위해 빠져 나오는 기업들이 늘어나고 있다. 비용 절감을 위해 생산시설을 앞다퉈 중국으로 옮겨갔으나 과거와 달리 저비용 생산기지로써의 매력을 상실하기 시작한 것이다. 한국 기업들을 포함해 진출해있던 많은 기업들이 인건비가 더 저렴한 동남아시아로 이탈하거나 미국을 비롯한 선진국들은 자국으로 돌아가는 '리쇼어링(Reshoring) 현상'이 나타나고 있다.
- 중국에 유입된 외국인직접투자(FDI) 추이에서도 이러한 이탈현상을 확인할 수 있다. 글로벌 복합불황이래 2012년 처음으로 중국 FDI가 감소세를 보인 후 계속해서 하락세를 보이고 있다. 중국의 외국기업에 대한 정책 변화 문제도 기여했다고 할 수 있다. 2010년 세제, 고용, 입지 혜택을 없애더니 뒤이어 2011년엔 근로자 사회보장 면제 혜택도 없애며 외자 기업들이 사업하기 쉽지 않은 환경이 된 것이다.
- 중국 엑소더스 현상은 임금 상승으로 인해 생산비용이 꾸준히 증가하면서 중국이 더 이상

'세계의 공장', 저비용 생산기지로써의 매력이 떨어졌다는 점이 주요인 중 하나일 것이다. 실제로 중국의 최저 임금은 불과 5년 만에 두 배 가까이 급증했다.

· 당분간 중국 정부는 정치개혁보다 민생개선을 위한 정책에 따라 임금은 앞으로도 매년 평균 13%이상 인상할 계획인 것으로 파악된다. 이에 따라 중국 보다 아직 임금 수준이 낮다고 알려져 있는 베트남, 필리핀, 말레이시아 등의 신흥국으로 이동하는 경우가 많아졌다. 그러나 중국뿐만 아니라 '제2의 세계 공장'으로 떠오르는 동남아 지역의 인건비 또한 가파르게 상승하고 있으므로 제조업체들의 신흥국으로의 공장 진출은 가까운 미래에 더 이상 해결책이 되기 어려운 상황에 봉착하게 될 것이다.

· 미국과 독일을 비롯한 선진국들은 소위 '리쇼어링(Reshoring) 현상'이 발생하고 있는 바 중국에 나가있던 기업들이 비용, 정책 등을 이유로 다시 본국으로 돌아가는 현상을 말한다.

미국의 스마트폰 업체 애플은 1억달러를 투자해 생산기지 일부를 다시 미국으로 가져올 계획이고, 가전업체 월풀은 소형믹서기 생산라인은 중국 광저우에서 미국 오하이오로 이전하는 것이 대표적인 리쇼어링 사례로 꼽힌다.

· 다만, 성공적인 리쇼어링이 되려면 생산시설의 자동화 즉 공장자동화가 먼저 이루어져야 가능한 것으로 판단된다. 선진국의 여전히 높은 임금 수준과 낮은 유연성을 고려해 볼 때 값비싼 노동력 보다는 로봇이나 기계와 같은 자동화 설비의 채택을 늘려나갈 것으로 예상된다. 이에 따라 선진국을 중심으로 4차 산업혁명이라고 할 수 있는 '인더스트리 4.0'이 필요한 시점이라는 공감대가 형성되고 있다.

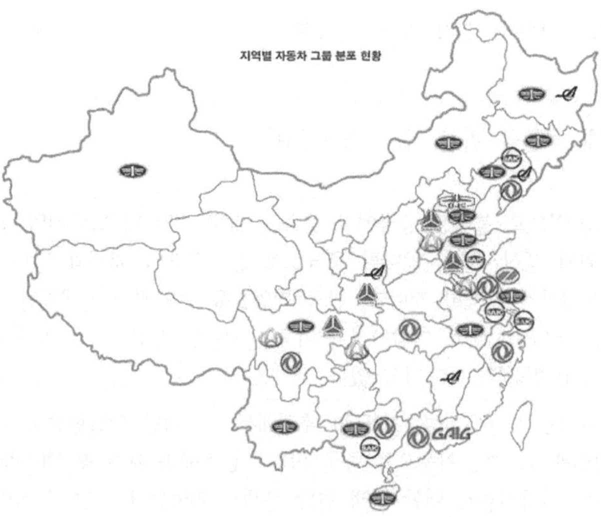

중국의 지역별 자동차 그룹 분포현황

산업용로봇 시장 성장 지속 기대

- 세계로봇연맹(International Federation of Robotics)에 따르면 전 세계 누적 로봇 출하량은 2008년에 백만대를 이미 넘어섰고 2012년 124만대를 기록했으며 2014년 146만대 이상, 2017년에는 195만대로 2012년부터 연평균 약 10%의 성장을 보일 것으로 전망된다. 전 세계 산업자동화 관련 시장 내에서 가장 빠르게 성장하고 있는 부문이 산업용 로봇인데 향후 중장기적으로도 견조한 성장이 지속적으로 기대된다. 산업용 로봇이 가장 많이 활용되고 있는 산업은 자동차 부문이고 앞으로는 IT 산업에서도 공장자동화를 위한 적극적인 설비 투자를 위해 로봇 설치 대수가 늘어날 것으로 예상이 된다. 또한 철강, 화학, 음식료 등의 산업군은 자동화가 아직도 많이 확산되지 못한 것으로 파악되어 로봇이 적용될 부분은 여전히 많이 있을 것으로 판단된다.
- 국가별, 지역별로 자세히 살펴보면 지난해 전 세계 로봇 출하량에서 미국, 중국, 일본, 한국, 독일 5개 국가가 전체의 약 70%를 차지했다. 누적 로봇 공급량 기준으로는 일본이 30만대 이상으로 가장 많은 로봇이 공급되었고 그 다음으로 미국, 독일, 한국, 중국 순으로 많은 공급량을 기록하고 있다. 2014년부터 2017년까지 미국, 독일, 일본, 한국은 연평균 약 5% 정도의 성장이 예상되는 반면 중국은 연평균 26%에 달하는 큰 폭의 성장이 가능할 것으로 전망된다. 이에 따라 중국은 3년 후인 2017년에는 누적 공급량 기준으로 약 40만대 이상의 산업용 로봇이 설치되어 있을 것으로 예상된다.

중국의 국가별 로봇 수입 현황 단위: 달러

순위	국가	금액
1	일본	1억4849만
2	독일	5284만
3	미국	1721만
4	한국	1519만
5	대만	968만
6	영국	856만
7	스웨덴	837만

*2014년 1~4월까지. 자료: 한국무역협회

중국의 국가별 로봇 수입현황

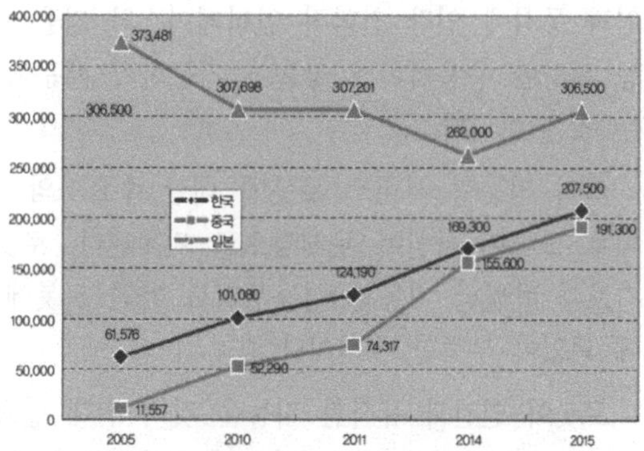

한·중·일 산업용로봇 가동대수

1.4 로봇산업의 전망

1.4.1 로봇산업의 미래

일부 기업들은 로봇 연구에 많은 자금을 투자하고 있으며 미래에는 로봇이 상용으로 적용이 될 수 있을 것으로 생각하고 있다. 최근 몇 년 동안 로봇 기술은 빠른 발전을 보여 왔으며 투자자들은 이제 새로운 로봇 시대로 들어가고 있다고 믿고 있다. 이러한 발전은 컴퓨터 성능에서의 발전과 언어 인식기술과 소형화 기술의 발달로 인해 가능할 수 있었다.

현재 로봇은 친구 · 군인 · 비서 등 모든 역할을 '뭐든지 척척'해내고 있다. 출산율 저하 · 노령화 문제를 앞으로 로봇이 해결할 것이며, 나라마다 정도의 차이는 있겠지만 빠른 시일 내에 '1가구 1로봇' 시대가 올 것으로 예견되고 있다. 현재의 수위나 안내 도우미 등의 역할은 '공공 도우미' 로봇이 담당함으로써 인간은 보다 효율적인 일에 전념할 수 있으며 이는 출산율 저하에 따른 가용인력 부족 문제에 좋은 대안이 될 것이다.

생활에서의 로봇만이 미래 로봇의 전부는 아니다. '군용 로봇'은 인간의 생명을 위협하는 전장에 투입돼 정찰, 경계 등의 기초적 활동뿐만 아니라 실질적으로 전투에 직접 참여하는 역할을 수행하게 될 것이고, '극한 작업용 로봇'은 재난구조, 화재진압, 극지 생물 탐사, 심해광물 수집, 원자력발전소 관리 등 다양한 역할을 수행할 것이다.

로봇시장의 폭발적 성장은 로봇이 최첨단 기술들의 융합을 통해 구현되는 고부가가치 품목임과 동시에 인간 친화적 인터페이스와 자율 이동 등 로봇 고유의 특성을 활용해 보안, 교육 등 다양한 응용서비스 창출이 가능하기 때문이다. 하지만 로봇시장에 장밋빛 미래만이 존재하는 것은 아니다.

특히 지능형 서비스 로봇에 대한 수요자의 기대치와 현재까지 개발된 기술수준과의 격차가 매우 크다는 사실이 문제점으로 지적된다. 로봇의 수요자들은 '아톰'이나 '터미네이터'같이 인간보다 탁월한 지능과 성능우위를 가진 로봇에 이미 익숙해져 있으나 현재 로봇의 기술은 이에 턱없이 부족한 수준이다.

로봇이 인간과 유사한 지능을 갖기 위해 필요한 기간은 학자들에 따라 많은 견해 차이를 보인다. 미국 카네기 멜론대학교의 로봇공학과 학장을 역임한 다케오 가나데 교수는 컴퓨터의 발달속도로 미뤄볼 때 20~30년 내에 로봇이 인간의 지능수준을 모사할 수 있을 것이라고 예상한 반면, 근대 로봇의 아버지로 불리는 조지프 엥겔버거 박사는 최소 300년 후에나 인간과 유사한 형태의 로봇이 출현할 것이라고 내다봤다.

실제 로봇이 인간과 닮기 위해서는 사물을 정확히 볼 수 있는 시각기능, 인식한 상황에 대한 분석과 판단기능, 인체 각 부위의 활동에 버금가는 정교한 동작기능 등을 갖춰야 한다.

인간은 206개의 뼈와 400여개의 근육으로 다양한 동작을 연출할 수 있는 반면, 현재 개발된 인간형 로봇인 아시모의 관절수는 26개, 큐리오는 28개, 휴보는 41개 수준에 불과하다.

현재 한국은 로봇 밀도 2위, 산업용 로봇시장 규모 4위, 로봇 연구논문 숫자 3위의 로봇 강국이며, 범정부 차원의 연구지원이 이뤄지고 있는 몇 안되는 나라 중 하나다. 앞으로도 모든 로봇연구자, 관련기업, 지원부처 등이 힘을 합쳐 로봇의 원천기술 개발과 산업화에 총력을 기울여 반도체와 휴대전화의 전설을 이어가는 효자산업으로 키워낼 수 있기를 간절히 바란다.

사이보그(cyborg)

- 뇌 이외의 부분, 즉 수족 ·내장 등을 교체한 개조인간. 생물과 기계장치의 결합체를 뜻한다. cybernetic과 organism의 두 단어를 합성하여 만든 말이다. 이미 전류로 움직이는 의족·의수 등 생체기능대행 로봇이 개발되었으며, 인공심장이식도 행해지고 있다.
- 인조인간으로 사람과 똑같은 형태를 한 로봇은 만들 수 있을지 모르지만 뇌만은 흉내 낼 수 없다. 인공두뇌로써 생각하고, 공부하고 주어진 문제를 해결하기도 하는 '제5세대 컴퓨터'가 개발되고 있으나, 인간의 지적 활동을 대행하는 기계(컴퓨터)로 인간의 뇌를 대치한다는 것은 현실적으로 불가능한 것으로 여겨지고 있다.

cyborg

6백만불의 사나이

안드로이드(android)

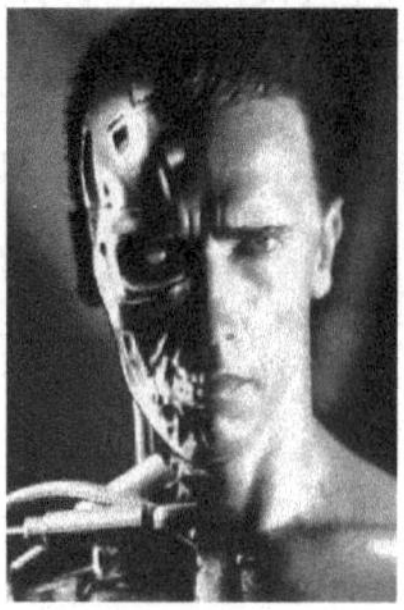
android

· 과학소설에 나오는 인간 모양으로 된 로봇. 어원은 그리스어로서 '인간을 닮은 것'이라는 뜻이며, 과학소설용어로 처음 사용한 것은 19세기 프랑스의 작가 빌리에드릴라당이다. 그의 소설 《미래의 이브》에 등장하는 여성 로봇 "아다리"를 이렇게 불렀다.

· 로봇 중에도 우수한 전자두뇌와 인공피부까지 갖추어 외관상 인간과 똑같아 보일 정도로 발달한 로봇을 안드로이드라고 하는 경우가 많다.

미래 한국 경제를 먹여살릴 19개 분야 선정

· 전 세계적으로 저성장 기조가 지속되면서 새로운 먹거리를 찾기 위한 각국 정부와 기업의 경쟁이 치열하다. 애플이 가져온 스마트폰 혁명으로 산업 판도가 요동쳤듯이 미래 먹거리가 될 수 있는 기술 선점에 앞다퉈 나서고 있다.

· 우리나라도 미래 한국 경제를 먹여살릴 19개 분야를 선정해 2020년까지 5조6000억원을 투입해 2024년 수출 1000억달러를 달성한다는 계획을 세웠다. 5G 이동통신, 지능형 로봇, 착용형 스마트기기, 실감형 콘텐츠, 맞춤형 웰니스케어 등이 포함됐다.

· 로봇은 머지않아 현대자동차, 삼성반도체처럼 한국을 대표하는 상품으로 떠오를 가능성이 매우 높다. 우리가 차세대 로봇산업에 기대를 거는 첫 번째 이유는 요즘 로봇산업을 둘러싼 주변 기술환경이 급속히 진화하면서 한국 측에 매우 유리한 상황을 조성하고 있기 때문이다.

· 그동안 로봇이 해온 주된 역할은 정확하고 반복적인 동작으로 공장에서 인간의 육체노동을 대체하는 것이었다. 하지만 최근 개발되는 로봇은 근육보다는 두뇌, 즉 지능을 갖춘 자동기계(지능형 로봇)로서 일상 속에서 인간의 삶을 돕는데 더 큰 무게가 실리고 있다.

· 유비쿼터스로 대표되는 정보통신(IT)혁명의 두번째 파도는 로봇의 활동영역을 어두운 공장이 아니라 햇살 비치는 세상 너머로 넓히고 있으며 예전에는 상상치도 못한 로봇 애플리케이션으로 막대한 부가가치를 창출할 것이다.

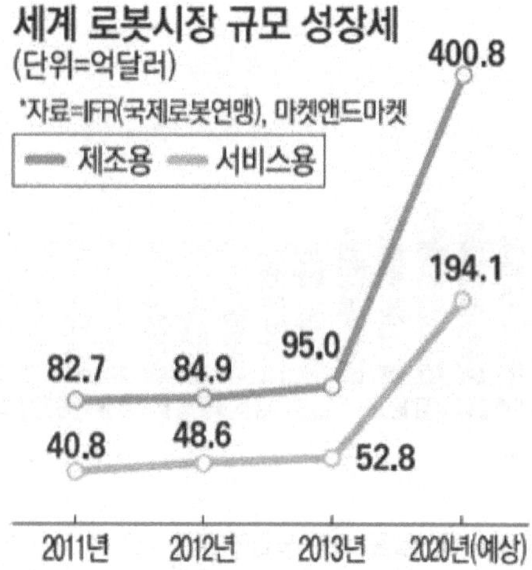

세계 로봇시장 규모

· 이 같은 주변 환경의 변화는 선진국의 기술장벽에 막혀 고심해온 국내 로봇산업에 더없는 기회를 제공하고 있다. 로봇의 물리적 힘에 인공지능을 조합시켜 새로운 부가가치를 창출하려면 무엇보다도 로봇의 활동을 지원하는 주변 환경부터 지능화돼야 한다. 세계 최고를 자랑하는 대한민국의 IT인프라는 지능형 로봇이 행동하기에 문자 그대로 천혜의 환경이다.

로봇 선진국들은 시장 선점을 위해 치열한 경쟁을 벌이는 중이다. 버락 오바마 미국 대통령은 인간협업로봇(Co-Robot) 산업화 등에 거액을 투자하는 국가로봇계획(NRI)프로젝트를 진행 중이며, 구글은 2014년에만 로봇 관련 기업 15곳을 인수·합병(M&A)하며 관련 기술을 축적하고 있다. 일본은 자국 제조업 경쟁력 강화를 위한 프로젝트를 진행 중이다. 일본 정부는 자국 제조업 경쟁력 강화를 위해 제조기업이 로봇을 도입할 때 전체 비용의 3분의 2를 지원한다. 이뿐만 아니다. 다양한 세제 지원과 설치 규제를 완화로 로봇 보급을 위한 공격적 정책을 펴고 있다. 유럽연합(EU)도 다양한 로봇산업 지원책을 내놓고 있다. 각국의 주력 산업에 로봇 기술을 융합하는 로봇 프로그램(SPARC)을 마련했다.

중국의 움직임도 심상치 않다. 중국은 이미 세계 최대의 로봇 시장이다. 중국 시장에서 제조용 로봇 판매가 전년 대비 54%나 증가했다. 국제로봇연맹은 2-3년 내 중국이 세계에서 가장 많은 로봇을 보유할 것으로 전망했다.

한국 정부는 연차적으로 수조원을 투자해 로봇산업을 육성할 계획이다. 대표적인 정책으로 제조업 경쟁력 강화를 위한 '제조업 혁신 3.0 전략'이 있다. 연차적으로 1만개의 스마트 공장을 만들 계획이다. 스마트 공장은 사물 인터넷을 연계한 공장 자동화 과정을 말한다. 어떤 제품을 어

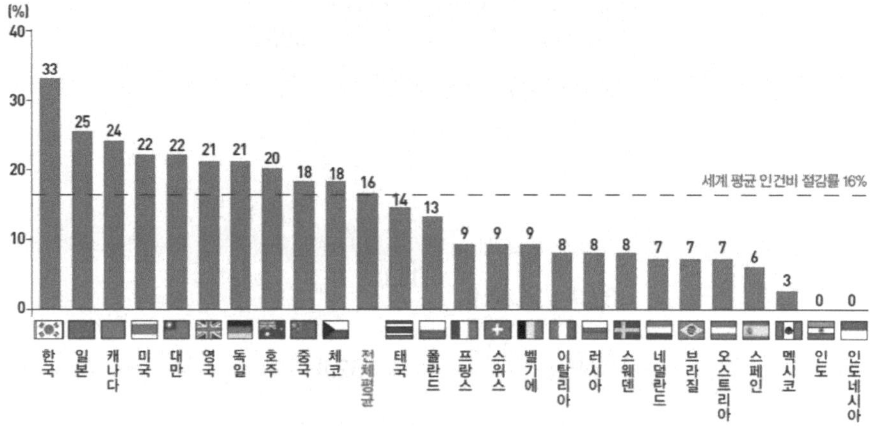

그림 1-60 고급산업용 로봇 도입에 따른 인건비 절감률(2025년)

느정도 생산해야 할지 로봇이 스스로 판단하며 물건을 제조한다. 여기에 병원물류 로봇, 재난, 헬스케어, 웨어러블 기기 등 스마트 융합제품 공급도 늘릴 계획이다. 대기업 연구소와 대학간 산학 협력도 활발하다. 스마트 공장 프로젝트는 한국 제조업의 경쟁력을 한 단계 높이기 위한 사업이며 이를 통해 독일·일본에 한걸음 다가서고 중국의 추격을 따돌릴 수 있을 것으로 예상된다.

1.4.2 로봇의 개발분야

요즘 들어 가끔씩 매스컴에서 유비쿼터스(Ubiquitous:언제 어디서나) 로봇이라는 단어가 들을 수 있다. 이 단어는 로봇이 도처에 있다는 뜻이다. 어쩌면 사방에 널려있는 PC보다도 더 많은 숫자의 로봇이 도처에 널리면서 세상을 더 복잡하게 만들지도 모른다. 일을 해줄 수 있다면 PC보다는 더 편리할 수 있다.

만약 로봇이 더 흔해지면 전자상가에서 로봇을 수십 만원대에 파는 날이 올 것이다. 흔해진 다음에는 중고 로봇들도 거래될 것이다. 거의 SF 소설에 나오는 테마들이 현실화할 것이다. 유비쿼터스 로봇 산업에 대한 세미나까지 공개적으로 열리는 요즘이니 어쩌면 머지않아 이들을 볼 수 있을지도 모르겠다. 산업계의 예측에 따르면 앞으로 로봇은 중요한 성장 산업이 될 것이라고도 한다. 어쩌면 또 하나의 성장 동력이 로봇 분야에서 나올지도 모른다. 모든 산업적 성장이 그랬던 것처럼 시장은 진공 지대를 향해 나아간다.

로봇 분야는 일부 산업계를 제외하고는 아직 진공 상태다. 간단히 말하면 아직 범용적인 용도로서의 로봇 세계는 출발하지 않았다. 만약 시동이 걸린다면 지난 30년간 PC 산업이 그랬던 것처럼 로봇 업계는 앞으로 진공 상태의 공백을 향해 새로운 확장을 거듭할지도 모른다. 그전에는 자동차와 철도가 이러한 확장을 거듭하여 거대 산업이 됐다.

아직은 비어있는 이 시장은 무언가 새로운 문화적 가능성을 제시할지도 모르며 적건 크건 산업계에서 새로운 일자리를 창출할 수도 있을 것이다. 30년 전 PC 산업계의 태동기에 막연한 희망에서 미래를 점칠 수 없었던 것처럼 로봇 세계도 마찬가지로 아직은 알 수 없다. 성공 자체의 여부도 시장이 결정할 것이다.

일본의 히로치카 이노우에는 언론과의 인터뷰에서 휴머노이드 로봇을 위한 킬러 애플리케이션을 찾아내야 한다고 주장했다. 사실 아직 로봇에는 본격적인 킬러 애플리케이션이 없다고 한다. (PC의 폭발적 보급은 단계적으로 킬러 애플리케이션들이 출현했기 때문에 가능했다)

비록 원시적인 존재라도 로봇이 도처에 널려있게 되면 그 자체로 하나의 추진력을 갖게 된다. 자본이 투여되고 사람들이 모여들며 개발과 변경을 하게 되고 많은 혜택과 아울러 어두운 면도 부가될 것이다. 어떠한 형태든지 로봇은 실제로 일을 하는 존재이기 때문에 사람들은 약간의 불안을 갖고 있다. 컴퓨터가 물리력이 약한 존재라면 로봇은 그보다는 물리적인 힘이 강한 존재다.

SF 영화에서는 로봇이 무언가 일을 일으키는 존재로 묘사되곤 했기 때문에 사람들의 무의식에는 조금 어두운 부분들이 자리 잡았다. 고전적인 영화 '터미네이터'나 최근의 '아이, 로봇' 같은 작품에 이르기까지 무언가 문제를 일으키는 영화와 그 무의식에 우리는 익숙하다.

썬 마이크로시스템의 공동 창업자이자 기술 책임자였던 빌 조이(Bill Joy)는 「미래는 우리를 기다리지 않는다(Why future doesn't need us)」라는 장문의 글에서 앞으로의 산업계의 추이를 GNR이라는 세 단어로 요약했다(Wired Magazine, 2000년 4월). GNR이란 Genetics(유전공학), Nano Engineering(나노공학), Robotics(로봇공학)의 이니셜을 뜻한다. 미래의 산업은 결국 이 세 종류의 산업으로부터 자유로울 수 없을 것이다.

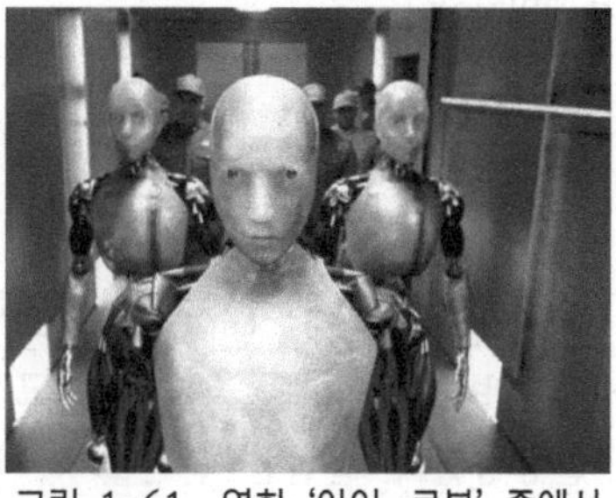

그림 1-61 영화 '아이, 로봇' 중에서

그림 1-62 아이, 로봇

우리는 어떤 사람이 아무 생각 없이 시키는 일만 할 때 '마치 로봇 같다'는 말을 쓰곤 한다. 이 때 로봇은 조립 및 자동화를 위한 산업용 로봇을 염두에 두고 하는 말이다. 이 로봇은 짜여진 프로그램에 의해서 처리되는 단순 반복 작업을 맡아할 뿐이다. 이 로봇의 목표는 사람보다 더 튼튼하고, 더 정밀하고, 더 빠르게 일을 처리하는 것이다. 따라서 산업용 로봇은 그 모양이나 역할이 우리가 어릴 적부터 만화나 영화에서 보던 로봇과는 거리가 멀다.

아시모프와 아이로봇

- 몇 년 전 개봉된 '아이 로봇(I, Robot)'의 원작자인 아이작 아시모프(Isaac Asimov, 1920~1992)는 세계 SF 3대 작가 중 하나로 꼽히는 작가이다. 그는 장르를 가리지 않고 엄청나게 많은 책들을 출판해서 다작으로 유명하다. 그의 주전공은 생화학이었지만, 천문학, 물리학, 화학, 종교학, 역사학, 신화학까지 생전에 500여권을 출판했는데, 그래도 다 출판하지 못한 책들이 있었다고 하니 정말 엄청난 양이다.

아시모프

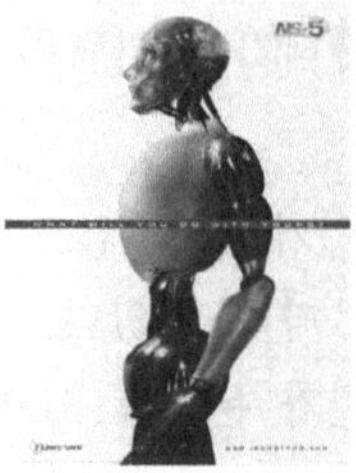

영화[아이로봇]

- 그 중에서 '로봇' 시리즈는 그의 대표적 저작 중 하나라고 할 수 있다. 그는 로봇 시리즈를 통해 로봇공학(Robotics)라는 용어를 만들어낸 것으로도 유명한데, 무엇보다 아시모프하면 떠오르는 것은 그의 저작을 관통하고 있는 로봇 3원칙이다.
- 로봇의 반란이 등장하는 '로숨의 만능로봇'을 '3류로 취급한다'고 공공연하게 이야기했던 아시모프는 '로숨의 만능로봇' 이후 많은 글들이 반란을 주제로 다루자 로봇을 안전하게 통제할 방법을 생각해낸다. 그것이 바로 유명한 로봇 3원칙이다.

21세기에 들어서면서 로봇은 가정에 등장하기 시작했다. 애완 로봇이 사람과 같이 놀아주고, 청소 로봇은 집안 곳곳을 알아서 깨끗하게 치워준다. 경비 로봇이 집을 지켜주고, 재활 로봇은 몸이 불편한 사람을 도와준다. 로봇은 이제 우리 일상생활과 밀접한 연관을 가지고, 우리 삶의 질과 복지 향상에 큰 기여를 하고 있다. '무뇌로봇'에서 '지능로봇'으로 진화하고 있는 이런 추세를 감안하면 '똑똑하고 일을 척척 처리해내는 사람'에게 '로봇 스럽다'는 말을 할 때가 곧 올 것이다.

지능형 로봇은 우리의 일상생활에 꼭 필요한 역할을 할 것이고, 개개인이 소유하게 될 것이다. 즉 퍼스널 로봇 시대가 열릴 것이다. 30톤이 넘는 무게의 집채만한 컴퓨터인 에니악(ENIAC)이 1946년 등장했을 때, 지금처럼 우리가 사용하고 있는 개인용 컴퓨터로 진화하리라고는 아무도 상상하지 못했다. 여러 사람이 함께 이용하는 대형 컴퓨터 시대인 80년대까지만 하더라도 이렇게 빨리 개개인이 컴퓨터를 보유하게 될 줄은 몰랐을 것이다. 그러나 90년대 들어 말 그대로 한 사람이 한 대의 컴퓨터를 사용하는 퍼스널 컴퓨터 시대를 맞이했다. 현재 집집마다 컴퓨터가 한 대씩 있듯이 머지않아 향후 20년 안에 "한 가정 한 로봇" 시대, 즉 퍼스널 로봇 시대가 올 것으로 예측된다.

(1) 유비쿼터스 시대의 로봇 '유비봇'

로봇은 결국 움직이는 컴퓨터이다. 따라서 로봇의 미래는 컴퓨터 기술 발전과 밀접히 연관되어 있다. 오늘날 여러 사람들이 주위에 내재된 다양한 컴퓨터들을 의식하지 않고 네트워크를 통해 사용할 수 있는 유비쿼터스 컴퓨팅 시대를 맞이하고 있다. 쉽게 말해 우리 주변에 있는 모든 사물들이 컴퓨터인 시대가 올 것이다. 이러한 추세에 맞춰 지능형 디지털 주거 공간의 컴퓨터 및 디지털 기기와 연동되어 언제 어디서나 접근 가능한 유비쿼터스 로봇, 이른바 '유비봇(UbiBot)'이 등장할 것이다.

앞으로 우리 인류는 서로서로 긴밀하게 네트워크로 연결된 수십억 개의 유비쿼터스 공간 속에서 살게 될 것이다. 이 유비쿼터스 공간에서는 시간이나 장소, 가지고 있는 단말기에 구애받지 않고 사용자가 원하는 정보와 서비스를 얻을 수 있다. 이 공간에서는 이동성을 필요로 하는 서비스를 위하여 이동성 정보통신 단말기로서 유비쿼터스 로봇이 필연적으로 요구될 것이다.

유비봇은 스마트 센서, 지능형 정보 입출력 장치 등을 지니고 다양한 컴퓨터 및 디지털 기기와 스마트 환경 센서 등을 제어할 수 있고, 정보를 전달하는 통신 능력을 지닌다. 결국 유비봇이란 가정이나 사무실의 디지털 환경이 분산 네트워크와 다양한 유무선 통신 수단에 의하여 통합되는 디지털 컨버전스(digital convergence)와 더 나아가 여기에 지능을 부여하여 효율을 극대화하는 유비쿼터스 컴퓨팅(ubiquitous computing)을 갖춘 디지털 생활환경을 총체적으로 관리할 수 있는 로봇이라고 할 수 있다.

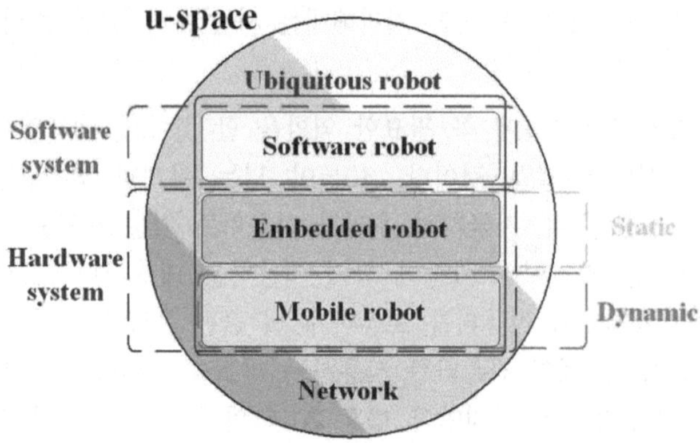

그림 1-63 Ubibot / u-space

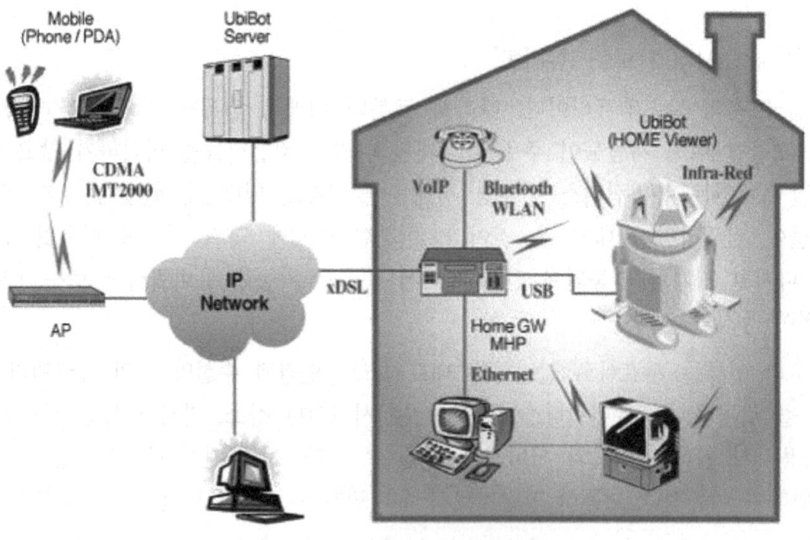

그림 1-64 유비봇(UbiBot) 개념도

(2) 유비봇을 구성하는 세쌍둥이

앞서 언급했듯이 유비봇(UbiBot)이란 유비쿼터스 공간 속에서 언제, 어디서나, 어떤 단말기로든 임의의 네트워크를 통해서 사용자가 원하는 서비스를 제공할 수 있는 로봇이다. 유비봇은 인간계와 환경계 사이에 이음새 없이(seamless), 인식되지 않으며(calmly), 상황에 맞는(context-aware)

서비스를 제공하는 네트워크 기반(networked) 로봇으로, 크게 세 가지로 구성된다.

네트워크를 통해 이동하며, 언제 어디서든지 접속 가능하고, 자율적인 상황 인식과 사용자와 끊임없는 상호 작용이 가능한 소프트웨어 로봇(software robot)인 소봇(Sobot), 환경이나 이동 로봇 등에 이식되어 로봇 및 사용자의 위치 인식, 사용자 및 로봇의 인증, 여러 센서 정보의 합성 등을 담당하는 임베디드 로봇(embeded robot)인 임봇(Embot), 그리고 사용자의 손발이 되어 힘든 일과 여러 가지 서비스를 제공할 이동 로봇(mobile robot)인 모봇(Mobot)으로 구성된다. 특히 소봇은 유비쿼터스 개념에 따라 네트워크를 통해서 이동 로봇에 이식되어 이 로봇들의 두뇌 역할을 할 수도 있다.

(3) SW 기반의 자율 시스템 '소봇'

소봇(Software robot: Sobot)은 소프트웨어 기반이기 때문에 네트워크를 통해 이동할 수 있고 언제 어디서나 다른 시스템과 연결될 수 있다. 소봇은 상황을 파악하여 사용자와 상호작용을 하며, 다른 환경과 로봇에 이식될 수 있다. 소봇은 자율 시스템이기에 자신의 행동을 외부 명령 없이 스스로 결정하고 통제한다. 유비쿼터스 환경에서 소봇은 사용자를 대신해 행동하고 통신을 할 수 있으며 소봇은 임봇이나 모봇에 이식되어 활동할 수 있다.

또 하나 중요한 특징은 스스로 배울 수 있는 능력을 가졌다는 것이다. 주위 대상을 알아보고 움직임을 파악하며 상황을 이해할 수 있다. 소봇은 분명한 목적과 치밀하게 짜여진 계획하에 작동하는데, 이 계획들은 계속 수정된다. 새로운 상황이 나타나면 소봇은 그 상황에 맞게 적응하여 반응한다. 문제가 발생하면 자동적으로 사용자 앞에 나타나서 사용자의 행동을 관찰하면서 사용자에 대해 배운다. 사용자, 즉 소봇의 주인이 무엇을 좋아하고 무엇에 관심이 있는지를 배우며 적응해나갈 수 있다.

최근 KAIST의 ITRC-지능로봇연구센터에서는 이러한 유비봇의 구현 가능성을 보이기 위하여 인공생명체로 구현된 소봇인 'Rity'로 두 가지 중요한 실험을 하였다. PC에 부착된 USB 카

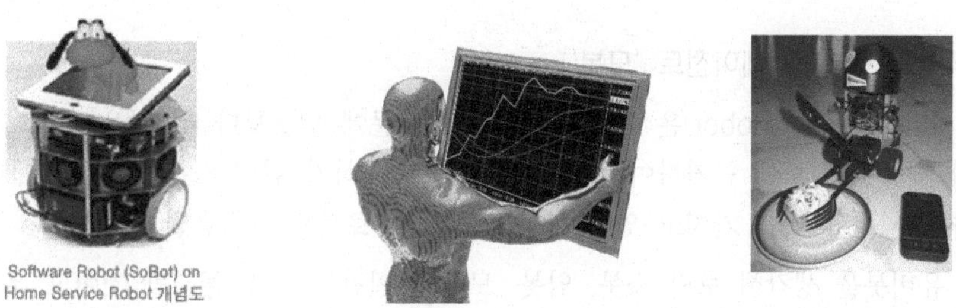

Software Robot (SoBot) on
Home Service Robot 개념도

그림 1-65

메라를 통해 Rity가 실제 세계에 있는 사람과 상호 작용이 가능하도록 하였고, Rity에 네트워크 기능과 고유의 IP를 부여해 언제 어디서든 접속을 통해 사용자의 위치로 가져올 수 있도록 하였다. 이는 우리가 사는 실세계와 소프트웨어로 구현되는 가상세계의 연속적 결합과 어디든지 존재하는 소봇을 통해 유비봇의 구현 가능성을 보인 것이다.

(4) 외부환경을 정밀하게 읽는 '임봇'

임봇(Embeded robot: Embot)은 외부환경 속에, 또는 모봇에 이식된다. 이 임봇은 다양한 센서들과 협력하여 사용자 또는 모봇의 위치를 인식하고 통합하여 외부환경을 이해한다. 또 네트워크로 연결되어 있고 감지 기능이 있는 모든 물체, 그리고 소봇을 컨트롤할 수 있는 마이크로프로세서가 장착되어 있는 모든 물체를 포함한다고 볼 수 있다. 인간의 행동과 상태, 선호도, 관계성 그리고 주변 환경들을 소리 없이 인식하고 이해하기도 한다.

임봇은 인간 행동의 패턴을 인식할 뿐만 아니라 날씨와 시간, 기후 등 사람의 행동과 상태에 영향을 줄 수 있는 환경 요인들도 인식한다. 임봇은 사람들 사이에 존재하는 다양한 종류의 거리감을 구별할 수 있다. 임봇은 가족 구성원과 방문자, 친구와 개성 등 사회적 관계들을 구별할 수 있다. 주인과 다른 사람들 사이의 관계를 알아채고, 누가 주인에게 손가락질을 하는지, 얼굴을 맞대고 쳐다보고 있는지도 안다.

임봇은 모봇과 인간, 물체, 그리고 다른 환경의 위치를 파악하고 사용자 인증을 한다. 임봇은 또한 자료를 가공하는 능력을 가지고 있다. 인간 행동과 상태, 환경에 대한 정보를 수집하고 가공하여 정보 검색 과정에서 능력을 발휘한다. 또한 임봇은 정보를 수집·저장·가공하여 로봇과 인간의 의사소통을 쉽게 해준다. 이러한 기능은 가정이나 사무실, 정부 건물에 광범위하게 적용될 수 있다. 또한 보안과 정보 검색 시스템, 연구 관리, 공공자원 관리도 개선해줄 것이다.

(5) 움직이는 서비스 에이전트 '모봇'

모봇(mobile robot: Mobot)은 움직일 수 있기 때문에 임봇보다 더 많은 기능을 한다. 모봇은 임봇이 제공한 정보에 근거하여 실제 서비스를 제공하기 위해 소봇과 커뮤니케이션을 한다. 모봇은 바퀴나 두 다리를 가지고 있는 다목적 서비스 로봇으로 사용될 것이다.

미래의 유비봇을 생각해 보면 소봇, 임봇, 모봇은 인간과 함께 존재할 것이고 우리에게 유비쿼터스 네트워크를 통해 우리에게 인식되지 않으면서 상황에 맞는 서비스를 언제 어디서나 이음새 없이 제공할 것이다. 유비봇을 구성하는 세 가지 로봇은 각각의 기능과 지능에 근거하여 서로 협력하면서 고유의 역할을 할 것이다.

(6) 로봇의 미래, 로보 사피언스

영화 '아이, 로봇'에서 나오는 2035년의 로봇 'NS-5'는 감정을 표현하고 상황 판단을 하는 지능형 로봇이다. 이쯤 되면 로봇도 호모 사피언스(Homo Sapiens)와 같이 새로운 종인 로보 사피언스(Robo Sapience)로 분류해야 할 것이다. 뛰어다니고 구르는 시스템이 구현된다고 가정할 때, 대량 생산된 로봇에 생명력을 불어넣을 수 있는 기술은 가능한 것일까? 각 로봇에게 각기 다른 개성을 부여하는 것도 가능할 것인가? 이를 가능하게 하는 것이 로봇을 인공 생명체로 정의하는 것이다. 이는 로봇에게 각기 다른 생명체로서의 개성을 가질 수 있는 인공 유전자 정보를 부여함으로써 가능할 것이다. 이런 인공 유전자 정보란 결국 소프트웨어 시스템을 통해 가능할 것이고, 따라서 앞에서 설명한 소봇을 통해서 가능할 것이다.

로봇이란 센서 정보를 분석하여 각 센서 정보에 따라 내부 상태(동기, 감성, 항상성 등) 변화를 일으키고, 이에 따라 적절한 감정을 표현하고 행동을 취할 수 있는 기계적인 시스템이다. 여기서 같은 센서 정보라도 로봇에 따라서는 다르게 반응할 수 있다는 점이 개성으로 표현될 수 있을 것이다. KAIST RIT 랩에서는 인공 생명체에 인공 유전인자를 구현하는 연구가 한창 진행 중에 있다. 영화 속에서 2035년의 NS-5는 결국 유비봇의 진화를 통해서 인공 생명체로 구현 가능할 것이고, 우리 인류는 이들을 새로운 종인 로보 사피언스로 인정해야 하는 날이 올 것이다.

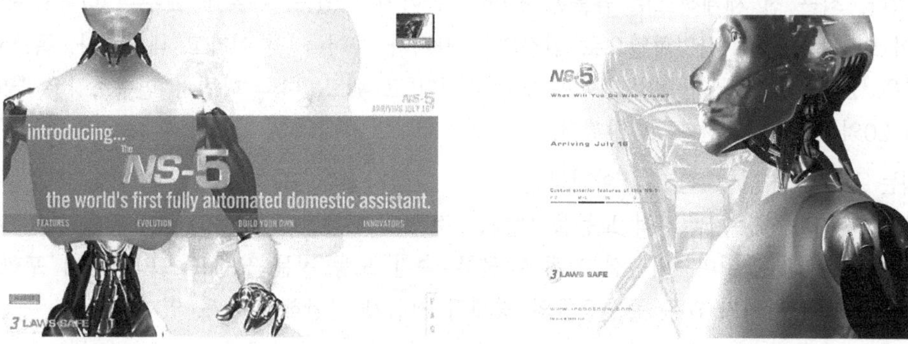

그림 1-66 NS-5

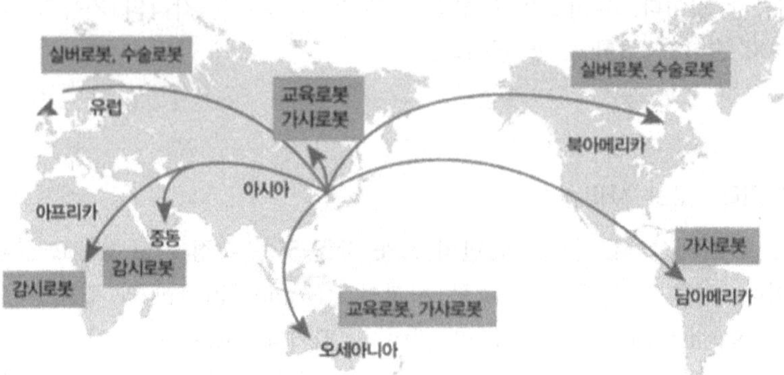

그림 1-67 우리나라 서비스로봇 수출전력맵

로봇도 진화한다.

기존 산업용 로봇이 한 팔만 가졌다면, 특수목적으로 개발 중인 로봇은 작업용 팔이 두 개다. 움직이는 물체를 한 팔로 잡은 뒤 다른 팔로 가공할 수 있다. 두 팔 로봇은 작업 효율이 한 팔 로봇보다 여섯 배 높다. 인류로 빗대면 오스트랄로피테쿠스에서 호모 에렉투스로 진화한 셈이다. 이 로봇의 또 다른 특징은 작업에 따라 사람의 손에 해당하는 '모듈'을 갈아 끼울 수 있다는 점이다. 이전엔 운반용 로봇, 조립용 로봇, 포장용 로봇을 따로따로 마련해야 했다. 하지만 '양팔 로봇' 한 대로 운반·조립·포장이 다 가능하다.

로봇이 갖는 장점과 동시에 '로봇의 발달이 우리의 일터를 빼앗지 않을까' 하는 우려도 커지고 있다. 최근 전 세계적으로 암울한 전망이 쏟아지고 있다. 뉴욕대 교수는 다보스포럼에서 "로봇이 이끄는 제3의 산업혁명으로 인간의 일자리가 줄어들 것"이라고 내다봤다. 옥스퍼드대 연구팀은 "20년 후 미국의 일자리 47%가 소멸된다"고 했고, 미국 다빈치 연구소장은 "2030년 일자리 20억 개가 사라진다"고 밝혔다.

문제는 '로봇 혁명'이 전부가 아니라는 거다. 인공지능과 3D 프린팅 등 기술 진보는 육체 노동뿐만 아니라 상당수의 지적 노동을 대체할 것으로 예상된다. 로봇과 컴퓨터의 대체 가능범위는 더욱 넓어질 것이며, 비숙련 노동은 물론 숙련 노동·전문 노동도 그 범주에 포함될 수 있다. 이 과정에서 적지 않은 중산층들의 경제적 지위가 불안해질 수도 있다.

요즘 로봇은 시각인식·인공지능·다관절 등 첨단 기능을 갖춰 사람의 섬세한 동작을 보면 그대로 따라하는 수준까지 개발됐다. 일반 산업용 로봇 가격은 점차적으로 하락하고 있다. 미국

자동차 제조업의 산업용 로봇의 운영비는 이미 일반 패스트푸드 매장 직원의 임금과 거의 비슷한 수준이라고 한다. 익명을 요구한 한 로봇 전문가는 "2만 명이 근무하던 중국의 한 공장에서 최근 로봇이 투입된 뒤 로봇을 관리하는 직원 100명만 남은 사례가 있다"고 말했다.

인공지능의 초기 형태인 지능형 알고리즘은 빅데이터와 맞물려 무섭게 발전하고 있다. 계산과 같은 단순하고 반복적인 작업에서 벗어나 분석과 예측까지 가능하다. 마이크로소프트(MS)의 음성 비서 서비스인 '코타나'는 아카데미 수상자 24명 가운데 20명을 정확히 맞혔다. 영화와 배우의 빅데이터를 검색엔진으로 분석한 결과다.

미국 언론계에선 '로봇 저널리즘'이 화제다. 시간을 다투는 금융, 결과가 숫자로 쉽게 나타나는 스포츠 분야 보도에서 알고리즘이 자동으로 기사를 작성하고 있다. 하버드대 경제학과 교수는 기술의 발달로 사무직뿐만 아니라 의사·변호사·회계사 등 전문직도 일자리를 위협받을 수 있다고 분석했다. 맥킨지 글로벌 인스티튜트는 2025년 로봇이 전 세계 제조업 일자리 4000만~7500만 개를 뺏는 반면 알고리즘은 1억1000만~1억4000만 명의 일을 대신할 것이라고 전망했다. 그렇다면 로봇과 인공지능이 인간의 일자리를 얼마나 잠식할 것인가? 일자리의 미래를 낙관하는 쪽이 좀 더 많다.

미국의 여론조사업체는 과학자·개발자·기업인 등 전문가들에게 '로봇이 사람의 일자리를 빼앗아 갈 것으로 생각하느냐'고 물었다. '그러지 않을 것'이라는 의견(52%)이 '그렇다'(48%)보다 약간 높게 나왔다. 이런 논리의 기본은 헨리 포드가 대량생산 방식을 도입해 '포드T'를 만들면서 많은 노동자가 해고됐다. 그러나 자동차 가격이 떨어져 주문이 늘면서 고용도 증가했다. 교통수단 발달로 관광과 같은 새로운 산업에서 일자리가 생겨났다. 로봇도 마찬가지라는 논리이다.

반면 비관론자는 생산성이 증가하고 경제가 성장해도 고용은 늘지 않아 중산층이 무너질 수도 있다고 본다. 새로운 일자리가 생기더라도 전환하는 데 시간이 걸리고, 또 그 일자리의 질이 낮을 수도 있다. 『제2의 기계 시대』 저자인 미국 MIT 교수는 "저숙련 일자리는 육체노동이 많기 때문에 여전히 수요가 있다. 하지만 중간 정도 숙련을 요구하는 일자리는 여러 기계가 대체할 수 있다"고 지적했다. 노동시장이 바뀌는 과정에서 일자리의 양적 감소, 고용의 질적 저하, 과거 직업 종사자들의 도태가 일어날 수 있다.

로봇과 인공지능이 위협하는 일자리는 부지기수다. 이런 일자리로 미국 방송사 NBC는 약사, 변호사, 운전사, 우주비행사, 점원, 군인, 베이비시터, 재난구조원 등을 선정했다. 옥스퍼드대 연구팀은 텔레마케터, 파쇄기계 운전기사, 굴착기 운전기사, 약제사, 조립 근로자, 동물 관리인 등이라고 내다봤다. 단순노동·비숙련직은 지난 수십 년 동안 자동화가 많이 됐기 때문에 당분간 안전하다. 그러나 벌이는 시원찮다.

인간의 비교 우위가 지켜질 분야도 있다. 이발사, 승무원, 코디네이터, 제빵사 등 섬세한 사람의 손길이 필요한 분야다. 로봇 개발이 어렵고 개발하더라도 경제성이 떨어지기 때문이다. 시니어 산업과 같이 다른 사람과 정서적으로 교감을 나눠야 하는 직업도 끝까지 경쟁력을 지킬 것으로 전망된다.

로봇산업은 전기, 전자, 기계, 통신, 금속, 전산 등 모든 관련 산업을 아우러는 융합 산업이며, 특히 우리나라의 로봇산업은 현재의 반도체·자동차산업의 뒤를 이은 마지막 황금시장이다.

현재 국내 로봇기술의 수준을 감안한다면 로봇산업은 우리가 세계 3대 강국으로 시장을 선도할 수 있는 마지막 산업 분야라 할 수 있다.

Chapter 2 로봇의 구성요소

대량 생산을 위한 자동화 시스템에서 주목받던 산업용 로봇은 현재 인간과 공존이라는 대명분하에 인간의 생활공간 확장과 삶의 질을 높이는데 기여하기 위해 변신 중이다. 이러한 트랜드 변화에서 로봇이 그 주연을 담당하기 위해 예상되는 핵심구성요소는 구동기, 메커니즘, 제어 및 지능, 배터리 등을 들 수 있다.

사람의 팔을 움직이는 힘의 근원은 근육이다. 그것은 부드럽고 직선적으로 신축하여 힘을 내는데, 그 변위량은 비교적 작다. 사람의 팔은 가장 많이 움직이어도 관절각은 기껏 180°, 가장 많이 오므려도 0° 정도이다. 그리고 근육은 오므릴 때 힘을 내지만 늘릴 때에는 힘을 내지 않는다. 그 때문에 근육은 뼈 양측에 배치되며 어느 편 근육을 사용함으로 팔을 오므리거나 펴거나 하는 운동을 한다.

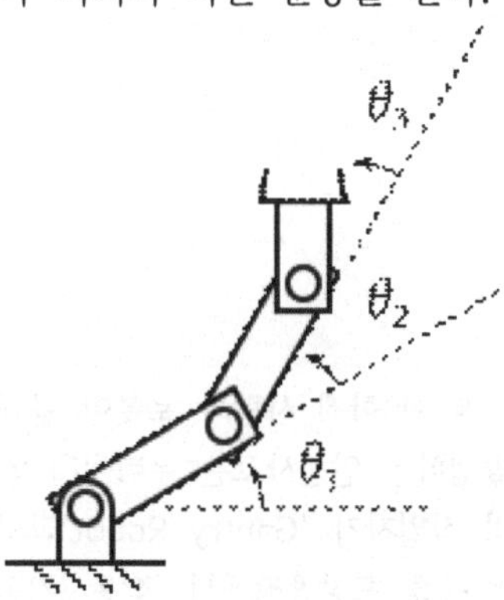

그림 2-1 링크와 조인트

이에 비해서 로봇을 포함한 기계 장치의 구동은 전기모터에 의한 회전력, 공기압 실린더, 유압 실린더에 의한 전자식 제어 시스템(PBW : Power-by-Wire)이 대부분이다. 로봇을 움직이는 근원은 이와 같은 회전 또는 직선의 액추에이터이다.

로봇의 구성을 세밀히 구분하면 다음과 같다.

1) **매니퓰레이터**(기구부: Manipulator): 링크 및 관절로 구성된 로봇의 몸체.
2) **말단효과장치**(End effector): 로봇의 마지막 관절에 연결된 로봇 손, Gripper
3) **액츄에이터**(구동기: Actuator): 기구의 근육에 해당됨(servo motor, stepper motor, pneumatic and hydraulic cylinder)
4) **센서**(Sensor): 관절의 위치를 제어기에 보냄(potentiometer, encoder)
5) **제어기**(Controller): 센서의 정보를 이용하여 구동기의 동작을 제어함.(소뇌)
6) **처리기**(Processor): 로봇 관절의 동작과 속도 등을 계산함.(두뇌부)
7) **소프트웨어**(Software): 실시간으로 로봇 관절 제어 및 기구부의 위치, 속도제어.

[로봇의 구성요소]

분류	설명	예
매니퓰레이터(기구부)	기계/기구 부품	1. 로봇의 프레임 2. 하우징 3. 바퀴 및 바퀴를 지지하는 축 4. 베어링 5. 기어, 타이밍 벨트 6. 말단효과장치
하드웨어부	전기/전자 부품	1. SBC(Single Board Computer)/PC 2. 제어기 3. 전원 관리 보드 4. 구동기(Actuator) 5. 센서
소프트웨어부	각종 프로그램	1. 하드웨어 제어 프로그램(펌웨어) - 모터 제어 소프트웨어 - 센서 입출력 제어 소프트웨어 2. 운영체제 3. 각종 응용 소프트웨어

착용형 로봇

· 로봇이 산업현장에서 차지하는 비중이 점점 더 커짐에 따라 불가피하게 사람과 로봇이 함께 일 해야 하는 상황이 수없이 발생한다. 이러한 환경에서 발생하는 안전사고는 우리에게 안전한 로봇에 대한 숙제를 던져준다. 실제로 2001년 29세의 작업자가 'Gantry Robot'과의 충돌로 얻은 부상 때문에 사망하고, 1999년에는 작업자가 육류 포장공장에서, 작동시키면 로봇이 위로 위치하게 되어있는 센서를 잘못 건드려 두개골 손상으로 사망하는 사건이 발생하였다. 이에 사람과 로봇의 협력과 공존을 목적으로 하는, 믿을 수 있고 안전한 물리적 상호작용을 가능케 하는 기술 구현을 목표로 하는 대규모 프로젝트가 EU를 중심으로 진행중이다.

· 착용형 로봇은 개념상 로봇이 동작하는 동안 착용자와 지속적으로 물리적 접촉이 발생하기 때문에 인간과 로봇 사이에 보다 긴밀한 상호작용 이해가 필요하다. 만약 이의 문제로 착용로봇에서 오동작이 발생한다면 이는 착용자의 큰 부상으로 직결되기 때문에 상호작용 특성기반 제어, 디자인, 메커니즘 구성에 각별한 주의를 기울여야 한다.

미국의 차세대 특수 작전용 착용로봇의 개념도

- 착용형 로봇에서 일반적인 제어목표는 착용자의 동작의도를 파악하여 그 의도 동작을 원활히 수행하고 동작에 따른 힘을 지원하는 것이다. 착용자의 동작에 관한 의도는 선 의도 파악과 후 의도 파악으로 나눌 수 있다. 선 의도 파악 기술로는 동작이 발생하기 전 인간의 뇌에서 발생하는 동작 지령 및 생각에 관해 뇌 신경사이에서 전기 신호를 측정하여 의도를 파악하는 방법, 근육 활성화 시 측정 가능한 전기 신호를 포착하여 동작이 활성화되기 전 상태를 인지하여 의도를 파악하는 기술 등이 대표적이다. 후자는 동작이 발생하면서 측정 가능한 위치, 속도, 가속도, 힘 등의 물리적인 변화량을 계측하여 동작 상태를 파악하는 것이다. 특히, 착용자가 로봇에 직접 가하는 힘을 측정하거나 로봇 구동기에 인가되는 부하를 전류나 전압으로 모니터링 하여 동작 의도를 측정하는 기술이 대표적이다 할 수 있다.

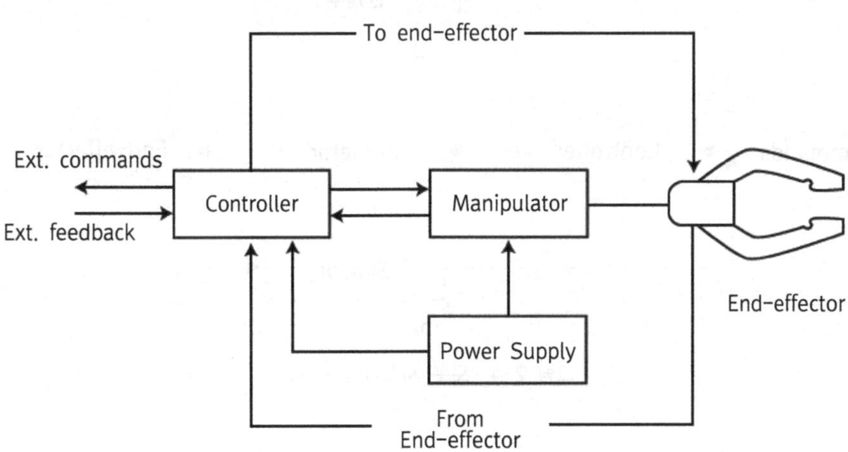

그림 2-2 로봇의 구성요소

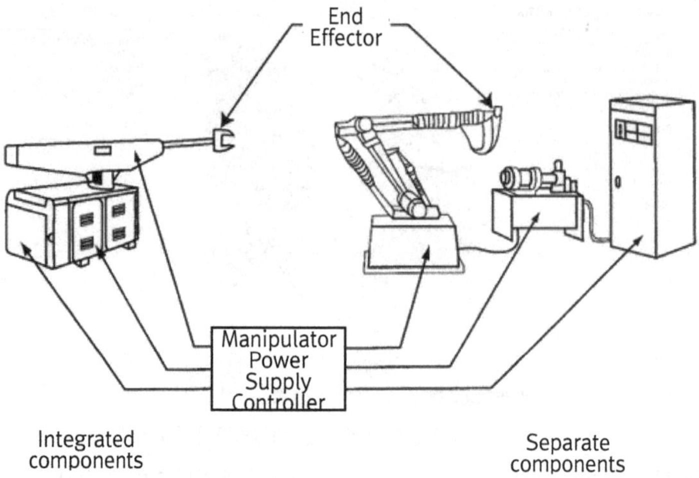

그림 2-3 산업용 로봇의 구성

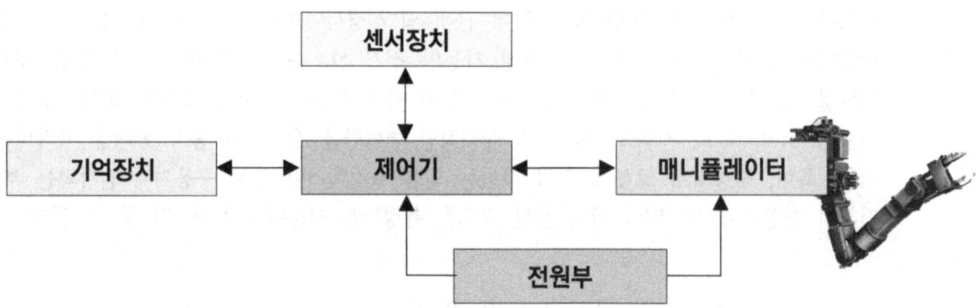

(a)

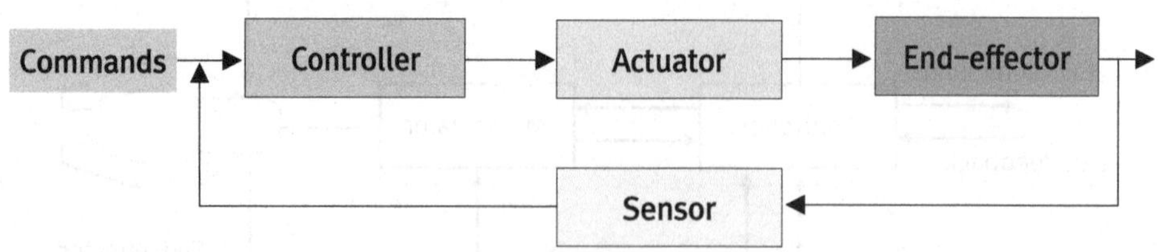

(b)

그림 2-4 로봇 시스템의 구성도

2.1 매니퓰레이터(Manipulator)

로봇의 팔인 매니퓰레이터(Manipulator)는 직접 운동을 하는 관절(Joint)과, 이 관절들 사이에 연결된 링크(Link)로써 이루어져 있다. 또한 관절은 일반적으로 회전운동을 하는 회전관절(Revolute joint)과 직선운동을 하는 직동관절(미끄럼 관절: Prismatic joint)로 나눌 수 있으며, 이러한 관절의 숫자는 매니퓰레이터의 자유도(Degree of Freedom)를 결정한다.

매니퓰레이터(Manipulator)는 링크(Link)와 관절(Joint)이 결합된 기구학적인 구조물이다. 말단장치는 그리퍼(gripper), 공구, 특별한 장치 등과 같이 로봇의 팔에 부착된 고정물이며, 실질적인 작업을 수행한다. 동력 공급장치는 로봇 액추에이터에 의하여 운동으로 변환되는 데 필요한 에너지를 공급하고 조절하며, 동력원으로는 전기, 공압 또는 유압이 사용된다. 제어기는 로봇의 운동과 시퀀스들을 제어하며, 감독하는 역할을 한다. 또한 제어기는 역시 로봇에서 필요한 입력을 받아 외부 인터페이스로 출력을 보내는 역할도 한다.

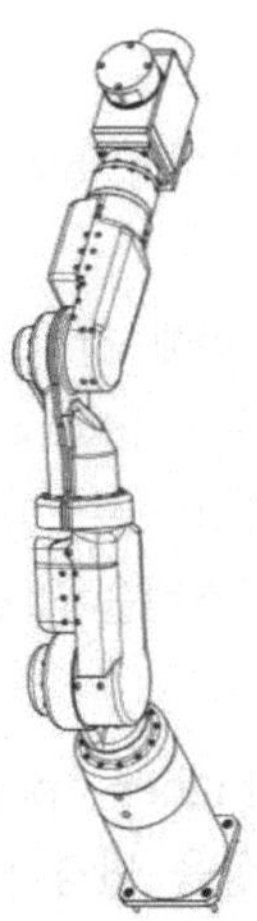

그림 2-5 매니퓰레이터

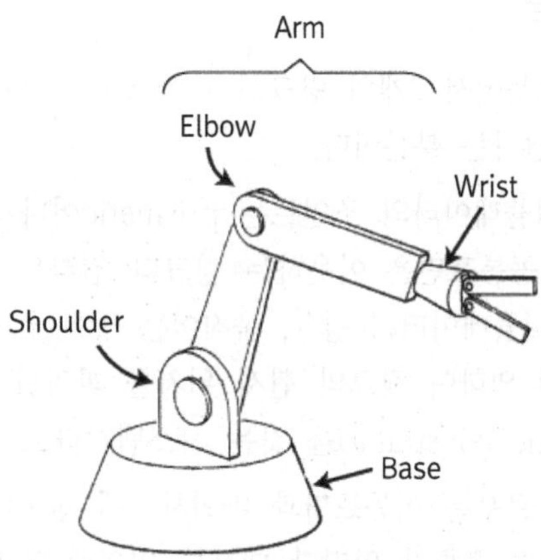

그림 2-6 매니퓰레이터의 부품

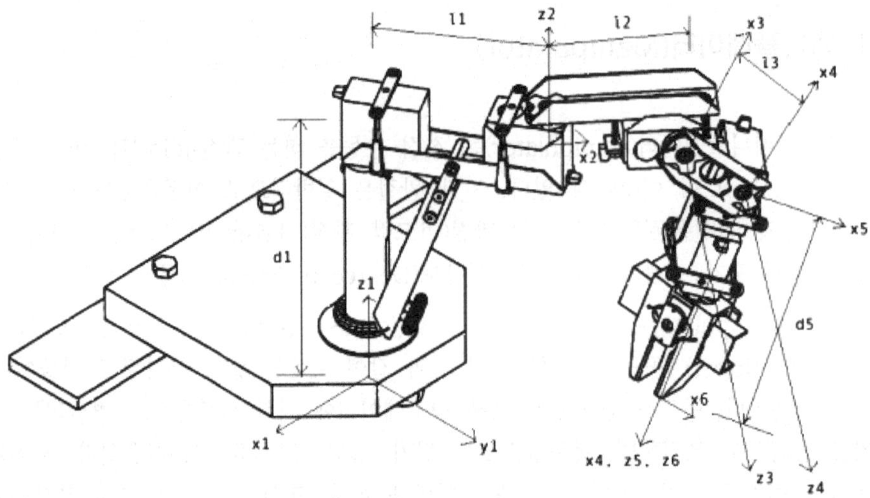

그림 2-7 로봇 매니퓰레이터의 구성

2.1.1 조인트

조인트는 로봇에서 2개의 링크의 결합으로, 한쪽 축에서 다른 축으로 회전운동, 또는 직선운동의 힘을 전달하는 부분이다.

고정된 매니퓰레이터의 조인트는 prismatic이나 revolute 조인트에 의해 전이 혹은 회전 동작을 갖으며, 공통표면은 이웃하는 링크와 접하는 lower pair조인트이다. lower pair조인트를 갖는 로봇 매니퓰레이터의 경우, 움직이는 방향이 명확하기 때문에 링크의 속도를 알면 속도의 적분과 방향에 의하여 링크의 현재 위치를 파악할 수 있다. 이러한 시스템을 일컬어 홀로노믹 제약(holonomic constraint)을 갖는 시스템이라고 한다.

반면에 이동로봇은 이동표면과 바퀴사이에 점이나 선 접촉을 갖는 higher pair조인트를 갖는다. 이는 여러 종류가 있지만 대부분 임의의 조향장치에 의하여 방향을 변경하거나 혹은 구동바퀴의 속도 차에 의하여 몸체의 이동방향을 임의로 변경하는 것이 가능하다.

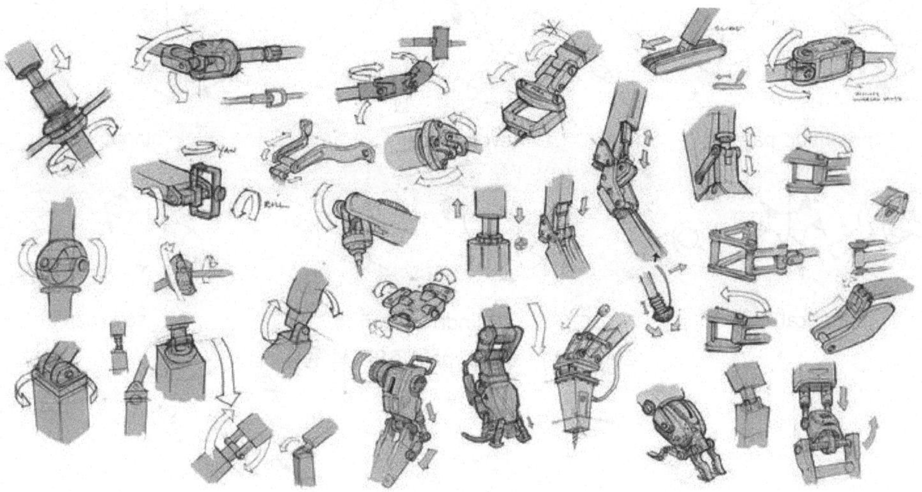

그림 2-8 다양한 형태의 조인트

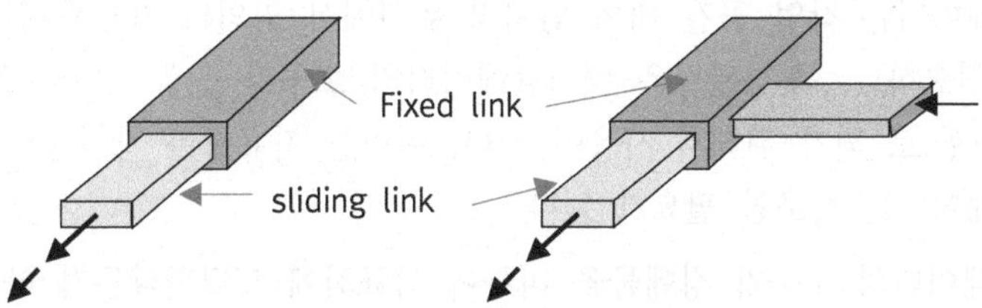

그림 2-9 prismatic 조인트

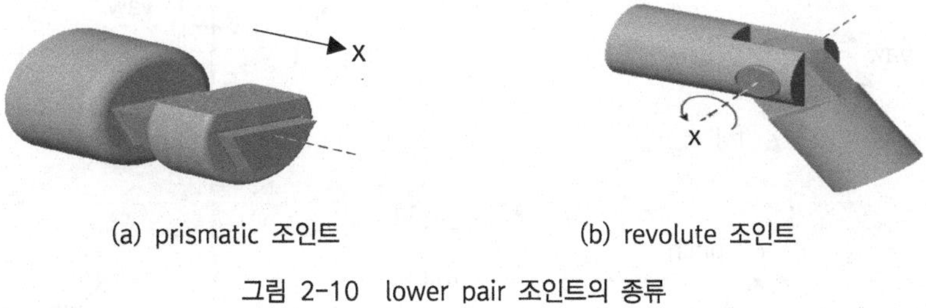

(a) prismatic 조인트 (b) revolute 조인트

그림 2-10 lower pair 조인트의 종류

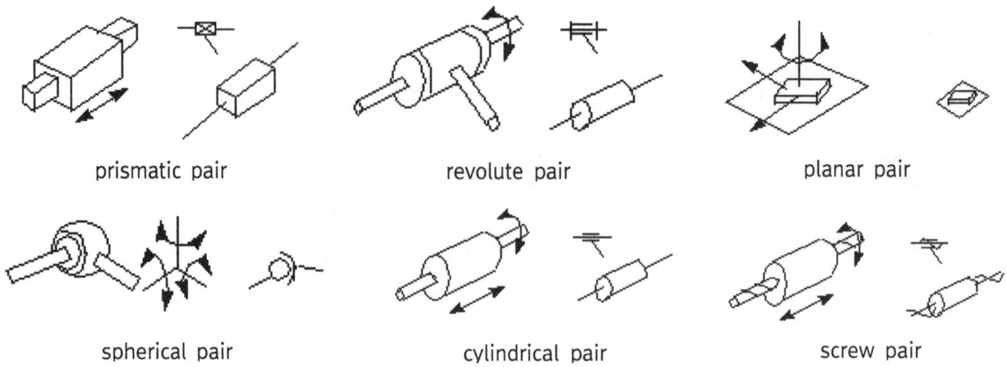

그림 2-11 lower pair 조인트의 종류

2.1.2 자유도

자유도(degree of freedom)란 관절에서 허용되는 독립적인 움직임 방향의 수를 말한다. 일반적으로 매니퓰레이터는 작업 공간 내에 임의의 위치에서 임의의 자세를 취하기 위해서는 적어도 6자유도가 필요하다. 즉 3관절은 매니퓰레이터의 도구가 원하는 위치로, 또 다른 3관절은 원하는 자세(방향)로 되기 위해서 사용이 된다. 이러한 자유도는 작업종류에 따라 반드시 6자유도의 매니퓰레이터를 사용할 필요가 없다.

그러나 매니퓰레이터의 도구가 장애물을 피하여 목표점에 도달한다든지 하는 원하는 경로를 지나기 위해서는 더 많은 관절을 필요로 하는 경우가 있으며, 자유도가 7이상인 매니퓰레이터를 여유자유도(redundant DOF)를 갖는 매니퓰레이터라고 한다.

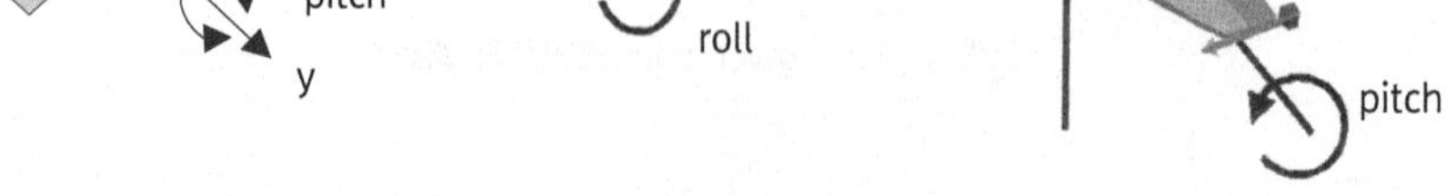

그림 2-12 방향을 나타내기 위한 3DOF

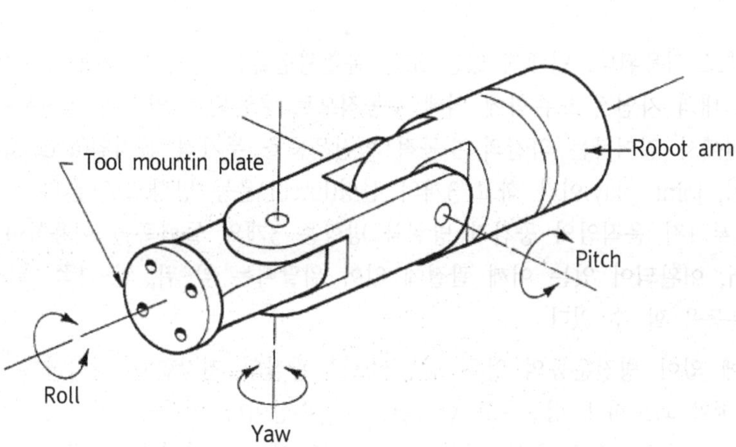

그림 2-13 로봇의 손목과 관련한 3 자유도

그림 2-14 여유자유도 매니퓰레이터

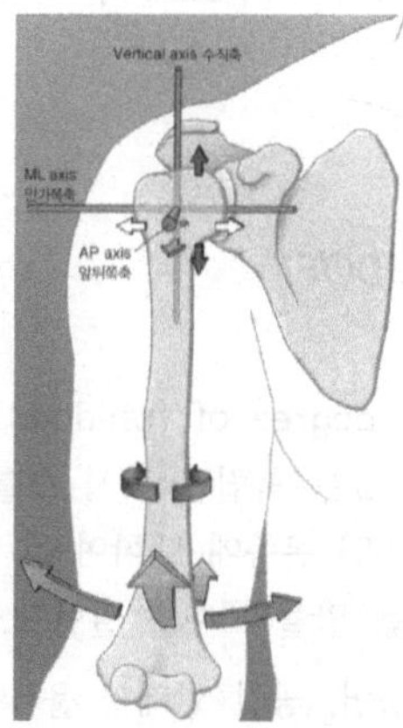

그림 2-15 인간의 팔 관절

관절에서의 자유도 (degree of freedom)

관절이 3개의 기본적인 운동면 모두에서 움직임이 허용될 때 각운동에 대한 자유도는 3도까지 가질 수 있다. 예를 들어 위 그림에서 보여주는 것과 같이, 어깨관절은 자유도 3의 각운동을 갖고 있다. 손목관절은 자유도 2만을 갖고 있으며(시상면과 이마면 내에서의 돌림운동), 팔꿉관절은 자유도 1만을 갖는다(시상면 내에서의 돌림운동).

일반적으로 자유도라는 용어는 관절에서 허용된 각운동의 면들(planes of angular motion)의 수를 나타낸다. 그러나 공학의 관점에서 엄격하게 본다면 자유도는 각운동뿐만이 아니라 병진(선형)운동에도 적용된다. 인체에 있는 모든 윤활관절들은 근육에 의해 능동적으로 유발되거나 관절 구조 내의 자연적 느슨함에 의해 수동적으로 유발되는 약간의 병진운동을 갖고 있다. 대부분의 관절에서 일어나는 약간의 수동적 병진운동을 부가적 움직임(accessory movement 또는 관절놀이, joint play)이라 하고 3개의 선형(linear)운동 방향으로 흔히 정의된다. 해부학적 자세에서 부가적 움직임의 공간적 방위와 방향은 3개의 돌림축을 이용하여 설명될 수 있다. 예를 들어, 이완되어 있는 어깨 관절에 있어 위팔뼈는 앞-뒤, 안-가쪽, 위-아래 방향으로 수동의 병진운동을 할 수 있다.

많은 관절에 있어 병진운동의 양은 임상적으로 관절의 건강함을 검사하기 위해 사용된다. 관절에 대해 뼈가 과도하게 병진운동 한다면 인대 손상이나 비정상적인 느슨함이 있다는 것을 의미한다. 이와는 대조적으로 병진운동(부가적 움직임)에서의 확실한 감소는 관절주위 결합조직에서의 병적인 뻣뻣함이 있다는 것을 의미한다. 관절에서의 비정상적인 병진운동은 능동운동의 질적인 특성에 영향을 미침으로써 미세외상의 가능성과 관절속 스트레스의 증가를 유발할 것으로 생각된다.

자유도(DOF)

- **자유도(degree of freedom: DOF)** : 역학적인 계가 주어진 구속조건을 위배함이 없이 움직일 수 있는 독립된 가지 수를 그 계의 자유도라고 한다. 정확하게는 구속조건을 위배함이 없는 어떤 운동에 대하여 그 계안에서 모든 입자들의 속도를 결정하기 위하여 규정되어져야만 하는 양들의 수를 말한다.

· 예를 들면, 공간 안에서 움직이는 한 입자는 3개의 자유도를 갖지만, 하나의 곡선을 따라서 움직이라는 구속조건이 주어지면 자유도는 1개가 된다. N개의 자유입자들로 이루어진 한 계는 3N개의 자유도를 갖고, 하나의 강체는 6개의 자유도(3방향:X, Y, Z)축의 병진운동과 3방향(X, Y, Z)의 회전운동)를 갖는다. 한 축(Z)에 관하여 회전하는 강체는 1개의 자유도를 갖는다. 수평면상에서 회전하고 있는 디스크는 미끄러짐을 허용한다면 그 운동을 기술하기 위하여 극좌표계구성의 3 변수와, 평면에 수직인 축에 대한 디스크의 회전각 1변수의 4개의 자유도를 갖는다.

· 반면에 미끄러짐이 없다면, 수평면상을 구르는데 자유롭고, 평면에 수직인 축에 대한 디스크의 회전각 1변수를 주면 구속조건이 주어져서 2개의 자유도를 갖게 됩니다. 수학적으로 보면, C개의 독립구속조건을 갖는 N개의 입자로 구성된 (Holonomic System)계의 자유도는 3N-C입니다.

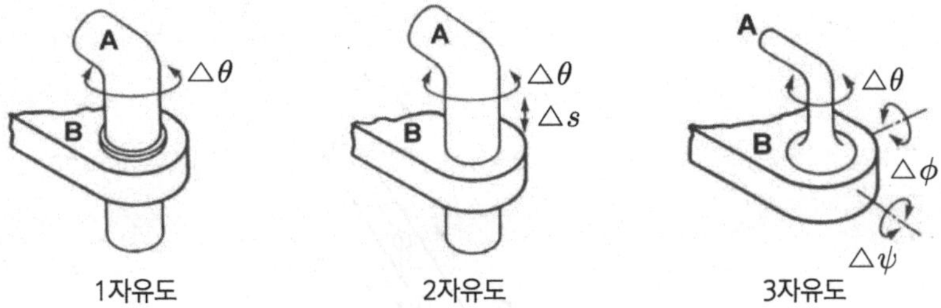

자유도의 구분

작업영역

매니퓰레이터는 그 제어가 매우 복잡하게 되어지나, 그 자체의 특징 때문에 이에 대한 연구가 활발히 진행이 되고 있다.

매니퓰레이터가 작업을 할 수 있는 영역은 매니퓰레이터가 도달할 수 있는 영역을 뜻하며, 이를 작업공간 혹은 작업영역이라 하며, 이러한 영역은 그 도구가 도달할 수 있는 영역은 도달가능영역과 임의의 자세로 도달할 수 있는 영역인 임의자세 도달가능영역(dextrous workspace)으로 나눌 수 있다. 임의 자세 가능영역은 당연히 도달 가능 영역의 부분집합임을 짐작할 수 있다.

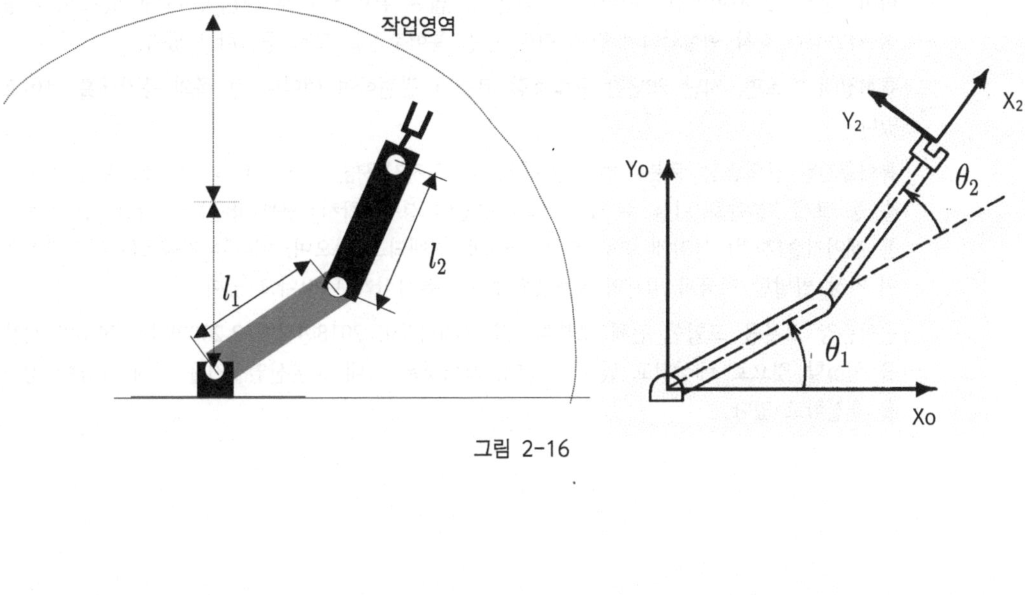

그림 2-16

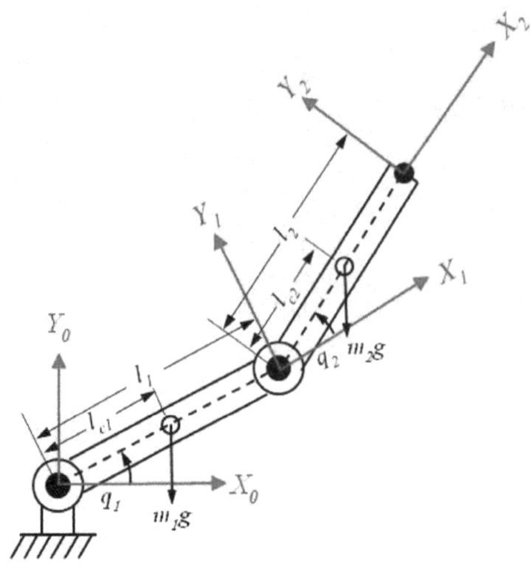

그림 2-17　2관절 매니퓰레이터

'아이언맨' 현실의 영웅으로 탄생한다

· 국내에서 개봉된 영화 '아이언 맨2'가 관심을 모으고 있는 가운데 실제 이 영화에서 처럼 가공할 위력을 갖지는 못하지만, 인간이 로봇을 착용함으로 인간의 근력이 한층 강화되도록 하는 근력증강 로봇(wearable robot)기술에 대한 연구가 활발히 진행되고 있다.

· 근력증강 로봇기술은 노약자 및 장애인의 활동을 보조하고, 산업현장에서 중량물을 핸들링하며, 군사 및 사회안전 분야에 사용되는 등 많은 분야에서 수요가 확산되고 있으며, 기술적 가능성이 점차 현실화되어 감에 따라 관련 특허출원도 크게 증가하고 있다.

· 특허청에 따르면, 지난 20년간 근력증강 로봇과 관련하여 해마다 큰 폭의 증가세를 보이고 있다.

· 특허출원된 근력증강 로봇분야는 상지착용형, 하지착용형 그리고 파워 어시스트운용 제어기술 등 크게 3분야로 나눌 수 있다. 국내 출원의 경우, 하지착용형(38건) 및 파워 어시스트운용 제어기술(28건) 분야에 연구가 중점적으로 진행되고 있으며, 이러한 기술동향은 로봇기술이 가장 발달한 미국과 일본의 특허출원에서도 유사하게 나타나고 있다.

· 근력증강 로봇을 포함한 전체 로봇분야의 세계시장이 2018년경에 2,200억달러 정도의 시장을 형성할 것으로 예상되고 있는 가운데, 특허청은 국내 로봇산업발전을 위해 다양한 정책을 추진하고 있다.

착용식 근력증강로봇의 국내외 연구사례

· 정부는 근력증강 로봇 기술은 노약자 및 장애인의 활동 보조 뿐만 아니라 산업현장, 군사 및 사회안전 등 각 분야에 활용할 수 있도록 다양한 정책을 추진면, 2018년에는 2천200억 달러의 시장이 창출될 것으로 보인다.

· 한편, 국내연구원은 "근력증강 로봇기술은 '인간의 가장 원초적인 욕구를 충족시키기 위한 인간 중심적 첨단 융복합 기술'이라는 측면에서 향후에 핵심기술을 보유한 국가가 누릴 독점권은 상상을 초월하므로, 우리가 확보할 수 있는 기술을 특화하고 심화시켜 우리 고유의 근력증강로봇 기술 포트폴리오를 구성해야 한다" 라고, 근력증강 로봇 등 로봇기술에 대한 중요성을 강조했다.

2.2 말단효과장치(End effector)

로봇은 주로 산업용으로서, 암(Arm) 선단에 설치한 말단효과장치(end effector)가 대상물을 잡아 소정의 위치에 이동시키거나 작업을 실시한다.

말단효과장치(End effector)란 사람의 손에 해당하는 부분으로 물건을 잡는 그리퍼형, 다관절으로 구성된 손가락 형태로 나누어진다.

작업 대상물을 잡는 그리퍼(Gripper), 대상물을 도장하는데 사용하는 스프레이 건, 스폿 용접의 전극 접점, 용접의 용접 토치, 드릴, 그라인더, 절단용 워터 제트 등 기기나 용구의 총칭으로서, 로봇 암 선단에 달아 사용하는 것을 말한다. '효과기'라고도 불리지만 관련서적에서는 말단효과장치(end effector) 라고 표기되는 경우가 많으며 사람의 손에 해당된다.

공구(tool) 또는 장치가 로봇의 기계적 팔에 부착되면 로봇은 생산기계가 될 수 있다. 로봇의 공구는 몇 개의 이름들로 불리어진다. 가장 자주 사용되는 용어가 말단장치(end effector)이나, EOAT(end-of-arm-tooling) 이라는 용어도 산업현장에서 일반적으로 사용된다.

만약 말단장치가 기계적으로 열리고 닫히는 장치라면, 그것은 그리퍼(gripper)라 부른다. 만약 말단장치가 공구 또는 특별한 부착물이라면 그것은 공정 공구(process tooling)라고 부른다.

전기적으로 제어되는 산업용 로봇 Motoman-SK16는 6자유도와 그리퍼를 나타낸다. 이 로봇은 용접, 조립 및 재료 가공용으로 설계된 관절형 로봇이다.

산업용 로봇 Cincinnati Milacron T3 776은 손목과 공구를 갖는다. 이 로봇은 중량물 공정의 응용에 사용되도록 설계되었다.

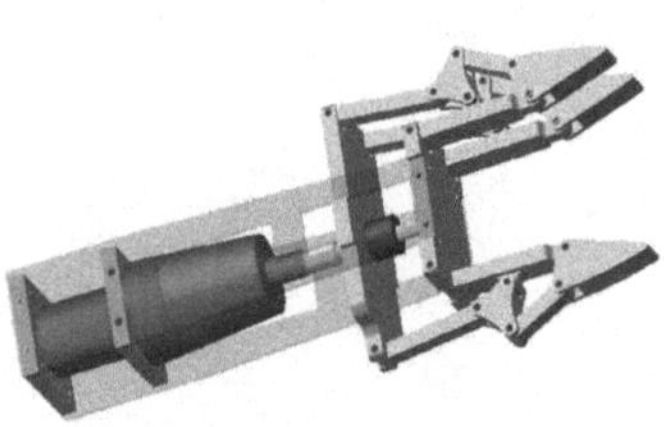

그림 2-18 Gripper

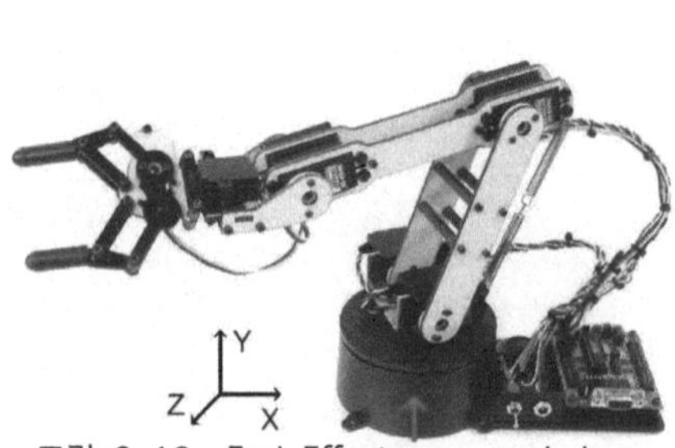

그림 2-19 End Effector up and down

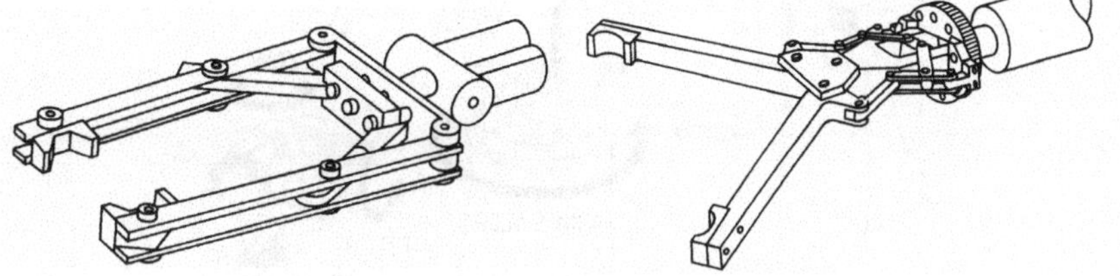

(a)

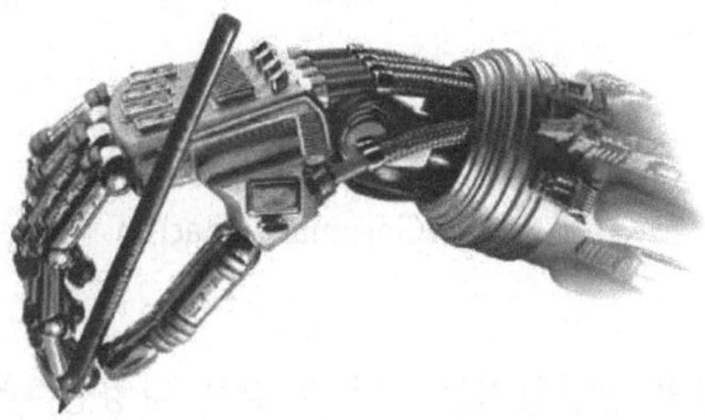

(b)

그림 2-20 End-effector의 다양한 형태

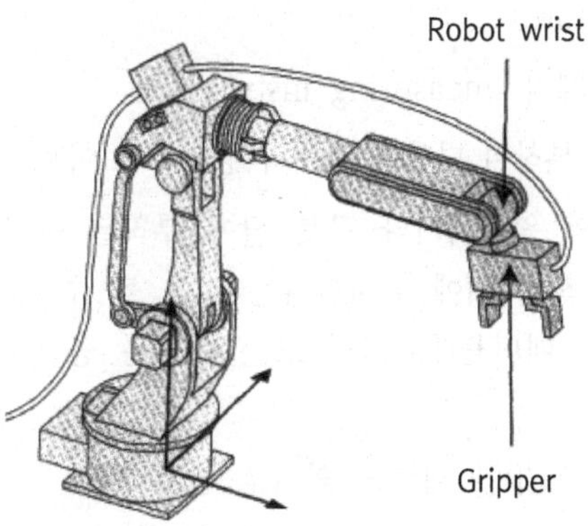

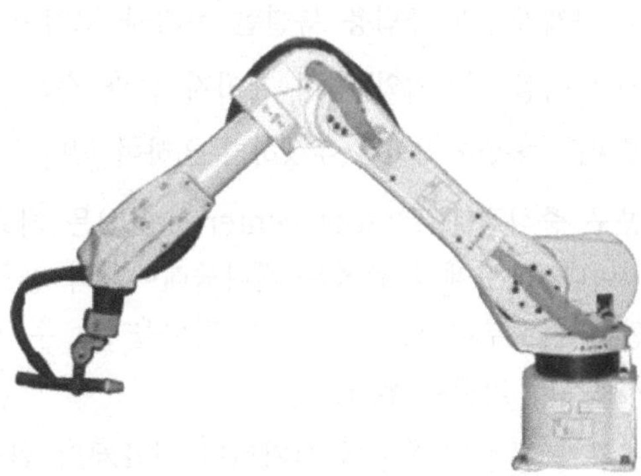

그림 2-21 Motoman-SK16

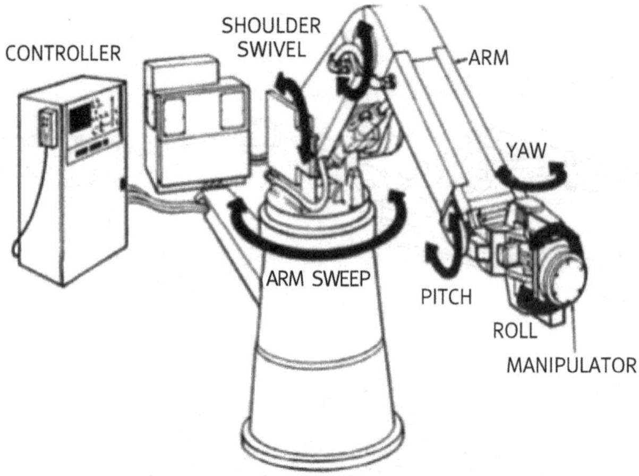

그림 2-22 Cincinnati Milacron T3

작동의 형태에 따라서 종래의 말단장치는 다음과 같은 다양한 장치와 공구가 부착된다.

1) 재료 가공용 그리퍼, 훅, 스쿠프, 전자석, 진공 컵, 점착성 손가락
2) 페인팅용 스프레이-건 (spray gun)
3) 점 용접, 아크 용접 및 아크 절단용 부착물
4) 드릴, 너트 드라이버와 버 (burr) 와 같은 전동공구 (power tool)
5) 기계가공과 조립용 특별한 장치와 고정구 (fixture)
6) 다이얼 지시기와 깊이 게이지 등과 같은 측정계기 (measuring instrument)

그림은 다양한 작업을 수행하기 위하여 말단장치에 부착된 다양한 장치와 공구를 보여주고 있다.

공구 중심점(TCP: tool center point)은 좌표계의 원점이거나 로봇 팔에 부착된 공구의 동작점이다. 좌표계의 원점은 매니퓰레이터의 공구 장착판 위에 위치한다는 것을 볼 수 있다. 이러한 위치로부터 x, y, z 축의 방향을 알 수 있다. 매니퓰레이터의 모든 이동은 공간상의 이 위치로부터 기준이 된다.

공구가 공구 장착판에 설치되면 좌표계의 원점은 TCP인 새로운 위치로 이동한다.

말단장치는 특별한 응용분야의 요구사양을 충족시키기 위하여 일반적으로 고객의 주문으로 만들어진다. 기계적 그리퍼가 가장 일반적으로 사용되며, 2개 또는 그 이상의 손가락(finger)을 장착하고 있다. 특정한 응용에 적합한 말단장치의 선택은 작업하중, 환경, 신뢰성과 비용과 같은 요인들에 의해 의존한다.

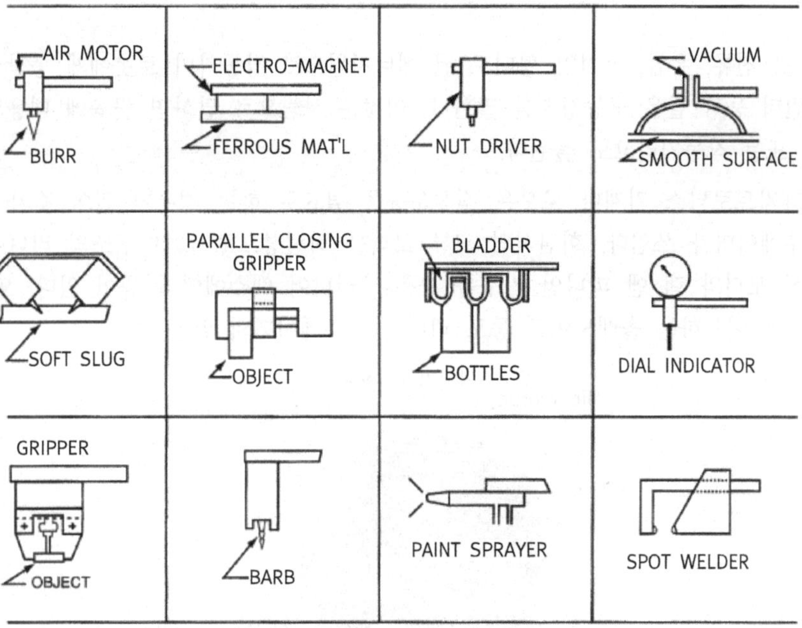

그림 2-23 말단장치에 부착된 다양한 장치와 공구

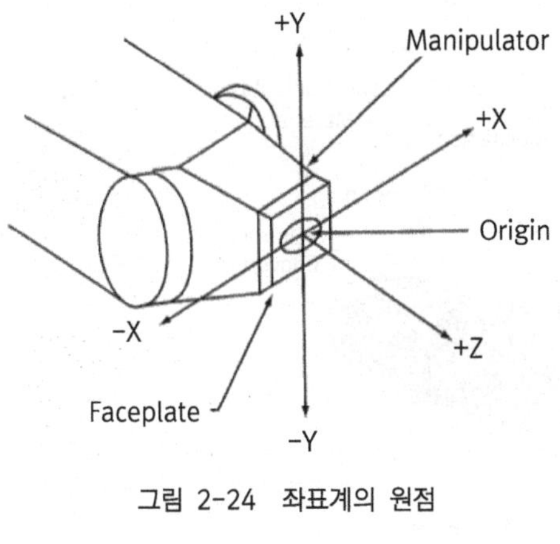

그림 2-24 좌표계의 원점

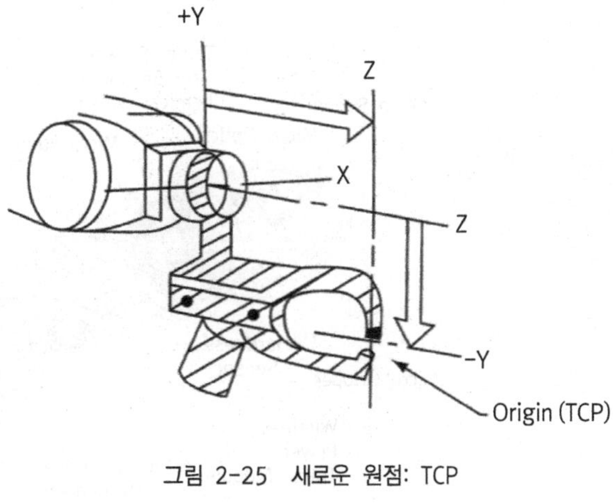

그림 2-25 새로운 원점: TCP

2.3 액츄에이터

일반적으로 전류, 유압, 공기압 형태로 된 에너지원으로 작동하며 로봇에게 동작을 부여하는 모터나 실린더 등과 같은 구동장치를 말한다. 이것은 사람으로 말하면 근육에 대응되는 것으로서, 구동기 또는 작동기라고도 불린다.

최근의 메카트로닉스 기계나 로봇은 직선운동을 필요로 하는 경우가 많아 갖가지 기기에서 리니어 액추에이터가 쓰인다. 회전식의 교류 모터를 직선상으로 늘인 구조의 리니어 액추에이터나 회전식 모터와 랙 앤 피니언 기구를 사용한 리니어 액추에이터 등이 있다. 또, 전자석을 기계적 운동에 이용하는 솔레노이드 등도 리니어 액추에이터의 일종이다.

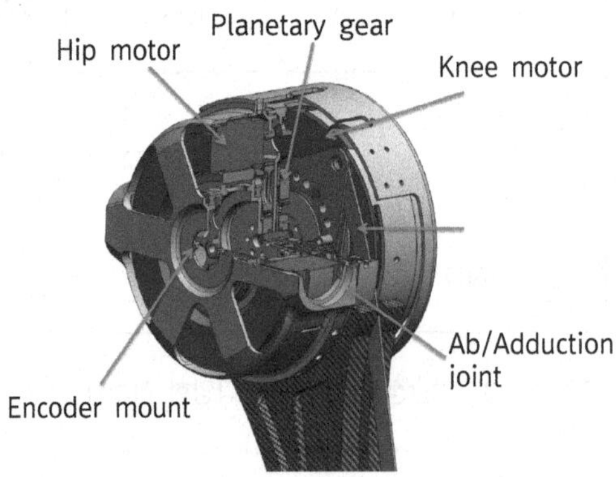

그림 2-26 로봇 조인트의 구성요소

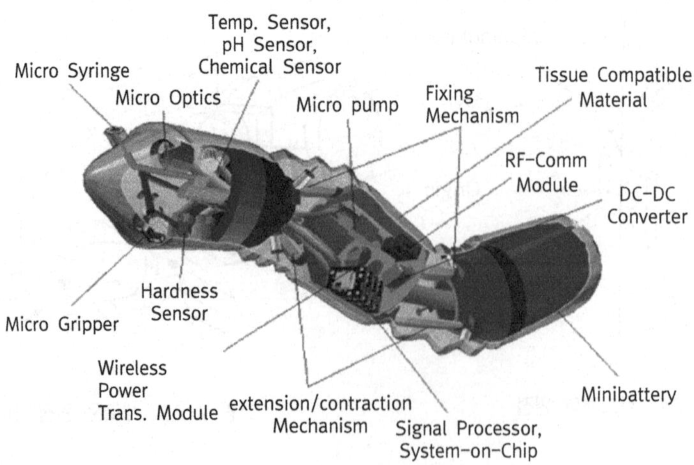

그림 2-27 로봇 매니퓰레이터의 구성

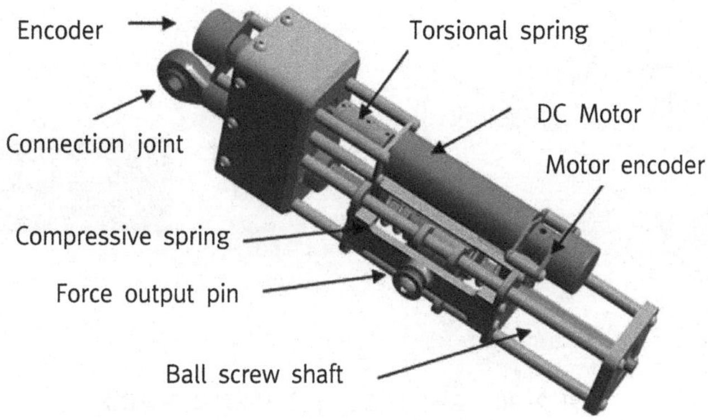

그림 2-28 로봇팔의 구성요소

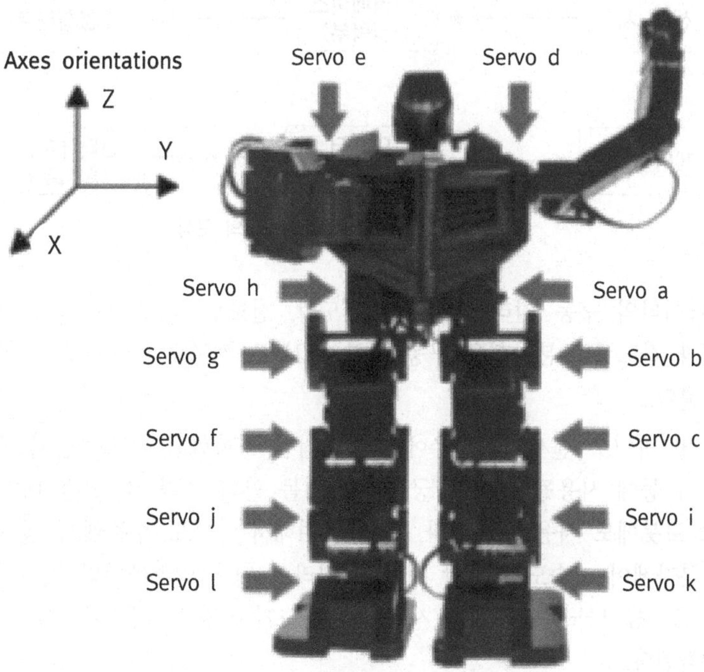

그림 2-29 다양하게 사용되는 서보모터

고분자 액추에이터란 전기활성이 있는 고분자재료가 전압에 의해 변형하는 액추에이터로써 기능하는 소자이다. 고분자 액추에이터는 경량, 소프트하며 가공성이 좋고 전압으로 구동될 수 있어 시스템도 간단하여 여러 용도가 기대된다. 특히 근육 모양의 액추에이터로써 의료/복지 용도로의 기대가 크다.

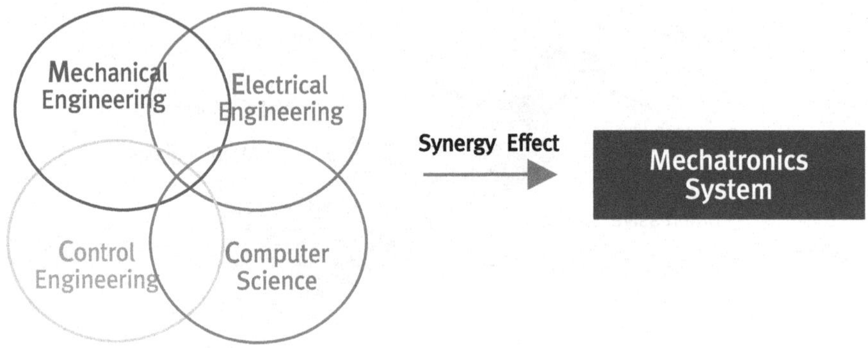

그림 2-30 로봇(메카트로닉스) 시스템의 구성요소

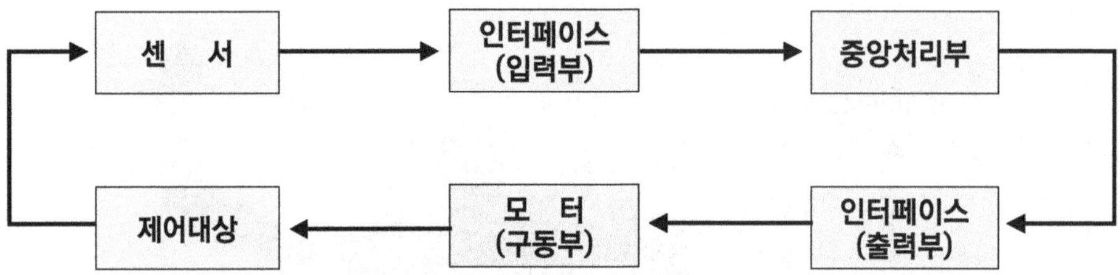

그림 2-31 메카트로닉 시스템의 구성

고분자 액추에이터의 구동 원리에는 이온 전도형, 전도성 고분자형, 압전형 등이 있다. 이 중 이온 전도형과 전도성 고분자형은 구동 전압이 2볼트 정도로 디바이스 설계로 사용하기 쉬워 응용분야가 넓다.

다양한 오감 및 바이오 센서 및 액추에이터는 점점 소형화, 고집적화, 저전력화 되고 있다. 로봇 및 의료기기 등에 사용될 것이고 궁극적으로 몸 안의 조직 및 혈관 내의 질병을 진단하는 나노 바이오 로봇에도 사용될 것이다. 그러기 위해서는 나노 수준에서 생체 조직의 메카니즘을 모방하는 분자제어 기술도 필요할 것이다. 따라서 기존 액추에이터 원리가 아닌 고분자나 탄소나노튜브(CNT) 등 나노복합소재를 사용하는 나노기술 융합 액추에이터의 기술 개발이 절실할 것으로 생각된다.

2.3.1 모터의 구분

직류모터는 내부의 전기자가 180도 회전할 때마다 방향을 바꾸는 방법에 따라 브러시를 사용한 브러시 부착 모터와 전자 스위칭 기술을 이용한 브러시리스(brushless) 모터로 구분된다.

다시 브러시 부착 모터는 여자방식에 따라 타려자식, 분권식, 복권식, 직권식으로 나뉜다.

직류모터는 속도, 토크 및 회전방향의 제어가 용이한 장점이 있다. 그러나 정류기가 필요하고, 정류 문제나 기계적인 강도상의 문제로 고속화에 제한이 있으며, 브러시 부착 모터는 정기적인 보수 점검이 필요하다는 단점이 있다. 소형 직류모터는 대개 12 V 정도의 저전압에서 작동한다. 직류모터는 속도제어가 쉬워 전철, 엘리베이터, 압연기 등과 같이 속도 조정이 필요한 경우 널리 사용된다.

교류모터는 3상 교류용과 단상교류용으로 구분되며 각각에 유도모터와 동기모터가 있다. 유도모터는 전원에 바로 연결이 가능하고 구조가 간단하며 튼튼한데 비해 염가이고 취급이 쉬워 세계적으로 가장 많이 사용되고 있다. 동기모터는 정확히 일정한 속도로 회전하며 역률조정이 쉬워 컨베이어벨트용 모터, 소형시계나 타이밍 모터에 사용된다. 3상 교류용은 1 kW 정도 이상부터 수천 kW까지, 그리고 드물게는 1만 kW를 넘는 대형기가 있으며, 단상교류용은 수백 W이하의 소형기에 사용된다.

교류모터의 우수성

교류모터는 같은 출력을 내는 직류모터에 비하여 가격이 3배 이상 싸며, 크기에 비하여 모터의 효율이 크며, 토크가 비교적 크다. 또 보수 유지비용이 상대적으로 저렴하고, 수명이 더 길다.

교류식 발전기는 다이오드에 의하여 정류되기 때문에 정류자와 브러시라는 기계적 정류장치가 있는 직류식 발전기에 비해 출력 대비 가볍고 비용이 저렴하다.

발전 시 접촉 부위가 없기 때문에, 진동이나 열, 먼지, 수분 등에 강하며, 회전속도에 구애를 받지 않으며, 수명이 베어링의 수명에만 의존하기 때문에 수명이 길다. 여기에 자동차의 특성 즉 정지 운행의 반복되는 동안의 공회전 시에도 발전이 가능하다는 최대 장점이 있다.

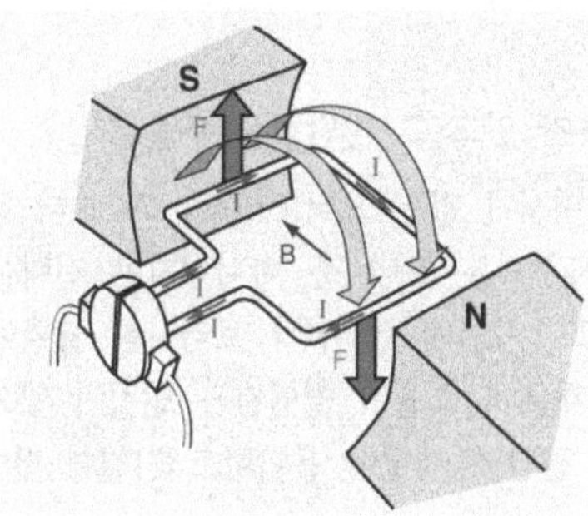

그림 2-32 DC모터

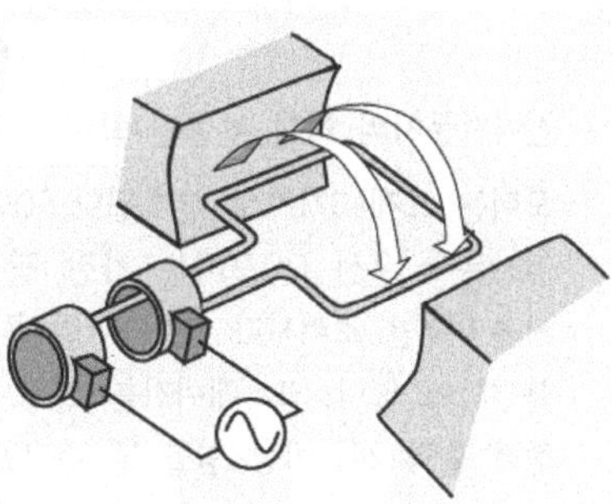

그림 2-33 AC모터

[직류/교류모터 장단점 구분]

구 분	장 점	단 점
직 류	· 작은 부피 · 빠른 속도 · 크기에 비해 큰 힘	· 부하에 따라 속도변화가 심하다 · 속도가변이 힘들다. · 수명이 짧다(브러시). · 소음이 심하다
교 류	· 높은 효율 · 큰 힘 · 용이한 속도가변(주파수변화) · 수명이 길다.(보수유지비용 저렴) · 저렴한 가격	· 회전속도는 느리다

BLDC형식 대부분 적용 신개념 '모젠' 개발 단계

· 자동차를 움직이는 데 큰 동력원이 필요하다. 기존의 엔진차량은 연료의 폭발하는 힘으로 움직이지만 모터는 전기적 회전력으로 움직인다.

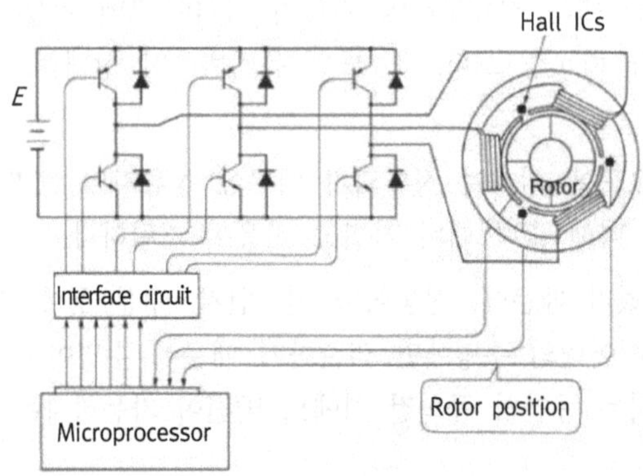

BLDC 모터

· 전기자동차의 핵심 부품인 모터에는 어떤 종류가 있고 그 장단점은 무엇일까.

· 모터는 크게 3가지로 분류된다. DC모터와 브러시가 없는 모터(BLDC), AC모터 등으로 나누어지는데 우선 DC모터는 가장 광범위하게 사용되는 모터 중 하나이지만 전력을 공급하는 카본막대인 브러시가 있어 마찰열이 발생하고 1~2년에 한 번씩 브러시를 교환해줘야 하는 불편함이 있다. 또 에너지를 열로 빼앗기기 때문에 효율이 떨어지는 단점이 있으나 장점은 정격 출력 2배 이상 힘을 낼 수 있고 구조가 간단해 개발이 용이하고 가격이 저렴하다는 점이다.

· DC모터의 단점을 보완해 만든 모터가 BLDC여서 모터 베어링의 수명 동안은 지속적으로 부품 교체 없이 쓸 수 있어 장시간 A/S없이 사용 할 수 있고 마찰열이 없어 효율이 높은 장점을 가지고 있다. 따라서 최근 개발되는 전기스쿠터 및 전기자동차에 많이 적용되고 있고 다양한 출력의 모터가 개발되고 있다.

· BLDC의 단점은 가격이 높고 정격출력의 1.2배를 넘기지 못해 거의 정격출력이 최고 출력과 비슷하고 열을 받으면 모터 힘이 떨어지는 단점이 있어 냉각장치를 추가하거나 정격범위 안에서 가동되도록 컨트롤러를 세팅하는 경우가 많다.

· 최근에는 BLAC를 자동차에 가장 많이 사용하고 있는데 BLDC에 비해 간략한 구조를 가지고 있지만 크기는 좀더 큰 편이며 장점은 정격출력의 3배까지도 순간적으로 사용할 수 있고 효율 또한 BLDC 못지 않게 높아 고속용으로 개발해 최근 개발되는 전기자동차에 많이 적용되고 있다.

· 단점은 모터 속도를 조절하는 인버터 가격이 비싸 차량 가격 상승으로 이어질 수 있어 '어떻게 현실적인 가격으로 낮추는가'가 문제가 된다. 최근에는 다양한 모터의 특성을 조합해 새로운 개념의 모터를 개발해 내고 있어 기존 개념을 뛰어 넘어 달리면서 충전까지 되는 '모젠' 기술 개발이 시도되고 있으나 아직까지 실용화 단계에 가려면 좀 더 시간이 필요할 것으로 보인다.

일본, 중국에 의존하지 않는 모터 개발

희토류 원소를 사용하지 않는 전기 자동차의 가능성

· '탈 중국 의존', '탈 희토류 원소'가 주장되는 가운데, 신에너지·산업기술 종합 개발 기구(NEDO)가 5개년 계획으로 '차세대 자동차용 고성능 축전 시스템 기술개발 사업'의 일환으로서 희토류 원소를 사용하지 않는 차세대 자동차용 모터의 연구 개발을 추진하고 있다. 현재 7개 프로젝트가 진행 중으로, 그 중 하나가 홋카이도(Hokkaido) 대학 다케모토(Yakemoto) 교수가 연구 개발을 진행시키고 있는 **'페라이트(Ferrite)자석을 이용한 3차원 모터'**이다.

· "여기까지 고생했다고는 생각하지 않는다. 그러나 마침내 자력이 네오디뮴(Neodymium)자석의 10분의 1 정도의 페라이트 자석을 사용하여 동일한 출력을 내는 모터 개발에 성공하였다"고 다케모토 교수가 언급하고 있다.

· 현재 다케모토 교수가 연구 개발하고 있는 것은 희토류 원소를 사용하지 않는 전기 자동차(EV)나 하이브리드카(HV)용 모터로 '페라이트 자석을 이용한 3차원모터'이다.

· 신에너지·산업기술 종합 개발 기구(NEDO)는 5개년 계획으로 '차세대 자동차용 고성능 축전

시스템 기술개발 사업'을 개시하여 그 일환으로서 희토류 원소를 사용하지 않는 차세대 자동차용 모터의 연구 개발을 추진하고 있다. 현재 7개 프로젝트가 진행 중으로 그 중 다케모토 교수가 연구 개발을 진행시키고 있는 '페라이트 자석을 이용한 3차원 모터' 프로젝트이다.

Ferrite 자석

- HV나 EV의 중요한 구성요소인 모터에는 현재 희토류 원소인 '네오디뮴'과 '디스프로슘(Dysprosium)'을 포함한 네오디뮴 자석이 사용되고 있다. 고출력으로 에너지 변환 효율이 높기 때문이다.
- 네오디뮴 자석은 1982년에 일본에서 발명한 영구자석으로, 수많은 자석 중에서 가장 강한 자력을 가진다. 이로 인해 지금은 에어컨이나 냉장고, PC 등 많은 전기제품으로 사용되고 있다. 차세대 자동차의 주요 기술의 하나이기도 하다.
- 그러나 중국이 현재 희토류 원소의 생산량의 97%를 차지하고 있다. 2004년 말부터 희토류 원소의 가격은 상승하기 시작하고 있었지만 2010년에 들어와 중국 정부에 의한 수출범위의 2009년 대비 40% 삭감 등에 의해 희토류 원소를 사용하지 않고 동일한 정도의 출력과 에너지 변환 효율을 낼 수 있는 차세대 자동차용 모터 개발의 중요성을 더해 오고 있다. NEDO의 각 프로젝트에서도 연구 개발이 가속되고 있다.
- 페라이트(Ferrite) : 산화철을 주성분으로 하는 세라믹스의 총칭이다. 강자성을 나타내는 것이 대부분이며 자성 재료로서 이용되고 있다.
- 네오디뮴(Neodymium) : 원자 번호 60의 금속 원소. 원소 기호는 Nd. 한자에서는 희토류 원소의 하나로, 란타노이드에도 속한다. 네오디뮴을 포함한 희토류 원소의 생산량을 중국이 약 98% 차지하지만, 최근 희토류 원소 가격은 중국의 광물자원 정책의 변화에 의해 외국으로의 수출량이 감소되어 상승되었다.
- 디스프로슘(Dysprosium) : 원자 번호 66의 원소로 원소 기호는 Dy, 희토류 원소의 하나이다.

플레밍의 왼손법칙에 의한 모터 원리

직류 모터의 원리와 같이 자계 안에 자유로이 회전하는 U자형 도체를 놓고 도체에 전원을 공급하기 위하여 구리 링(정류자)을 2분할하여 그 사이에 절연물을 삽입하여 절연한 정류자와 항상 접촉하여 정류자를 통해 도체에 전류를 공급하는 브러시를 부착하고 도체에 전류를 흐르게 하면 전류는 A에서 B로 흐른다.

[각종 모터의 비교]

구분	장 점	단 점
전기식	· 소형이다. · 신호변환의 속도성이 좋다. · 위치결정 정밀도가 좋다. · 배선처리가 용이하다	· 외부의 노이즈 등 외란에 취약하다 · 전원고장이 직접적으로 영향을 준다.
유압식	· 힘과 토크가 크다. · 외부의 노이즈가 강하다 · 전원고장 시 어큐물레이터로 대용가능	· 온도에 의한 특성변화가 크다. · 환경오염의 문제가 된다. · 가격이 높다. · 소음이 크다. · 배관이 복잡하고 대형이다.
공압식	· 구조가 간단하다. · 보수성이 좋다.	· 부하에 대한 특성변화가 크다. · 배관이 복잡하다. · 원격조정이 곤란하다.

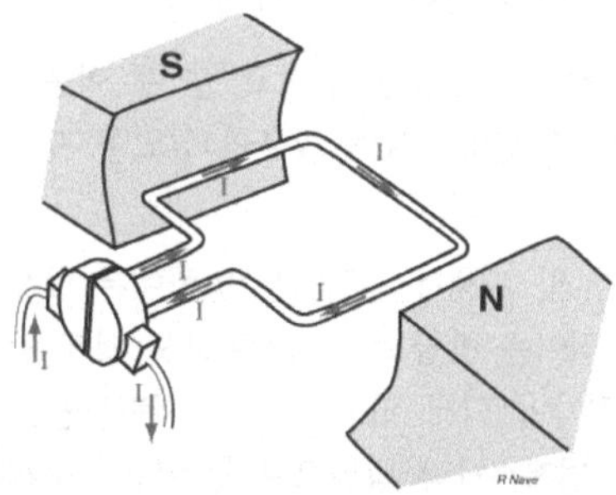

(a) 전류의 흐름

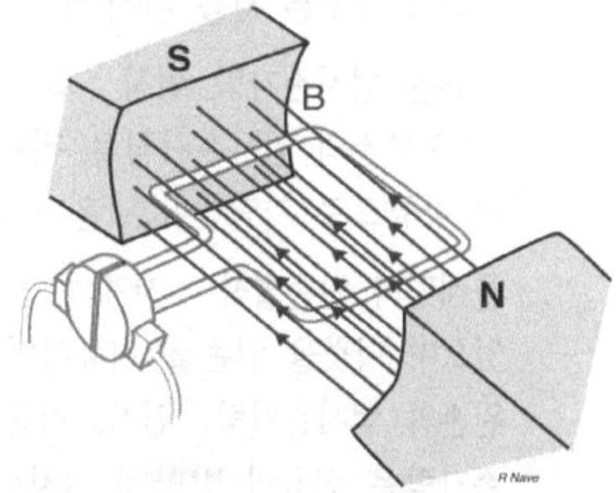

(b) 자력선의 방향

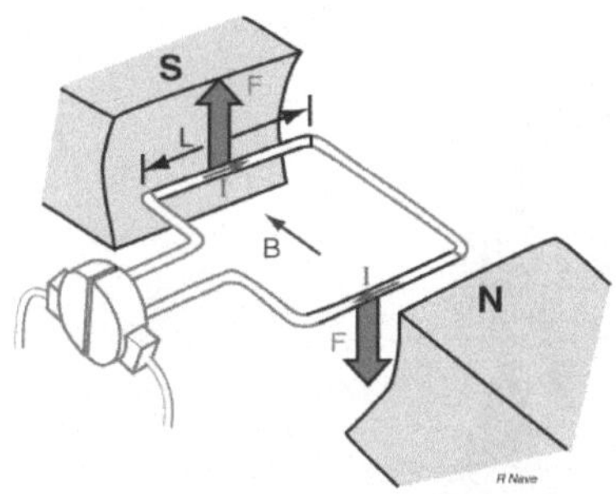

(c) 도체의 받는 힘 방향

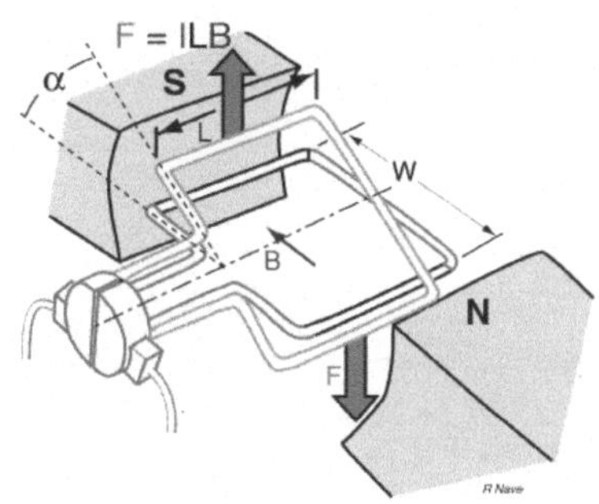

(d) 직류모터의 회전

그림 2-34 직류모터의 동작원리

2.3.2 전기식 모터의 구분

모터는 크게 사용전원에 따라 직류모터와 교류모터로 구분된다. 직류모터는 직류 타여자 모터와 직류 자여자 모터(직류 분권 모터, 직류 직권 모터, 직류 복권 모터)로 나누어지며, 교류모터는 유도모터, 동기모터로 나누어진다. 산업용으로 널리 사용되고 있는 유도모터는 단상전원을 사용하는 단상유도 모터와 3상전원을 사용하는 3상유도 모터로 분류되며, 사용전압, 보호형식 등에 분류된다.

모터의 기본법칙

- **오른나사법칙(=앙페르의 법칙)** : 전류에 의해서 발생되는 자력선은 언제나 오른나사가 진행하는 방향으로 전류가 흐르면 자력선은 오른나사가 회전하는 방향과 일치하는 자력선이 발생되어 나오는 것을 자력선의 오른나사법칙 또는 앙페르의 법칙이라 한다.
- **오른손 엄지손가락 법칙** : 코일이나 전자석의 자력선 방향을 알려고 할 때 이용하는 법칙으로 오른손의 엄지손가락을 제외한 네 손가락을 전류의 방향에 맞추어 잡았을 때 엄지손가락의 방향으로 자력선이 나온다(N극).
- **플레밍의 왼손법칙** : 자계의 방향, 전류의 방향 및 도체가 움직이는 방향에는 일정한 관계가 있으며 이것을 왼손을 이용하여보면 도체의 움직이는 방향으로 정확하고도 쉽게 알 수 있다. 왼손의 엄지손가락, 인지, 가운데 손가락을 직각이 되게 펴고 인지는 자력선방향에 가운데 손가락은 전류의 방향에 일치시키면 도체에는 엄지손가락 방향으로 전자력이 작용하는데 이것을 플레밍의 왼손법칙이라 한다.

앙페르

그림 2-35 전기식 모터의 구분

2.3.3 DC모터

DC 모터는 고정자로 영구자석(혹은 전자석)을 사용하고, 회전자(전기자)로 코일을 사용하여 구성한 것으로, 전기자에 흐르는 전류의 방향을 전환함으로써 자력의 반발, 흡인력으로 회전력을 생성시키는 모터이다.

큰 기동 토크, 입력전압의 변화에 대한 직선적인 회전특성, 입력전류에 대한 출력 토크의 직선성, 출력효율의 높이, 가격이 저렴하다는 등 제어용 모터로서 우수한 특성을 지니고 있다. 그 반면에 브러시나 정류자(commutator) 등 기계적 접점을 가지기 때문에 소음이나 수명 등의 문제가 있다.

모형 자동차, 무선조정용 장난감 등을 비롯하여 여러 방면에서 가장 널리 사용되고 있는 모터이다.

도체가 회전할 때 기계적으로 항상 N극 가까이에서는 ◉, S극 가까이에서는 ⊗의 방향으로 전류가 흐르게 하는 구조로 만들어 주면 계속적으로 일정한 방향으로 회전하는 직류 모터가 된다.

실제로는 토크를 크게 하기 위하여 코일을 많이 감는다. 일반적으로 도체에 전기에너지를 공급하여 기계적 에너지로 바꾸는 기계를 모터라 하는데 전자력을 이용하여 동력을 얻는 편리한 기계이다. 플레밍의 왼손법칙(전자력 이용)은 직류모터, 전류계, 전압계 등에 이용된다.

DC 모터의 특징

① 기동 토크가 크다

② 인가전압에 대하여 회전특성이 직선적으로 비례한다.

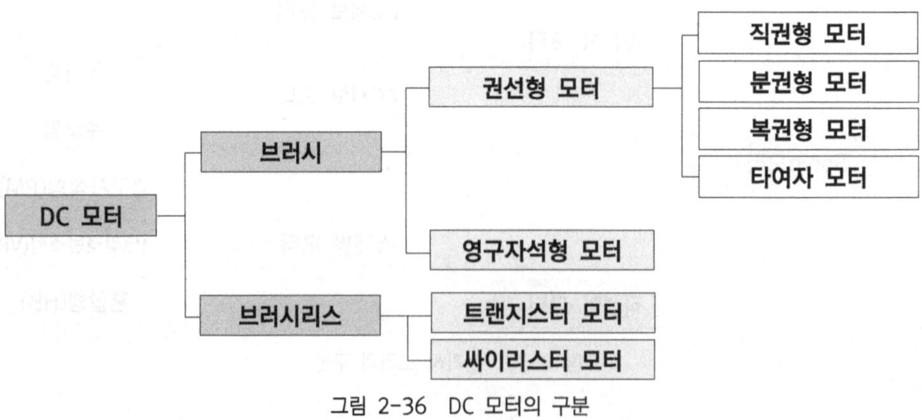

그림 2-36 DC 모터의 구분

③ 입력전류에 대하여 출력 토크가 직선적으로 비례하며, 또한 출력 효율이 양호하다

④ 가격이 저렴하다

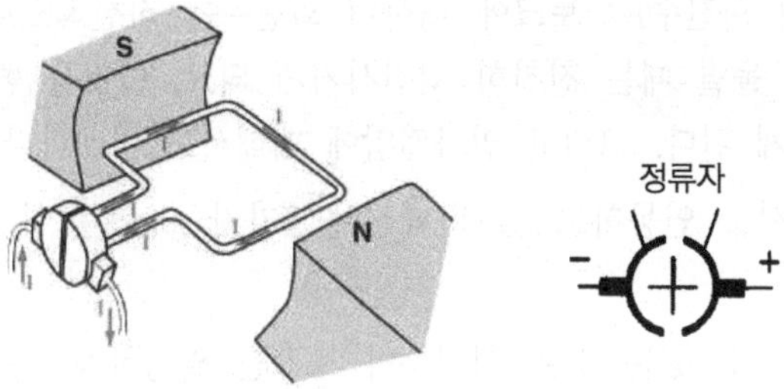

그림 2-37 DC 모터의 구조

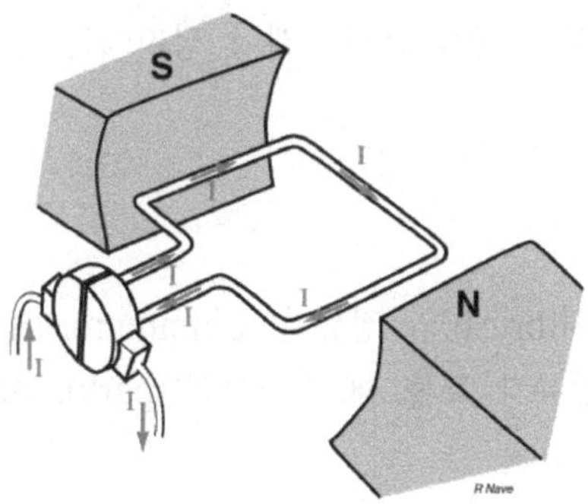

(a) 전류의 흐름

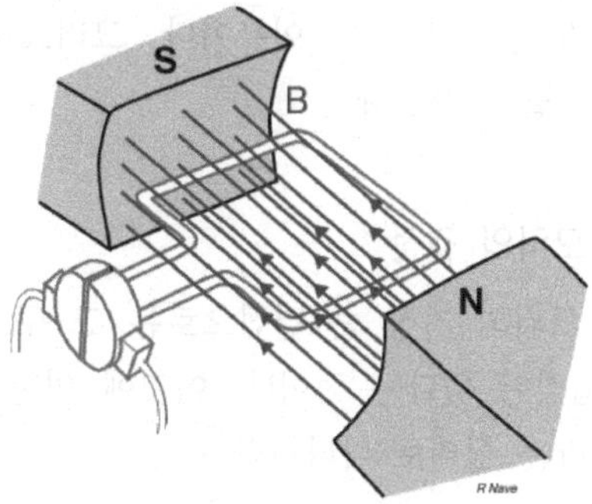

(b) 자력선의 방향

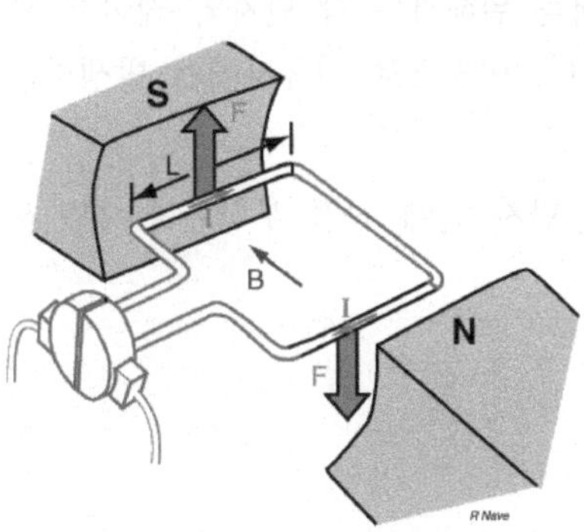

(c) 도체의 받는 힘 방향

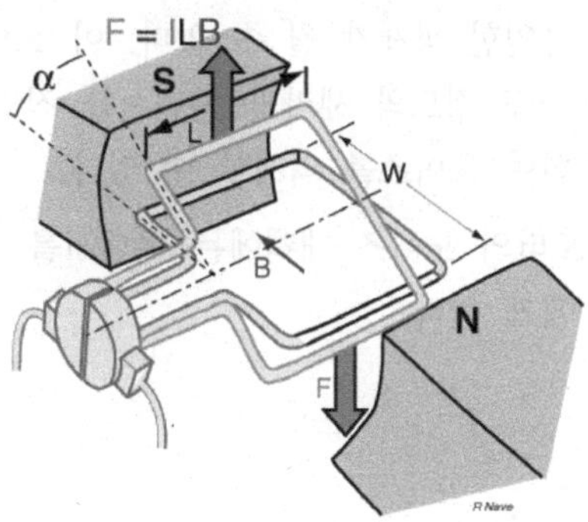

(d) 직류모터의 회전

그림 2-38 직류모터의 동작원리

제어성의 장점을 실제 특성면에서 보면

① T-I 특성(토크 대 전류) : 흘린 전류에 대해 깨끗하게 직선적으로 토크가 비례한다. 즉, 큰 힘이 필요한 때는 전류를 많이 흘리면 되는 것이다.

② T-N 특성(토크 대 회전수) : 토크에 대하여 회전수는 직선적으로 반비례한다. 이것에 의하면 무거운 것을 돌릴 때는 천천히 회전시키게 되고, 이것을 빨리 회전시키기 위해서는 전류를 많이 흘리게 된다. 그리고 인가전압에 대해서도 비례한다.

이들 2가지 특성은 서로 연동하고 있기 때문에 3가지 요소는 이 그래프에서 관계를 지을 수 있다.

즉, 이들 특성에서 알 수 있는 것은 회전수나 토크를 일정하게 하는 제어를 하려는 경우에는 여하튼 전류를 제어하면 양자를 제어할 수 있다는 것을 나타내고 있다. 이것은 제어회로나 제어방식을 생각할 때, 매우 단순한 회로나 방식으로 할 수 있는 것이다. 이것이 DC 모터는 제어하기 쉽다고 하는 이유이다. 그러므로 회전특성을 중요시하는 제어 장치에는 우선적으로 DC 모터를 사용한다.

DC 모터의 결점

DC 모터의 가장 큰 결점으로는 그 구조상 브러시(brush)와 정류자(commutator)에 의한 기계식 접점이 있다는 점이다. 이것에 의한 영향은 전류가 흐를 때 전기불꽃(spark), 회전 소음, 수명이라는 형태로 나타난다.

그리고 마이크로컴퓨터 제어를 하려는 경우는 "노이즈"가 발생하게 된다. 따라서 이 노이즈 대책이 유일한 과제가 될 수 있다. 이 노이즈 대책을 위해서는 각 단자와 케이스 사이에 0.01 μF~0.1 μF 정도의 세라믹 콘덴서를 직접 부착한다. 이것으로 정류자에서 발생하는 전기불꽃을 흡수하여 노이즈를 억제할 수 있다.

DC 모터의 노이즈 대책에는 콘덴서를 케이스와 단자 간에 직접 부착한다. 콘덴서의 리드는 가급적 짧게 한다.

2.3.4 브러시 모터

브러시를 갖는 직류모터는 계자코일과 전기자 코일의 접속방법에 따라 직권, 분권 및 복권의 3형식으로 구분되며 자동차용은 직권모터가 주로 사용되고 있다. 그리고 그 특성은 부하

전류의 변화에 대해 속도의 변화를 나타내는 특성과 토크의 변화를 나타내는 특성이 기동모터의 종류에 따라 달라진다.

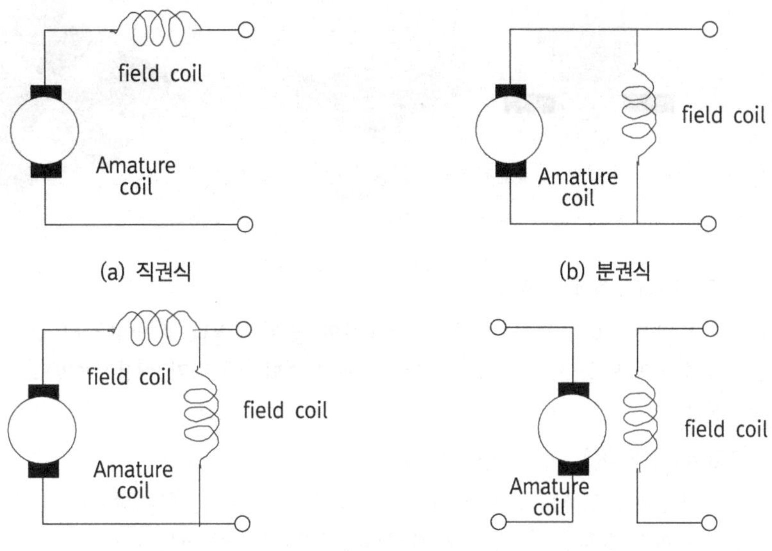

(a) 직권식 (b) 분권식

(c) 복권식 (d) 타여자식

그림 2-39 직류 모터의 종류

브러시의 특징

- 브러시의 접촉은 고정부와 회전부 사이에 전류를 흘려주는 중요한 역할을 한다. 브러시의 성능은 모터나 발전기 등 회전 기계의 성능을 크게 좌우하고, 적정한 브러시를 선택하는 것이 매우 중요하다.
- 모터는 전기의 흐름이 외부 회로를 통해서 브러시(BRUSH)→정류자(COMMUTATOR) → 아마튜어 코일(AMATEUR COIL) → 반대편 브러시 를 통해 외부 회로로 연결된다. GENERATOR에서는 이러한 전기의 흐름 과정이 역으로 되어 브러시는 회전하고 있는 SLIP RING에 밀착되어 베어링의 역할을 하면서 전기를 이동시키게 된다.
- 전기전달의 역할을 하기 위해 초기에는 가느다란 동선의 집합체를 사용하였던 것이 브러시란 이름을 갖게 된 유래가 되었다.
- 일반적으로 카본 브러시(CARBON BRUSH)에서 카본의 의미는 흑연(Graphite)을 포함하는 포괄적인 의미이다.

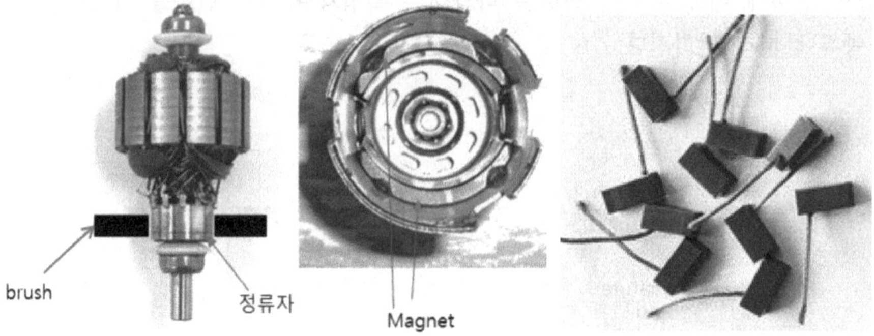

1. 금속흑연질(CM, SM GRADE)

   구리(COPPER : Cu)나 은(SILVER : Ag)등의 금속 분말과 흑연이나 타소 등을 임의의 비율로 혼합하여 만들어진 것으로 흑연과 금속의 혼합비에 따라 허용전류밀도, 마모특성 등이 달라진다

2. 금속함침흑연질(DM, MY GRADE)

   다공성 흑연이나 탕소의 소지에 금속을 함침시켜 금속이 연결된 상으로 존재하고 있다. 단시간 과부하가 필요한 시동전동기, 밧데리카, 접점 등에 사용된다.

3. 전기흑연질(EG GRADE)

   인조 흑연질이라고도 하며 카본을 2,500℃ 전후로 가열하여 흑연화시킨 것으로 열전도성이 우수하고 열에 강하다. 주로 산업용 MOTOR에 사용된다.

4. 탄소질 및 탄소흑연질(A, B, C, H, PM GRADE)

   카본에 천연흑연 또는 전기흑연을 배합해서 열처리한 제품을 탄소흑연질이라 한다. 내마모성이 우수하나 전기 및 열전도성이 낮아 저속, 낮은 전류밀도의 범용 재질에 국한하여 사용된다.

5. 수지결합질(IM GRADE)

   흑연에 점결제로 열경화성 수지를 사용한 것으로 재질의 비저항이 크므로 정류특성이 요구되는 경우의 재질에 적합하며 허용전류밀도는 제한을 받는다.

6. 천연흑연질(HM GRADE)

   천연흑연을 사용하여 만들어진 재질로 현재 사용되는 재질중 가장 높은 주변속도에서도 사용이 가능하고, 천연흑연 중에 포함된 흑연 이외의 잔류성분은 높은 주변속도에서의 집전능력에 도움을 주나, 전기흑연질보다 정류자의 마모를 촉진시키는 경우가 있다.

(1) 직권식 모터(series winding type)

직권식 모터는 전기자 코일과 계자 코일이 전원에 대해 직렬로 접속되어 있다. 자동차에서의 사용 예는 기동 모터의 경우이다.

전기자 전류와 자장의 세기에 비례하는데 자장의 세기는 계자전류에 의해 결정되고, 또 계자 전류는 전기자 전류와 같기 때문에 결과적으로 토크는 전기자 전류의 제곱에 비례한다. 즉 전기자 전류가 클수록 발생하는 토크도 크다.

전기자 전류는 모터에서 발생하는 역기전력에 반비례하고, 역기전력은 속도에 비례한다. 따라서 전기자 전류는 속도에 반비례하여 증감하는 특성을 나타낸다. 직권식은 속도가 낮을 때, 즉 부하가 커지면 발생토크도 증가하고, 부하가 감소함에 따라 회전이 빨라지는 특성을 가지고 있어 기관의 시동에 요구되는 조건과 적합하기 때문에 일반적으로 직권식을 쓴다.

모터에 부하가 걸렸을 때는 회전속도는 낮으나 회전력이 크고, 부하가 작아지면 회전력은 감소되나 회전수는 점차로 커진다. 즉, 회전수가 부하에 따라 현저하게 변화한다. 때문에 보통의 용도에는 적합하지 않으나 짧은 시간 안에 큰 회전력을 필요로 하는 기동모터에는 가장 알맞다.

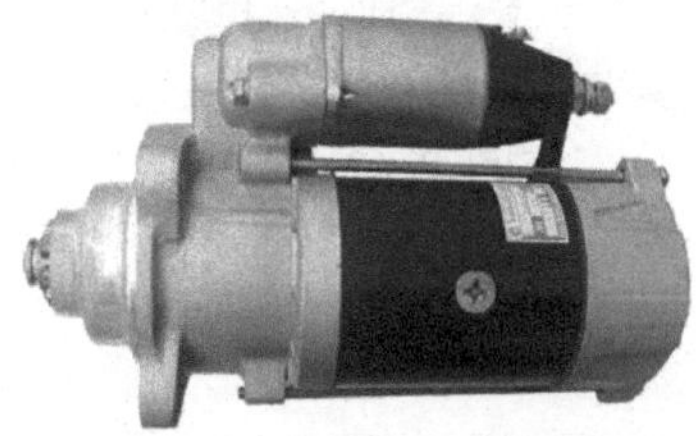

그림 2-40 직류직권 모터-기동모터

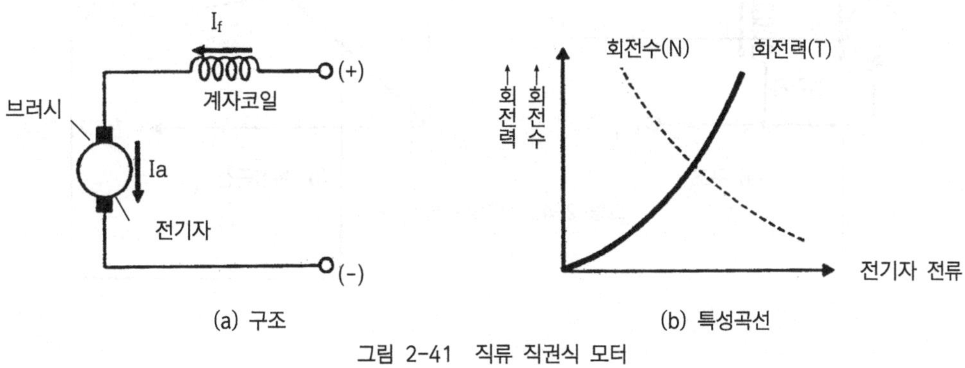

그림 2-41 직류 직권식 모터

(2) 분권식 모터(shunt winding type)

분권식 모터는 전기자 코일과 계자 코일이 전원에 대해 병렬로 접속되어 있으므로, 가해진 전원 전압이 일정하면 계자 전류도 일정하며 자장의 세기도 일정하다. 자동차에서의 사용 예는 팬 모터의 경우이다.

직권모터와 마찬가지로 전기자 전류와 자장의 세기를 곱한 값에 비례하지만 자장의 세기가 변화하지 않으므로 결과적으로 토크는 전기자 전류에 비례한다. 즉 전기자 전류가 클수록 발생하는 토크는 커지지만 그 증가율이 직권식보다 낮은 특성을 나타낸다.

분권 모터의 회전수는 전원이 축전지라면 단자전압은 일정하므로 변화하지 않는다. 전기자 전류가 커지면 축전지 전압이 조금 낮아지나, 속도는 거의 일정하다.

그림 2-42 팬 모터

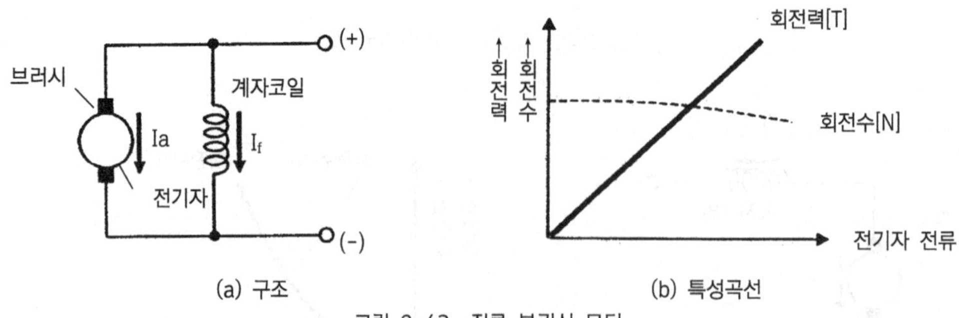

그림 2-43 직류 분권식 모터

(3) 복권식 모터(compound winding)

복권 모터는 두 개의 계자 코일이 하나는 전기자 코일과 직렬로 접속되고, 다른 하나는 병렬로 접속되어 있다. 2개 계자 코일의 자속의 방향이 같은 것을 화동 복권이라 하고, 자속의 방향이 반대로 된 것을 차동 복권이라 하는데, 일반적으로 화동 복권이 많다.

복권식 모터는 직권과 분권의 중간 특성을 나타낸다. 즉 시동할 때에는 직권식과 같은 큰 토크 특성을 나타내고, 시동이 된 뒤에는 분권식과 같이 정속도 특성을 나타낸다. 자동차에서의 사용 예는 윈도우 와이퍼 모터의 경우이다.

그림 2-44 윈도우 와이퍼 모터

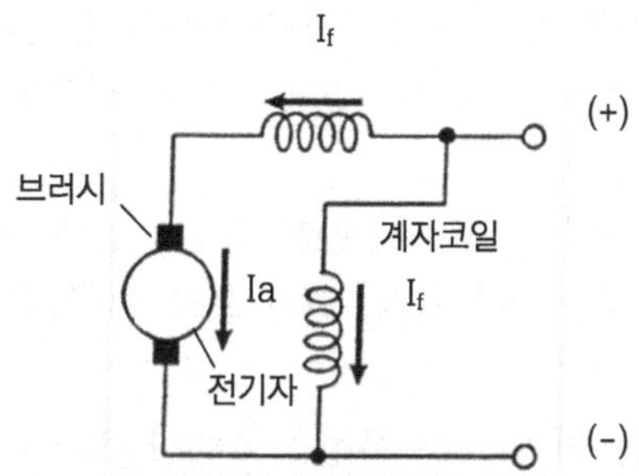

(a) 구조

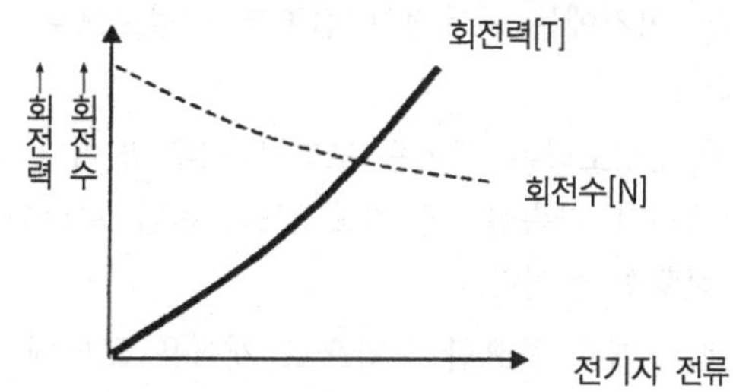

(b) 특성곡선

그림 2-45 직류 복권식 모터

[직류모터의 종류 및 특성]

구분	구성특성	특 성	사용장치
직류직권식	· 전기자 코일과 계자 코일이 전원에 대해 직렬로 접속	· 토크는 전기자 전류의 제곱에 비례. 즉 전기자 전류가 클수록 발생하는 토크도 크다. · 전기자 전류는 속도에 반비례하여 증감	· 기동모터
직류분권식	· 전기자 코일과 계자 코일이 전원에 대해 병렬로 접속	· 가해진 전원 전압이 일정하면 계자 전류도 일정하며 자장의 세기도 일정 · 전기자 전류가 커지면 축전지 전압이 조금 낮아지나, 속도는 거의 일정	· 팬모터
직류복권식	· 두 개의 계자 코일이 하나는 전기자 코일과 직·병렬로 접속	· 복권식 모터는 직권과 분권의 중간 특성을 갖음. 즉 시동할 때에는 직권식과 같은 큰 토크 특성을 나타내고, 시동이 된 뒤에는 분권식과 같이 정속도 특성을 나타냄.	· 윈도우 와이퍼 모터

2.3.5 Brushless DC 모터

브러시(Brush)가 부착된 DC 모터에서는 정류자와 브러시의 접촉에 의해서 코일에 전류를 흐르게 함과 동시에 전류시키는 기능을 하지만, 브러시가 마모되는 단점이 있다. 그러나 Brushless DC모터는 브러시를 사용하지 않고 비접촉의 위치 검출기와 반도체 소자로서 통전 및 전류시키는 기능을 바꾸어 놓은 모터이다. 따라서 Brushless DC 모터의 토크발생 원리는 DC모터의 경우와 같은 형태이다.

브러시리스 모터의 최대특징은 원리적으로 브러시리스로 인해 노이즈가 발생하지 않는다는 점이다. 여기에는 기계적인 접촉부가 없으므로 고속 회전형 모터, 장수명형 모터의 실현도 가능해진다.

한편, DC모터는 제어용 모터로 매우 뛰어난 특성을 가지고 있는 것으로 알려져 있다. 예를 들면 급격한 가속성, 큰 기동 토크, 전압 변화에 대한 선형 수하 특성, 출력 토크 대 입력 전류의 선형성 등이다.

이것은 매우 중요한 사항으로 제어용 모터에 요구되는 거의 모든 특성을 겸비한 모터라 할 수 있다. 그러나 이와 같이 뛰어난 모터에도 오직하나, 결정적인 결점을 지니고 있다. 그것은 브러시, 정류자에 의한 기계적인 접촉부이다. 이것은 DC모터가 기능하기 위해서는 필요불가결의 요소로서 이것으로 인하여 모터가 회전되는 셈이다. 그러나 모터가 끊임없이 섭동작용을 반복하므로 브러시, 정류자의 마모가 진행되고 이 이유 때문에 금속분말이나 흑연이 비산하여 현저히 모터의 수명을 줄인다.

[브러시리스 모터의 특징]

구 분	특 징
브러시리스 모터	· 기계적인 브러시, 정류자가 없다.(마모, 먼지의 발생이 없다.) · 모터의 수명이 길다. · 센서를 이용한 전자 정류장치를 사용한다. · 로터의 자극 센서에 홀 소자가 많이 사용되고 있다. · 기계적인 노이즈가 발생하지 않는다. 베어링 부위는 제외 · 브러시부에 카본, 오일미스트 등의 오탁이 발생하지 않는다. · 전기적인 노이즈가 발생하지 않는다.(전파장애가 발생하지 않는다.) · 불꽃의 발생이 없다. · 플래시오버가 없다. · 고속 회전형의 모터를 만들기 쉽다. · 다극형 모터를 만들기 쉽다.(단상, 2상, 3상 등) · 정방향 및 역방향 회전에 강하다. · 모터의 제 특성은 종래의 DC모터와 동등하다. 다만 로터부의 관성이 크고 출력 효율도 저하한다. · 브러시가 없어 설계에 있어 자유롭다. · 구동회로가 필요하여 종래의 DC모터보다 가격이 비싸다. · 회로 기술에 의하여 브러시리스모터의 특성을 개선할 수 있다.

또 마모가 진행되면 정류자간에 이상 아크가 발생하고 마침내는 플래시 오버 현상을 일으킨다. 그 구조상 회전 중에 아무래도 불꽃이 발생하므로 주변에 주는 영향이 크다. 특히 인화성이 있는 가스내에서는 방폭 대책이 큰 문제로 대두된다.

상기와 같은 이유로 DC모터를 브러시리스화 한다는 것은 아주 큰 의미가 있다. 그래서 요즘의 경향은 DC모터의 브러시리스화가 연구, 검토되고 있는 것이다. 또한 무보수와 장수명 모터를 만들 수 있다는 것을 의미한다.

Brushless DC 모터의 구조

Brushless DC 모터를 구조면에서 분류하면 권선으로의 통전은 브러시 등 접동요소를 사용하지 않는 고정식으로 하기 때문에 자계를 만드는 마그네트 회전기를 어디에 배치하느냐에 따라서 자로의 구성방법, 권선의 배치방법이 변한다.

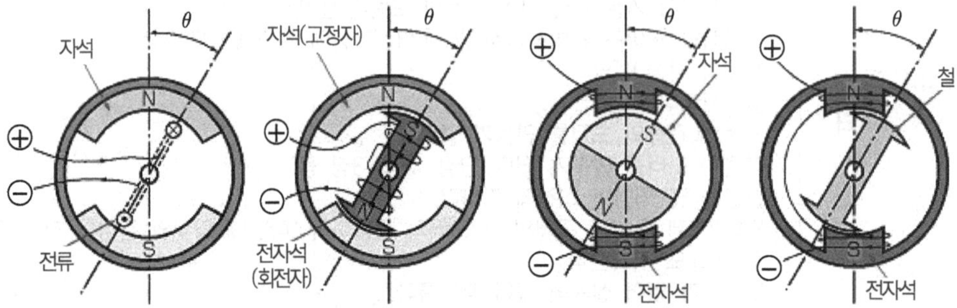

그림 2-46 Brushless DC 모터의 종류별 구조(inner형/outer형)

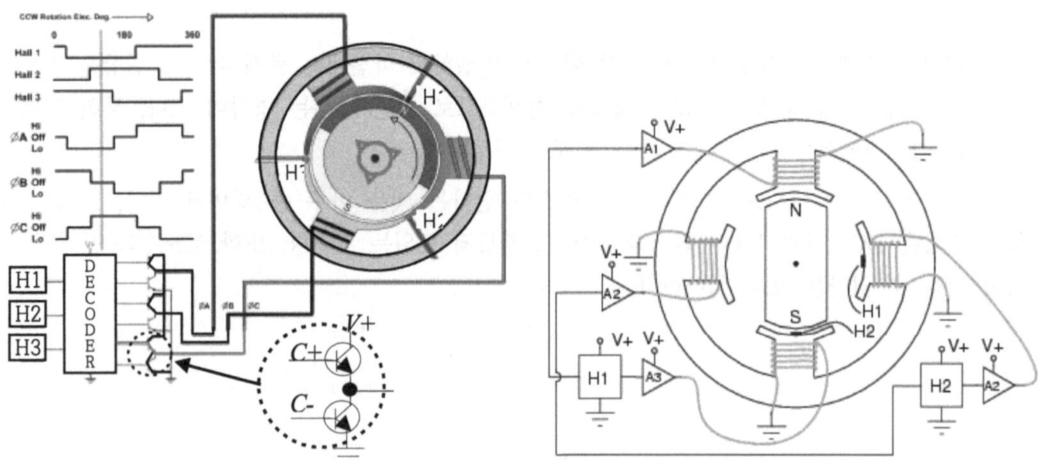

그림 2-47 Brushless DC 모터의 구조(Inner Rotor형)

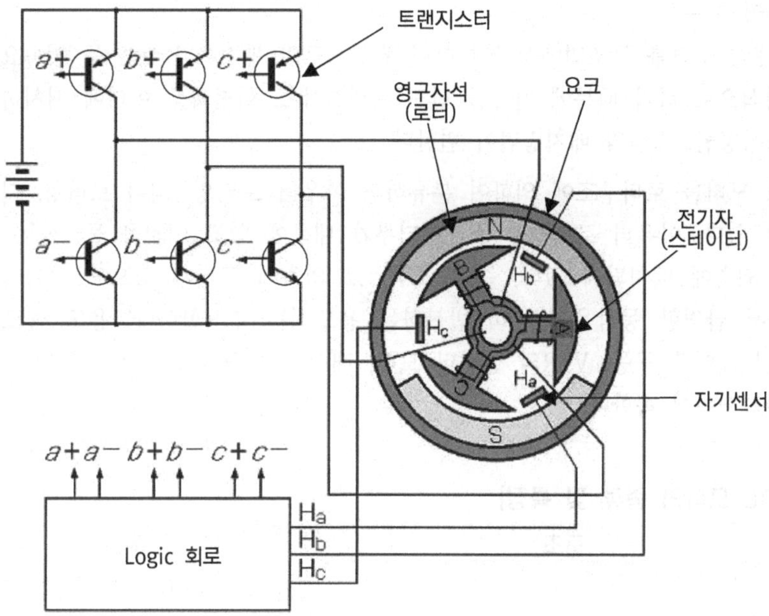

그림 2-48 Brushless DC 모터의 구조(Outer Rotor형)

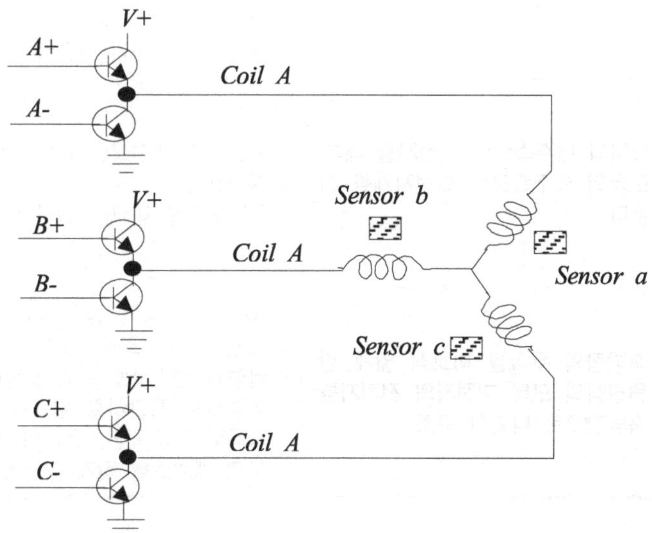

그림 2-49 Brushless DC 모터의 구성회로

(1) 회전기의 구조

Brushless DC 모터를 구조면에서 분류하면 권선으로의 통전은 Brush 등 접동요소를 사용하지 않는 고정식으로 하기 때문에 자계를 만드는 마그네트 회전기를 어디에 배치하느냐에 따라서 자로의 구성방법, 권선의 배치방법이 변한다.

브러시리스 모터를 로터구조에 의하여 분류하면 아우터 로터형, 이너 로터형, 디스크 로터형으로 나눌 수 있다. 아우터 로터형은 스테이터부가 내측에 있고 이것을 둘러싸는 것처럼 마그넷로터가 그 외측에 배치되어 있다. 즉 구조상, 그 외측에 로터가 있으므로 이너셔가 상당히 커진다. 따라서 급격한 동작을 빈번히 반복하는 용도에는 부적합하다. 용도 예로서는 레코드 플레이어의 턴 테이블 구동, VTR의 실린더 모터, 레이저 프린터의 스케너 모터 등이 있다. 이들은 모두 정속제어에 속한다.

[Brushless DC 모터의 종류 및 특징]

종류	구조	특징
Outer Rotor형 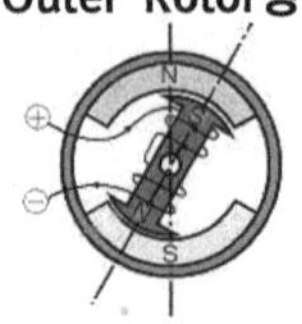	· 모터의 외주측으로 회전자를 배치 · 모터의 내부 측면으로 회전자계를 만든다.	· 회전자의 관성모멘트가 크므로 정속도 주행에 유리하다. · 마드네트를 비교적 크게 할 수 있으므로 고효율, 고토크화하기 쉽다. · 권선의 1코일 평균길이가 짧게 되어 손실절감, 고효율화 하기 쉽다. · 회전자 지지기구가 복잡하다. · 밀폐구조로 하기 어렵다.
Inner Rotor형 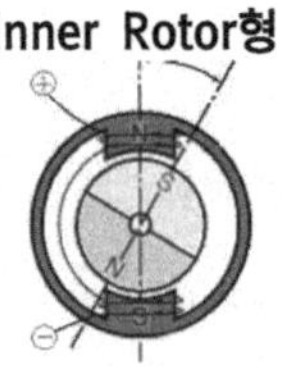	· 모터의 내주측으로 회전자를 배치 · 모터의 외주측으로 회전자계를 만든다.	· 회전자의 관성모멘트가 Outer motor에 비하여 작다. · 모터구조를 비교적 간단하게 구성할 수 있다.
Axial Gap형	· 축방향의 두께를 비교적 얇게 한 원판상의 모터 회전자의 전기자를 축방향으로 나열한 구조	· 축수간 간격이 짧기 때문에 공작의 정확을 요함, 축수구조도 복잡 · 권선과 전기자를 분리 Slotless구조로 함 · 회전율을 저감시킬 필요가 있는 곳에서 많이 사용되고 있지만, 권선의 배치정도와 권선형상의 밸런스를 작게 하여야 할 필요가 있다.

브러시리스(Brushless) 모터

· 브러시리스 모터는 최근 중국, 대만 등을 주축으로 여러 신규 업체의 시장개입에 따라 가격 하락을 주도하면서 모형항공기의 파워소스로 널리 채택되고 있다. 특히 모터의 구조와 특성상 높은 토크, 고효율 및 낮은 소음으로 일반 브러시 모터 보다 상대적으로 전동 매니아들이 선호하고 있다.

■ 모터구조

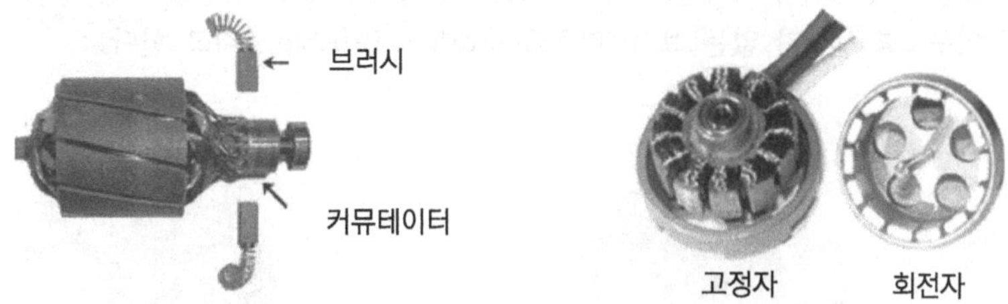

(a) 브러시 모터 (b) 브러시리스 모터

모터 구분

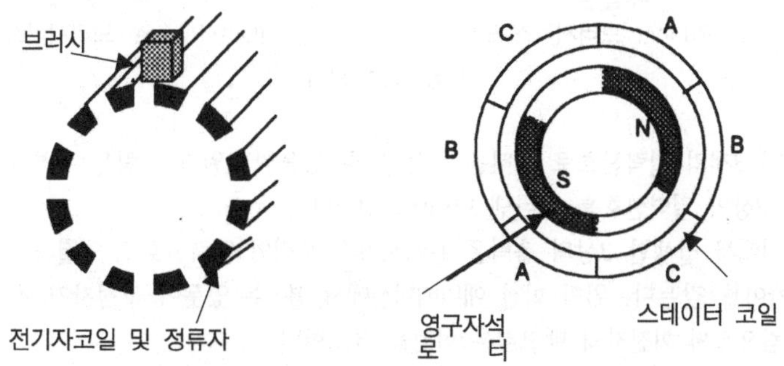

(a) 브러시 모터 (b) 브러시리스 모터

모터 구분

· 위의 그림에서 볼 수 있듯이 브러시리스 모터와 브러시 모터와 가장 큰 차이점은 브러시와 정류자(commutator)가 없다는 것이다.

· 브러시 모터의 일반적인 구조는 크게 회전코일(회전자)과 고정자석(고정자) 및 브러시와 정류자 부분으로 구성되어 있다. 브러시와 정류자는 아마튜어 코일에 공급되는 전류방향을 회전각도에 따라 전환시켜줌으로써 회전자를 회전시킬 수 있는 자극의 변화를 만들어 주는 중요한 장치이다.

· 브러시리스 모터에서는 컨트롤러(변속기)가 그 역할을 담당하기 때문에 브러시나 정류자가 필요하지 않습니다. 이로 인해 구조가 간단해지며, 회전마찰에 의한 열 발생 감소와 브러시

마모에 따른 교체가 이루어지지 않으므로 반영구적인 수명을 보장한다.

■ 회전원리

· In-Runner 브러시리스 모터의 경우에는 회전자가 코어안쪽에 위치하고 있으며, Out-Runner 브러시리스 모터는 보통 통돌이라고 하는데 회전자가 코어의 바깥쪽에 있는 것이 큰 차이이다. 브러시리스 모터는 기본적으로 3상구조를 가지며 회전 제어는 외부의 컨트롤러가 전담한다.

· 양극(+, -)의 DC전원를 3상으로 전환하여 모터에 공급하며 , 3개의 고정코일에 공급된 전압으로 고정자석의 위치를 감지하여 위상변화를 줌으로써 회전을 하는 방식의 구조이다. 이 제어구조를 센서가 없는 브러시리스(Sensorless Brushless)라고 한다.

[In-Runner 브러시리스 모터]

[Out-Runner 브러시리스 모터]

브러시리스 모터

· 어떻게 3개의 입력신호로 모터를 구동할 수 있을까? 위의 그림은 외부제어기(변속기)에서 발생한 3상의 입력신호를 나타낸 다이어그램이다.
변속기에서 발생한 3상의 출력은 브러시리스 모터의 입력신호로 연결되기 때문에 120도의 위상 차이를 갖는다. 위의 회전 애니메이션에서 볼 수 있듯이 고정자가 순차적으로 자력을 발생시킴으로써 회전자의 매끄러운 회전을 유도한다.

· 브러시 모터의 경우에는 브러시와 정류자가 입력신호를 기계적으로 제어하지만 브러시리스 모터는 변속기는 직류 신호입력을 교류로 전환하는 역할을 담당한다.

■ 회전비(turn-around-ratio)

· 3상 모터의 기본 구조상 회전자석(회전자)은 대부분 자력이 강한 네오듐 자석을 사용하여 2의 배수의 극수를 갇고정코일부분(고정자)는 갇3의 배수의 폴수를 갖는다.

· 3상 모터의 가장 기본적인 구조는 3폴의 고정자와 2폴의 회전자를 구성되는데 이경우 고정자가 1회전 할 경우 회전자도 1회전을 한다. 6폴의 고정자와 4폴의 회전자도 같은 회전비를 갖는다 이때의 회전비(turn-around-ratio)는 1:1이다. 갇고정자가 3폴이고 회전자가 4폴 인 경우에는 고정자가 2바퀴 회전하는 동안 회전자는 1회전을 한다. 회전비는 2:1로 증가이다.

[6 스테이터, 8 폴] [6 스테이터, 10 폴] [6 스테이터, 14 폴]

3상 모터의 기본 구조

- 8 폴의 경우에는 회전자가 1회전 할때 고정자는 2회전을 하므로 회전비는 2:1이다.
- 10 폴의 경우에는 회전자가 1회전 할때 고정자는 5회전을 하고 회전비는 5:1이다.
- 14 폴의 경우에는 회전자가 1회전 할때 고정자는 7회전을 하고 회전비는 7:1이다. 큰 회전비는 회전비가 1:1인 경우를 비교해 볼때 회전스피트는 감소하지만 토크는 증가한다. 즉, 회전비가 커진 경우에는 감속기어를 사용하지 않고 직경이 큰 펠라를 직결로 연결하여 사용할 수 있는 장점이 있다.

(2) 회전자 위치 검출장치

Brush가 부착된 DC 모터와 같은 모양으로 전류의 방향과 자속의 방향을 직교시키기 위해 마그네트 모터 위치를 정확하게 파악해서 그 신호에 의해 권선에 전류를 흐르게 하기도 하고 차단하기도 할 필요가 있다. 그 기능이 회전자 위치 검출장치이다. 검출수단으로서는 광소자와 자기저항소자, 그밖에 다른 것들이 있지만 소형이면서 가격이 싸다는 점에서 홀소자가 가장 실용화되어 있다. 모터의 발열에 의해 고온하에 있기 때문에 온도특성이 좋은 갈륨비소와 같은 것이 주류이다. 홀소자는 반도체에 전류를 흘리고 전류와 직각방향으로 자계를 주면 직각방향으로 홀전압을 발생하는 것이다.

(3) 마그네트

Brushless DC 모터에 사용되는 마그네트로는 소형 모터에 있어서는 그 대부분이 성능과 가격면에서 페라이트 마그네트가 주류이지만 최근에는 그것보다도 한층 더 성능이 좋은 플라스틱 네어듐을 사용하는 체적효율(경박 단소화)을 보다 높인 방향이 보이고 있다.

(4) 구동회로

Brushless DC 모터는 통전, 전류의 기능은 반도체로 구성된 구동회로를 모터의 내부 또는 모터의 외부로 접속해서 최초로 회전한다. 회전의 논리는 위치검출을 해서 홀소자에서의 신호를 인버터용 트랜지스터의 베이스로 구동하기 위한 분배기능을 한다. 더욱 이 회전의 논리회로는 회전수에 비례한 펄스를 발생하고 동시에 회전수의 피드백 신호로 해서 이용할 수도 있다.

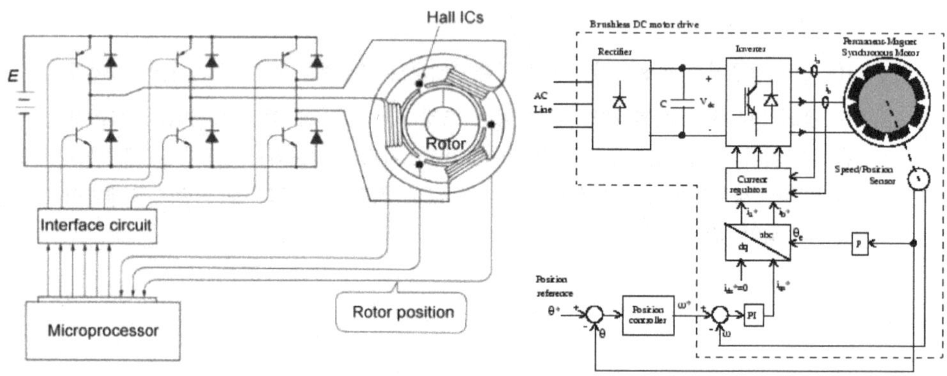

그림 2-50 Brushless DC 구동회로

[BLDC 모터의 특징]

종류	특 징
장 점	· 기계적 정류기구를 전자화(무접점화)하여 전기적노이즈(불꽃), 기계적노이즈가 작다. · 신뢰성이 높고 수명이 길고 고속화가 용이하다. · 기기의 고밀도화에 따른 요청에 용이하게 대응된다. (형상, 구조의 자유도화 → 경박 단순화 → 기전일체화) · 기기의 다기능화에 쉽게 대응된다.(일정 속도제어, 가변 속도제어 등)
단 점	· 로터에 영구자석을 사용하므로 저관성화에는 제한이 있다. · 일반적으로 페라이트 자석을 사용할 경우가 많으므로 체적당 토크가 작다.(결점보완을 위해 희토류자석을 사용하는데 비용이 높음) · 정류기구를 전산화하기 위한 반도체회로를 필요로 하여 비용이 높아진다.(최근의 반도체 기술의 진보에 의해 개선됨)

[DC모터 종류 및 특징]

종류	특 징
브러시 DC모터	· 고정자 : 전자석(혹은 영구자석) · 회전자 : 브러시 통해 일정 전류 공급 → 플레밍 왼손법칙 : 회전자 회전
브러시리스 DC모터 (BLDC)	· 고정자 : 반도체소자 및 컨트롤러(트랜지스터, 싸이리스터)사용 → 순차적으로 자력을 발생 · 회전자 : 영구자석 → 순차적으로 변하는 고정자의 자력에 의해 매끄럽게 회전자 회전 · 장점 : - 기계적 정류기구를 전자화(무접점화) - 전기적 노이즈(불꽃), 기계적 노이즈가 작다. - 신뢰성이 높고 수명이 길고 고속화가 용이하다. - 기기의 다기능화에 쉽게 대응(일정 속도제어, 가변 속도제어 등)

2.3.6 AC 모터

교류 전원으로 운전되며, 생활 주변에서 가장 널리 쓰이는 모터이다.

교류모터는 기본적으로 외부 고정자와 내부 회전자로 구성되어 있다. 교류전류가 고정자 권선에 공급되면 전자기유도에 의해 자기장이 변화한다. 이 때 회전자에서 회전하는 자기장에 의해 유도전류가 생기고 토크에 의해 회전자에 있는 축에서 회전력이 발생한다. 보통 50~60 Hz의 교류전원을 사용하지만, 높은 회전속도를 얻고자 할 때에는 수백 Hz에 이르는 높은 주파수의 교류전원을 사용하기도 한다. 소형 모터의 회전자에는 단락된 권선을 사용하고, 대형 교류모터에는 권선을 감아서 사용한다.

교류모터는 크게 단상식과 삼상식으로 나뉘며, 회전자의 유형에 따라 유도모터(Induction Motor), 동기모터(synchronous motor)로 분류한다. 일정한 주파수 전원으로 운전할 경우, 유도모터는 대체적으로 정속도를 유지하며, 동기모터는 완전한 정속도를 갖는다.

교류모터의 용량은 수십 W의 소형에서 수백 kW의 대형에까지 이르며 선풍기, 세탁기, 냉장고, 펌프, 크레인 등 가정과 산업현장 전반에서 널리 사용되고 있다. 교류모터는 구조가 간단하고 브러시나 정류자와 같은 기계 소모부가 없고, 고속에서 순간 최대 토크를 출력할 수 있어 응답특성이 빠르며 무게당 토크가 크므로 소형 경량화할 수 있다는 장점이 있다. 그러나 직류모터에 비해 제어 방법이 복잡하다는 단점이 있다.

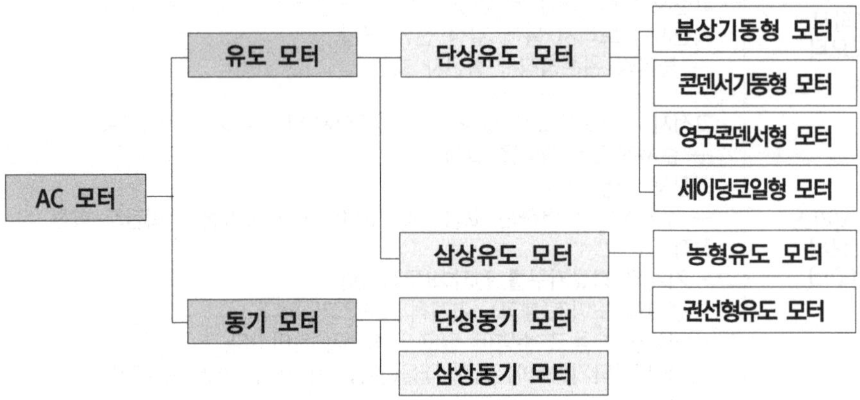

그림 2-51 AC 모터의 구분

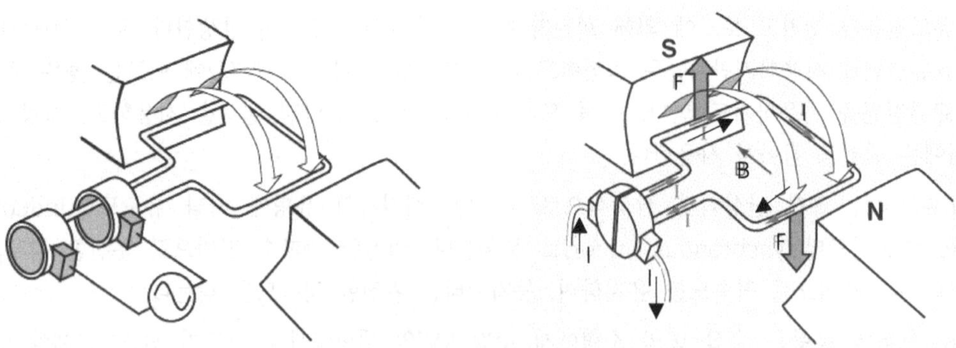

(a) AC모터 (b) DC모터

그림 2-52 모터의 구분

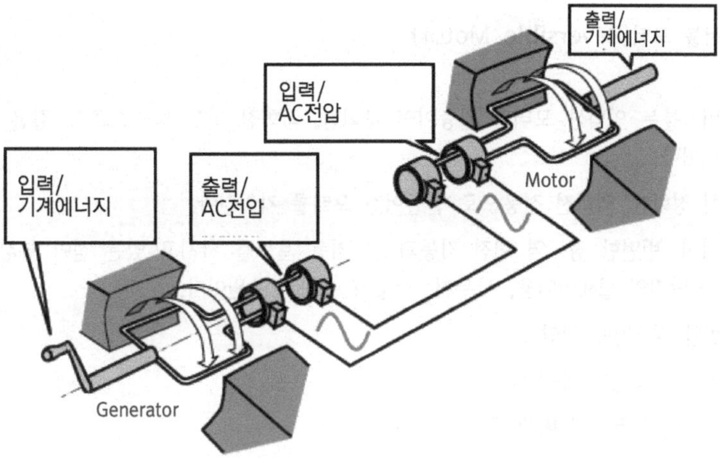

그림 2-53 AC모터와 발전기

2.3.7 유도모터(Induction Motor)

유도모터(인덕션 모터)는 ac모터의 일종으로서 회전자계형에 속한다. 그 구동 원리는 스테이터부에 발생하는 회전자계와 로터부에 생기는 유도자계와의 상호작용으로 회전력을 얻는다. 단상 뿐만 아니라 3상 유도모터, 3상 권선형 유도모터 등이 있다.

인덕션 모터는 ac모터 중에서도 가장 사용하기 쉬운 모터의 하나로서 일반 가정의 전기 제품에 많이 사용되고 있다. 인덕션 모터는 부하에 대응하는 회전수로 회전하나 여기에는 어느정도의 정속성이 있다. 따라서 별로 정속성을 요구하지 않는 동력용 모터로서도 많이 사용된다. 인덕션 모터에도 여러가지 종류가 있으나 소형 중에서는 단상형의 콘덴서 모터가 가장 많이 보급되고 있다.

[유도모터의 특징]

종류	특 징
유도모터	· AC전원의 동력용 모터에 적합하다 · 구조가 심플하고 튼튼하다. · 어느 정도의 정속성이 있다. · 수하 특성을 갖게 할 수 있다.(로터의 도체 저항을 올려 주면 된다.) · 수명이 길다. · 가격이 싸다. · 경부하에서 효율은 일반적으로 낮다.

리버서블 모터(Reversible Motor)

- 리버시블는 인덕션 모터의 일종이며 우회전, 좌회전 어느 방향으로도 같은 특성이 얻어지는 모터이다.
- 특히 정회전, 역회전 전용으로 만들어진 모터를 가리킨다.
- 따라서, 빈번한 정•역 회전 기능과 큰 기동 토크를 가지고 있는 점이 특징이다. 주요 용도는 세탁기의 펄세이터용, 사무기, 자동기 등의 구동원이다.
- 빈번한 정역전에 적합
- 브레이크 특성이 좋다.(전자식)
- 단시간이면 크기에 비해 큰 출력이 얻어진다.
- 기동 특성이 뛰어나다.

유니버설 모터(Universal Motor)

- 유니버설 모터(Universal Motor)는 직류나 교류로 회전시킬 수 있는 정류자 모터를 말한다. 유니버설이라는 말은 "여러가지 목적에 사용되는 만능"이라는 뜻이며 이 모터를 직류나 교류로 사용할 수 있기 때문에 이 명칭으로 불려지고 있다. 이 모터의 구조는 직류 직권모터와 같으며 스테이터 코일과 로터 코일에 동일 전류를 흐르게 하며 회전력을 발생시킨다.

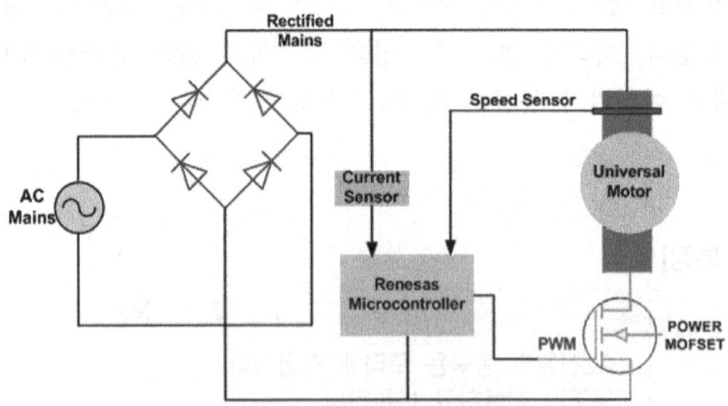

- 따라서 직류나 교류에서 토크의 발생 방향이 일정하게 되어 항상 일정한 방향으로 회전할 수 있게 된다. 또 유니버설 모터는 입력 단자에 공급하는 전압의 극성을 바꾸어도 회전 방향은 변하지 않는다. 유니버설 모터를 교류 전원으로 사용하는 경우 전원주파수의 2배로 맥동하는데 50/60 Hz 정도의 주파수이면 그 맥동은 별로 문제가 되지 않는다.

· 특징은 시동 토크가 크고 고속 회전이 쉽게 얻어진다는 것이다. 그 때문에 전차 등의 구동 모터로 많이 사용되고 있다. 한편, 결점으로는 브러시와 정류자가 있기 때문에 전기 노이즈, 기계 노이즈가 크고 수명도 그다지 길지 않다는 점 등을 들 수 있다.

3상 유도모터는 바깥쪽의 고정자와 안쪽의 회전자가 모두 얇은 강판으로 쌓아올려서 만들어져 있으며 거기에 각각 슬롯을 내고 있다. 고정자 슬롯에는 코일을 넣는다. 3상의 각 상이 1개의 코일인 예는 없으며 적어도 몇 개의 코일을 사용하기 때문에 고정자의 슬롯 수는 24, 36, 48, 64 … 등이며 많은 것은 수백에 달한다. 각 상의 코일은 공간에서 120° 씩 이동시켜서 배치한다. 회전자에는 피복되지 않은 동봉이나 알루미늄의 주물을 슬롯 속에 넣는 농형(squirrel cage induction motor)이라 불리는 것과 3상 권선으로 하는 권선형이 있다.

2극 모터는 2극의 회전자계를 발생하는 경우인데, 코일의 넓이를 반으로 줄이고 코일수를 2배로 하면 4극의 회전자기장을 발생한다. 코일의 폭을 더욱 좁혀서 6극과 8극 등을 만들 수 있으며 수십 극을 만드는 예도 있다. 극수가 많을수록 회전자기장의 속도가 늦어지며, 회전자의 속도도 이에 따라서 저속도로 회전한다. 고정자의 3상 권선에 3상 전압을 가하면 3상전류가 흘러들어서 회전자계를 만든다.

그 속도 Nn는 p를 극수로 f를 주파수로 하면 1분당 120 f/p 회전이 된다. 회전자가 전기적으로 닫혀진 회로로 되어 있으면 회전자계에 의해서 발생한 회전자도체 속의 기전력 때문에 전류는 흘러서 모터로서 회전한다. 그 회전방향은 회전자기장의 방향과 같지만 회전자의 속도는 회전자기장의 속도보다 느리다. 이 차이를 슬립(slip)이라고 하는데 이 슬립의 값이 모터의 동작에 끼치는 영향은 크다. 예를 들면 슬립이 0에 가까이 하면 출력은 0에 가까워진다.

일반적으로 규정출력을 낼 때의 슬립의 값은 회전자계 속도의 몇 % 정도이다. 이상과 같은 것은 회전자가 농형이든 권선형이든 마찬가지이다.

일반적으로 볼 수 있는 3상 유도모터는 농형으로 4극의 것이 많으며, 속도는 거의 1,500 rpm이다. 농형모터는 정속도로 운전하는 데 적합하다. 권선형은 3상 단자가 축에 설치된 집전링과 브러시를 통해 외부로 나와 있다. 3상 단자에 적당한 값의 저항을 연결함으로써 속도를 제어할 수 있고 또한 시동할 때의 유입전류를 적게 할 수 있으며, 더욱이 토크를 크게 할 수 있는 것이 특징이다.

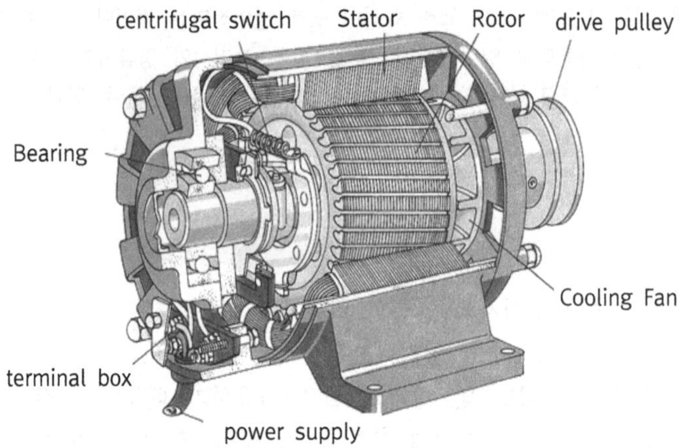

그림 2-54 유도 모터의 구조

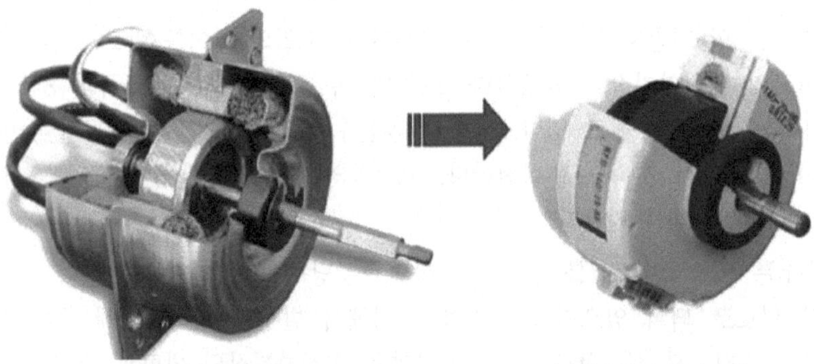
(a)유도모터 (b)영구자석 동기모터
그림 2-55

농형모터의 속도를 제어하는 방법은 여러 가지로 연구 ·검토되고 있지만 직류모터처럼 자유로이 조정하기가 매우 어렵다. 소형 유도모터는 단상 100 또는 200 V의 전압으로 사용되는 단상기이며 가정용 기기로서 세탁기·선풍기·냉장고·펌프 등을 예로 들 수 있다. 이것은 모두 단상유도모터이고 출력은 750 W 이하이며 회전자의 농형은 3상 모터와 거의 같은 구조이다. 고정자 쪽의 구성의 한 예는 주권선과 보조권선을 서로 공간적으로 90° 벗어난 곳에 놓고, 전원전압은 주권선에는 직접 가하고 보조권선에는 콘덴서와 스위치를 통해서 가한다. 그 이유는 주권선만으로는 전압을 가해도 시동되지 않는 성질이 있으므로 보조권선을 두어 시동 토크를 만드는 것으로서, 더욱이 콘덴서를 넣음으로써 시동할 때의 특성을 좋게 할 수 있기 때문이다.

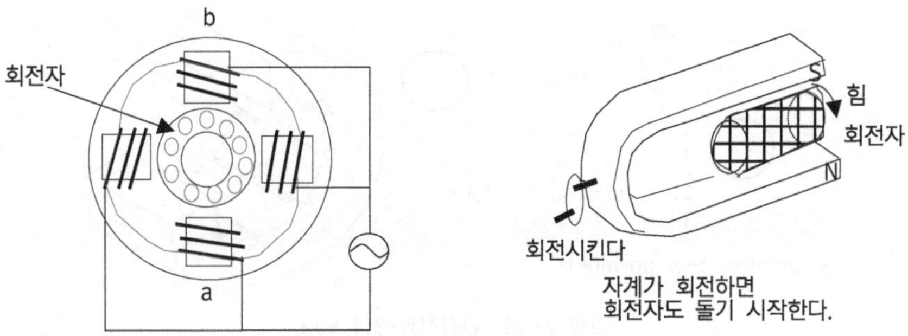

그림 2-56 유도모터의 구조

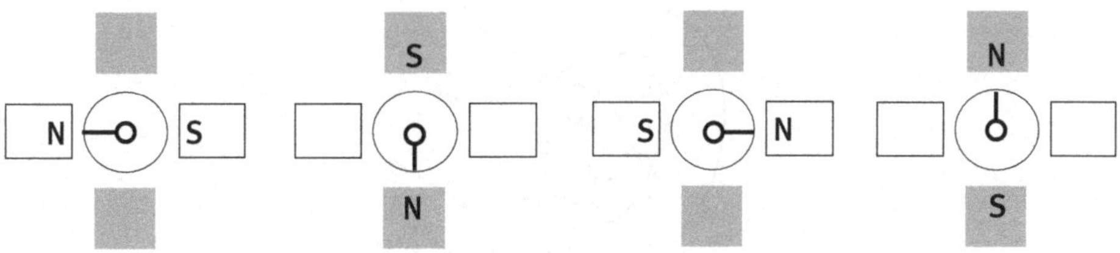

그림 2-57 단상 유도모터의 원리

시동이 되어 회전자가 고속으로 회전하게 되면 보조권선이 없어도 회전이 계속되기 때문에 회전자 측에 부착되어 있다. 운전 후 전원을 끊으면 회전자속도가 저하되어 정지하게 되는데 이때는 스위치 K를 닫고 다음 시동에 대비한다. 시동 토크를 얻는 방법에는 몇 가지가 있다. 운전 중의 회전자속도는 3상의 경우와 마찬가지로 120 f/p 보다 수 % 가량 느리게 된다. 펌프용 회전자와 같이 고속회전이 요구되는 것으로는 2극이 사용되지만 그 밖의 것은 4극이 많다.

위의 그림을 참고하면 유도모터의 원리를 쉽게 이해할 수 있으리라. 즉 회전이 가능한 자석 속에, 바구니형으로 만든 구리막대의 회전자를 둔 장치라 할 수 있다. 따라서 자석을 회전시켜 주면, 회전자도 자석과 같은 방향으로 회전하게 된다. 자석의 회전을 정지시키면 회전자도 정지하고 자석을 역방향으로 돌이면 회전자도 역방향으로 돌게 된다. 그 이유는 다음과 같이 생각할 수 있다. 머물고 있는 회전자에 대해서 자석이 시계방향으로 돌면, 회전자의 도선을 자력선이 끊는 것이 된다. 그 때문에 도선에는 플레밍의 왼손 법칙에 따라서 그림과 같은 방향으로 유도전류가 흐른다.

다음에 회전자에서 생긴 유도전류와 자석의 자계 사이에 이번에는 플레밍의 왼손 법칙에 따른 전자력이 발생한다. 이 전자력의 방향은 자석의 회전방향과 일치한다. 이렇게 해서 회전자도 자석의 회전에 따라가듯이 회전한다. 이것이 유도모터의 원리이다.

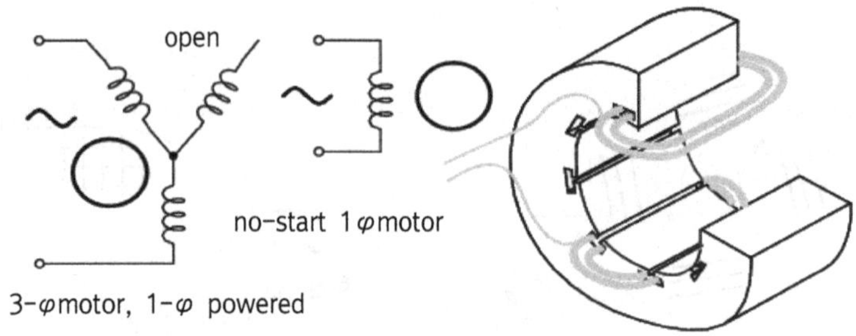

그림 2-58 단상전원-3상 모터

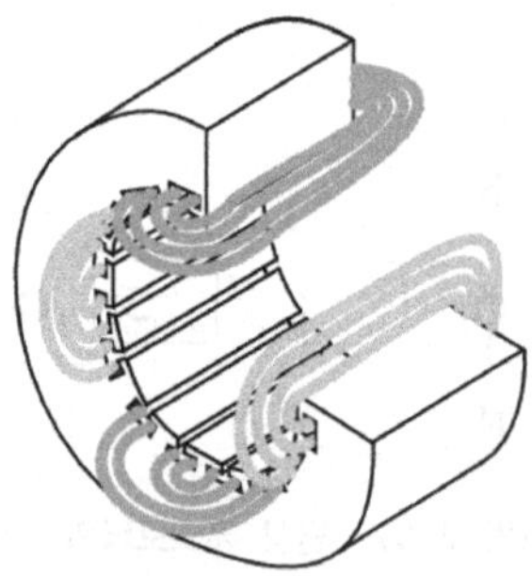

그림 2-59 단상유도 모터(embedded stator coils.)

(1) 단상 유도 모터(single phase induction motor)

단상 교류는 쉽게 구할 수 있는 전원이므로, 단상 유도 모터는 가정용과 산업용으로 많이 사용된다.

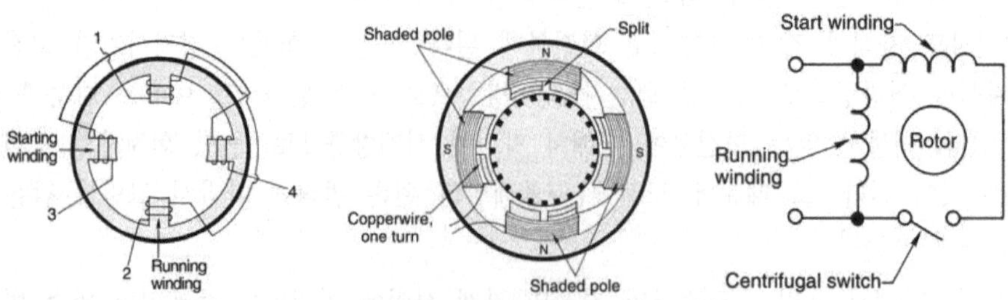

Split-phase windings in a two pole motor　　shaded-pole motor　　Split-phase start induction motor

그림 2-60 단상 유도 모터 구조

자력 기동을 할 수 없으므로, 별도의 기동권선(start winding)이 필요하다. 즉 운전권선(run winding)과 기동권선이 있다. 대개 1~2 hp 정도의 크기를 갖는다.

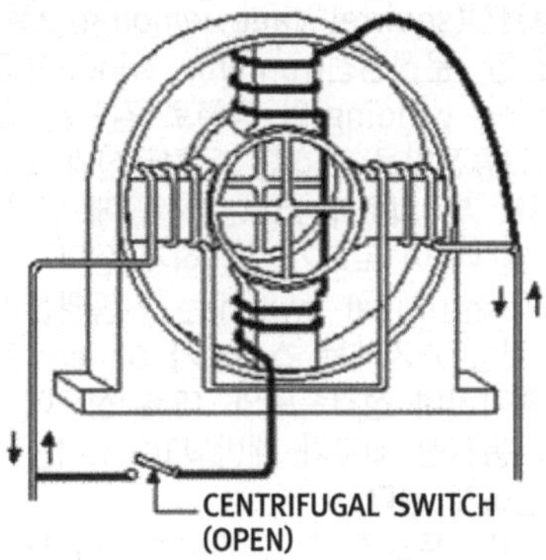

Split phase motors

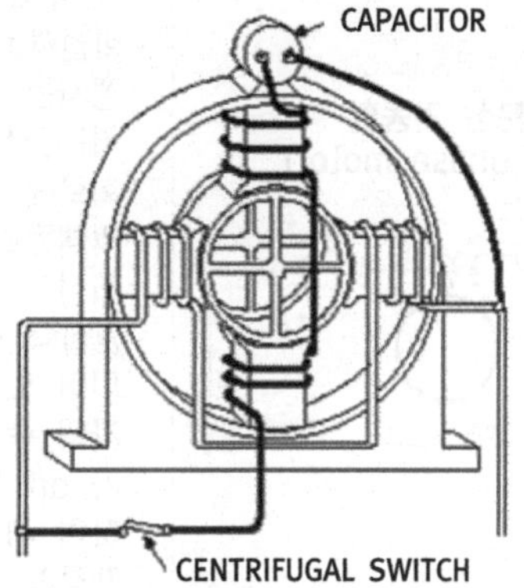

Capacitor Start Induction motors

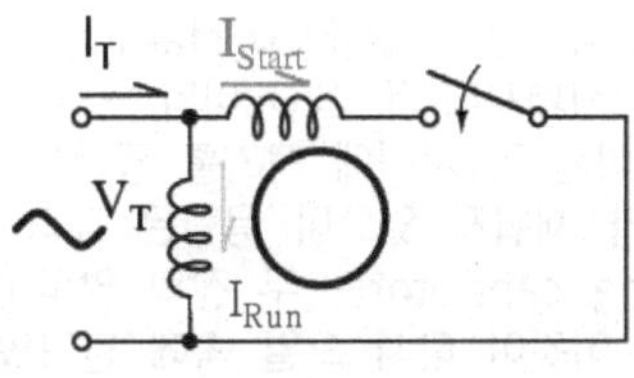

(a) 분상 유도모터

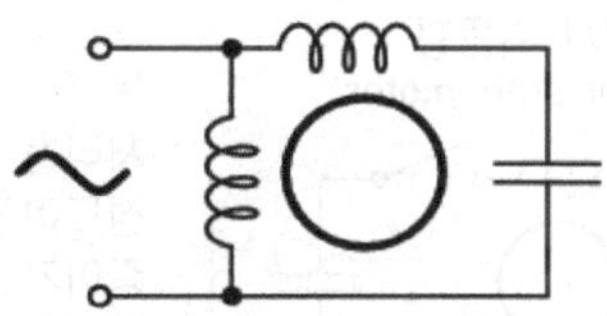

(b) 영구 콘덴서형 유도모터

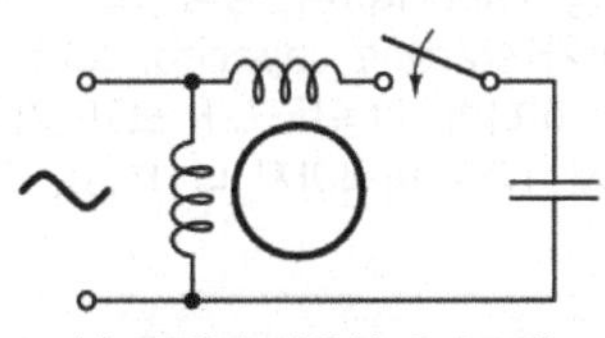

(c) 콘덴서 기동형 유도모터

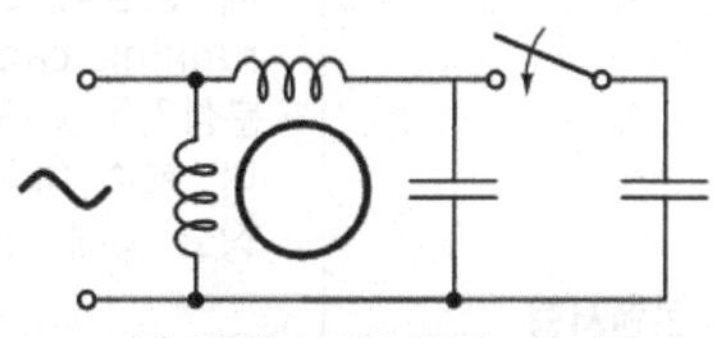

(d) 콘덴서 기동형 유도모터

그림 2-61 단상 유도모터의 구조

[단상 유도 모터]

종류	특 징
분상 기동형 **(split phase motor)** 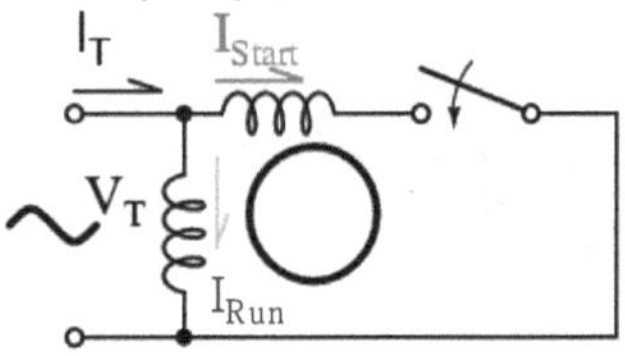	· 고정자(stator), 회전자(rotor), 엔드플레이트 또는 브래킷(end plate or bracket), 원심력 스위치(centrifugal switch)의 4가지 주요부품으로 되어있다. · 회전자는 농형권선(squirrel cage winding)으로 되어있고, 고정자는 주권선인 운전권선(running winding)과 보조권선인 기동권선(starting winding)이 병렬로 감겨저 있어서 이 병렬 회로에 단상 교류전압을 가하면 운전권선과 보조권선 사이의 리액턴스 차이로 두 회로에 흐르는 전류에 위상차이가 생겨서 회전자기장이 발생하여 토크가 발생하게 된다. · 원심력 스위치(centrifugal switch)는 기동권선과 직렬로 연결되어 있으며, 기동 초기에는 스위치가 on 상태로 있다가 회전자의 속도가 증가하여 정격속도의 75% 정도에 이르면 스위치가 off 되어 기동권선 회로가 개방되고, 모터는 운전권선에 의하여 계속 회전하게 된다. · 가격이 싸나, 기동 토크가 작고 원심력 스위치 때문에 부피가 크며 큰 기동전류 때문에, 소형 분수 마력형 모터(냉장고, 펌프, 세탁기 등)에 많이 사용되고 있다.
콘덴서 기동형 **capacitor start motor** 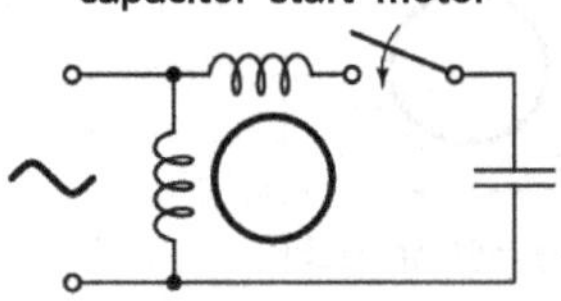	· 분상 기동형 모터와 비슷하나, 기동토크 증대 목적으로 콘덴서를 기동권선과 직렬로 연결한 점이 다름. · 산업용으로 많이 사용되는 Capacitor(축전기)는 oil-filled, or running, capacitor(오일 커패시터)와 starting, or electrolytic, capacitor (전해 커패시터)의 2가지이다. starting capacitor는 두 장의 알루미늄 판 사이에 전기를 통하지 않도록 화학적 처리를 한 종이가 채워저 있으며 용량은 대략 75~600 μF 정도이고, running capacitor는 두 장의 알루미늄 판 사이에 종이가 채워지고 이것이 다시 오일 속에 담겨있는 구조로 되어있으며 용량은 대략 2~60 μF 정도이다. running capacitor의 용량이 starting capacitor의 용량 보다 적으나, 외형은 running capacitor가 starting capacitor 보다 크다. · 분상기동형 모터에 비하여 기동토크가 크고 기동전류가 작으며, 분수 마력형에서 10여 마력까지 다양하고, 펌프 에어컨 냉장고 등에 사용된다.
영구 콘덴서형 **permanent split capacitor motor** 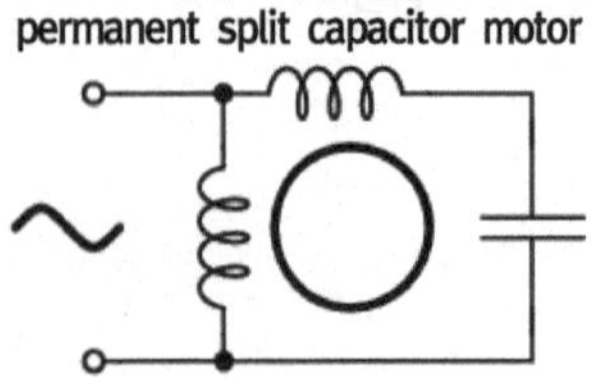	· 콘덴서 기동형 모터에서 원심력 스위치를 제거한 것. 따라서 컨덴서를 기동 시 뿐만 아니라 정상 운전 시에도 계속하여 사용. · 용량이 적은 콘덴서를 사용하기 때문에 기동 토크는 콘덴서 기동형 모터 보다 작으나, 원심력 스위치가 없어서 구조가 간단하다. · oil-filled capacitor가 주로 사용되며, 큰 기동 토크가 필요하지 않은 선풍기나 세탁기 등에 많이 사용.

셰이드 코일형 **shaded pole motor** 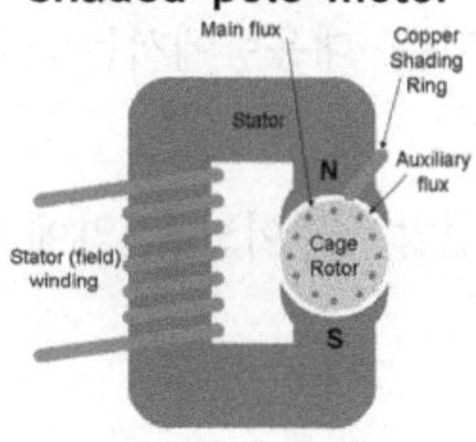 **Shaded Pole Induction Motor**	· 각각의 고정자 자극의 한쪽 끝에 홈을 파서 돌출(salient)극을 만들고 이 돌출극에 셰이딩코일(shading coil)이라 부르는 구리 단락 고리를 끼운 것. 이 shading coil에 의해서 회전 자계장이 형성되어 토크가 발생하여 회전하게 된다. · 운전 중에도 shading coil에 전류가 계속 흐르므로 효율과 역률이 아주 작으며, 기동토크도 작다. · 구조가 간단하고 견고하지만 회전방향을 변경할 수 없다. · 크기는 1/100~1/20 마력 정도이며, 정지상태(stall)로 오랫동안 전전압이 걸려도 권선이 소손되지 않는 경우도 있다. · FCU의 fan, 소형 condensing unit의 fan, 소형 선풍기, record player 등에 쓰인다.
콘덴서 기동-콘덴서 운전형 **capacitor start-capacitor run motor** 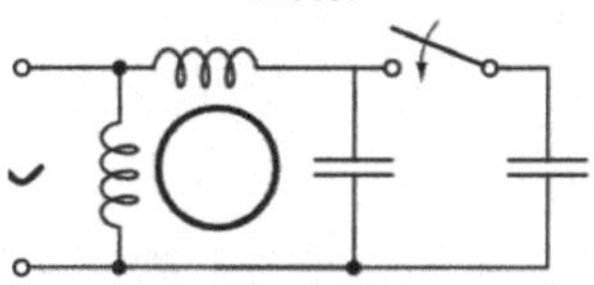	· 콘덴서 기동형 모터의 운전권선에 running capacitor를 추가한 형태의 모터로, 기동토크가 크고 운전효율도 높은, 특성이 아주 좋은 모터로 알려져 있다. · 대부분 밀폐형 또는 반밀폐형 압축기에 사용되며, 고가이기 때문에 개방형 압축기에는 거의 사용되지 않고 있다.

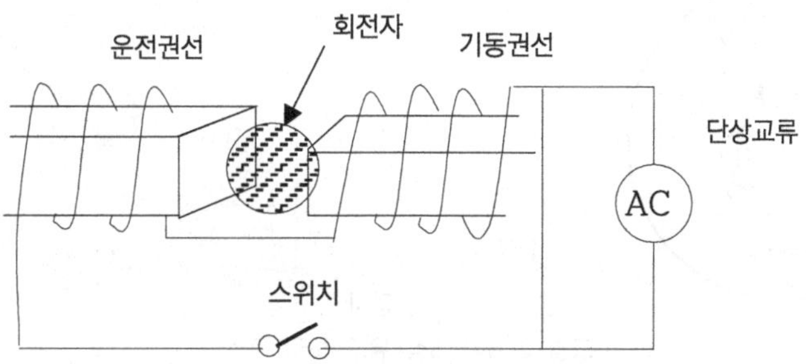

그림 2-62 단상 유도 모터 구조

(2) 삼상 유도 모터(three phase induction motor)

· 같은 마력수의 단상 유도 모터에 비해서 구조가 간단하고 더 소형이다.

· 회전자의 구조에 의해서 농형(squirrel cage induction motor)과 권선형(star winding induction motor)으로 나누어진다.

· 고정자의 권선법에는 성형결선(star winding or Y winding)법과 델타(delta winding)결선법이 있다.

· 대부분 공장용으로 사용되며, 1 마력 이상에서 수 천 마력까지 다양한 크기가 생산됨. (분수 마력도 생산이 되는 경우가 있으나 납기가 길다.)

· 소용량에서는 대부분 농형이 사용되고, 기동전류가 문제가 되는 대용량에서는 권선형이 사용된다.

· 대부분의 중소형 삼상 모터는 결선을 바꾸어 고·저 두 개의 전압 중 어느 전압에서도 작동하게 할 수 있다.

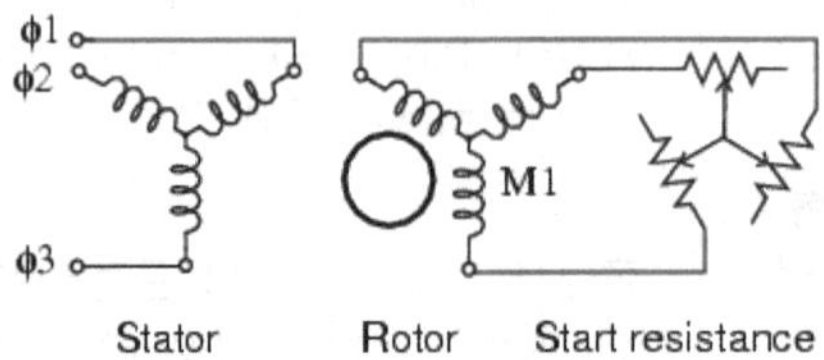

그림 2-63 권선형 모터

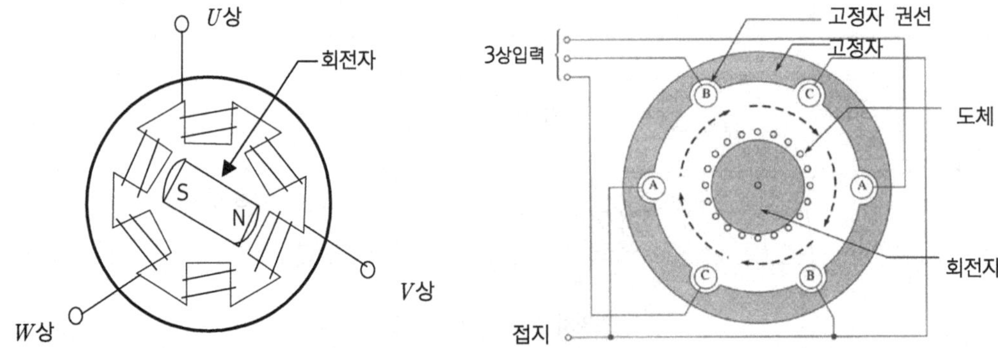

그림 2-64 3상 유도 모터 구조

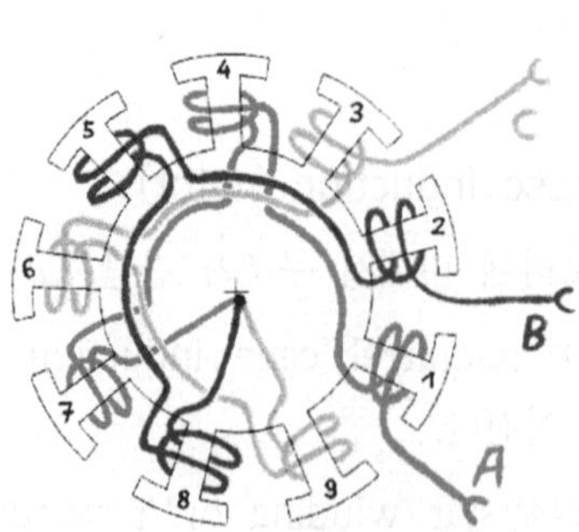

그림 2-65 Y(star)결선법의 형태

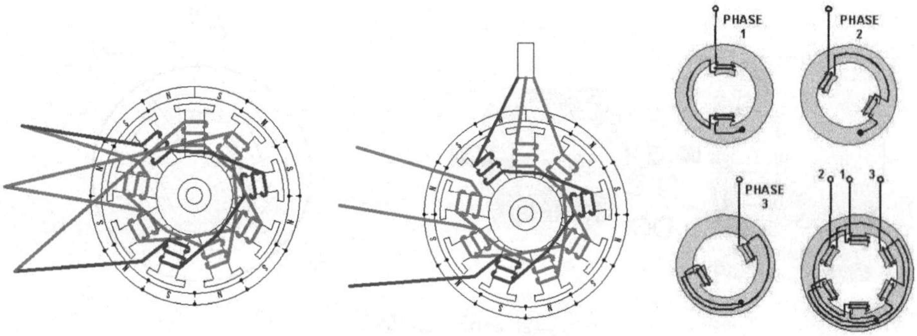

그림 2-66　Delta 결선법의 형태

[삼상 유도 모터]

종류	특　징
농형(쳇바퀴모양) **(squirrel cage induction motor)**  	· 회전자는 구리나 알루미늄 환봉을 도체 철심 속에 넣어서 그 양쪽 끝을 원형 측판(shorting ring)에 의해서 단락시킨 것으로, 그 모양이 마치 다람쥐 쳇바퀴처럼 생겼다하여 squirrel cage라고 함. · 회전자의 구조가 간단하고 튼튼하며 운전 성능이 좋으므로 건축설비에 쓰이는 대부분의 삼상 모터는 농형이다. · 기동시에 큰 기동전류(전부하 전류의 500~650%)가 흐르는 것이 단점이며, 이 단점 때문에 권선이 타기 쉽고 공급전원에 나쁜 영향을 끼친다. · 기동 토크는 전부하 토크의 100~150% 정도.
권선형 **(wound-rotor induction motor)** 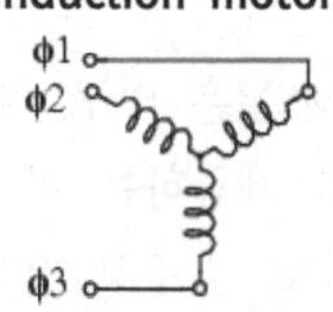 Wound rotor induction motor	· 회전자에도 3상의 권선을 감고(대개 wye 결선), 각각의 단자를 Slip Ring을 통해서 저항기에 연결한다. 저항기의 저항치를 가감하여 광범위하게 기동특성을 바꿀 수 있다. · 회전자 권선으로 인하여 농형보다 구조가 복잡하다. · 기동전류는 전부하 전류의 100~150% 정도이고, 기동토크는 전부하 토크의 100~150% 정도이므로, 상대적으로 적은 전원 용량에서 큰 기동 토크를 얻을 수 있다. · 기동이 빈번하여 농형으로는 열적으로 부적합한 경우 및 대용량에 많이 사용.

2.3.8 동기모터(synchronous motor)

동기모터(Synchronous Motor)는 고정자(stator)와 회전자(rotor)로 구성되어 있으며 고정자에 전류가 공급되며 회전자는 영구자석을 사용한다. 구동 시스템이 복잡하나 큰 힘을 낼 수 있기에 세탁기 등에 사용되어진다. 브러시와 정류자가 없기 때문에 수명이 길다.

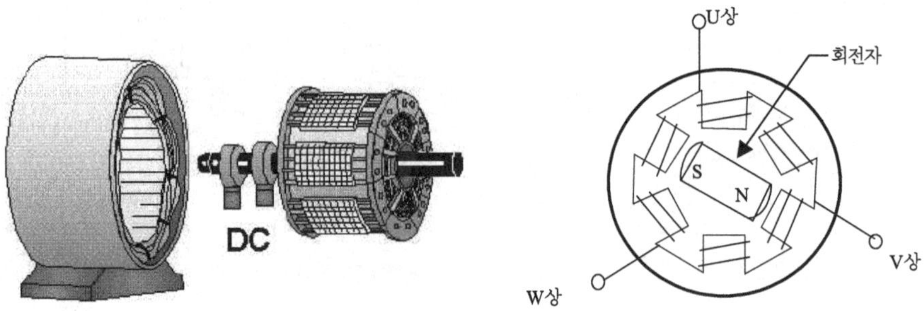

그림 2-67 동기모터

Synchronous Motor는 발전기 및 제철소의 압연기 등의 일정한 속도를 요구하는데 많이 쓰이고, 영구자석으로는 도저히 만들 수 없는 초대형 모터에 주로 사용된다. 하지만 최근 희토류자석(현재 발견된 자성체중 가장 강한 자석이다)등의 저가화에 힘입어 메가와트급 모터도 영구자석으로 개발되고 있다.

동기모터 작동원리는 자유롭게 회전할 수 있는 자침의 둘레에 영구자석을 설치하여 회전시키면 같은 극은 서로 밀고 다른 극은 서로 잡아당기는 자석의 성질 때문에 자침이 자석을 따라 자석보다 약간 뒤쳐져서 (속도는 같다) 회전하리라는 것을 쉽게 짐작할 수 있다. 이것이 우리 고속철도차량에 사용되는 동기모터의 원리이고 이때의 회전속도를 동기속도라 한다.

영구자석 동기 모터(PMSM: Permanent Magnetic Synchronous Motor)는 부하 또는 회선 전압의 변동에 관계없이 전원의 주파수와 동기화된 상태에서 고정 속도로 회전한다. 이 모터는 최대 작동 한계에서 토크에 관계없이 공급 전원 주파수와 동기화된 상태에서 고정 속도로 작동한다.

따라서 PMSM은 고정밀 고정 속도 드라이브에 이상적인 제품이다. 3상 PMSM은 영구 여자 모터(excited motor)이다. 매우 높은 전력 밀도, 효율성 및 높은 응답 속도를 제공하는 이 모터는 기계 설계 분야의 정밀 용도에 대부분 적합하며, 높은 과부하 용량도 갖추고 있다. PMSM은 대부분 유지보수가 필요하지 않으므로 운영 효율성을 극대화할 수 있다. 또한 PMSM은 정밀한 속도 조정이 가능하므로 특정 산업 공정에도 이상적인 제품이다. PMSM은 고마력, 저 rpm 부하의 직접 구동에 가장 적합한 속도/토크 특성을 갖고 있다.

동기 모터는 개선된 역률(power factor)로 작동하므로, 시스템 전체의 역률이 높아지고 공급 전원의 역률 손실이 제거되거나 감소된다. 이렇게 개선된 역률은 또한 시스템의 전압 강하와 모터 단자에서 발생하는 전압 강하를 줄여주기도 한다.

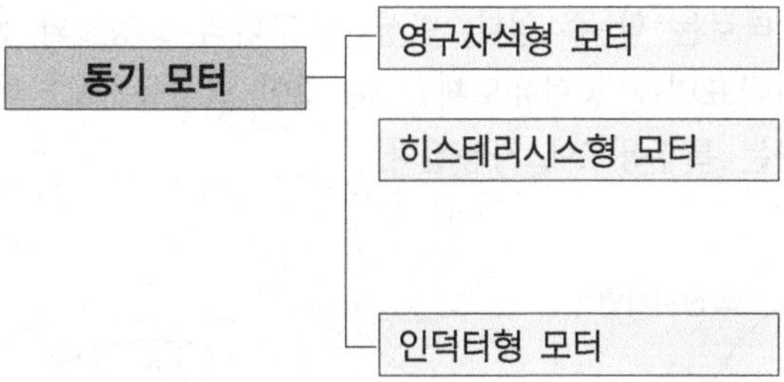

그림 2-68 동기모터 분류

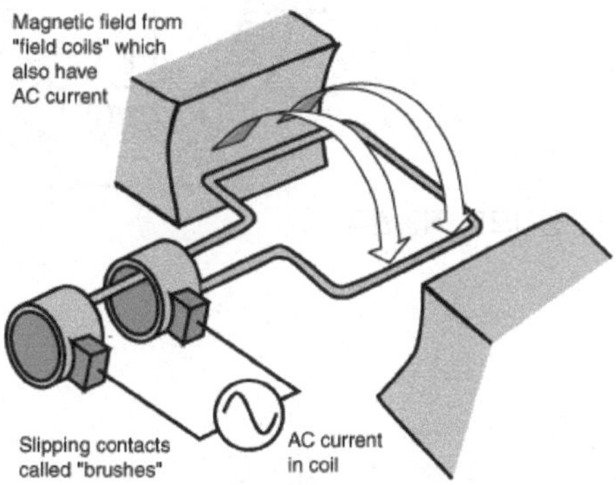

그림 2-69 동기모터

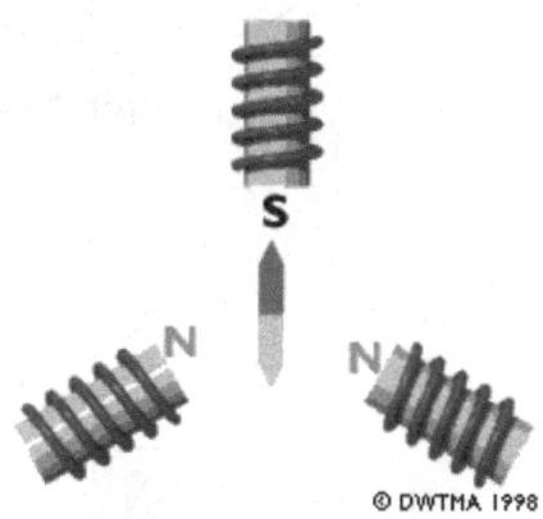

그림 2-70 3상모터 원리

PMSM에는 여자 권선이 필요하지 않으며, 로터가 고정자 자계와 같은 속도로 회전한다. PMSM 디자인은 로터 동손(copper loss)이 없으므로 기존 유도 모터와 비교하여 매우 높은 피크 효율을 제공한다. 또한 PMSM은 전력 대 중량비도 유도 모터보다 높다. 전력 전자 및 마이크로 전자 분야의 발전으로 인해 이전까지 DC 모터만 사용되어 왔던 고성능 드라이브에 PMSM을 활용할 수 있게 되었다.

최근, 영구자석형 동기모터(PMSM)는 눈부시게 발전되어 종래의 소용량분야 뿐만 아니라 철도 차량용 등의대용량의 분야에도 그 용도의 범위가 확대되고 있다.

동기모터는 3상 대형 모터에 널리 사용된다. 고정자 쪽은 3상 유도모터와 동일한 구조로 보아도 되지만, 회전자는 직류 여자된 자극을 둔다. 정상으로 운전할 경우의 회전자속도는 전원 주파수가 일정한 한 120 f/p로 된 일정값으로서, 이 값은 부하의 경중에 관계없이 완전히 일정하다는 점이 동기모터의 특징이라고 할 수 있다. 또 직류여자를 어느 값으로 하면 역률이 1로 되어 동일한 입력으로 교류 쪽에서 흘러들어가는 전류를 최소값으로 할 수 있는 것도 특징이다. 이와 같은 역률 조정은 유도모터로는 할 수 없다. 단상유도모터의 고정자와 동일한 구성에서 회전자는 계자권선을 없애고 자극표면에 농형유도체를 둔 것이 단상동기모터인데, 속도가 완전히 일정한 것을 필요조건으로 하는 특수용도에 사용된다.

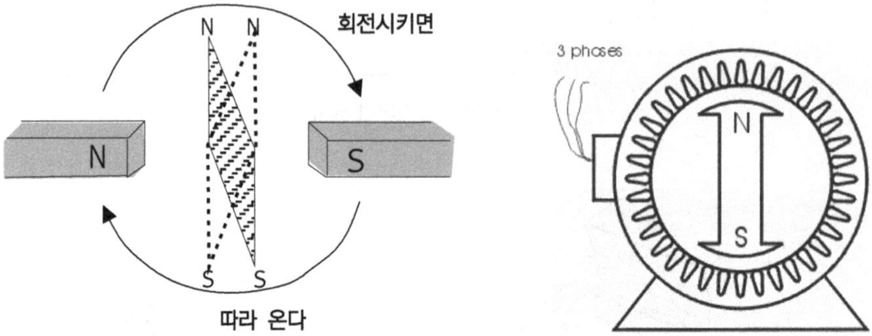

그림 2-71 동기모터 작동원리

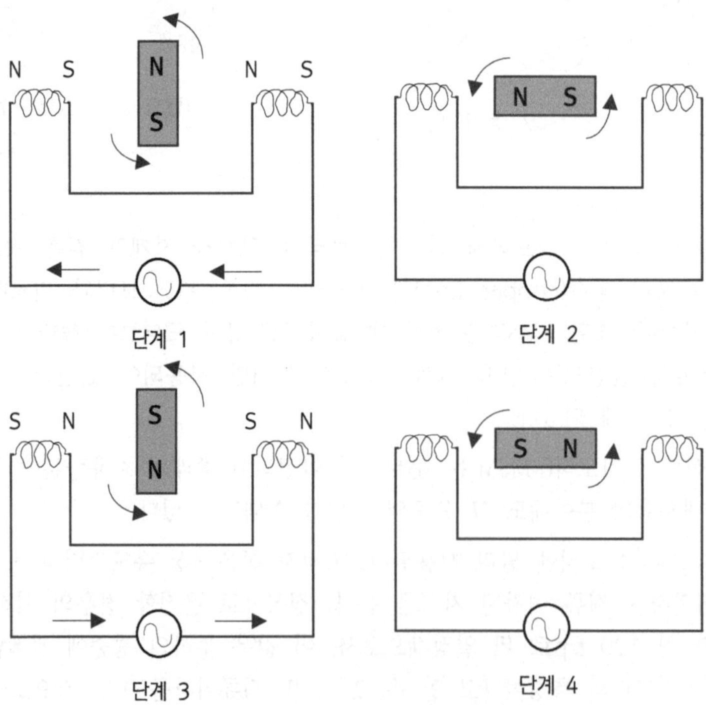

그림 2-72 AC 동기모터의 작동원리

[AC모터]

종류	특 징
특 징	· 교류모터는 크게 단상식과 삼상식으로 구분 · 회전자의 유형에 따라 유도모터, 동기모터로 분류 · 일정한 주파수 전원으로 운전할 경우, 유도모터는 대체적으로 정속도를 유지하며, 동기모터는 완전한 정속도를 갖음 · 교류모터의 용량은 수십W의 소형에서 수백kW의 대형에 사용 · 선풍기, 세탁기, 냉장고, 펌프, 크레인 등 가정과 산업현장 사용
	· 구조가 간단하고 브러시나 정류자와 같은 기계 소모부가 없다 · 고속에서 순간 최대 토크를 출력할 수 있어 응답특성이 빠르다 · 무게당 토크가 크므로 소형 경량화 할 수 있다 · 직류모터에 비해 제어 방법이 복잡하다는 단점이 있다.
유도모터 induction motor	· 고정자 : 교류 공급(주파수에 비례 전류흐름 변화) · 회전자 : 고정자의 자장변화에 의해 전류 유도(전자유도 작용/회전자에서 역기전력발생) → 회전력 발생 · 고정자(stator)와 회전자(rotor)로 구성되어 있으며, 고정자 권선(winding)이 삼상인 것과 단상인 것이 있다. 삼상 고정자 권선에 교류가 흐를 때 발생하는 회전자기장(rotating magnetic field)에 의해서 회전자에 토크가 발생하여 모터가 회전하게 된다. 그러나 단상 고정자 권선에서는 교류가 흐르면 교번 자기장(alternating magnetic field)만이 발생되어 회전자에 기동토크가 발생하지 않아서 별도의 기동장치가 필요하게 된다. · 직류 모터가 정류기를 통하여 전원에 연결되는 것과는 달리 유도모터는 전원에 바로 연결된다. · 직류 모터가 Brush를 필요로 하는 것과 달리 대부분의 유도 모터는 Brush가 필요 없다. · 세계에서 가장 많이 사용되는 모터. · 구조가 간단하고 튼튼하며 염가이고 취급이 용이하다. · 원래 정속도(constant speed) 모터이지만 가변속으로도 사용되고 있다. · slip이 있다.
동기모터 synchronous motor 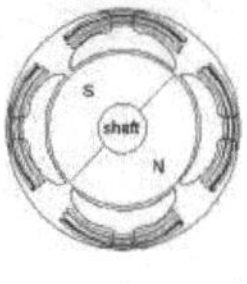	· 고정자 : 전류공급 · 회전자 : 영구자석 · 구동 시스템이 복잡하다 · 큰 힘을 낼 수 있다.(세탁기) · 방열특성이 좋다. · 수명이 길다(브러시와 정류자가 없음) · 고정자(stator)와 회전자(rotor)로 구성되어 있으며 고정자는 유도모터의 고정자 같으나, 회전자는 자극 (poles)과 여자 권선으로 되어있으며 이 권선에 brush와 slip ring을 통하여 직류 전류를 공급하여 자극을 여자하게 된다. 즉 고정자 권선에는 흐르는 교류에 의하여 발생되는 회전 자기장 속에서 직류 전류에 의하여

	여자된 회전자에 토크가 발생하여 회전하게 된다. · 전원주파수와 극수로 결정되는 속도로 완전 동기되어, 정확히 일정한 속도로 회전한다. · 부하의 증감으로 회전속도가 변화하지 않는다. (slip이 없다.) · 역률이 항상 1 이다. · 기동 토크가 작고 구조와 취급이 복잡하다. · 여자용 직류 전원이 필요. · convey belt용 모터, 소형 시계 또는 timing motor에 사용.

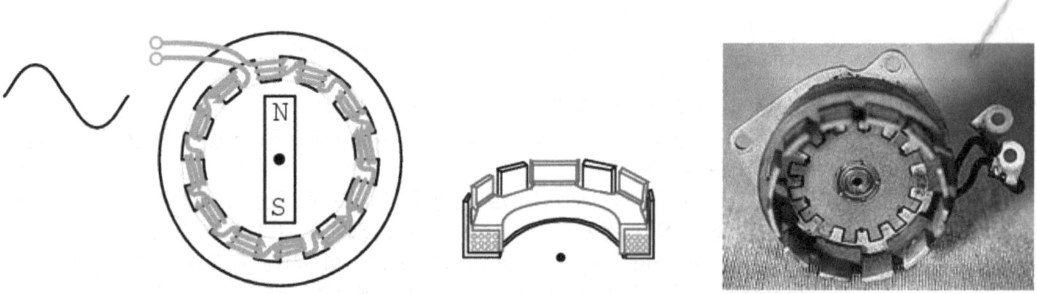

그림 2-73　1-권선 12-극성 동기모터

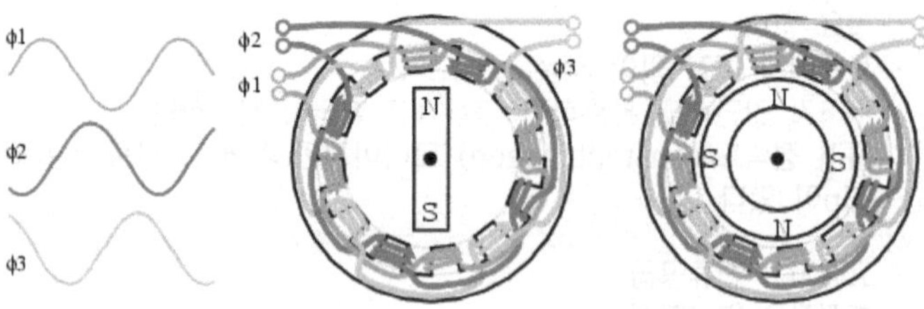

그림 2-74　3상-4극성 동기모터

2.4 센서장치

로봇에서 센서는 주위 환경에 대해 내부의 되먹임 제어와 외부환경과의 상호작용에 사용되어진다.

로봇을 보다 고도의 작업에 종사시키고, 또 다양화에 대응한 유연한 생산 시스템 속에서 활용하기 위해서 로봇의 제어기능에 더하여 감각기능으로서의 각종 센서가 필요하다. 로봇용 센서의 역할은 대상 및 환경에 관한 물리량의 계측, 대상의 인식으로 나누어진다. 목적, 작업환경, 작업수준 등에 따라서 센서의 종류나 정보의 수준이 달라진다.

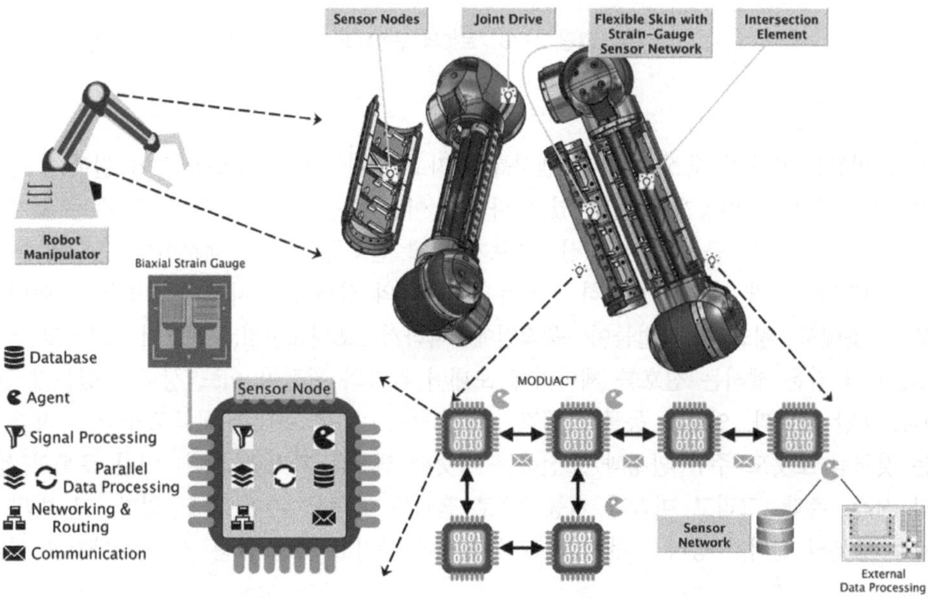

그림 2-75 로봇 매니퓰레이터의 주변장치 처리과정

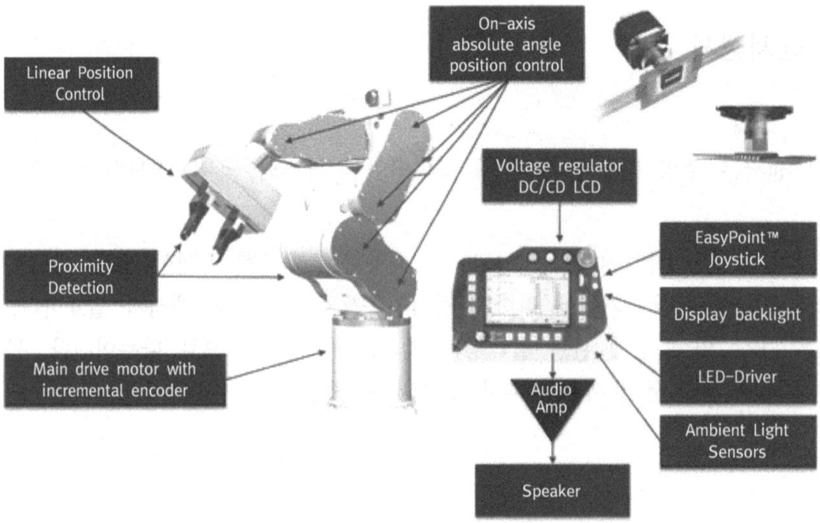

그림 2-76 로봇의 구성요소

동물과 인간은 비슷한 특징을 가진 센서를 가지고 있다. 예를 들어 아침에 일어나 눈을 뜨기 전에 자신의 팔이 어떻게 놓여져 있고 다리가 어떻게 구부러져 있는지 볼 수는 없지만 느끼고 알 수 있다. 이는 근육의 뉴런 신경세포가 뇌에 신호를 보내기 때문이며 근육이 수축, 긴장 또는 이완함으로써 신호는 변화하고 뇌는 각 근육의 상태가 어떠한지 결정한다. 이와 마찬가지로 로봇에서 링크와 관절들이 움직임에 따라서 포텐쇼미터, 엔코더, 그리고 리졸버(resolver) 와 같은 센서는 신호를 제어기에 보내어 각각의 관절이 어느 상태에 있는지 결정하게 한다. 뿐만 아니라, 인간과 동물이 미각, 촉각, 청각, 시각 그리고 대화로써 외부 세계와 교신하는 것처럼 로봇도 주위 환경과 교신하는 비슷한 센서를 가지고 있다. 어떤 로봇의 센서는 인간의 시각, 촉각, 그리고 미각과 기능상으로 흡사한 기능을 가진 것도 있다. 그 밖의 다른 경우로는 로봇의 센서가 방사선 센서와 같이 인간이 가지고 있지 않는 기능을 가지고 있을 수도 있다.

오늘날 서비스용 로봇은 우리 생활의 필수 도구로 자리매김하고 있는데, 로봇의 안전과 효율성은 큰 문제가 되고 있다.

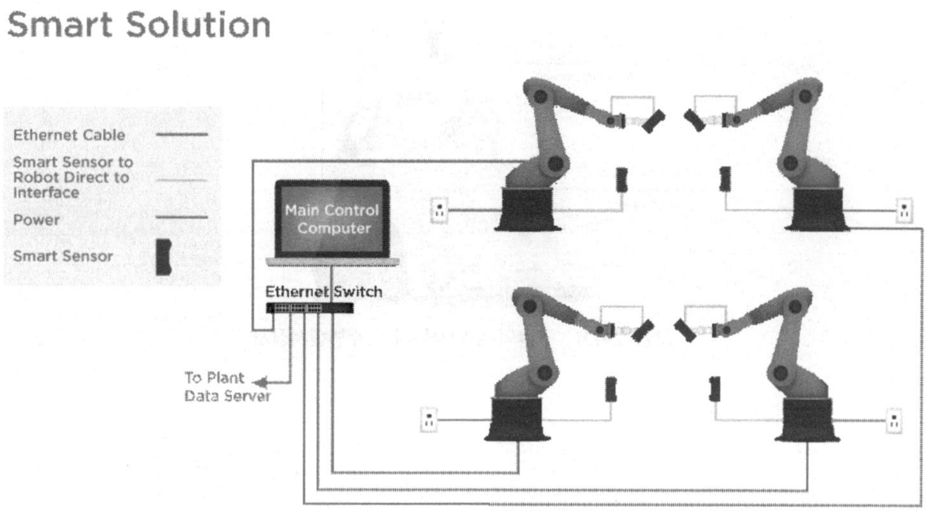

그림 2-77 로봇의 협업을 위한 스마트센서의 구성

구글의 무인자동차 개발은 교통사고를 예방하고, 운전자에게 자유로운 시간을 제공하며, 자동차 사용 방식을 근본적으로 바꿔 탄소 배출을 줄이는 것을 개발목표로 하고 있다. 국제보건기구(WHO)에 의하면, 매년 120만 명 이상이 교통사고로 인하여 목숨을 잃는다. 무인자동차의 개발은 이러한 교통사고의 량을 현저히 줄일 수 있을 것으로 확신된다.

구글은 토요타의 프리우스 6대와 아우디의 TT 한대를 사용하여 14만 마일에 달하는 무인자동차 시범운전을 하였으며, 무인자동차 운행에는 구글의 스트리트뷰(Street View) 기술이 결합돼 구글의 서버와의 통신을 통해 이루어진다.

무인자동차 시범운전은 지하에 제작된 실험도로를 통하여 이루어 졌으며, 캘리포니아 고속도로에서도 로봇 AI와 비상사태를 대비하여 보조석에 구글직원이 탑승하여 운행시험을 하였다.

무인자동차는 비디오 카메라와 레이더 센서, 그리고 다른 교통상황과 상세 지도를 감지하기 위해 레이저 레인지 파인더 센서를 사용한다. 상세 지도는 사람이 운전하는 차에서 레이저 레인지 파인더 센서를 사용하여 미리 감지되어져야 한다. 이러한 모든 작업은 구글 데이터 센터에 의해 가능해 지는데, 데이터 센터는 도로를 주행하면서 수집한 방대한 양의 정보를 처리 가능하다.

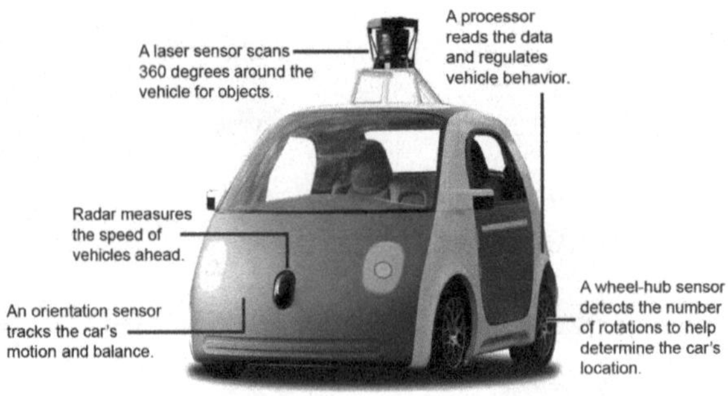

그림 2-78 구글의 무인자동차의 주변센서장치

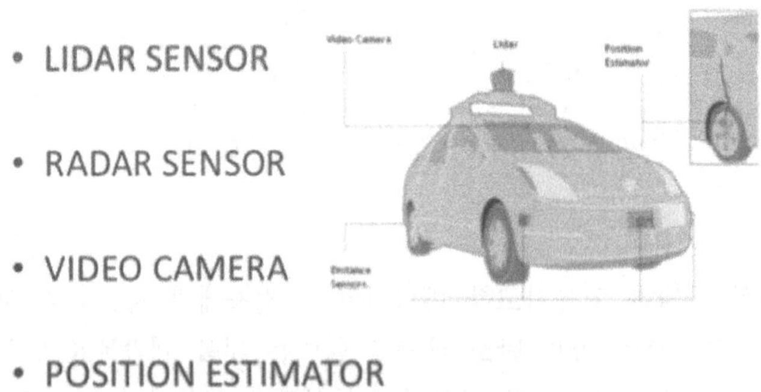

그림 2-79 무인자동차의 센서장치

ⓐ Lidar Laser : 차량 지붕에 탑재된 레이저 거리 센서로, 초당 10회 회전하면서 70m 내의 3D 환경을 스캐닝.

ⓑ 레이더 : 차량 전면, 측면, 후면 범퍼에 장착된 레이더로 차량 전방부 장애물과 거리 측정.

ⓒ 위치센서(엔코더) : 뒷 바퀴 축에 장착된 위치센서는 바퀴의 회전수를 읽어 들여 차량의 운동상태를 감지하고 운전조작 정보를 처리.

ⓓ 컴퓨터 : 랩톱 컴퓨터가 운행과 관련된 정보를 수집하고 구글 서버와 교신하면서 조작을 지시.

ⓔ 비디오 카메라 : 실내 후시경에 장착된 카메라로, 차선, 교통신호, 표지판 등 감지.

ⓕ 수동 조작 전환 장치 : 비상시 빨간색 버튼을 누르면 수동 조작이 가능.

그림 2-80 구글 무인자동차의 시험운행

무인자동차 시스템의 핵심은 자동차 지붕에 달린 레이저 거리센서이다. 이 64-beam laser 센서는 환경에 대한 상세한 3D 맵을 생성한다. 그리고 레이저 측정 데이터를 고해상도 맵과 결합한다. 그리고 장애물을 피하면서 교통 법규를 지키면서 스스로 운전하도록 하는 다른 종류의 데이터 모델을 만들어낸다.

구글의 무인자동차 개발 시도는 기존의 자동차 업계에 새로운 경쟁을 촉발할 것이고, 카이스트가 개발한 무선 전기차, 중국이 개발한 차량 위를 달리는 열차 등 현재 개발 중인 발명품들과 더불어 미래의 교통수단으로서의 논의가 계속 될 것으로 보인다.

2.4.1 센서의 분류

센서장치는 1970년대 초 시스템의 상태를 제어계에 전달하기 위해 개발이 되기 시작하였으며, 이는 매니퓰레이터가 자신의 상태 즉 위치, 속도, 가속도, 힘, 토크 등을 알기 위해 액추에이터 등 내부에 설치하는 내계센서와 매니퓰레이터 외부에 설치되며 외부의 상태 즉, 시각, 촉각, 소리 등을 알기위해서 쓰는 외계센서로 나눌 수 있다.

내계센서로는 마이크로 스위치(Micro switch), 가속도계(Accelerator meter), 스트레인 게이지(Strain gage), 타코메터(Tacometer), 광학식 엔코더(Optical encoder), 포텐셔메타(Potentiometer), 레졸버(Resolver), 자이로(Gyro) 등이 있으며, 외계센서로는 촉각센서, 시각센서, 압력변환기, 초음파 센서 등이 있으며, 이러한 센서를 인간의 감각과 비교하면 표처럼 나타낼 수 있다. 이러한 센서는 보다 더 정밀하고, 무인화 되어가는 현대 산업의 추세에 가장 핵심적인 기술의 하나로 활발히 연구되어지고 있다.

센서(Sensor)라는 단어는 감각 또는 느낌이라는 뜻을 지닌 라틴어의 낱말 "sens(-us)"에서 유래된 것으로, 센서라고 하는 용어가 사용되기 시작한지 오래 되었지만 이 어휘가 등장한 것은 1950년대 후반경의 일이다.

그러나 당시는 일부 학자, 전문가 사이에서 사용될 정도이었으며, 일반에게는 알려져 있지 않았었다.

1965년경까지도 문헌상에 나타나지 않았다. "Dictionary of Scientific and Technical Terms"에 처음으로 정의를 넣어서 sensor라는 단어를 수록 하였다. 그러나 이 단계에서도 아직 전문 분야의 이야기에 한정되고 일반 사람들에게는 그러한 용어를 들을 기회가 적었던 것 같다. 그것이 1975년대가 되어 비약적으로 펴져 일상용어로서 정착한 것이다.

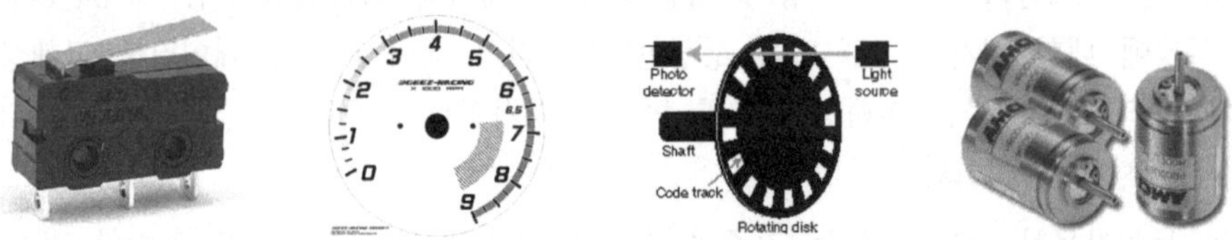

Micro switch　Tacometer　Optical encoder　Resolver

그림 2-81

[인간의 감각과 센서]

5감	센 서
시각	광센서, TV카메라, 이미지센서
후각	가스센서
청각	초음파센서, 마이크로폰
미각	개발 중
촉각	압력센서, 온도센서, 습도센서, 접촉센서

센서라는 용어가 사용되기 시작한 것은 1960년경인데 그렇다면 그 이전에는 센서(검출기)는 존재하지 않았는가 하면 그렇지는 않고 실은 훌륭하게 존재하여 각종 전기회로, 제어장치에 사용되어 왔었다. 그러나 이 단계에서는 검출기는 디텍터(Detector)로 불리고 센서라고는 부르지 않았던 것이다. 그러나 그 의미는 똑같은 것이다. 요컨대 어느 시기를 경계로 하여 검출기가 디텍터에서 센서로 명칭이 변경된 것이다.

지능형 자동차

· 지능형 자동차란 차량 내 센서 및 액츄에이터를 포함하는 전기전자 시스템을 장착하여 안전성을 극대화한 스마트 자동차를 일컫는다. 지능형 자동차의 구현을 위하여 다양한 전기전자 및 IT제어 기술이 필요하다. 계속적으로 기술적 발전을 거듭하고 있는 자동차는 첨단 감지센서와 지능형 영상장비로 전방 충돌회피, 차선이탈경고, 사각지대 감시, 후방감시 등의 기능을 할 수 있는 운전보조장치(ADAS, Advanced Driver Assistance System)의 발전을 가져왔다.

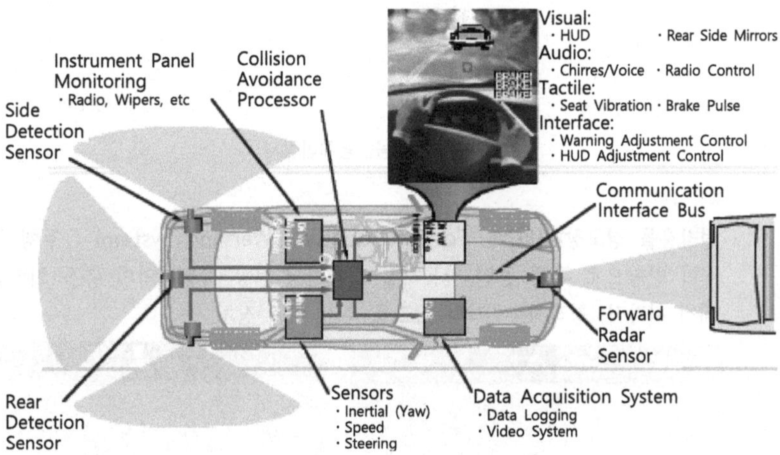

운전보조장치

■ 전방 충돌회피 기능

· **적응순항제어장치**(ACC, Adaptive Cruise Control System) : 운전자의 설정조건에 의해 주행차선의 전방에서 동일한 방향으로 주행 중인 자동차를 자동으로 감지하여 그 자동차의 속도에 따라 자동적으로 가·감속하며 안전거리를 유지하고 목표 속도로 자동 주행하기 위한 장치

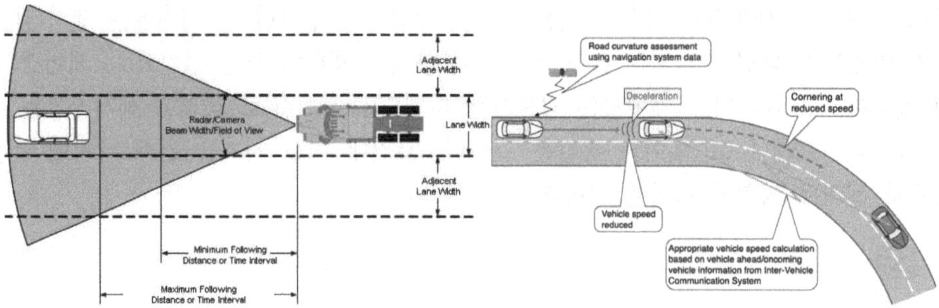

적응순항제어장치

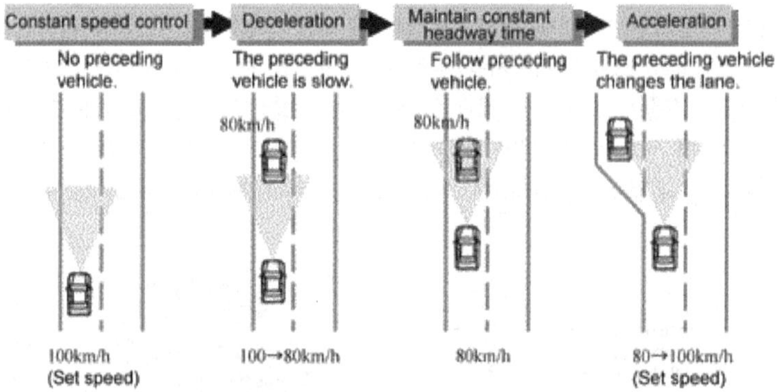

적응순항제어장치

· **전방충돌 경고장치**(FCW, Forward Collision Warning System) : 주행 차선의 전방에서 동일한 방향으로 주행 중인 자동차를 감지하여 전방 자동차와의 충돌 회피를 목적으로 운전자에게 시각적, 청각적, 촉각적 경고를 주기 위한 장치

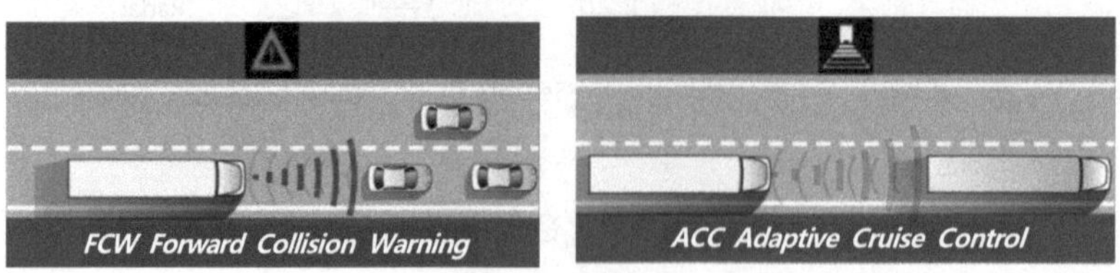

전방충돌 경고장치

· **자동비상제동장치**(AEBS, Advanced Emergency Braking System) : 주행 차선의 전방에 위치한 자동차와의 충돌 가능성을 감지하여 운전자에게 경고를 주고 운전자의 반응이 없거나 충돌이 불가하다고 판단되는 경우, 충돌을 완화 및 회피시킬 목적으로 자동차를 자동적으로 감속시키기 위한 장치

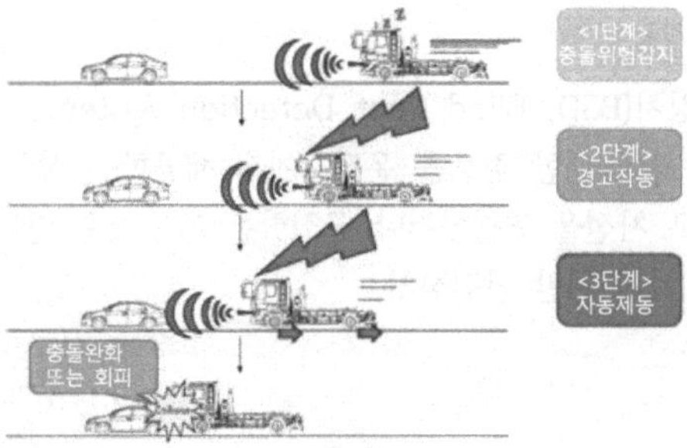

자동비상제동장치

■ 차선이탈 경고기능

· **차선이탈 경고장치**(LDWS, Lane Departure Warning System) : 주행하고 있는 차로를 운전자의 의도와 무관하게 벗어나 표류하는 것을 방지하기 위해 운전자에게 시각적, 청각적, 촉각적 경고를 주기 위한 장치

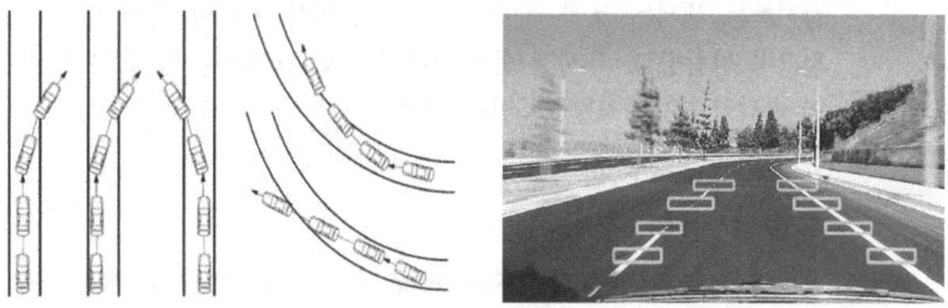

차선이탈 경고장치

· **차선유지 보조장치**(LKAS, Lane Keeping Assist System) : 주행하고 있는 차로를 운전자의 의도와 무관하게 이탈하려는 것을 감지하여 운전자에게 경고를 주고 운전자의 반응이 없거나 차선을 이탈한다 판단되는 경우, 차선 이탈 방지를 위할 목적으로 본래 주행 중이던 차로로 복귀하도록 제어하는 장치

차선유지 보조장치

■ 사각지대 감시기능

· **사각지대 감시장치**(BSD, Blind Spot Detection System) : 접근하는 자동차 또한 사각지대에 위치한 자동차에 대한 정보를 운전자에게 제공하는 장치로 사각지대에 있는 자동차 등을 인지하지 못하고 차선을 변경하거나 근접하는 자동차로 인해 사고위험이 감지되는 경우 미연에 사고를 방지하기 위한 안전장치

사각지대 감시장치

· 사각지대 감시장치는 자동차를 감지하는 센서와 감지 사항을 경고하여 표시하는 장치로 구성되어 있으며, 후사경 크기를 줄이거나 실내·외 후사경을 대신하는 것이 아니다. 사각지역을 감시하는 센서는 크게 레이더, 초음파, 영상 카메라 등이 있으며, 경고방식은 소리를 통한 청각적 알람방식, 후사경 등에 시각적으로 표시하는 방식, 시트나 스티어링 휠에 떨림을 주어 촉각적으로 인지할 수 있는 방법

■ 후방 감시기능

· **후방충돌 경고장치**(RCW, Rear-end Collision Warning System) : 주행 차선의 후방에서 동일한 방향으로 주행 중인 자동차를 감지하고, 후방 자동차와의 충돌을 회피하거나 완화를 목적으로 운전자에게 시각적, 청각적, 촉각적 경고를 주기 위한 장치

후방 충돌 모니터링 | 후방 충돌 상황 판단 및 경고 | 경고 미확인 시 충돌

후방충돌 경고장치

인간은 눈, 코, 입, 귀 그리고 피부의 5가지 감각기관에 의하여 시각, 후각, 청각, 미각, 촉각을 느끼고 있으며, 이들 감각을 통하여 외계자극으로부터 정보를 얻어 판단하고 창조적 생활을 영위한다.

센서는 사람의 눈, 코, 입, 귀 등과 같은 역할을 하며, 감지한 정보를 인간의 두뇌에 해당하는 정보처리부에 전달, 판단을 내리게 한다. 즉 인간의 오감에 해당되는 것이 감지기이고 컴퓨터는 뇌에 해당된다.

대상이 되는 물리량은 앞에서 언급한 것 외에 자기, 변위, 진동, 가속도, 회전수, 유량, 유속, 액체성분, 가스성분, 가시광, 적외선, 초음파, 마이크로파, 자외선, 방사선, 엑스선 등 20여 종에 이르며 각각 쓰이는 재료도 다양하다.

현대의 고도 지식정보화 및 기술산업화 사회에서 가전제품, 전자계측기, 기계 및 기기, 공장자동화, OA기기, 수송기계 등 공업제품 뿐만 아니라 우주항공산업에 이르기까지 거의 모든 산업분야에 광범위하게 적용되는 센서는 핵심기술로서 필수적인 존재가 되고 있다.

에너지절약·자원절약·공해방지, 생산부문의 고효율화·정밀화, 주택·사무실의 각종 기기의 고성능화, 교통통제의 고도화, 재해방지 시스템의 효율화 등 사회 각 부문의 요구를 충족시키기 위해서는 정보처리 시스템과, 그 정보를 얻기 위한 각종 기기가 필요한데, 그 중심이 되는 것이 감지기이다.

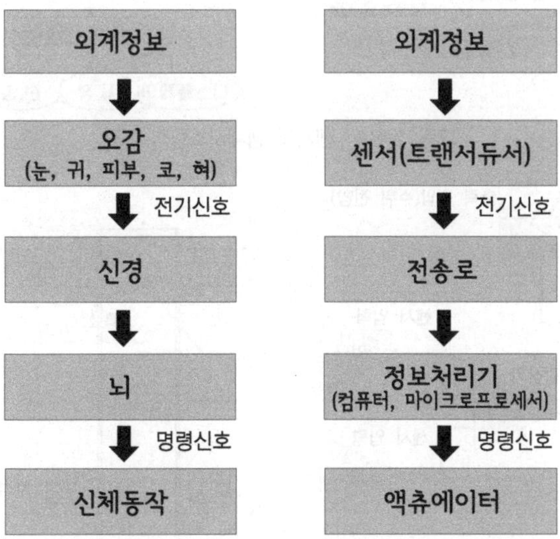

그림 2-82 인간과 일반 센서시스템의 명령 구성도

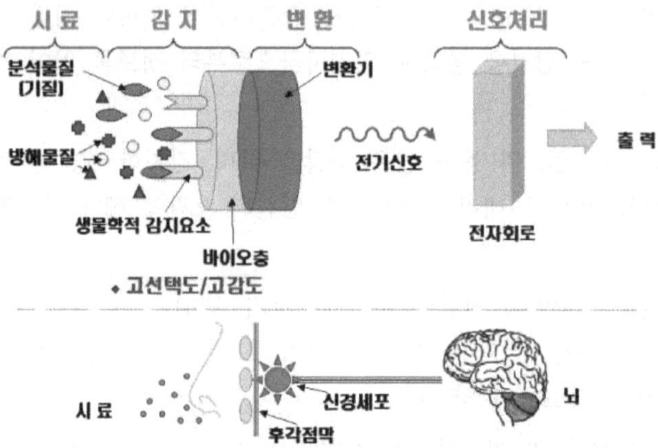

그림 2-83 센서시스템의 감지와 명령 구성도

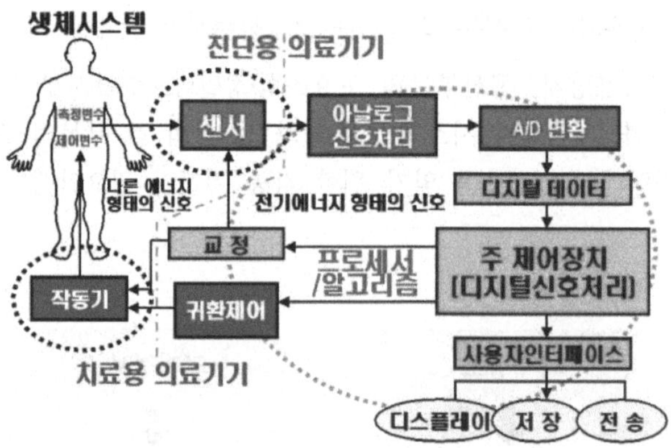

그림 2-84 센서와 생체시스템의 구성

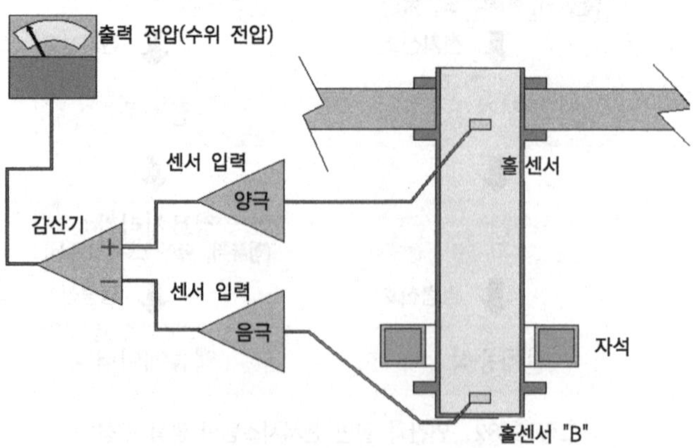

그림 2-85 홀센서의 구성

출력신호로는 전기 신호가 많이 쓰이는데, 그것은 증폭·축적(메모리)·원격조작 등이 쉽고, 뇌에 해당하는 컴퓨터에 입력할 때 취급하기가 쉽기 때문이다.

능률적인 공장 운영을 위해 시작한 자동 조작은 초기에는 기계화된 장비의 정밀도를 높여주는데 불과했으나 이를 통한 대량 생산 체제는 자동화의 영역을 넓혀가게 만들었다. 이러한 자동화 영역 중의 하나가 공장 자동화(FA)이다. 생산체제가 복잡해짐에 따라 새로운 기술이 필요하게 되었는데 그 중 대표적인 것이 기계와 전자가 합쳐진 메카트로닉스(Mechatronics)분야이다. 메카트로닉스 중에서 센서(Sensor)는 메카트로닉스 시스템을 구성하는 피드백(Feedback)요소로서 주로 액추에이터 및 제어대상의 운동에 관련된 기계량을 검출하며 계산기 제어를 위하여 사용된다.

인간이 느낄 수 있는 모든 감각을 센서로 다루기란 어려운 일이며 현대의 센서 부품들은 자기·변위·진동·가속도·회전수·유량·유속·액체성분·가스성분·가시광·적외선·초음파·마이크로파·자외선·방사선·엑스선 등 몇몇 물리량을 전기적인 신호로 검출해 산업현장, 서비스업, 의료업, 학계에서 활용하고 있다. 일반적으로 검출기라 하면 온도·압력·습도 등 여러 종류의 물리량을 감지·검출하거나 판별·계측하는 기능을 갖춘 소자로 흔히 센서라고도 한다. 센서에서 검출된 신호를 전기적 신호로 변환하여 마이크로 컨트롤러나, 컴퓨터가 인식할 수 있는 신호의 형태로 증폭, 축적, 조작 등을 걸쳐 응용 애플리케이션에 맞게 활용할 수 있다.

그림은 센서가 외부 시스템으로부터의 물리적, 역학적, 화학적 정보를 검출기가 감지하여 최종 컴퓨터 단계에서 인식할 수 있는 형태의 전기적 신호로 변환하는 프로세스를 블록다이어그램으로 도시화한 예이다.

센서는 응용 방법에 따라 자연재해 방지, 생태환경 감시, 도난 및 위험 감시, 에너지 자원감지, 자동화 시스템 및 가정의 홈오토메이션 구축에 응용할 수 있다. 예를 들어 진동을 감지하는 센서를 교통량이 많은 교량이나 고가도로에 설치하여 지진이나 홍수로 인한 균열 등을 감시하며 예측할 수 없는 불의의 사고로부터 인명안전을 위해 활용할 수 있다. 또한 진동 센서의 경우 먼 바다에서 발생하는 미세한 진동도 감지할 수 있어 지진 해일과 같은 미세한 환경 변화도 감지하여 위험 수위를 예보하는데 활용할 수 있다. 뿐만 아니라 사람이 항상 감시할 수 없는 생물체의 서식지 특성을 분석하거나 이동경로를 추적하는 데에도 위치인식 센서를 이용할 수 있다.

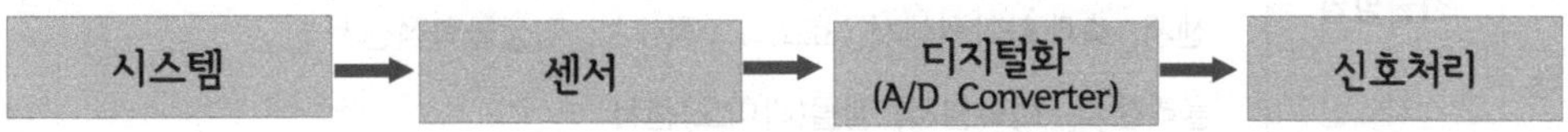

그림 2-86 센서의 신호처리 프로세서

센서는 측정 대상물의 한계가 무한정인 만큼, 센서가 사용되는 재료나 그 기능이 개별적으로도 다종, 다양하다.

분류 방법은 구성방법, 측정대상, 구성재료, 기구에 의한 분류, 작용형식, 출력형식 등에 의해 분류할 수 있다. 센서는 이처럼 구분의 기준에 따라 많은 종류가 있으므로 이를 일일이 열거하기는 어렵지만 이들을 몇 가지로 분류해서 나타낸다.

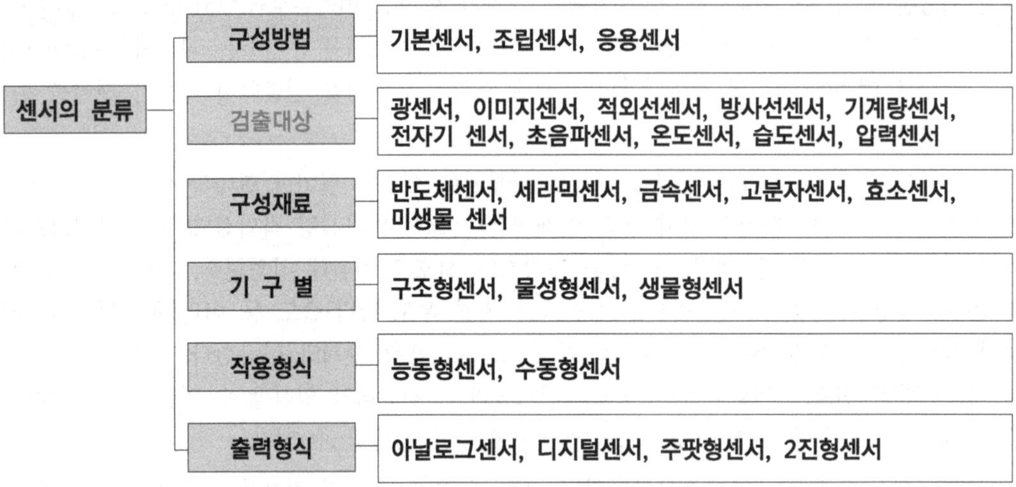

그림 2-87 센서의 분류

센서의 분류

분류 방법		센서 종류
1	구성방법	· 기본센서, 조립센서, 응용센서
2	검출대상	· 광센서, 이미지센서, 적외선센서, 방사선센서, 기계량센서, 전자기 센서, 초음파센서, 온도센서, 습도센서, 압력센서 등
3	구성재료	· 반도체센서, 세라믹센서, 금속센서, 고분자센서, 효소센서, 미생물 센서 등.
4	기구 별	· 구조형센서, 물성형센서, 생물형센서
5	작용형식	· 능동형센서, 수동형센서
6	출력형식	· 아날로그센서, 디지털센서, 주팟형센서, 2진형센서
기타	검출방법	· 역학적센서, 열역학적센서, 전기적센서, 자기적센서, 광학적센서, 전기화학적센서, 촉매화학적센서, 효소화학적센서, 미생물학적센서
	감지대상	· 물리센서, 화학센서, 생물(바이오)센서
	생물센서	· 기구형(또는 구조형), 물성형, 기구, 물성혼합형

검출 대상과 대표적인 센서명

	검출대상	소자 및 센서(유닛명)
1	**광** **광센서**	· 포토다이오드, PIN포토다이오드, 포토애벌란시 다이오드, 포토트랜시스터, 솔라배터리, CdS 셀, 셀렌, CCD, CPD, CID, 광전관, 포토멀, 촬상관, PSD
2	**온도(적외선 포함)** **온도센서**	· 써미스터(양, 음 특성), 감온저항(백금), 서모커플, 수정진동자, 초전형 적외선 센서, IC화 온도센서, 트랜지스터, 광전관, 다이오드(VBE, VF 이용), 포토다이오드, 포토트랜지스터, SMA(형상기억 합금), 감온 페라이트, 액정,수은(알코올), 온도계, 양자형 적외선 센서
3	**자기** **자기센서**	· 홀소자, MR소자, 자기헤드(검출 코일형 및 반도체형), 영구자석, MD(마그넷 다이오드), SQUID(초전도양자 간섭장치, 조셉슨 소자)광파이버(광패러데이 효과를 사용한 자기장 센서), 자침, 인덕토신, 자기 트랜지스터, 자기형 근접스위치(리드 스위치), 자성유체(자기 시트), 전자기 유도형 근접스위치(코일), 자기 파라메트릭 센서, 커런트 트랜스, 자외선
4	**압력** **압력센서**	· 스트레인 게이지(로드셀), 압전소자, 코일 스프링, 판스프링, 가압도전시트(고무), 감압폴리머(중합체),PD(감압다이오드), IC압력 센서, 다이어프램(박막형 압력센서, 확산형 압력센서), 차동트랜스(토크 트랜스듀서), 토션 바(광학 위상식 및 자기 위상식)
5	**진동(음파포함, 초음파)** **진동센서**	· 마이크로폰(전자기식, 압전식), 페라이트, 티탄산바륨, 세라믹스(가속도 센서), 다이어프램, 압전소자, 자외선(탄성파), 지진계(진자의 지진동에 대한 상대운동)
6	**기체/냄새** **가스센서**	· 세라믹센서, 반도체식 센서, 산화주석, 산화철 센서, 후막구조 세라믹스(습도센서), 기타의 화학반응을 사용한 센서(전해질 셀, 접촉 연소식), 바이오 케미컬 센서, 지르코니아 산소센서, 백금선, 산화아연

2.4.2 광센서

광센서(photo sensor)란 인간의 눈으로 감지 할 수 있는 가시광선을 중심으로 적외선에서 자외선 영역의 광 자체 또는 광에 포함되어 있는 정보를 감지하여 이를 다시 처리가 용이한 양으로 변환하는 소자이다.

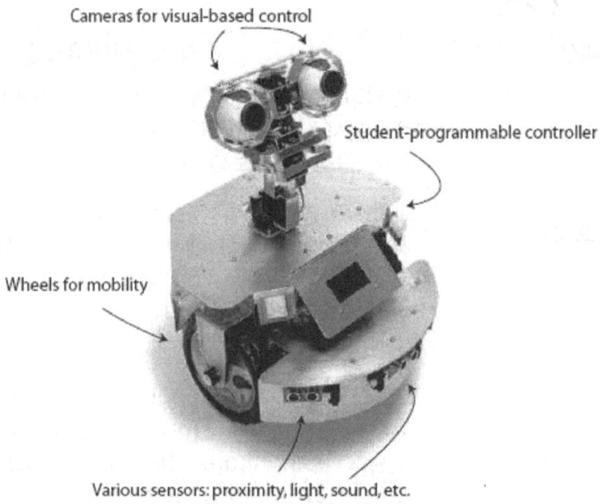

그림 2-88 이동로봇의 광센서

그림 2-89 광센서의 종류

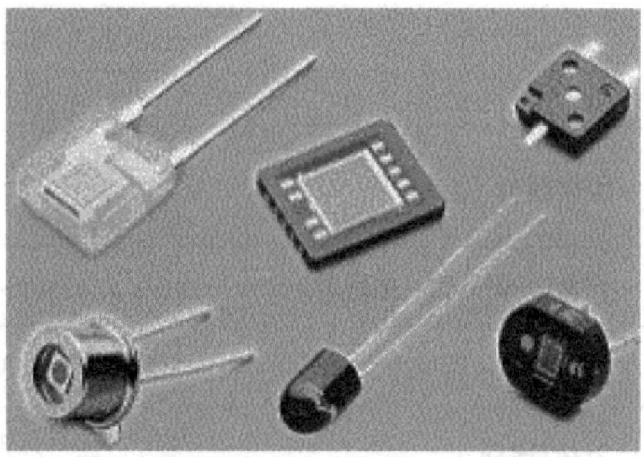

그림 2-90 광센서의 종류

이들 빛 에너지를 이용한 센서는 공장 자동화나 첨단계측 계통은 물론, 일반 생활과 밀접한 유통, 의료, 예술분야 등 폭 넓게 이용되고 있어 이에 대한 연구 및 응용기술은 매우 중요하다.

광센서는 검출하는 빛의 파장범위를 기준으로 하여 분류하기도 하나 동작원리를 기준으로 분류하는 것이 보편적이다.

또한 광센서의 종류에는 포토다이오드를 비롯하여 포토트랜지스터, 포토 IC, CdS 셀, 태양전지, CCD 이미지 센서 등이 있다. 또 특수한 것으로는 광전관, 포토멀, 촬상관 등의 소위 진공관류도 이것에 포함된다.

최근 산업체 등에서 에너지 절약이나 자동화를 위하여 광에 의한 계측의 필요성 이 중요시

되어 센서의 개발이 활발히 이루어지고 있다. 그 결과 가지각색의 센 서가 실현되고 있는 실정이다.

광(光,)이란?

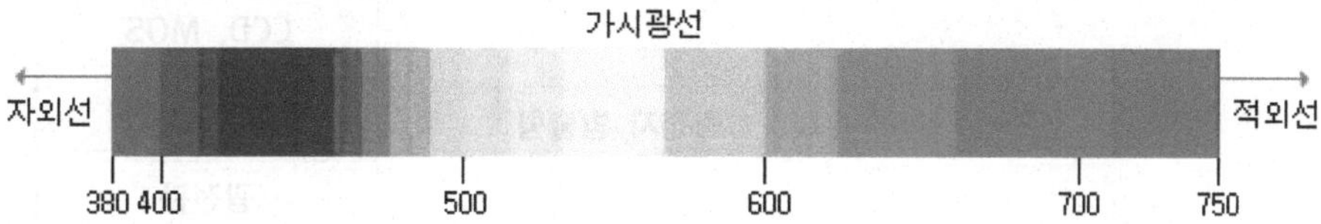

가시광선의 구분

· 광은 전자파의 일종으로 사람의 육안으로 식별 가능한 가시광선(빨,주,노,초,파,남,보)과 양측에 자외선 및 적외선을 모두 합쳐 광(光)이라고 부른다.

광센서의 종류

분 류	센서의 종류	특 징	주용도
광도전 효과형	**광도전 셀**	· 소형, 고감도, 저가	· 카메라 노출계, 포토릴레이, 광제어
광기전력 효과형	포토다이오드 포토트랜지스터 포토싸이러스터 CCD, MOS이미지센서	· 소형, 저가, 전원 불필요, 대출력, 대전류 제어	· 카메라 EE 시스템, 스트로보, 광전스위치, 바코드 리더, 카드 리더, 화상판독, 조광시스템, 레벨 제어
광전자 방출형	광전자 증배관 광전관	· 초고감도, 응답속도 빠름, 펄스 계측, 미약광 검출, 펄스 카운터	· 정밀 광계측 기기, 극미약광 검출
자외선센서	Si자외선포토다이드 UV트론	· 소형, 전원 불필요 고감도	· 의료기기, 분석기기
복합형	포토 커플러 포토 인터럽터	· 아날로그 검출	· 무접점 릴레이, 전자장치 노이즈 커트, 광전스위치, 레벨 제어, 광전식 카운터

그림 2-91 광센서의 구분

일반적으로 광도전 효과형 센서로는 Cds(황화카드뮴)이 많이 사용되고 있으며, Cds분말에 불순물 등을 섞은 수용액을 절연가판 위에 바르고 공기 또는 불활성기체 속에서 500~700℃로 소결해서 제작한다.

광도전 효과형 광센서

구분	작동원리	적용분야
	· 반도체(Cds)에 빛이 닿으면 전자(Electron)와 정공(Hole)이 증가하고 빛 에너지에 비례하는 전류가 증가하는 원리를 이용	· 카메라의 노출계, 가로등의 자동 점멸장치 등

광도전 효과 (Photo conductive Effect)

· 반도체에 빛을 조사하면 전자-정공 쌍(Electron-hole pair)이 발생하여, 그 부분의 전기 전도도(도전율)가 증가한다. 이를 광도전 효과라 부른다. 반도체에 빛을 조사하면 반도체 중의

캐리어 밀도가 증가하여 도전율이 증가하는 현상으로 외부로부터의 빛의 에너지에 의하여 가전자대의 자유전자가 전도대에 여기되어 그 결과 도전성을 나타내게 되는 현상이다.

- CdS 센서는 광에 쏘여지면 저항값이 감소하는 광도전 효과(Photo conductive effect)를 이용한 반도체 포토센서이다.
- 광도전 셀로서 CdS 말고도 CdSe(셀렌화 카드뮴), Cd(S.Se) 황화셀렌화 카드뮴 등이 있으나 특별히 지정하지 않는 한 CdS 셀로 총칭하고 있다.
- 광도전 효과 이외에도 광기전력 효과 광전자방출 효과 집전효과를 모두 총칭해서 광전 효과라고 한다.
- 포토다이오드 포토트랜지스터는 광기전력 효과를 이용한 것이며 광전관 광전자증배관 같은건 광전자 방출효과를 이용한 것이다. TV 브라운관의 전자총도 일종이다. 집전효과를 이용한 것은 적외선 센서가 있다.

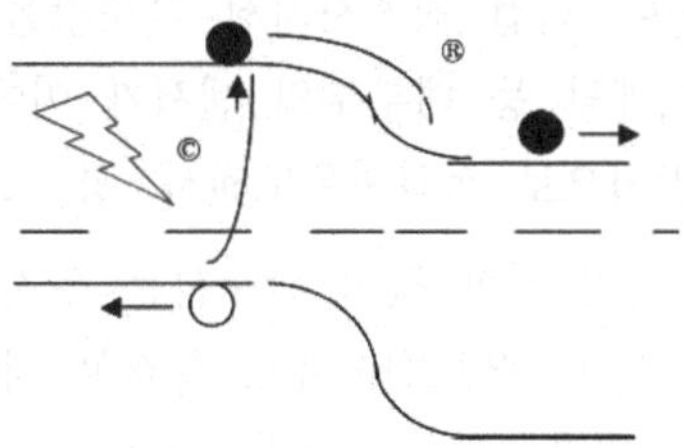

광도전 효과

2.4.3 온도 센서

자연이나 우리 주위에서 온도는 매우 중요한 환경요소이며 산업전반에서도 정확 한 온도측정 관리는 매우 중요하다. 온도를 검출하는 것은 온도센서로서, 이것은 공업, 의학, 우주, 자원탐사, 해양개발, 방재, 공해 감시 등 산업용에서부터 민생용 까지 그 응용범위가 매우 넓고 갈수록 확대되고 있다.

최근의 경향은 비교적 정밀성이 크게 요구되지 않고 다량으로 사용되는 곳에는 접촉식 온도센서들이 사용되고 있으나 비접촉식이고 다기능화 된 온도센서들이 개발됨으로 인해 이들이 점차 시장을 확산해 가고 있는 추세이다.

온도센서는 열을 감지하여 전기신호를 내는 센서로 일반적으로 접촉식과 비접촉식으로 나누어진다.

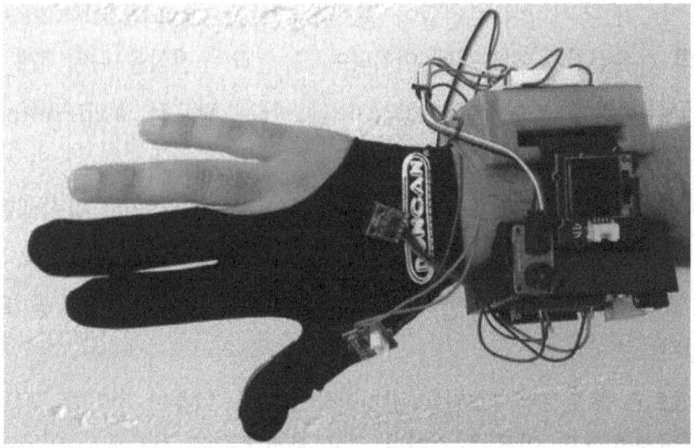

그림 2-92 온도감지용 센서

접촉식은 실제 측정대상에 직접 접촉시켜서 온도값을 측정하는 방식으로 (백금)저항온도센서, 써미스터, 열전대, 바이메탈 등 대부분의 센서가 이에 해당하고 비접촉식은 물체로부터 방사되는 열선을 측정하는 방법으로 적외선온도센서, 광 고온도계가 있다.

온도센서는 온도가 높아지면 저항 값이 감소하는 부저항온도계수의 특성이 있는 전자회로용 소자로, 열용량이 작아서 미세한 온도변화에도 급격한 저항 변화가 생기므로 온도 제어용 센서로 많이 이용된다. 온도는 원자 또는 분자가 가지고 있는 미세한 범위의 진동 운동에너지의 크기로 정의된다.

금속선이나 반도체의 저항값은 온도에 따라 변화하는 성질이 있다. 또한 종류가 다른 금속선의 결합접점을 가열하면 기전력이 발생하는 경우도 있다.

여기서 발생하는 저항이나 기전력을 측정하여 온도를 구하는 방법이 온도센서의 원리이다. 우리가 물체와 접촉할 때 어떤 물체는 차다고 느끼고, 어떤 물체는 뜨겁다고 느낀다.

이와 같은 물체의 차고 뜨거운 정도를 수량으로 나타낸 것이 온도이다. 물체의 차고 더운 정도에 대한 우리의 감각은 불완전하여 같은 물체에 대해 사람마다 느끼는 온도에는 차이가 있다.

그래서 온도를 객관적으로 측정하기 위해 온도계 또는 온도센서를 사용한다. 도체에 있어서 전기저항은 온도의 변화에 따라 변화한다. 이러한 특성을 이용하여 단위온도 변화에 대한 저항 변동율을 안다면 변동되는 저항치만으로 해당 온도를 측정할 수 있게 된다.

접촉식 온도에서는 측정대상에 온도센서를 직접 접촉시키는 방식이다. 그러나 직접 접촉으로 인해 측정대상의 열에너지가 센서로 이동하기 때문에 측정대상의 온도가 저하된다. 따라서 열에너지가 작은 검출대상에서는 정확한 온도 측정이 힘들기 때문에 측정대상의 열용량이 센서 구성원에 비해 충분히 커야하며, 센서 자체가 측정대상의 온도에 견디면서 동작을 할 수 있어야 한다.

센서는 온도에 의해서만 그 기능을 하는 것이 바람직하며, 다른 외부조건(압력, 자장, 전장 등)에 의한 의존성이 적을수록 좋다. 이 밖에 물질 변환특성의 감도, 안정성, 재현성, 응답성, 열용량, 크기 등이 센서로서의 적합성을 결정하는 요소이다.

그림 2-93 온도센서의 다양한 종류

접촉형 및 비접촉형 온도센서 특성비교

구분	접촉형 방식	비접촉형 방식
측정상태	· 접촉상태에서 측정가능	· 원거리 측정가능
측정물의 크기	· 피츠정물의 온도가 변할 수 있고 작은 물체의 측정은 어려움	· 작은 물체도 측정가능
응답속도	· 고속으로 이동물체는 부적함	· 고속이동물체 측정 가능
측온점	· 임의의 개소에서 측정가능	· 표면온도
온도범위	· 2,000℃ 정도	· 고온 측정가능
수명	· 짧다	· 길다
종류	· 저항온도센서, 써미스터, 열전대, 바이메탈	· 방사온도계, 광 고온도계

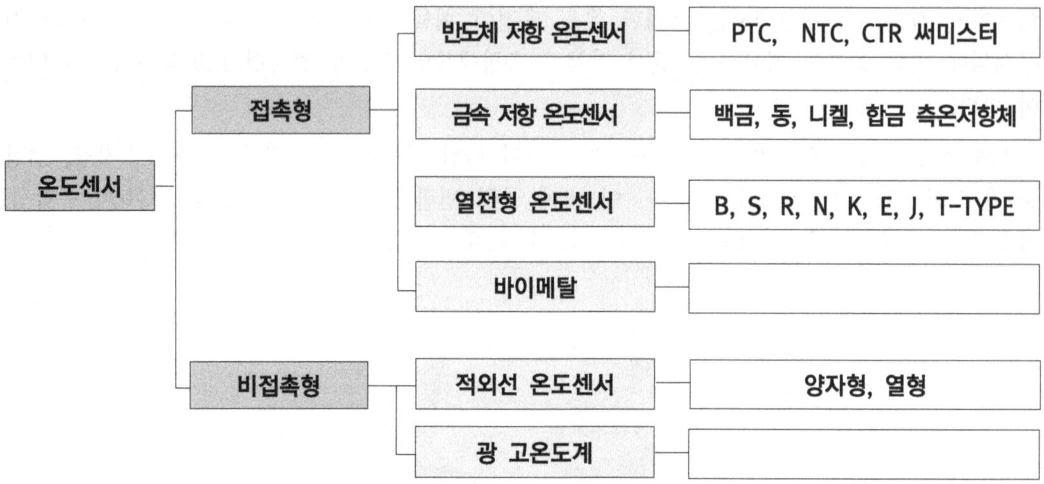

그림 2-94 온도센서 종류

산업계에서 온도를 측정하는데 가장 많이 쓰이는 두가지 도구는 측온 저항체 (RTD resistance temperature detector)와 열전대 (thermocouples)이다. 어느 현장에서는 열전대를 쓰고 어느 때에 측온 저항체를 써야 하는가? 보통 네 가지 요소 (온도, 시간, 크기, 총 요구 정확도)에 따라 결정된다.

비접촉식 온도 센서는 피측정물에서 방사되는 적외선을 떨어진 장소에서 측정한다. 비접촉식 온도센서로 높은 정확도, 작은 사이즈, 디지털출력을 가지며 6개의 셀이 특정 포인트를 측정해 낼 수 있기 때문에 매우 정교하다.

비접촉식 온도센서의 장점 및 응용분야

구분	장점	응용분야
비접촉식	- 비접촉 온도센서 - 작은 사이즈 - 높은 정확도 - Digital 출력	- 체온계 - 실내온도조절기 - HVAC - 산업장비컨트롤 - 기후 컨트롤 - 가전기기 컨트롤 - 자동차 온도조절 컨트롤

2.4.4 적외선 센서

적외선 센서(Infrared Sensor)는 적외선을 이용하여 온도, 압력, 방사선의 세기 등의 물리량과 화학량을 감지, 신호처리가 가능한 전기로 변환하는 장치로 기계가 적외선을 발산하여 차단하는 것을 감지하는 것과 주변의 적외선을 검출하는 것이 있는데 주로 방범이나 화재감지 등에 사용된다.

흔히 사용되는 인체감지 센서는 인체가 방출하는 적외선 파장을 검출하는 초전적외선 센서를 이용하는데 감지한 적외선을 열로 바꾸어 검출한다.

태양으로 부터 오는 빛은 크게 가시광선, 자외선, 적외선이 있다. 가시광선은 그 말 그대로 눈으로 볼 수 있는 색을 가지는 광선이다. 일곱색 무지개빛깔로 사람의 눈으로 인지 할 수 있다. 반면에 자외선과 적외선은 눈을 볼 수 없다.

열풍기를 틀면 따뜻한 광선이 나와 그 광선이 향한 곳은 열이 올라간다. 겨울철 볼 수 있는 난로, 열풍기 등이 좋은 예가 될 수 있다. 옛날 학교에서는 난로위에 도시락을 올려놓았다가 점심시간이 되면 따뜻한 도시락을 먹을 수 있었다. 그러나 맨 아래에 놓은 아이의 도시락은 새까맣게 타버리기도 했다. 적외선의 복사열로 인해 그렇게 된 것이다.

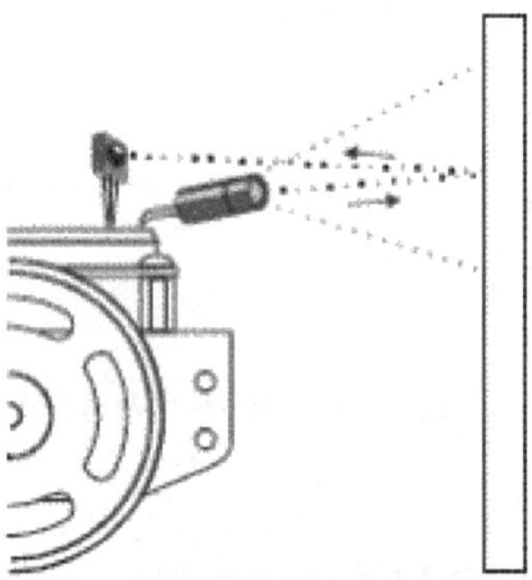

그림 2-95 적외선 센서(Infrared Sensor)

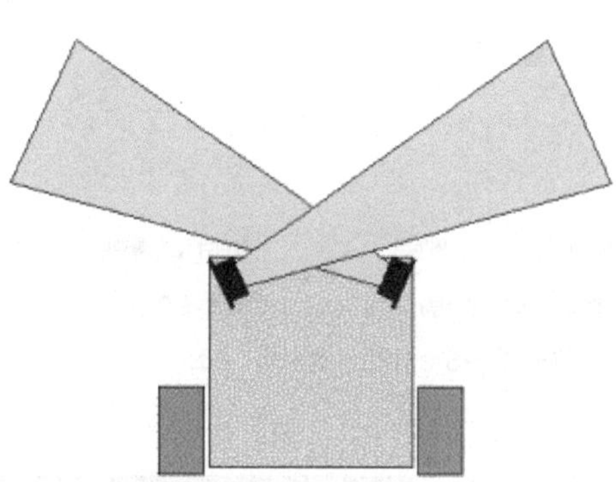

그림 2-96

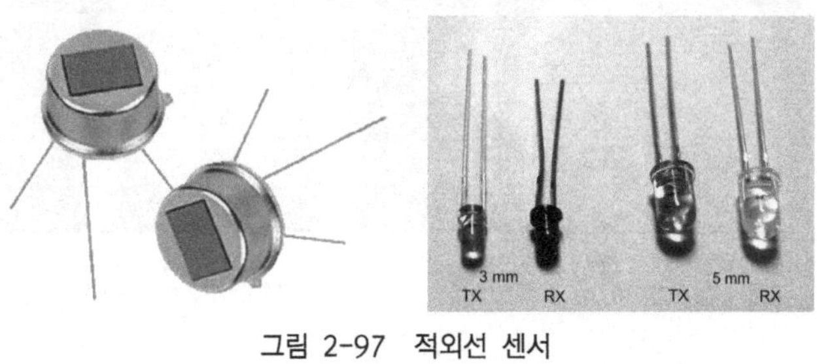

그림 2-97 적외선 센서

심지어는 몸에서 발생하는 열을 감지해내는 적외선 감지기를 이용하면 밤에도 대낮처럼 사물을 볼 수 있다. 군대에서 많이 사용한다. 이러한 적외선센서는 적외선을 이용하여 주위 환경을 감지하는 용도로 사용된다.

적외선센서는 일정 주파수의 빛을 발산하는 발광부와 발광부에서 발산하는 빛을 받아들이는 수광부로 이루어져 있다. 발광부에서 발생된 적외선은 물체에 부딪혀 반사되고, 수광부에서는 이 반사된 빛을 감지하여 물체의 유·무 또는, 물체까지의 거리 등을 알 수 있다.

발광센서는 적외선을 내보내는 특수한 LED(발광다이오드)에 해당하므로 다이오드의 특성을 그대로 가지고 있다. 즉, 센서에 걸리는 전압과 센서의 극성이 일치할 때 적외선이 나오고 그렇지 않으면 적외선이 나오지 않는다. 수광센서는 받아들인 적외선의 양에 따라 전류의 양이 변하는 원리를 이용하여 빛의 수신 정도를 파악하게 된다.

적외선센서는 일상생활 속에서 다양하게 사용되고 있다. 텔레비전이나 에어컨과 같은 가전제품의 리모컨, 자동 개폐문, 엘리베이터의 자동문, 온도계 등이 그 예입니다. 뿐만 아니라 방범이나 화재 경보용으로 사용되어 위급한 사항을 감지하는 역할도 수행해 낸다.

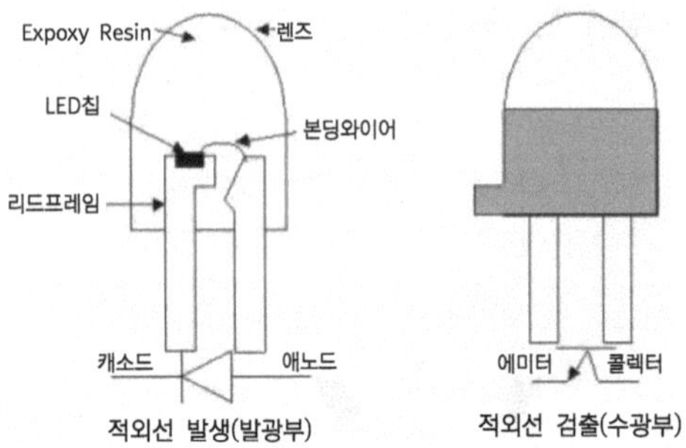

그림 2-98 적외선 센서의 구조

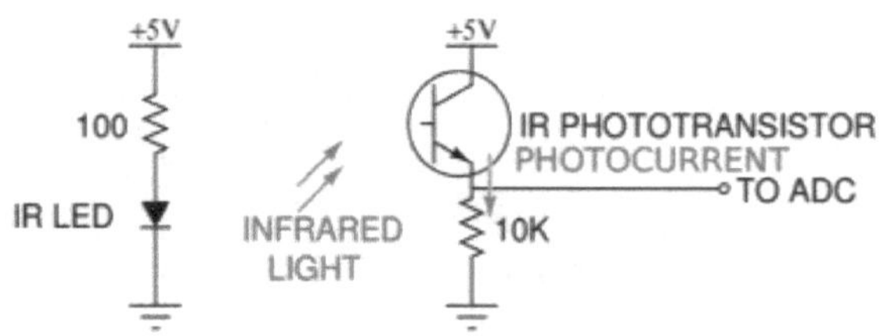

그림 2-99 적외선 센서의 구조

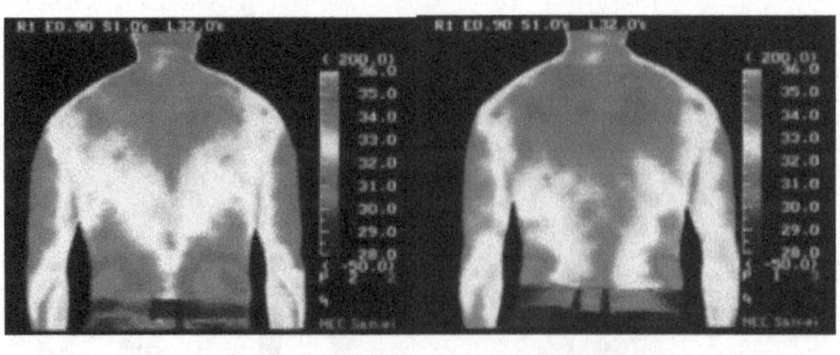

그림 2-100

2.4.5 자기 센서

최근 마이크로프로세서의 고성능화, 저가격화에 따르는 보급에 의해 정보처리 장치, 음향기기 등이 현저하게 고성능화, 지능화가 진행됨에 따라 자기센서도 다양화, 고성능화 되었다.

자기센서(magnetic sensor)에는 자계에 관련된 물리현상이 동작원리로서 많이 이용되고 있다. 자계를 자기나 빛, 압력, 열로 변환시키거나 또는 그 반대로 변환시켰을 때의 효과를 능숙하게 이용한 자기센서가 많이 실용화되어 광범위한 산업분야에서 이용된다.

자기센서는 원리적 측면에서의 분류로 산업체에서 분류할 때의 자기센서는 주로 자기장측정용 센서의 의미를 포함하고 있으나, 학문적 입장에서의 자기센서는 "자기적 현상을 이용한 센서"로 포괄적으로 취급하는 것이 바람직하다.

자기적인 현상을 이용한 자기센서는 인류역사와도 매우 밀접하다. 인류가 방향을 지시하는데 사용하였던 자기 나침반에서 오늘날 인공위성의 자세제어에 사용되는 flux-gate 센서에 이르기까지 자기센서는 많은 발전을 하여 오늘날에 이르렀다. 따라서 대부분의 자기센서에 사용되는 자기적 현상이 19세기에서 20세기에 발견된 것이기 때문에 새로운 원리의 자기센서 개발보다는 새로운 재료의 개발이나 새로운 센서의 설계 및 최적화 기술을 도입으로 센서의 특성 향상에 많은 노력을 하고 있다.

자기센서는 자장을 유용한 전기 신호로 변환시켜 주거나, 비자기적 신호를 전기적 신호로 변환시키기 위한 중간 매개체의 변환기 역할을 하는 센서이다. 자기센서의 특징은 무접점 또는 비접촉 측정이 가능하다는 점이다. 자기센서는 이용하는 목적에 따라 직접적인 응용면과 간접적인 응용면으로 나눌 수 있다. 자속이나 기계강도 측정, 방위 측정, 자기 기록 매체로부터의 데이터 읽기, 카드나 지폐의 자성 무늬 식별, 그리고 자기 장치의 제어 등과 같은 직접 자장을 입력하여 전기적 신호로 변환시켜 주는 목적에 이용할 때 이를 직접적인 응용이라 볼 수 있다. 또한, 과부하 보호를 위한 포텐셜이 없는 전류 측정, 집적화 적산 전력계, 무접촉 선형 및 각도 위치 측정, 변위 또는 속도 측정 등 비자기적 신호를 전기적 신호로 변환시켜 주는 목적에 이용될 때 이를 간접적 응용이라 한다.

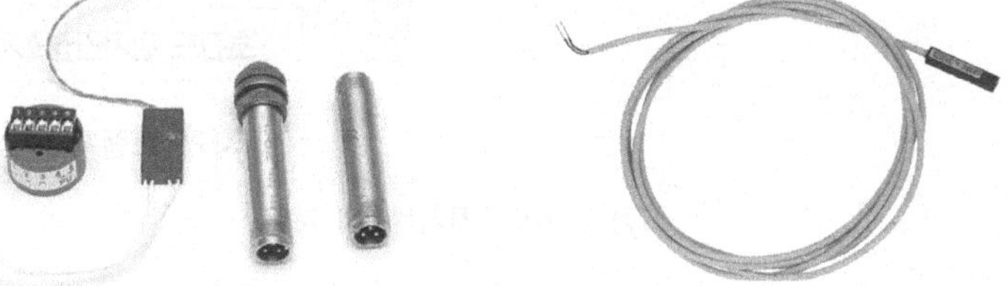

그림 2-101 자기센서

자기센서는 전자유도작용을 이용한 코일에서부터 Josephson 접합을 이용한 초전도 양자간섭소자(SQUID : superconducting quantum interference device)까지 광범위하게 이르고 있다.

그 중에서 실온에서 동작하는 범용성이 있는 반도체 자기센서의 주류는 전류자기 효과에 의한 Hall 소자와 자기저항 소자이며, 이들은 피측정자계에 대하여 고감도로서 좋은 직선성을 갖는 특징이 있다. 이들은 또한 반도체 집적화 공정기술에 의해 집적화가 가능하기 때문에 다차원 또는 다기능의 성질을 갖는 센서의 제조가 용이하다는 이점도 갖고 있다. 미소자계의 측정이나 극저온에서의 측정을 위해서는 초전도 효과를 이용한 초전도 양자간섭소자를 사용한다.

또한 최근의 센서 개발동향은 센서의 저전력화, 소형화 및 센서출력이 마이크로 컴퓨터와 쉽게 인터페이스가 가능하여 사용자에서 친밀한 출력이 쉽게 가능한 센서 즉, 지능센서와 EMC와 방사능에 내성이 있는 센서의 개발이 요구되고 있으며, 자기센서의 경우 중요한 장점이 우수한 재현성과 신뢰성이기 때문에 센서의 사용 환경조건이 나쁜 공장의 생산자동화용, 자동차용 및 항공·우주분야 등에 널리 사용되고 있다.

센서 관련산업이 고부과가치의 미래지향적 산업으로 최근 국내 산업분야에서도 많은 관심을 가지고 있고, 또한 신규산업으로 시작하고 있는 단계이다.

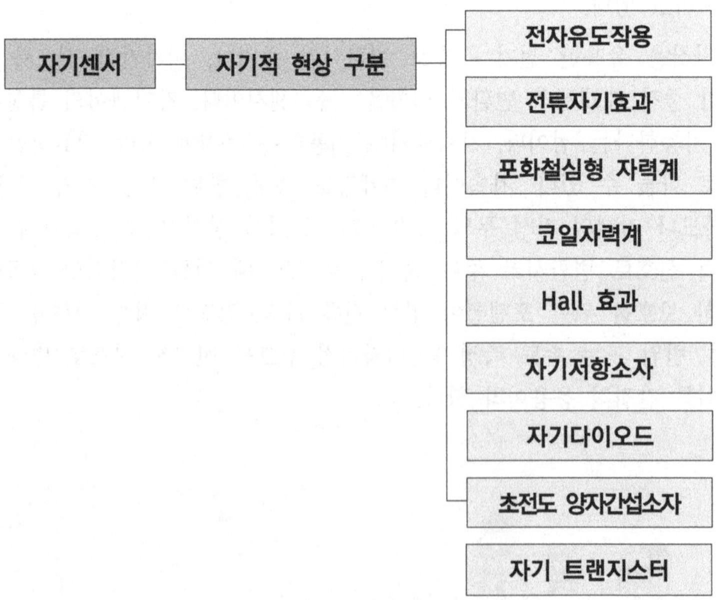

그림 2-102 자기센서의 분류

자기센서는 여러가지 종류가 있지만, 그 중에서도 전류 자기효과에 의한 자전(磁電)변환소자라 불리는 것에 대해 설명한다. 표는 이러한 자기센서의 특성과 주요 용도를 비교한 것이다.

각종 자기센서의 특징과 주요용도

자기센서소자	단위	반도체 자기센서		MR센서
		홀소자	반도체 자기저항소자	강자성체 자기저항소자
동작원리	-	홀 효과	**자기저항 효과**	**자기저항 효과**
재질	-	InSb, InAs,GaAs	InSb	NiFe, NiCo
최소분해능	mm	0.1	0.1	0.01
출력펄스수(N-S)	Hz	1	1	2
주요용도	-	브리시리스 모터 회전제어, 무접점 스위치, 자계측정, 전류측정	포텐쇼미터, 지폐인식	근접스위치, 자기식인코더, 유량계,

*(N-S)는 N극과 S극의 1쌍을 나타내며, 이1쌍(2극)을 부여할때의 출력 펄스 수

MR 센서란

- 자계의 강도에 따라 저항값이 변화되는 '자기저항 효과'이용
- Ni, Fe, Co 등의 강자성체 금속을 주성분으로 하는 합금 의 박막은 자계강도의 변화에 따라 저항값이 변화된다. 이것 을'자기저항 효과'(Magneto - Resistive effect)라 하며 이 효과를 이용한 것이 MR 센서이다. 전술한 반도체 자기저항 소자는 자계를 가함에 따라 저항이 증가하는 정(+)의 자기특성을 나타내는 데 대해 MR 센서는 저항이 감소되는 부(-)의 자기특성이 된다.
- 강자성체의 자기저항 효과 그 자체는 W. Thomson에 의 해 1856년에 발견되었다. 그러나 이 현상이 실제로 응용되기 시작한 것은 지금부터 약 30년 전의 일이다. 센서로서 사용하기 위해서는 어느 정도 높은 저항값이 필요하며 증착 이나 스패터 등의 박막 제작장치가 개발됨에 따라 박막형상 인 MR 센서가 실용화되기 시작했다.

2.4.6 압력 센서

압력센서(pressure sensor)는 힘이 물체에 가해질 때 단위 면적당 물체에 가해지는 압력이나 회전 력의 미세한 크기 변형량을 측정하는 소자로서 공업계측, 자동제어, 의료, 자동차 엔진제어, 환경제어, 전기용품 등 그 용도가 다양하고 가장 폭넓게 사용되는 센서 중의 하나이다.

압력센서의 측정원리는 변위, 변형, 자기-열전도율, 진동수 등을 이용하는 것으로 현재 많은 종류가 실용화되어 사용되고 있다. 최근에는 반도체기술과 마이크로머 시인의 발전으로 보다 소형화되고 복합화 된 다기능의 스마트 센서에 대한 관심이 높아지고 있다.

현재 전자식, 반도체 압력센서는 국내 수요시장이 크게 성장하고 있으나 대부분 수입에 의존하고 있는 상황이고 특히 반도체 압력센서의 경우는 미국, 유럽, 일본 등 선진국이 이 분야의 기술을 독점하고 있다.

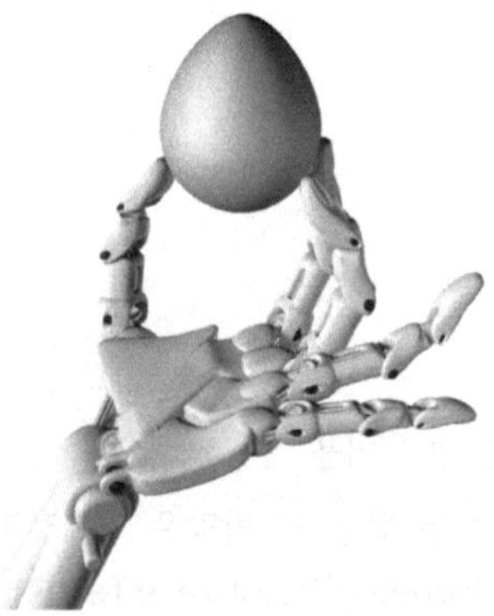

그림 2-103 로봇의 압력센서

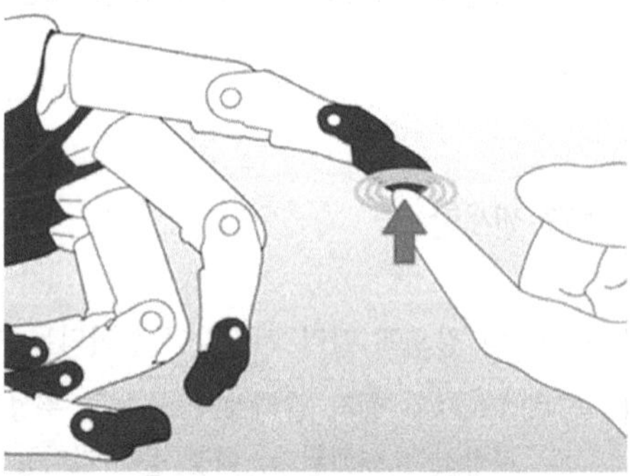

그림 2-104 로봇의 압력센서

그림 2-105 Pressure Sensor

그림 2-106 Pressure Sensor

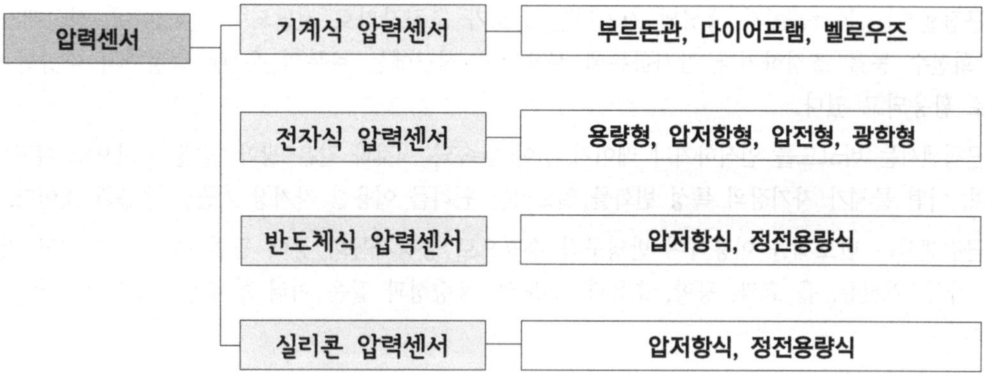

그림 2-107 압력센서의 종류

압력은 물질이 인접하는 각 부분에 서로 미치는 힘의 크기를 나타내는 양이며 단위 면적당 작용하는 면과 법선 방향의 힘을 말한다. 고체 내에서는 압력에 따른 유동이 없으므로 힘의 방향성이 유지되지만 유체(기체, 액체)는 힘이 가해지는 방향에 따라 자유롭게 형을 바꾸어 유동하므로 압력은 방향성이 없고 임의 점에서 어느 방향의 면에 대해서도 같은 크기의 압력이 작용된다. 최근에 개발되어진 대부분의 압력 센서들은 기계적인 변위를 전기신호로 변환하는 것으로, 외부압력을 응력으로 변환하는 다이어프램과 다이어프램에서 발생하는 동력을 전기신호로 변환하는 방법을 이용한다.

압력 센서는 프로세스 또는 시스템에서 압력을 측정하는 소자로서 공업계측, 자동제어, 의료, 자동차 엔진제어, 환경제어, 전기용품 등 그 용도가 다양하고 가장 폭넓게 사용되는 센서 중의 하나이다.

2.4.7 근접센서

근접센서(Proximity Sensor)는 사물이 다른 사물에 접촉되기 이전에 근접하였는지 결정하는데 사용된다. 무접촉검출(Noncontact Sensing)은 회전자(Rotor)의 속도 측정에서부터 로봇의 운행 측정까지 많은 상황에 매우 유용하다.

근접센서는 종래의 마이크로 스위치, 리미트 스위치의 기계적인 접점에 의한 것 을 무접촉화하여 접근하는 물체, 혹은 근방에 존재하는 물체의 유무를 전자계의 힘을 이용하여 검출하는 센서를 칭한다.

근접센서는 목적물에서 생성된 전기적인 신호가 조정장치로 전달되어 설비의 운 전상태, 특히 회전수 등을 조정하거나 감지하는데 사용되고 최근에는 로봇의 운 행 측정까지 다양한 용도로 활용되고 있다.

근접센서는 바코드를 인식하거나 레이저 빔이 단속되는 것과 같은 광학기술을 기반으로 하고 있으며, 어떤 물체가 자기장의 특성 변화를 일으키는 원리를 이용한 자기장 기술을 응용한 것이다.

근접센서는 반도체를 이용하여 반영구적 수명으로 공장자동화 등에 광범위하게 사용되고 있으며, 자석, 와전류, 홀 효과, 광학, 초음파, 유도성, 용량성과 같은 여러 형태의 근접센서가 있다.

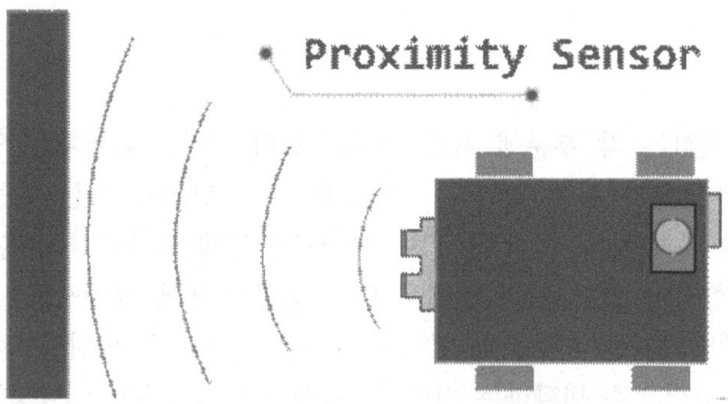

그림 2-108 근접센서(Proximity Sensor)

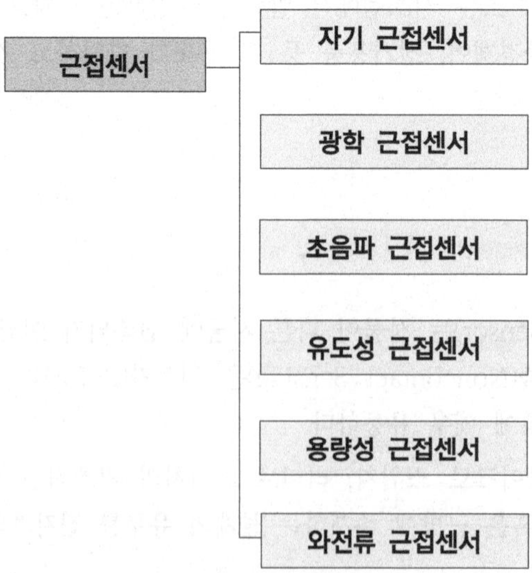

그림 2-109 근접센서의 종류

2.4.8 위치 센서

위치 센서(position sensor)는 회전각과 직선이동, 변위뿐만 아니라 운동의 측정에도 사용된다. 대부분의 경우, 위치정보로부터, 엔코더의 경우도 마찬가지로, 속도정보 계산이 가능하다. 다음은 로봇공학에서 쓰여지는 일반적인 위치 센서들이다.

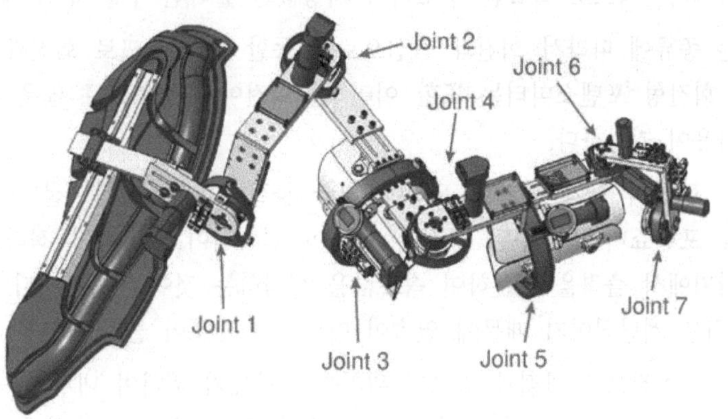

그림 2-110 로봇의 구성

그림 2-111 위치센서의 종류

(1) 포텐쇼미터

포텐쇼미터(Potentiometer) 저항기를 통해 위치정보를 가변전압으로 변환한다. 픽업에서 시작된 신호는 픽업 셀렉터를 거쳐서 볼륨 및 톤 컨트롤을 지나게 되는데 바로 이 부분이 포텐쇼미터이다.

우리말로는 가변저항이고, 말 그대로 변화가 가능한 저항이라는 의미이다. 볼륨과 톤에 사용되는 가변저항은 기본적으로 똑같은 구조이며 저항값만 같다면 구분 없이 사용한다.

포텐쇼미터는 종류에 따라서 회전과 직선으로 이동할 수 있으므로 회전과 직선의 운동을 측정할 수 있다. 회전형 포텐쇼미터는 또한 여러 번 회전이 가능하므로 많은 횟수의 회전운동을 측정하는 데 사용이 가능하다.

포텐쇼미터는 권선이 감겨 있거나 표면에 저항 물질의 얇은 필름 (전도성 플라스틱) 을 증착시킨다. 박막 포텐쇼미터의 주된 장점은 출력이 연속적이고 잡음이 적다는 점이다. 따라서 이 형태의 저항기에서 출력을 미분하여 속도값을 생성하는 것이 가능해진다. 그러나 권선형 포텐쇼미터의 출력은 계단식이기 때문에 연속이 아니므로 미분이 불가능하다.

포텐쇼미터는 일반적으로 관절과 링크의 위치를 나타내기 위하여 내부 되먹임 센서에 사용된다. 포텐쇼미터는 단독으로 쓰이거나 엔코더와 같은 다른 센서와 함께 쓰이기도 한다. 이 경우,

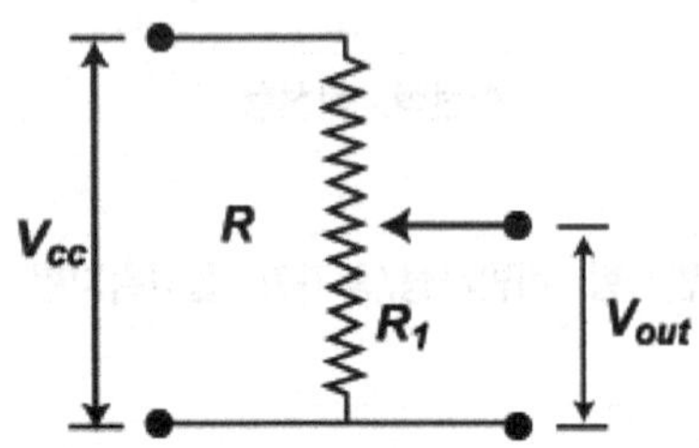

그림 2-112 위치 센서로서의 포텐쇼미터

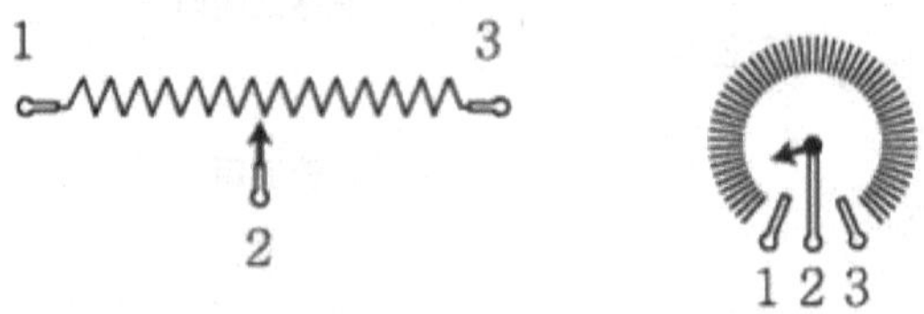

그림 2-113

그림 2-114 포텐쇼미터(가변저항)의 구조

엔코더는 관절과 링크의 현재 위치를 나타내는 반면에, 포텐쇼미터는 시작위치를 나타낸다. 따라서 센서의 조합으로 최소 입력 요구사항을 충족시키는 것이 가능해지며 또한 최대의 정확성을 가진다. 이것은 엔코더에서 보다 자세히 논의할 것이다.

(2) 엔코더

엔코더(Encoder)는 운동의 미세부분에 대한 디지털 출력을 할 수 있는 간단한 장치이다. 디지털 출력을 위한 엔코더 휠(wheel) 또는 막대가 작은 부분으로 구분되어 나누어져 있다. 각 구획은 불투명하거나 투명하다. 이것은 또한 반사형 또는 비반사형으로도 구성할 수 있다.

한 쪽에서 발광 다이오드(LED)와 같은 광원을 엔코더 휠 또는 막대의 다른 쪽에 광선을 주사하고 포토 트랜지스터와 같은 광 감지센서를 통해 감지한다.

만약 빛이 통과하여 휠의 각도 위치(또는 막대의 경우, 직선 위치의 경우)가 빛이 통과하는 위치라면 반대쪽의 센서는 켜지게 될 것이고 높은 신호(on)를 가질 것이다. 만약 휠의 각도 위치가 빛이 통과하지 못하는 곳에서 멈춘다면 센서는 꺼질 것이고 출력은 낮아질 것이다. 디지털 출력 off, 즉 0이 된다. 휠은 회전하기 때문에 센서는 연속적으로 신호를 보낼 수 있다. 만약 신호가 계수(count) 된다면, 휠의 대략의 전체 각 변위는 언제든지 측정될 수 있다.

엔코더에는 증가형(incremental)과 절대위치형(absolute)의 두 가지 기본형태가 있다.

증가형 엔코더는 발광소자와 수광소자 사이에 흑색 패턴이 그려져 있는 회전 슬리트와 고정 슬리트를 설치한 후 최전축을 회전시키면 빛이 투과 또는 차단된다.

투과된 빛은 수광소자에 의해 전류로 변환되어 이 전기 신호가 파형전형 회로와 출력 회로를 거쳐 구형파 펄스로 출력된다.

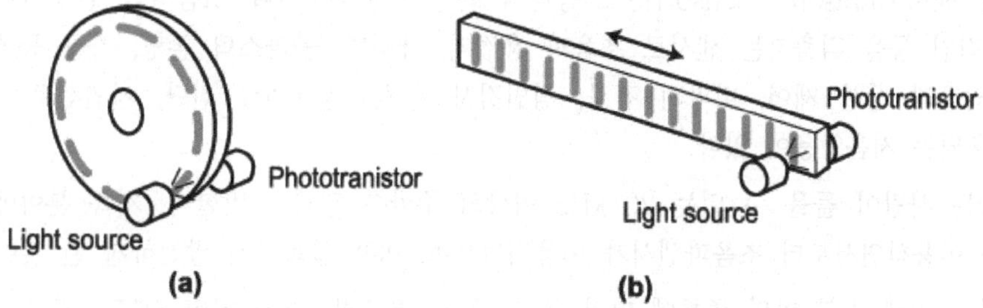

그림 2-115 (a) 회전 증가형 엔코더 휠 (b) 선형 증가형 엔코더

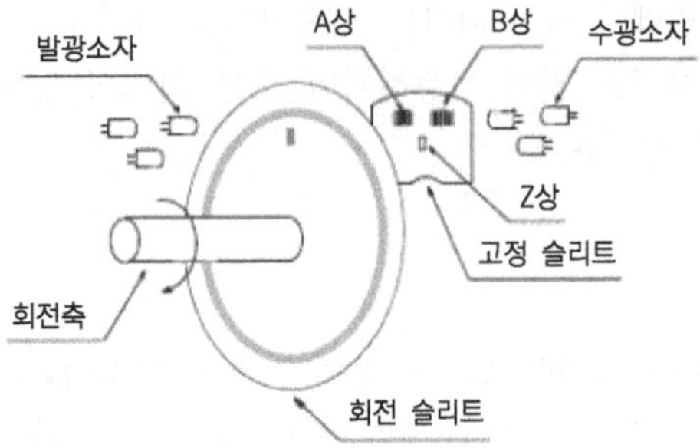

그림 2-116 증가형 엔코더

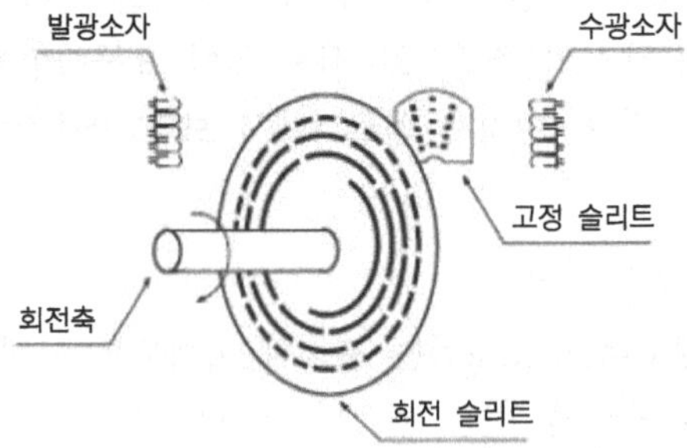

그림 2-117 절대위치형 엔코더

증가형 엔코더는 적분기와 같으며 단지 각 위치의 변화만을 출력하며, 그것은 변위라고 할 수 있는 위치의 변화를 나타낸다. 따라서 실제적으로는 직접 어느 위치에 있는지 표시하거나 출력할 수 없다. 즉, 다시 말하면 증가형 엔코더는 단지 얼마나 많이 움직였는지를 알 수 있지만 초기위치를 알지 못한다면 실제적인 위치를 센서로부터 식별할 수 없다. 장치, 즉 로봇의 시작점이 어딘가에 따라서 최종 위치가 다를 수 있다는 것이다.

절대위치형 엔코더는 회전축에 고정된 회전 슬리트가 회전하면 패턴에 따라 빛이 투과 또는 차단된다. 이때 2개의 슬리트를 투과된 빛은 수광소자에 의해 전류로 변환된 후 파형 정형 회로를 거쳐 안정된 디지탈 신호로 출력한다.

2.4.9 초음파 센서

초음파 센서[Ultrasonic Sensor]는 초음파의 특성을 이용하거나 초음파를 발생시켜 거리나 두께, 움직임 등을 검출하는 센서로 초음파 용접기, 세척기, 플라스틱 본딩, 가공 등에 이용되는 고음압용과 생산 제어, 비파괴 검사, 침입검사, 물성측정, 의료 진단, 지연선로, 신호처리 등에 활용되는 저음압용이 있다.

초음파는 사람이 들을 수 없는 20 kHz 이상의 주파수 영역을 말한다. 계측 분야에서 압전 진동자를 이용하면서부터 초음파센서가 이용되었으며, 이후 급속하게 발전하게 된 것이다.

초음파는 진행 방향 파의 종류에 따라 종파, 횡파, 표면파, 반파 대비 S모드, 반파 대비 A모드 등으로 나눌 수 있다. 초음파센서의 검출소자로는 압전형과 자왜형, 전자유도형이 많이 이용된다.

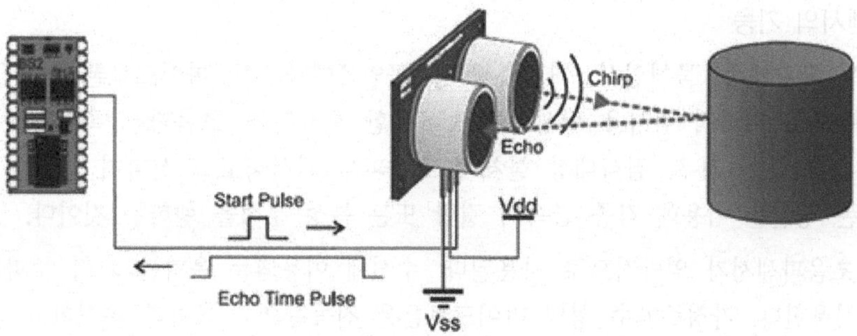

그림 2-118 초음파 센서

초음파를 통신 계측분야에 이용하는 것은 지향성이 강하기 때문이다. 초음파는 횡파와 종파로 구분되는데 진동자의 직경이 파장의 33배보다 크면 횡파가 되고 계측에서는 이 파를 이용한다. 초음파의 전달속도는 매질의 종류에 따라 다르고, 공기 중에서는 초속 340미터, 수중에서 1500미터, 금속중에서 6천미터 정도이다.

초음파의 감응재료에 따라 압전효과, 반도체, 전왜효과 등을 이용한 것으로 분류 할 수 있고, 사용목적에 따라 공중용, 수중용, 고체용, 특수 환경용으로 나눌 수 있다.

초음파(超音波 Ultrasonic Wave)란?

- 초음파는 '정상적인 청력을 가진 인간이 청감각(가청주파수:가청 주파수는 20Hz~20kHz의 인간이 감지할수 있는 음향적 진동)을 느낄 수 없을 정도의 주파수가 높은 음파'로 정의 되어 있습니다.
- 일반적인 인간의 청감각을 통하여 느낄 수 있는 주파수는 16~20kHz이며, 20kHz 이상의 주파수를 '초음파' 라고 합니다.

초음파는 인간이 감지하지 못하는 일종의 에너지로써 이 에너지에 여러 종류의 정보 및 그 파동 자체만을 가지고 또 하나의 에너지로 사용 가능하다고 볼 수 있는 것이다. 우리가 인지 및 감지하지 못하는 또 하나의 에너지 세계가 바로 '초음파' 인것이다.

초음파센서의 기능

레벨계측, 유량계측, 물체인식, 거리측정 등 공업용에다 TV, 마이크로폰에 이용하여 음파의 검출에 이용되고 비파괴 검사용 탐상기에도 유용한 소자이다. 초음파 탐촉자를 사용하여 물체의 결함을 검사하는 경우, 검사대상 물체에 초음파를 발사하고 수신하며 금속의 결함에 따라 음이 변하는 성질을 이용해 각종 금속의 결함 또는 특성 분석을 행하는 것이다.

공중용 초음파센서가 일반적으로 사용된다. 수신에 이용되는 음파는 가청 주파수 형의 마이크로폰을 사용한다. 가청주파수 형의 마이크로폰은 진동판으로 음파를 수신하고 악기, 음성 등과 같이 목적에 의해 지향성, 감도 등 여러 가지를 사용하는 것이다. 물체 검출용 초음파센서란 교통량을 측정하여 신호시스템을 제어하거나 사람의 침입 탐지를 위해 이용되는 센서이다. 수검소자로 세라믹 압전소자가 장착된다. 주파수는 대체로 26 kHz이고, 송신기와 수신기를 대향시켜 물체 통과시 음파의 차단상태를 검출하면 물체 인식과 차량 대수의 계산, 생산공장에서의 물품갯수를 알 수 있다.

거리 측정용 초음파센서는 반사시간과 거리가 비례하는 것을 이용해 거리를 측정하는 센서이다. 주파수는 40 kHz가 많이 사용된다. 주파수를 높이면 지향성과 분해성은 증가하나 감쇄도 커지므로 거리, 정밀도를 고려하여 주파수가 검토되는 것이다.

수중용 초음파센서는 수중에서 이용하는 초음파센서는 자원탐사, 어군탐지, 수중 거리 측정, 수심측정, 유량계 등 광범위하게 활용된다. 중저주파용 초음파센서는 수중에서 이용된다. 수중에서 음파는 주파수의 제곱에 비례하여 감쇄가 이루어지므로 계측 정밀도를 높이기 위해 주파수가 높은 것이 해저의 자원탐사 지층탐사에 이용되는 초음파센서는 배에서의 잡음을 줄이기 위해 긴 하이드로폰을 케이블로 예인하면서 측정하며, 주파수는 3 Hz에서 2 kHz이다.

원거리 측정에서는 저주파가 유리하다. 고주파용 초음파센서는 파장이 짧아지므로 지향 폭이 좁아지고 분해성은 향상되나 감쇄가 증가하므로 주로 근거리의 탐사, 속도 측정에 이용된다.

고체용 초음파센서는 고체 중에 초음파를 발사하여 반사되는 주파수의 변화로서 내부 결함 검출에 이용된다. 원자력 발전소나 용접 부위의 결함 검사에 필수적으로 고도의 검사 기술이 필요한 것이다.

자왜형센서는 초음파의 감응재료로서 역자왜효과를 이용한 것이다. 강자성체에 자장을 가하면 왜곡이 생기는 현상을 자왜효과라 하고, 자화된 재료에 응력을 가하면 자속밀도가 변하는 성질을 역 자왜효과라 한다.

초음파 센서의 구성

초음파 센서는 송신부에 의한 음파가 물체에서 반사되어 수신부로 되돌아오는 원리 사용한다.

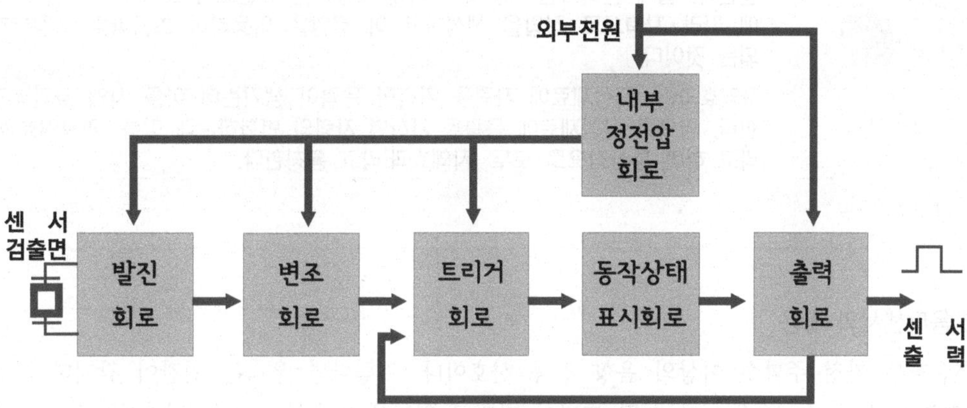

그림 2-119 초음파센서의 구조

초음파센서의 종류

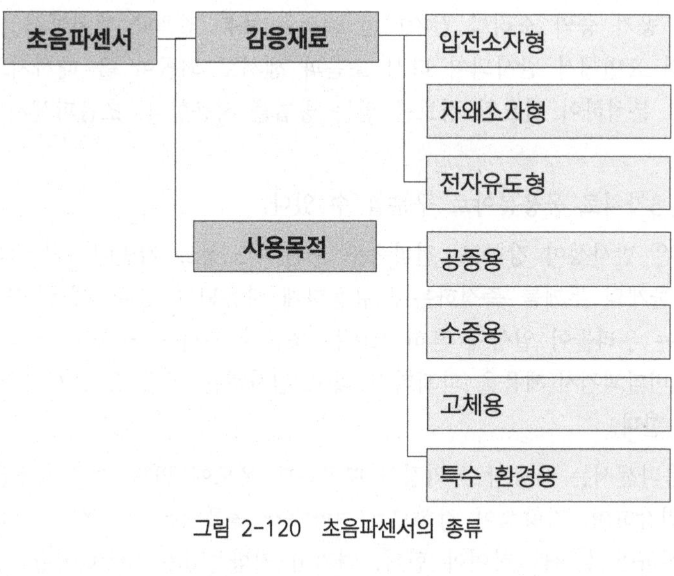

그림 2-120 초음파센서의 종류

감응재료에 따른 구분

종류 구분	비고
압전소자형 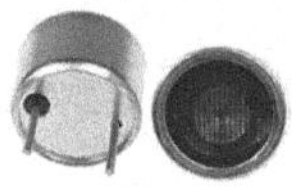	· 압전효과란, 유전체에 변형이 생기도록 응력을 가하면 전압이 생기는 효과를 말한다. 쉽게 말하자면 초음파에 의해 반응하는 유전체가 초음파의 노출 정도에 따라 자력으로 전압을 생성하고 이 전압을 이용하여 초음파를 측정하게 되는 것이다.
자왜소자형	· 자왜효과란, 자성재료에 자력을 가하면 응력이 생기는데 이를 자왜 효과라고 한다. 역으로 자성재료에 응력을 가하면 자력의 변화하는데 이를 '역자왜효과'라고 하며 통상적으로 모두 '자왜효과'라고 통칭한다.
전자유도형	

초음파센서의 활용

초음파는 가청 주파수 이상의 음향 진동 신호이다. 그렇다면 우리는 인간이 감지하지 못하는 영역의 소리 즉, '초음파'가 어떤 효과를 가지고 있기에 이용하고 있는 것일까?

로봇이나 u-센서에서 물체를 지각하고 거리를 측정하는데 이용되는 초음파 센서로는 음의 발생과 검출을 겸하는 것으로 특정한 결정 구조를 갖는 물질의 압전 소자와 고전압 펄스를 인가할 경우 정전 인력에 의해 진동이 발생하는 정전 효과 방식이 있다.

초음파 센서는 공기 중의 소리를 감지하는 센서로 보통 초음파 센서에서 발사된 초음파 펄스가 피 측정물의 표면에서 반사되어 다시 초음파 센서로 되돌아 올 때까지의 시간을 측정하여 이를 기준으로 분석하여 필요한 정보를 얻는 방법을 사용한다. 초음파센서의 측정거리는 약 10 m 이다.

초음파는 크게 3가지로 응용분야로 구분할 수 있다.

초음파의 특성은 반사성이 강하고, 전파속도 또한 어느정도 지연이 가능하다. 이로 인해 물체간이 거리 및 물체의 두께를 측정하는데 유용하게 사용되고 있다. 예를들면 차량을 주차 시 주차후방 감지기는 우리들이 일상에 흔히 쓰이는 초음파 센서 중의 하나이며, 공장에서 제품의 두께를 측정 시 비파괴검사(제품을 파괴하지 않고 검사하는 방법)로 물체의 두께 등을 측정하는데 활용되기도 한다.

이 밖에도 초음파센서는 사용상 유의점이 따르는데 온도에 의해 주파수(중심 주파수)가 내려가므로 온도에 민감하며, 지향성이 강하므로(주파수가 높을수록 지향성은 강하다) 송·수신부를 설계할 시에 유의하여 설계를 하여야 한다. 여기서 지향성(directivity)이란 소리, 전파, 빛 등이 특정 방향에 강한 성질을 나타내는 것을 말한다.

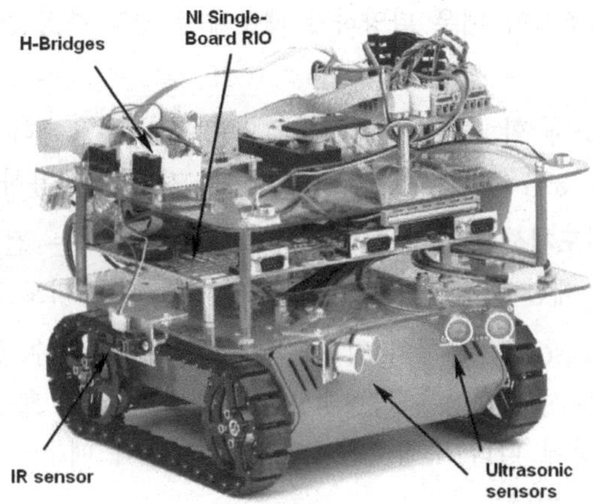

그림 2-121 초음파센서 이용한 이동로봇

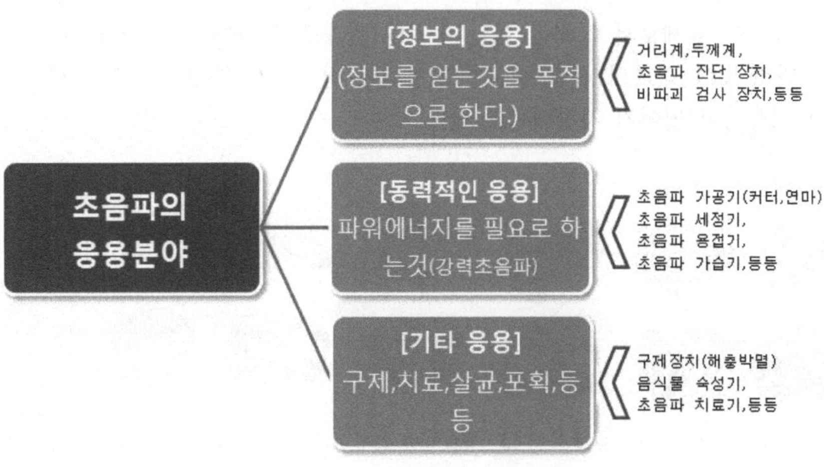

그림 2-122 초음파센서의 응용분야

2.4.10 유량 · 유속센서

석유화학, 자동차, 항공, 에너지 등 유체관련 산업이 발전되고 규모가 대형화됨에 따라 효율적인 공정관리 및 상거래를 위해 정밀하고 정확한 유량측정이 중요시 되고 있다.

유량측정은 측정대상인 유체의 종류를 비롯하여 흐름상태, 유체의 온도와 압력, 측정범위,

설치장소 등에 따라 측정조건이 매우 다양하기 때문에 유량의 측정방법도 여러 가지가 개발되어 사용되고 있다.

따라서 유량을 측정하고자 할 경우에는, 사전에 측정조건을 충분히 검토하고 요구되는 정확도 및 유지관리의 편의성 등을 검토하여 용도에 적합한 센서를 사용하여야 한다.

최근에는 자동차 및 반도체산업의 각종 가스의 유량을 측정하는 전자식 유량/유속센서의 채용이 급증함에 따라 이에 대한 국산화의 필요성이 그 어느 때 보다도 절실하게 요구되고 있다.

유량·유속 센서(flow sensor)는 유체의 압력, 힘, 위치, 열, 주파수 등의 변화를 이용하여 유량·유속을 측정하는 센서로 유량측정은 측정대상인 유체의 종류와 흐름상태, 유체의 온도와 압력, 측정범위, 설치장소 등에 따라 측정조건이 매우 다양하기 때문에 유량의 측정방법도 여러 가지로 개발되어 사용되고 있다.

따라서 유량을 측정하고자 할 경우에는, 사전에 측정조건을 충분히 검토하고 요구 되는 정확도 및 유지관리의 편의성 등을 검토하여 용도에 적합한 센서를 사용하여야 한다.

유량 측정은 그 대상이 유체로서 정적이 아닌 동적인 관계로 측정이 매우 어렵 고, 정확도 역시 다른 계측에 비해 낮아 하나의 유량 센서가 개발되어 적용되기 위해서는 수십 년이 소요되기도 하고, 현장 적응성이 떨어져 사장되기도 한다.

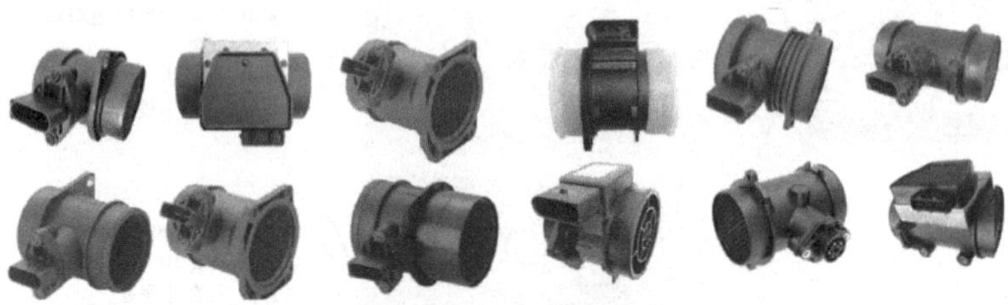

그림 2-123 유량·유속 센서

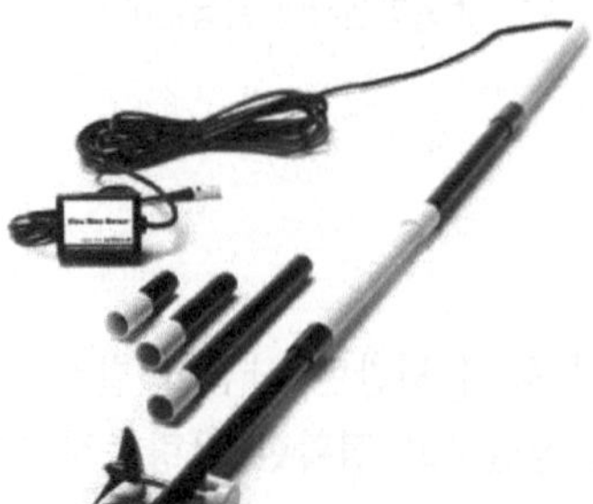

그림 2-124 유속센서

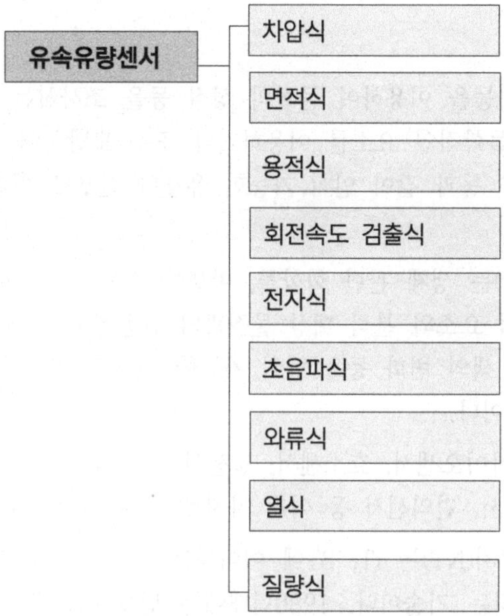

그림 2-125 유량 · 유속센서의 종류

유량 측정은 다른 측정량과는 달리 직접 유량을 측정하는 방식이 매우 적으며, 다른 물리량을 측정하고, 이 측정된 정보로부터 유량을 산출하는 방식이 대부분 이다.

예를 들어, 차압유량계는 유량을 직접 측정하는 방식이 아니고, 유량 센서로부터 발생된 차압을 차압계를 이용해 측정하고, 이 측정된 차압 정보로부터 유량을 적절하게 산출하는 방식이다. 물론, 유량을 직접 측정하는 방식이 없는 것도 아니지 만, 이 또한 다른 물리량을 이용해서 유량을 구하므로 대부분의 유량 측정은 간접적인 측정방식을 택하고 있다고 볼 수 있다.

최근에는 자동차 및 반도체 산업의 각종 가스의 유량을 측정하는 전자식 유량·유속센서의 채용이 급증함에 따라 이에 대한 국산화의 필요성이 그 어느 때보다도 절실하게 요구되고 있다.

현재 실용화되어 있는 유량 · 유속센서는 크게 차압식, 면적식, 용적식, 회전속도 검출식, 전자식, 초음파식, 와류식, 열식, 질량식으로 나눌 수 있다.

2.4.11 바이오 센서

생물이 가지고 있는 기능을 이용하여 물질의 성질 등을 조사하는 장치이다. 측정 대상물로부터 정보를 얻을 때 생물학적인 요소를 이용하거나 또는 모방하여 생화학 반응에 의한 신호를 색, 형광, 전기적 신호 등과 같이 인식 가능한 유용한 신호로 변환시켜주는 화학센서의 일종이다.

바이오센서(Bio Sensor)는 생체 관련 화학물, 미생물 반응, 유기화학물을 이용해 특성을 계측 하는 것이다. 생물학적 요소와 분석 대상 물질과의 반응에서 나타나는 전기화학적 변화, 열에너지의 변화, 형광이나 색의 변화 등을 인식 가능한 신호로 변환시 켜주는 장치와 결합하여 제작한 기구를 말하는 것이다.

바이오센서는 전극형 바이오센서, 효소센서, 당센서, 지질센서, 핵산관련 화합물센서, 효소센서, 비타민센서, 미생물센서, 면역센서 등 여러 가지로 분류될 수 있다.

21세기의 나노테크놀로지(NT)는 IT, BT에 이어지는 분야는 아니고, IT, BT를 포함하는 모든 과학영역의 기반이 되는 기술이다. 1980년대에는 반도체를 중심으로 하는 일렉트로닉스, 바이오테크놀로지, 나노사이언스가 개별적으로 발전되어 왔다. 1990년대에 들어서는 바이오분야는 인간의 전체 유전정보(Genome)를 해명하는 '인간게놈' 프로젝트가 발족되었다. 30억 개나 되는 염기배열구성의 방대한 게놈 정보를 해독하는 것 외에, 컴퓨터 등 IT가 위력을 발휘하면서 생물학과 정보처리가 융합한 '바이오인포매틱스(Bioinformatics)'라는 새로운 분야가 생겨나게 되었다. 이와 같이 1990년대는 IT와 IT를 떠받치는 일렉트로닉스가 바이오테크놀로지와 유기적인 연결을 갖게 되었고, 이종분야 기술간의 융합 시대를 맞게 되었다. 이리하여 IT는 게놈해석을 중심으로 하는 바이오테크놀로지를 급속히 진전시켰다.

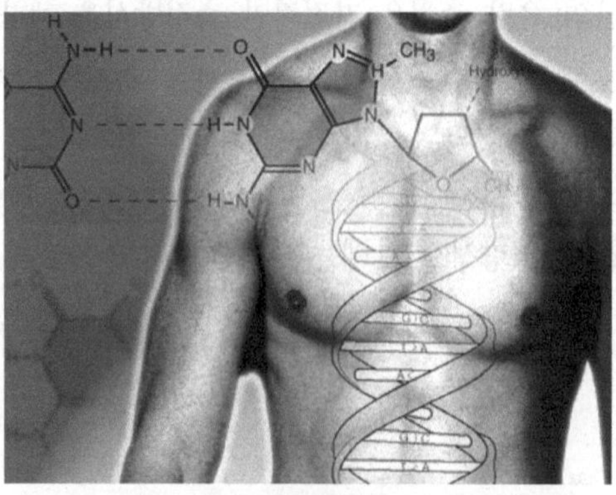

그림 2-126 인간의 유전정보(Genome) 맵핑

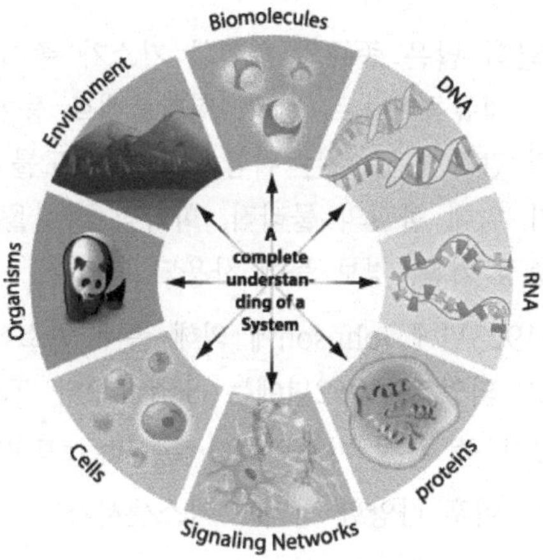

그림 2-127 Bioinformatics

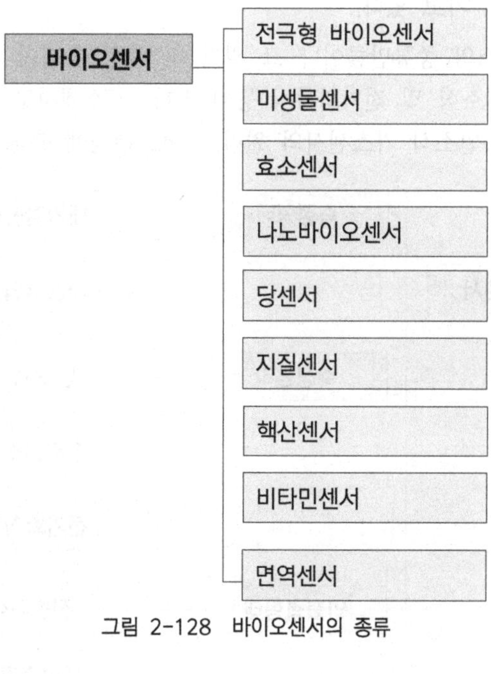

그림 2-128 바이오센서의 종류

2.4.12 가스 센서

우리의 생활환경에는 대단히 많은 종류의 위험한 가스가 존재하고 있어 최근 일반가정, 업소, 공사장에서의 가스사고, 석유콤비나트, 탄광, 화학플랜트 등에서의 폭발사고 및 오염 공해 등이 잇따르고 있다. 인간의 감각기관으로는 위험 가스의 농도를 정량하거나 종류를 거의 판별할 수 없다. 이에 대응하기 위해 물질의 물리적, 화학적 성질을 이용한 가스센서가 개발되어 가스의 누설감지, 농도의 측정 기록, 경보 등에 사용되고 있다.

가스센서(gas sensor)는 1923년에 Johnson에 의해 촉매 연소식 센서(catalytic combustion-type sensor)가 처음 보고 되었고 1962년에는 Seiyama와 Taguch에 의해 SnO_2, ZnO, In_2O_3 등의 소결체로서 공기 중 특정 가스의 유·무 및 농도를 저항변화로서 측정하는 금속 산화물 반도체를 발표하면서 이후 다양한 방식의 가스센서가 개발 되었다.

이후 산업계의 발전으로 산업현장이나 가정환경에서 가연성 및 독성이 있는 위험 가스와 접하는 기회가 증대되어 위험가스의 발생을 초기단계에서 검지해 사고에 대한 대응을 신속 정확하게 취하는 것이 중요시 되면서 산업용, 방범용, 방재용, 의료용, 공해방지용 등 매우 광범위하게 시장수요가 확대되어 가고 있다.

가스센서의 종류는 가스의 종류만큼이나 그 원리 및 측정 방법이 매우 다양하고 측정 방식에 따라 반도체식, 접촉연소식 및 전기화학식 등이 있다. 가스센서로 가장 많이 사용되고 있는 반도체식 가스센서와 접촉연소식 가스센서의 원리, 구조, 특성에 관해 알아보자.

그림 2-129 가스센서의 종류

가스 센서는 원리상으로는 접촉 연소식과 반도체 식이 있는데 접촉 연소 식은 가연성 가스가 백금 상에 촉매와 작용하여 연소하고 온도 상승을 발생하여 백금선의 전기 저항이 증가하는 것을 측정하는 것이며, 반도체 식은 반도체에 가스가 접촉하면 그 전기 저항이 감소하는 성질을 이용한 것이다. 가스 센서의 응용 면은 매우 넓다. 가까운 예를 들지라도 음주 운전자의 알콜량 센서, 자동차의 공연비 측정을 위한 산소 센서, 가정이나 공장내의 가스누설 경보기, 화재 직후의 건축 재료로부터 나오는 유독가스의 센서, 항내 메탄가스 경보기 등이 있다.

2.4.13 이미지 센서

이미지 센서(image sensor)는 빛에 반응하는 전자부품으로 전자기기에서 사람의 눈과 같은 역할을 한다. 이미지 센서는 수많은 화소(Pixel)로 구성된 광 센서(다이오드)들의 집합체로서, 각각의 화소는 빛을 받아들인 뒤 디지털 신호로 전환해 출력하게 된다. 구조적으로 곤충의 겹눈과 유사하다.

이미지 센서가 사용되는 전자장치는 기본적으로 빛을 '가다듬어' 받아들이는 렌즈와 받아들인 빛을 전기신호로 변환하는 이미지 센서, 이미지 센서가 출력하는 디지털 신호를 입력 받아 영상으로 처리해내는 이미지 프로세싱 모듈이 한 묶음으로 구성된다.

이미지센서는 광을 받아들여 전기 신호로 전환하는 소자를 칭하며, 최근 각종 영상기술과 신호의 전송, 수신, 변환 등의 기술이 급격히 발전하면서 이를 이용한 제품도 많아지고 있다.

이와 같은 이미지센서는 그 이용분야도 매우 다양하여 스캐너, 바코드 입력장치, 팩시밀리, 비디오, 카메라는 물론 의료 및 완구용에 이르기까지 우리 실 생활에 밀접하게 이용되고 있다.

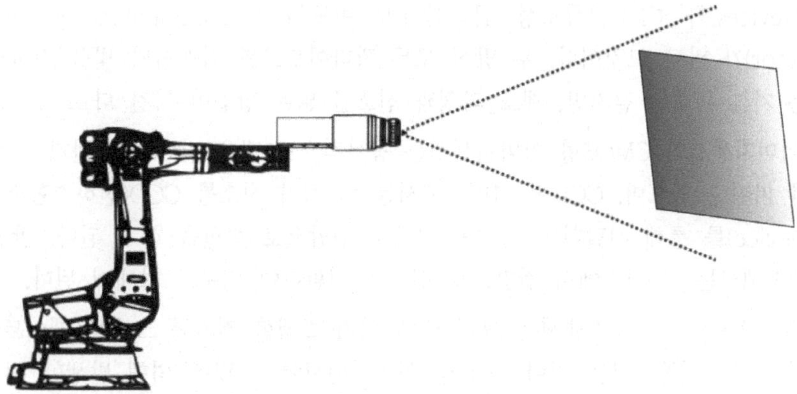

그림 2-130 이미지 센서(image sensor)

이미지센서는 1967년부터 개발되었고, CCD(Charged Coupled Devices)형 이미지센서는 1970년대 후반에서부터 상업화가 이루어졌다. 특히 1980년대 후반에는 일본에서 급증한 출원에 의하여 전체적으로 특허건수가 급증하는 현상을 보이고 있다.

1990년을 전후한 특허건수의 증가는 개인용 디지털 비디오의 보급 확대에 따른 CCD형 이미지센서에 대한 수요 증가뿐만 아니라 일본을 중심으로 한 CMOS(Complementary Metal Oxide Semiconductor)형 이미지센서의 기술개발에 기인한 것으로 보인다.

최근 이미지센서가 많은 주목을 갖게 된 것은 각종 계측 분야에서 미약한 광신호를 이용해 형상인식, 이미지 파일 작성 등 그 중요성이 증가하면서부터이다. 또한 모바일 개인휴대단말기가 등장하면서 화상 핸드폰과 컴퓨터 네트워크를 이용한 실시간 정보 전송이 보편화되면서 크게 발전하고 있다.

이러한 이미지 센서는 디지털 카메라, 캠코더, 다양한 CCTV카메라 등 빛을 받아들여(화상인식) 모니터의 이미지로 보여주는 모든 기계에 반드시 필요한 핵심 부품이다. 카메라가 내장된 휴대폰이 일상화된 현대에는 비록 그 크기는 작더라도 누구나 1개 정도의 이미지 센서를 늘 가지고 다니는 셈으로, 이미지 센서는 이미 광범위하게 대중화되었고 제조 가격도 많이 낮아졌다. 그러나 수많은 광센서를 작은 영역에 집적시키는 일은 쉬운 일이 아니다. 게다가 더욱 고화질을 얻기 위해서는 큰 크기의 센서가 필요한데, 이미지 센서는 크기가 커질수록 가격이 가파르게 올라간다. 전문 영상장비에 사용되는 고성능 이미지 센서는 아직도 매우 값비싼 전자부품들 중 하나이다.

이미지센서의 종류

이미지 센서는 대표적으로 크게 두 종류로 나누어진다. CCD(전하결합소자 : Charged Coupled Devices)와 CMOS(상보성 금속산화막 반도체 : Complementary Metal Oxide semiconductor)가 바로 그것이다. 두 방식 모두 광다이오드를 집적시켜 빛을 전하로 변환, 읽어 들인다는 기본 원리는 같지만, 제조 과정과 신호를 읽는 방법이 약간 다르다.

CCD형 이미지센서와 CMOS형 이미지센서는 공통적으로 광을 받아들여 전기 신호로 전환하는 수광부를 가지고 있으며, CCD형 이미지센서는 이 전기 신호를 CCD(전하결합소자, Charge Coupled Device)를 통해 전달하며 마지막 단에서 전압으로 변환을 하게 된다. 반면에 CMOS형 이미지센서에서는 각 화소에서 전압으로 신호를 변환하여 외부로 보내게 된다.

구체적으로 살펴보면 이미지센서는 크게 빛에 의해 발생한 전자를 그대로 게이트 펄스를 이용해서 출력부까지 이동시키는 것이 CCD형 이미지센서이며, 빛에 의해 발생한 전자를 각 화소 내에서 전압으로 변환한 후에 여러 CMOS 스위치를 통해 출력하는 것이 CMOS형 이미지

센서이다.

제조 공정상 CCD 이미지 센서는 이미지 센서의 특성을 극대화 시킬 수 있는 공정들만을 채용하는 반면, CMOS이미지 센서는 근본적으로 태생이 다르다. CMOS 공정은 이미 1970년대 후반부터 우수한 집적도 경쟁력과 경제성 때문에 일반적인 반도체 칩 제조 공정으로 널리 자리 잡고 있었다. 이러한 기반 하에 제조공정의 경제성과 주변 칩들과의 연결상의 용이성 때문에 CMOS 공정을 활용한 이미지 센서가 탄생하게 되었다.

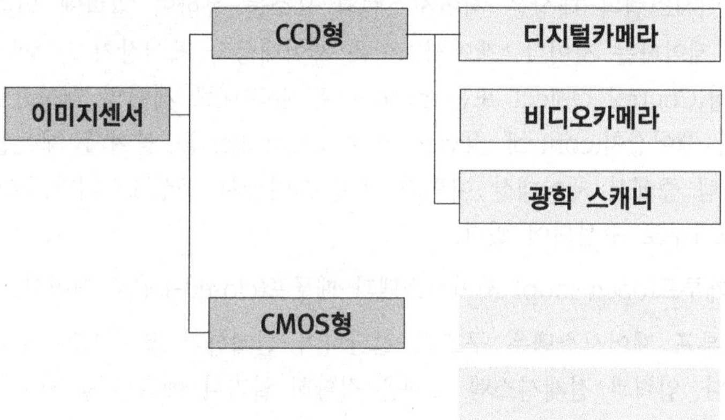

그림 2-131 이미지센서의 종류

이미지 센서의 과거와 현재의 위치

- 1990년대 중반, 초기 CMOS 이미지 센서의 주된 시장은 PC CAM이었다.
- 2000년대 초반, 휴대전화 카메라에 CMOS 이미지 센서가 채용되기 시작하면서 CCD와 CMOS 이미지 센서의 시장 점유율에 변화가 있었고 현재는 CMOS 이미지 센서가 거의 대부분의 시장을 점유하게 되었다.
- CCD 이미지 센서의 고유 영역이라고 해왔단 DSC 분야에서도 이미 니콘, 캐논, 소니 등 많은 DSC 제작 회사들이 직접 CMOS 이미지 센서를 자체 개발하여 사용하기까지 이르렀다.

2.5 제어기

제어기(Controller)란 매니퓰레이터가 지시된 작업을 수행할 수 있도록 액츄에이터를 제어하는 장치를 말한다. 제어기는 매니퓰레이터의 각각의 액츄에이터의 운동을 원하는 상태로 되게 하며, 주로 시퀀서(Sequence), 마이크로컴퓨터 등이 사용 될 수가 있다.

일반적으로 제어시스템의 대상은 제어시스템의 요소를 통하여 입력에 의하여 어떤 지시된 방법으로 출력을 제어하는 것이다. 제어시스템은 제어대상과 제어장치 두 개 부분으로 구성되어 있다. 제어대상(Control Object 또는 process)은 문자대로 제어의 대상으로서 주어지는 것이다. 제어대상에 제어장치(control device 또는 controller)를 붙여서 제어동작을 행하게 된다. 즉, 제어시스템 중에서 제어대상 이외의 것이 제어장치 구성요소이다. 제어장치는 검출부, 조절부 그리고 조작부로 구성되어 있다.

제어시스템은 개루프(open-loop) 제어시스템과 폐루프(closed-loop) 제어시스템으로 분류된다.

일반적으로 개루프 제어시스템은 구조가 간단하여 설계하기 용이하고 폐루프 제어시스템에 비하여 경제적이다. 입력과 전체시스템 모델을 정확히 알거나 예측된 출력이 정해진 범위 내에서 변동 폭이 작은 제어시스템 설계에 유용하다. 동작 중에 파라메타들이 변화하거나 예기치 않은 외란 등의 개입에 의하여 설계당시의 제어성능을 유지 못하는 경우가 있다.

가정용 세탁기, 헤어드라이어, 전기오븐, 진공청소기 등은 개루프 제어시스템의 전형적인 예이다.

예를 들어 세탁기를 생각해보자. 일반적으로 세탁기는 전동기의 회전방향 전환 기능과 급수, 세탁 및 탈수과정을 미리 설정하여 이 순서대로 동작하는 일종의 시퀀스 제어시스템(sequence control system)이다. 이 시스템은 급수상태, 회전감시 등의 기능은 있으나 세탁물의 청결정도를 감지하지 못한다. 따라서 세탁물의 종류나 중량 또는 청결도에 상관없이 주어진 동작을 수행한다. 이러한 제어시스템은 주어진 조건하에서는 원활한 기능을 발휘하고 경제적인 반면에 정밀제어나 운전 중 파라메터가 변동하는 경우에는 대처하지 못하는 단점이 있다.

그림 2-132 제어시스템의 기본구성

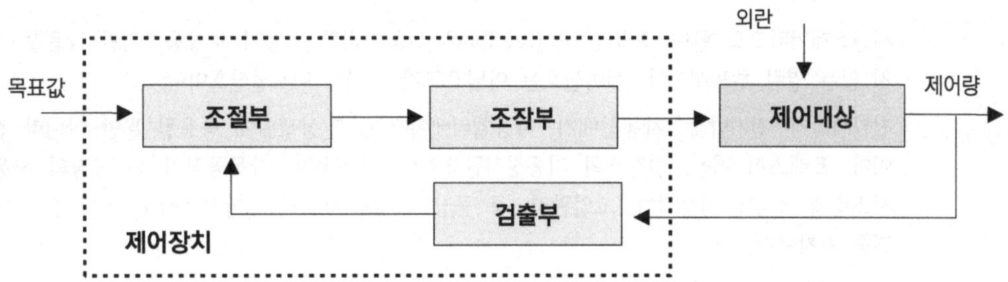

그림 2-133 제어시스템의 구성

그림 2-134 가솔린동력을 이용한 세탁기

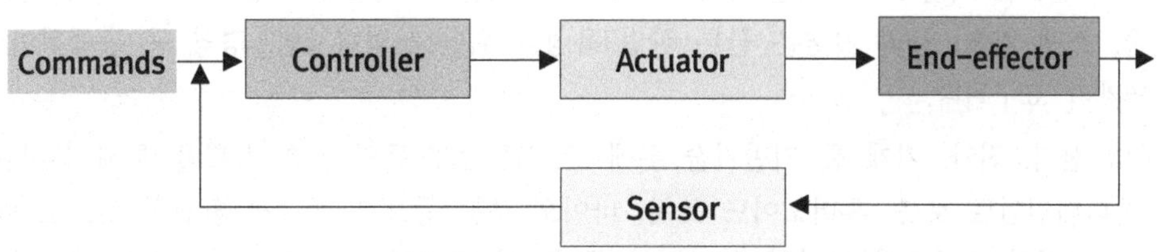

그림 2-135 로봇 시스템의 구성도

순차제어(Sequence control)시스템

- 시퀀스제어라고도 한다. 되먹임제어(feedback control)와는 달리 보상동작적인 작용을 가지지 않는 열린 루프계이다. 제어신호는 아날로그가 아니라 디지털신호이다.
- 전기세탁기 ·전기밥솥 ·자동판매기 ·자동엘리베이터 등 일상생활에 응용될 뿐만 아니라 컨베이어, 트랜스퍼 머신, 발전소의 기동정지원격조작, 자동운전, 자동공작기 등 공장의 자동화 시스템에 폭넓게 이용되며, 조업관리, 즉 공장 스케줄 제어의 일환으로서도 매우 중요한 일면을 차지한다.
- 이 제어를 이용할 경우에는 인원의 삭감, 재현성의 확보, 생산속도의 증대와 설비효율의 향상뿐 아니라, 품질향상과 균일성의 확보, 위험 방지 등 큰 효과를 거둘 수 있다.

제어시스템을 구성하는 가장 전형적인 방법이 궤환제어이며 궤환요소를 사용하면 출력을 검출, 감시할 수 있다. 폐루프 제어시스템은 피드백을 수반하므로 궤환제어(feedback control)시스템이라고도 한다. 이 제어시스템에서는 제어결과가 끊임없이 피드백 되어 희망하는 값과 비교되어 차가 있으면 그것을 감소시키려고 하는 정정 동작이 행해지기 때문에 개루프 제어시스템과는 달리 외적조건이 변화해도 좋은 제어결과를 기대할 수 있다. 이 구조는 개루프 제어시스템에 비하여 융통성이 있는 제어기 설계가 가능하고 출력의 감시 기능이 있으므로 정밀제어 구조에 사용되며 안정도, 감도 및 잡음에 대하여 견실한 제어가 가능하다. 반면 해석 및 설계가 복잡해지며 제어기 가격이 높아진다.

과거 20여년 동안 발전해온 메카트로닉스 기술과 IT 기술이 융합된 지능로봇 산업의 발전은 기계, 전기, 전자 등의 전통기술과 신소재, 반도체, 인공지능, IT, BT, NT 등 첨단기술의 적용-융합으로 더욱 가속화될 수 있다.

핵심기술인 HRI 기술 및 요소기술(정밀 메커니즘 설계 및 제작 기술, 엑추에이터 기술, 모션 분석 기술, SI 기술), 기반기술(생체역학적 분석 기술, 기계설계 기술, 소프트웨어 기술, 부품 기술, 소재 기술) 등의 기술은 물론 산업 육성을 위한 산업디자인, 경영 등 총체적인 학문분야 연계가 요구된다.

기존의 전기, 전자, 기계 등 기반기술 위에 IT, BT, NT 등의 기술 융합을 통해 유비쿼터스 로봇, 엔터테인먼트 로봇, 휴머노이드 로봇, 바이오 로봇 등으로 빠르게 발전될 것으로 예상된다. 이에 국가의 전폭적인 투자와 산-학-연 클러스터 기반의 집중적인 기술개발 전략이 필요하다.

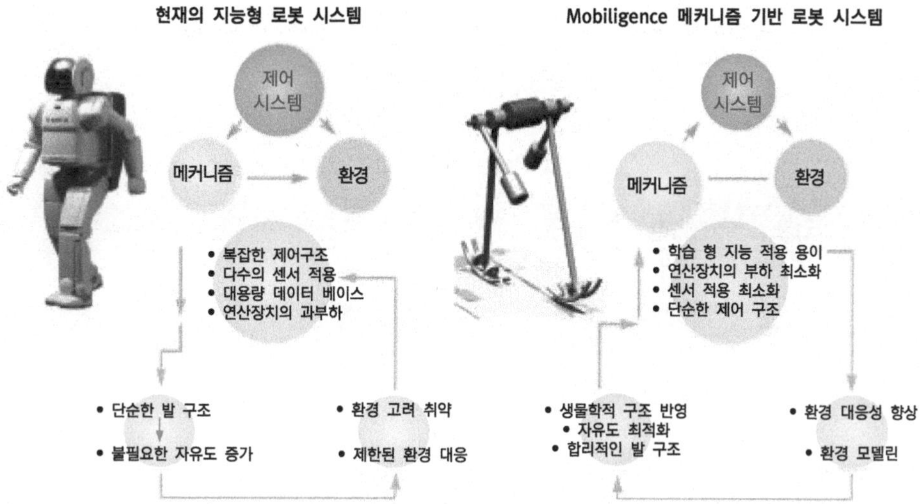

그림 2-136

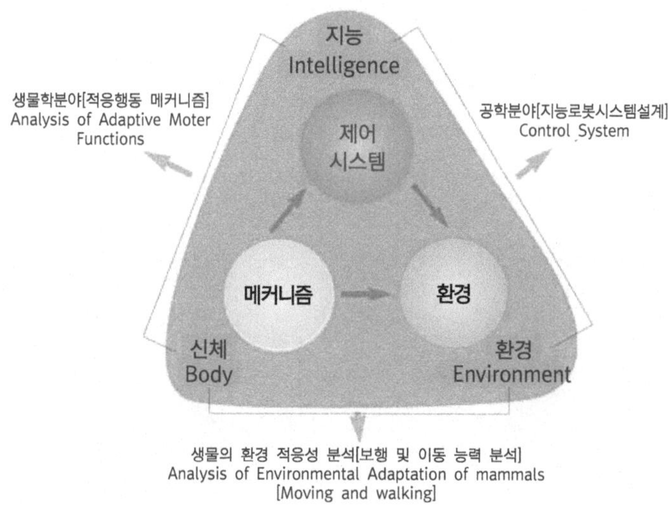

그림 2-137

로봇은 기존의 전기, 전자, 기계 등 기반기술 위에 IT, BT, NT 등의 기술 융합을 통해 유비쿼터스 로봇, 엔터테인먼트 로봇, 휴머노이드 로봇, 바이오 로봇 등으로 빠르게 발전될 것으로 예상된다.

Chapter 3 좌표설정

매니퓰레이터를 사용하는 궁극적인 목적은 한쪽 끝에 붙은 말단효과장치(end-effector, tool, gripper, hand)로 다른 한쪽의 정지한 지지대를 바탕으로 주어진 작업을 수행하거나 혹은 3차원 공간상에 말단효과장치를 원하는 위치와 자세가 되도록 하는 것이다.

특히 이러한 산업용 매니퓰레이터의 말단효과장치를 주어진 시간 내에 원하는 자세로 원하는 위치에 정지 할 수 있느냐가 가장 큰 연구대상 중의 하나이다. 이러한 작업을 행하기 위해서는 기준계에 대하여 말단효과장치 및 작업 대상물을 공간적으로 나타내어야 한다. 매니퓰레이터(Manipulator)는 관절 사이를 연결하는 링크들로 이루어진 개루프 시스템(Open loop system)으로 모델링 할 수 있다.

매니퓰레이터의 위치와 자세는 직교좌표계, 원주좌표계, 구좌표계와 같은 구조와 작업에 따라 보다 더 편리한 좌표계가 있을 수 있으나 이 장에서는 서술적인 편의상 직교좌표계에 대해서 만 다루기로 한다.

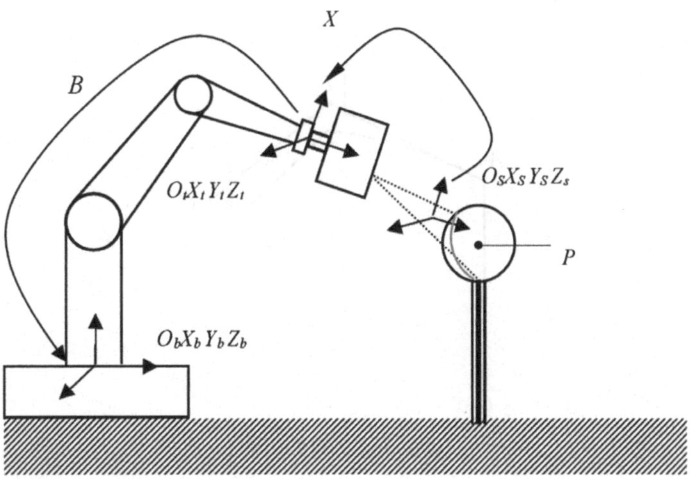

그림 3-1 로봇의 좌표설정

3.1 표현법

다(Multi) 자유도를 갖는 로봇 매니퓰레이터의 형태는 3차원 공간상에서 개회로 혹은 사슬처럼 연결된 기계구조를 갖는다. 직렬형 로봇(Serial Robot)은 개회로 기구(Open-loop mechanism)를 구성하며 모든 관절과 링크의 매개변수들을 지속적으로 측정해야 한다. 외부적인 방법으로 폐회로 시스템을 구성 로봇링크와 관절을 강인하게 설계하여 아주 미세한 휘어짐도 발생하지 않도록 하며, 로봇이 매우 무거워지면 실제적인 작동이 느려지므로 가능한 운송 가능한 하중보다 적재하중을 작게 한다.

$$\overline{O_1A} + \overline{AB} + \overline{BC} = \overline{O_1C} \tag{3-1}$$

병렬형 로봇(Parallel Robot)은 폐회로 기구(Closed-loop mechanism)이며, 기구학적 구속으로 인해 특정 변수 값을 알면 나머지 변수 값을 계산할 수 있다.

$$\overline{O_1A} + \overline{AB} = \overline{O_1O_2} + \overline{O_2B} \tag{3-2}$$

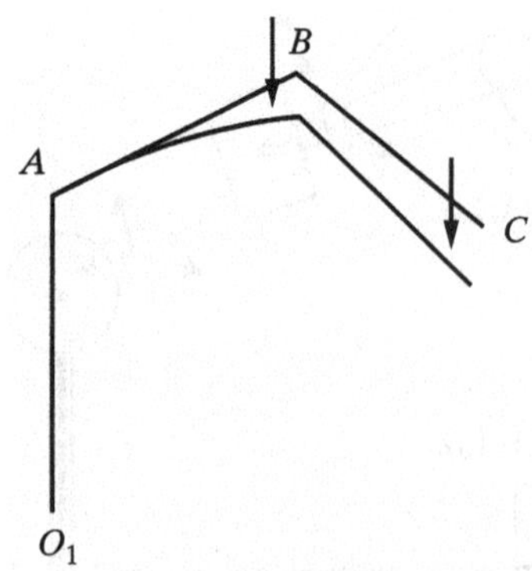

그림 3-2 개회로 기구

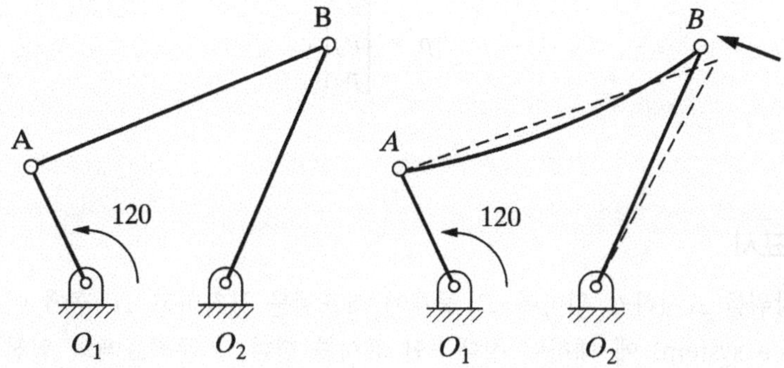

그림 3-3 폐루프 기구(Closed-loop mechanism)

3.1.1 위치 표시

좌표계가 설정되면 우주상의 어떤 점(point)도 3×1의 위치 벡터로서 위치를 정할 수 있다. 예로서 ${}^{A}p$는 {A}의 축들을 따라서 측정된 거리를 나타내는 수치값을 갖고 있다는 것을 뜻한다. 각각의 좌표축을 따라서 측정된 거리는 그 벡터를 대응하는 축에 투영했을 때의 거리라고 생각할 수도 있다.

그림은 화살표로 나타낸 3개의 서로 직교하는 단위벡터를 갖고 있는 좌표계를 도식적으로 보여주고 있다. 점 ${}^{A}p$는 한 개의 벡터로 나타내며, 공간상의 한 점 또는 세 개 숫자의 순열 집합으로 생각할 수 있다. 공간상의 점을 표시하기 위하여 위치 벡터를 사용한다.

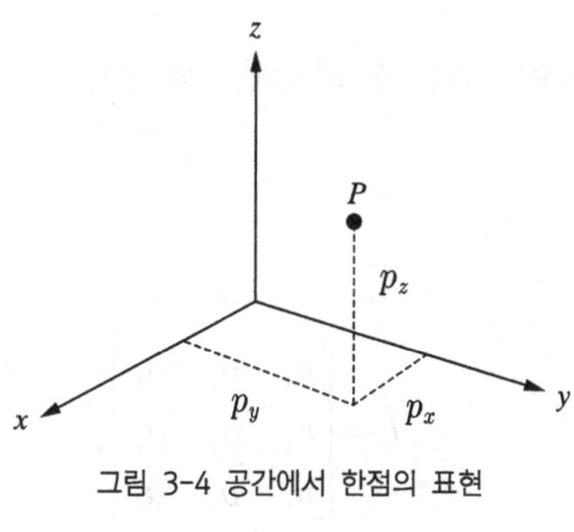

그림 3-4 공간에서 한점의 표현

$$^{A}p = \begin{bmatrix} p_x \\ p_y \\ p_z \end{bmatrix} \tag{3-3}$$

3.1.2 방위 표시

한 물체의 방위를 표시하기 위하여 그 물체에 좌표계를 부착하고 그 후에 이 좌표계를 기준좌표계(reference system) 에 대하여 상대적인 표시를 한다. 기준좌표계의 원점을 중심으로 하는 한 좌표계는 세 개의 벡터에 의해 표현가능하며, 이 벡터들은 서로 수직이다. 이 수직인 세 개의 벡터는 수직(normal), 회전(orientation), 접근(approach)으로 각각 표시한다.

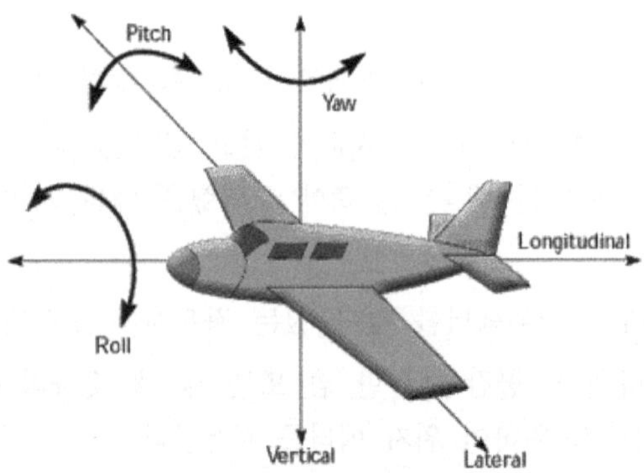

그림 3-5 비행기 방위변환

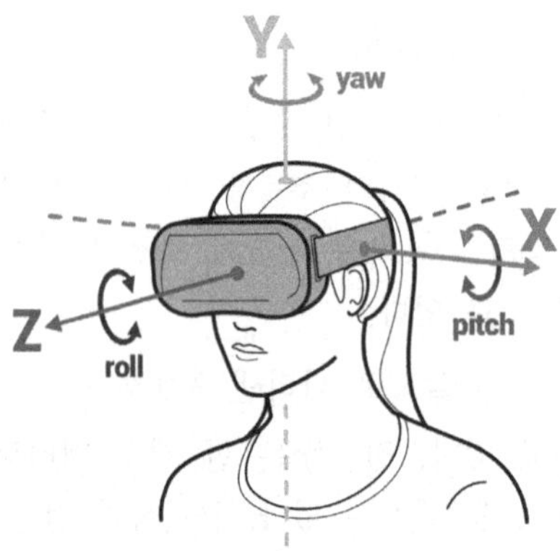

그림 3-6 방위 표시

기준 좌표계의 원점을 중심으로 하는 한 좌표계는 세 개의 벡터에 의해 표현 가능하다.

· 수직(normal)

· 회전(orientation)

· 접근(approach)

$$F = \begin{bmatrix} n_x & o_x & a_x \\ n_y & o_y & a_y \\ n_z & o_z & a_z \end{bmatrix} \tag{3-4}$$

아래 그림과 같이 고정된 기준 좌표계에서의 한 좌표계의 위치와 방향의 표현은 다음과 같다.

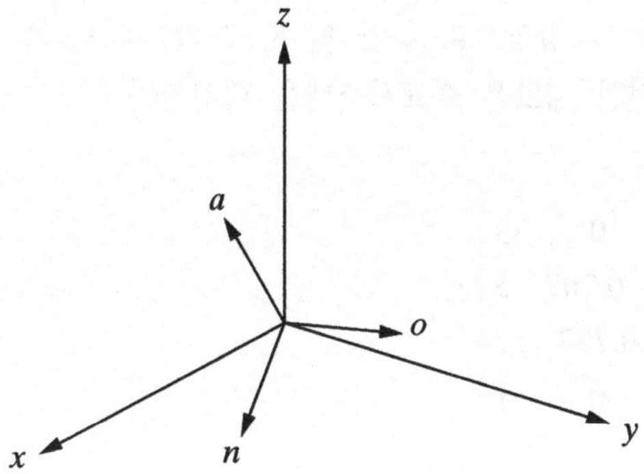

그림 3-7 기준좌표계의 원점에서의 좌표계 표현

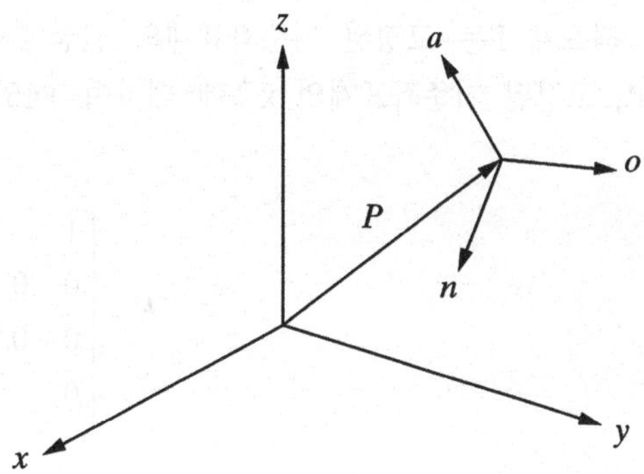

그림 3-8 한 좌표계에서 다른 좌표계의 표현

$$F = \begin{bmatrix} n_x & o_x & a_x & P_x \\ n_y & o_y & a_y & P_y \\ n_z & o_z & a_z & P_z \\ 0 & 0 & 0 & 1 \end{bmatrix} \tag{3-5}$$

예제 3-1

좌표계 F는 좌표(3,5,7)에 놓여 있고, n축은 x축에 평행하고, o축은 y축에 대하여 45° 만큼 기울어져 있다. 그리고 a축은 z축에 대하여 45° 기울어져 있다. 이 좌표를 표현하시오.

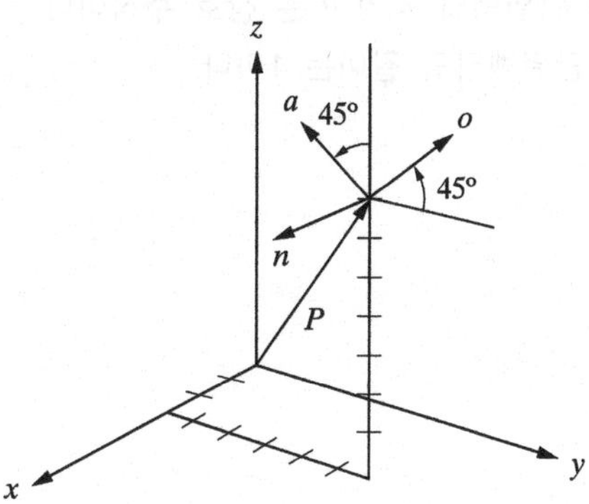

그림 3-9

해답

좌표계 F는 고정된 기준좌표계의 원점에서 x, y, z 방향으로 각각 3, 5, 7만큼 위치이동하고, 고정된 기준좌표계의 x축에 대하여 +45° 회전한 새로운 좌표시스템을 형성한다.

$$F=\begin{bmatrix}1 & 0 & 0 & 3\\ 0 & 0.707 & -0.707 & 5\\ 0 & 0.707 & 0.707 & 7\\ 0 & 0 & 0 & 1\end{bmatrix}$$

강체에 대한 표현

$$F_{object}=\begin{bmatrix}n_x & o_x & a_x & P_x\\ n_y & o_y & a_y & P_y\\ n_z & o_z & a_z & P_z\\ 0 & 0 & 0 & 1\end{bmatrix}$$

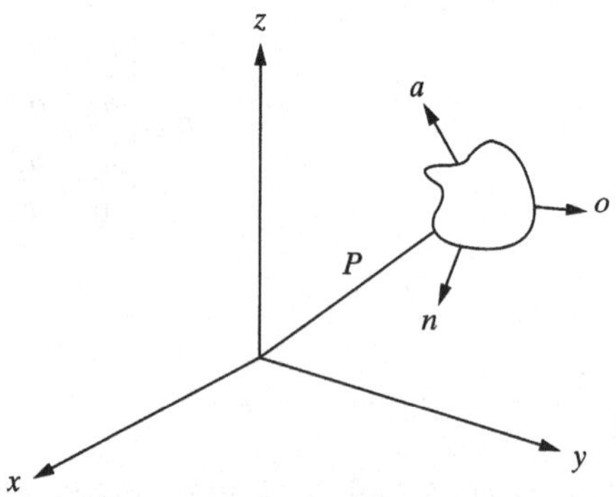

그림 3-10

- 세 개의 단위벡터 $\overline{n},\overline{o},\overline{a}$ 는 상호 수직이다.
- 각각의 단위벡터의 길이는 1이다.

3.2 프레임의 종류

각 좌표계의 이름은 일정하지는 않으나 일반적으로 다음과 같이 정하는 경우가 많다. 실제 작업을 하는데 각 좌표계를 나타내는 이름을 정하면 편리한 경우가 많으므로 여기서는 많이 쓰이는 일반적인 좌표계의 명칭에 대하여 서술하기로 한다.

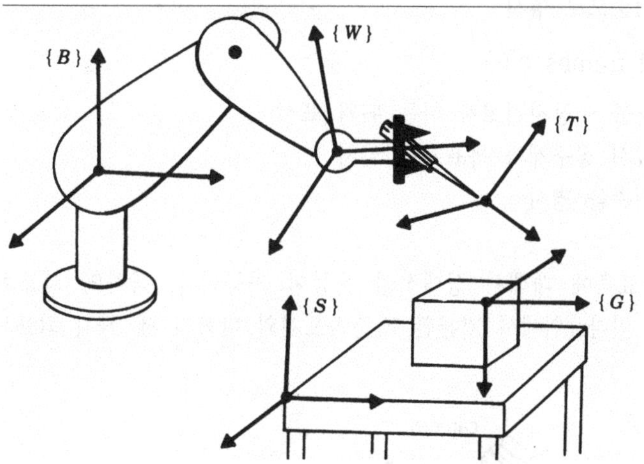

그림 3-16 표준계

(1) 기저계(base frames : B)

- 매니퓰레이터의 기저에 위치
- 단순히 계{0}의 다른 이름, 가끔 링크 0라고도 함
- 움직이지 않고 고정되어 있는 부분

(2) 정지계(station frames : S)

- 작업과제와 관련된 계, 로봇의 작업대 구석에 위치
- 로봇을 이용하는 사람의 입장에서는 {S}는 우주계이고 모든 로봇의 행동이 이 계를 기준으로 움직임
- 항상 기저계를 기준으로 명시됨

(3) 손목계(wrist frames : W)

- 매니퓰레이터의 마지막 링크에 위치
- 계 N의 다른 이름, {W}의 원점은 대부분 손목에 고정.
- 기저계를 기준으로 명시됨

(4) 공구계(tool frames : T)

- 로봇이 들고 있는 공구의 끝에 고정
- 말단효과장치가 비어 있을 경우 로봇의 손톱 끝 중간에 원점설정
- 손목계를 기준으로 명시

(5) 목적계(goal frames : G)

- 로봇이 공구를 이동시키고자 하는 위치 표시
- 운동의 종료시 공구계와 목표계를 일치
- 정지계를 기준을 명시

로봇은 다른 좌표축에 대해서 상대적인 운동이 가능하다. 각각의 좌표축에 따라서 운동의 해석은 달라질 수 있다. 위에서 거론한 기준좌표계외 다음의 세 가지 좌표축에서도 해석이 가능하다.

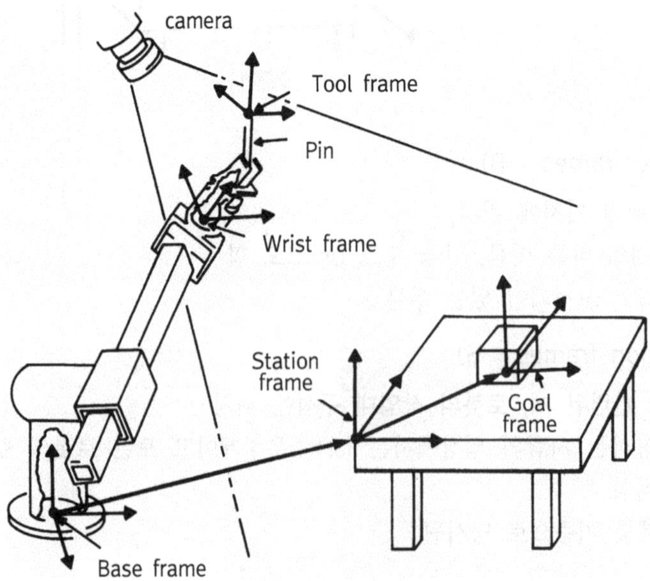

그림 3-17 표준계 설정의 예

3.3 변환의 표현

좌표 변환할 때 계산을 쉽게 하기 위하여 행렬의 차원을 같게 만드는 것을 동차변환행렬(Homogeneous Transform Matrix)이라 한다. 일반적으로 (4×4)형태의 행렬로 표시하며, (3×3)형태의 행렬에 크기계수를 포함한다.

회전을 표현할 때는 크기계수를 0으로 한다.

$$F = \begin{bmatrix} n_x & o_x & a_x & P_x \\ n_y & o_y & a_y & P_y \\ n_z & o_z & a_z & P_z \\ 0 & 0 & 0 & 1 \end{bmatrix} \quad (3\text{-}6)$$

변환은 공간상에서의 이동으로 정의하는데 변환 그 자체는 위치와 방위의 변화를 표현하는 좌표계 상태의 변화이므로 좌표계와 같이 표현된다. 변환의 종류는 다음과 같은 형식중의 하나에 해당한다.

· 순수이동 (Translation)

· 한 축에 대한 순수회전 (Rotation)

· 이동과 회전 (Translation and Rotation)

3.3.1 순수이동

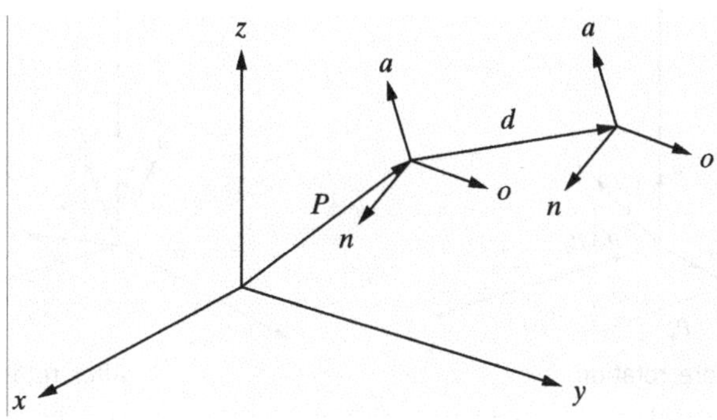

그림 3-18 순수이동의 표현

한 좌표계가 공간에서 방위의 변화 없이 위치이동만 하는 경우에 이를 순수이동이라고 하고, 이 경우에 방위벡터가 변하지 않으므로 변환은 다음과 같이 표현할 수 있다.

$$T = \begin{bmatrix} 1 & 0 & 0 & d_x \\ 0 & 1 & 0 & d_y \\ 0 & 0 & 1 & d_z \\ 0 & 0 & 0 & 1 \end{bmatrix} \tag{3-7}$$

한 좌표계가 현재의 위치와 방향에서 방위에 대한 변화가 없이 공간상에서 위치 이동만 한다면 방향 단위벡터는 방향의 변화 없이 같은 방향이다. 행렬형태에서 새로운 좌표계의 표현은 변환을 표현하는 행렬을 가진 좌표계의 좌측에 곱함으로써 구할 수 있다.

$$F_{new} = \begin{bmatrix} 1 & 0 & 0 & d_x \\ 0 & 1 & 0 & d_y \\ 0 & 0 & 1 & d_z \\ 0 & 0 & 0 & 1 \end{bmatrix} \times \begin{bmatrix} n_x & o_x & a_x & P_x \\ n_y & o_y & a_y & P_y \\ n_z & o_z & a_z & P_z \\ 0 & 0 & 0 & 1 \end{bmatrix} = \begin{bmatrix} n_x & o_x & a_x & P_x + d_x \\ n_y & o_y & a_y & P_y + d_y \\ n_z & o_z & a_z & P_z + d_z \\ 0 & 0 & 0 & 1 \end{bmatrix} \tag{3-8}$$

위 방정식을 단순화 하여 다음과 같이 표현된다.

$$F_{new} = \text{Trans}(d_x, d_y, d_z) \times F_{old} \tag{3-9}$$

3.3.2 한 축에 대한 순수회전

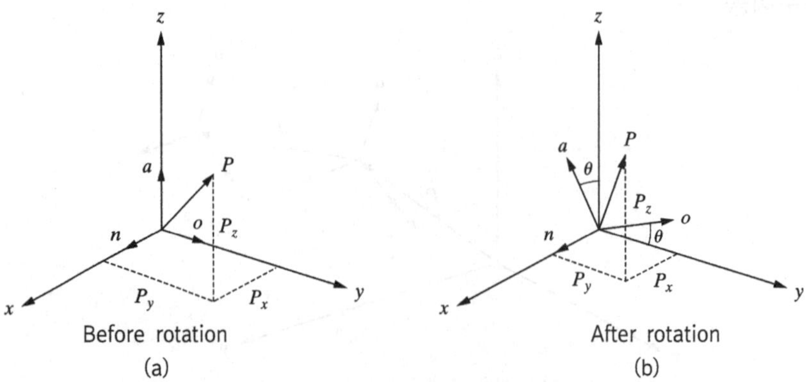

그림 3-19 한 축에 대한 순수회전

기준 좌표계 (x, y, z)의 원점에 위치한 좌표계 (n, o, a)가 x축에 대하여 θ만큼 회전하는 경우에 대하여 알아보자.

그림 3-19에서 좌표계가 x축에 대하여 회전할 때는 P_x값이 변하지 않지만 P_y, P_z는 변화하였다. 다음 식이 입증된다.

$$P_x = P_n$$
$$P_y = l_1 - l_2 = P_o \cos\theta - P_a \sin\theta$$
$$P_z = l_3 + l_4 = P_o \sin\theta + P_a \cos\theta \quad (3\text{-}10)$$

이것을 행렬형태로 바꾸어 표현하면 다음과 같다.

위의 그림에서 **좌표계가 x축에 대하여 회전할 때**는 다음의 행렬식으로 표현된다.

$$\begin{bmatrix} P_x \\ P_y \\ P_z \end{bmatrix} = \begin{bmatrix} 1 & 0 & 0 \\ 0 & \cos\theta & -\sin\theta \\ 0 & \sin\theta & \cos\theta \end{bmatrix} \begin{bmatrix} P_n \\ P_o \\ P_a \end{bmatrix} \quad (3\text{-}11)$$
$$P_{xyz} = \mathrm{Rot}(x, \theta) \times P_{noa}$$

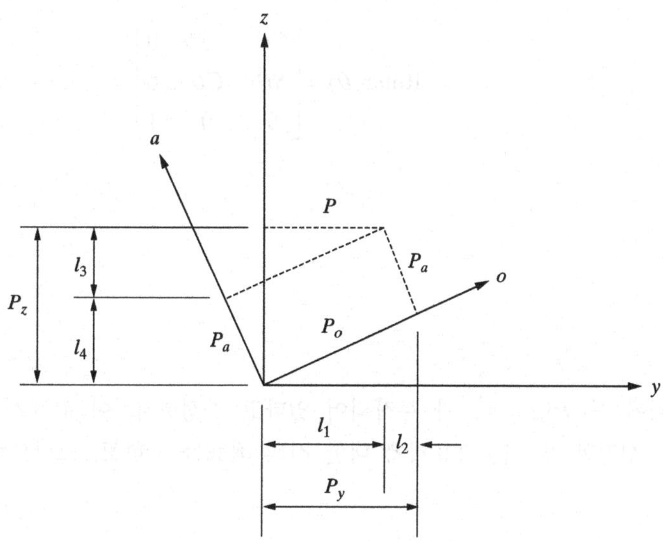

그림 3-20 x축에 대한 회전

기준좌표계에서 좌표를 얻기 위해서는 회전된 좌표계에서의 점 p의 좌표를 반드시 행렬 뒤에 곱해야한다.

이 회전 행렬은 기준좌표계의 **x축에 대한 순수회전**이며 다음과 같이 표현된다.

$$P_{xyz} = \text{Rot}(x,\theta) \times P_{noa}$$

$$\text{Rot}(x,\theta) = \begin{bmatrix} 1 & 0 & 0 \\ 0 & C\theta & -S\theta \\ 0 & S\theta & C\theta \end{bmatrix} \quad (3\text{-}12)$$

기준 좌표계에서 **y축에 관한 회전은** 다음과 같이 표현된다.

$$\text{Rot}(y,\theta) = \begin{bmatrix} C\theta & 0 & S\theta \\ 0 & 1 & 0 \\ -S\theta & 0 & C\theta \end{bmatrix} \quad (3\text{-}13)$$

기준 좌표계에서 **z축에 관한 회전은** 다음과 같이 표현된다.

$$\text{Rot}(z,\theta) = \begin{bmatrix} C\theta & -S\theta & 0 \\ S\theta & C\theta & 0 \\ 0 & 0 & 1 \end{bmatrix} \quad (3\text{-}14)$$

예제 3-2

회전좌표계에 점 $P(2,3,4)^T$가 부착되어 있다고 가정하자. 이 좌표가 x축에 대하여 90° 만큼 회전하자. 회전한 후 기준좌표계에 대한 점의 좌표를 구하고, 그림으로 입증해 보자.

해답

$$\begin{bmatrix} P_x \\ P_y \\ P_z \end{bmatrix} = \begin{bmatrix} 1 & 0 & 0 \\ 0 & \cos\theta & -\sin\theta \\ 0 & \sin\theta & \cos\theta \end{bmatrix} \begin{bmatrix} P_n \\ P_0 \\ P_a \end{bmatrix} = \begin{bmatrix} 1 & 0 & 0 \\ 0 & 0 & -1 \\ 0 & 1 & 0 \end{bmatrix} \begin{bmatrix} 2 \\ 3 \\ 4 \end{bmatrix} = \begin{bmatrix} 2 \\ -4 \\ 3 \end{bmatrix}$$

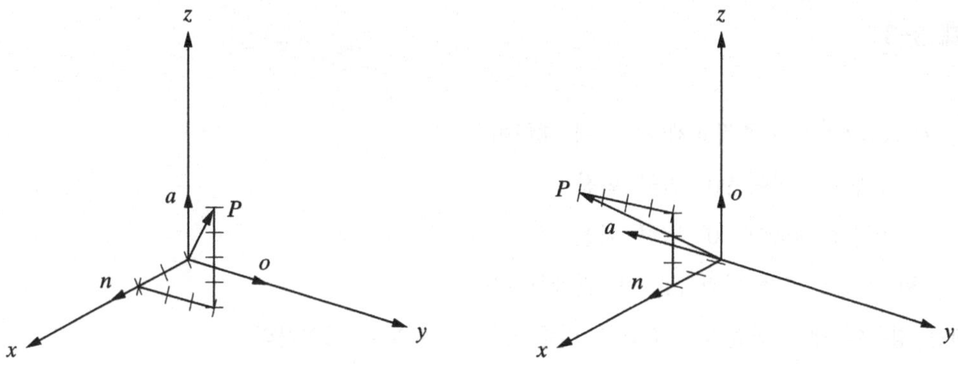

그림 3-21 x축에 대한 90° 회전

3.3.3 이동과 회전의 조합

이동과 회전 변환이 복합적으로 구성된 변환은 고정된 기준좌표계 또는 움직이는 현재 좌표계의 축들에 관하여 많은 연속적인 이동과 회전으로 구성된다. 이 변환은 변환 순서가 매우 중요하며 변환 순서가 바뀔 경우 전혀 다른 결과 발생한다.

각각의 변환행렬을 앞에 곱한다. 즉, 행렬의 순서는 실행된 변환의 순서와 정반대이다. 다음의 3가지에 대한 연속적인 변환이 있다고 가정하자.

(1) x축에 대하여 $\alpha°$ 만큼 회전

(2) x, y, z 축에 대하여 [l1, l2, l3]만큼 이동

(3) y축에 대하여 $\beta°$ 만큼 회전

기준좌표계(P_{xyz}) 에 대한 변환 : 변환하여 새로 생성된 축은 기준좌표계를 기준으로 하여 또 변환시킨다. 각각의 변환행렬은 좌측(앞)에 곱한다(Pre-multiply).

$$
\begin{aligned}
P_{1,xyz} &= \mathrm{Rot}(x,\alpha)\times P_{noa} \\
P_{2,xyz} &= \mathrm{Trans}(l_1,l_2,l_3)\times P_{1,xyz} = \mathrm{Trans}(l_1,l_2,l_3)\times \mathrm{Rot}(x,\alpha)\times P_{noa} \\
P_{xyz} &= P_{3,xyz} = \mathrm{Rot}(y,\beta)\times P_{2,xyz} \\
&= \mathrm{Rot}(\mathrm{y},\beta)\times \mathrm{Trans}(l_1,l_2,l_3)\times \mathrm{Rot}(x,\alpha)\times P_{noa}
\end{aligned}
\tag{3-15}
$$

예제 3-3

점 $P(7,3,2)^T$이 기준좌표계(P_{xyz})에 대하여

1) z축에 대하여 90° 만큼 회전

2) y축에 대하여 90° 만큼 회전

3) x, y, z 축을 따라 [4, -3, 7]만큼 이동

하는 경우에 대한 변환결과 좌표를 기준좌표계에 대하여 표현하라.

해답

$$
P_{xyz} = \mathrm{Trans}(4,-3,7)Rot(y,90)\mathrm{Rot}(z,90)P_{noa}
$$

$$
= \begin{bmatrix} 1 & 0 & 0 & 4 \\ 0 & 1 & 0 & -3 \\ 0 & 0 & 1 & 7 \\ 0 & 0 & 0 & 1 \end{bmatrix} \times \begin{bmatrix} 0 & 0 & 1 & 0 \\ 0 & 1 & 0 & 0 \\ -1 & 0 & 0 & 0 \\ 0 & 0 & 0 & 1 \end{bmatrix} \times \begin{bmatrix} 0 & -1 & 0 & 0 \\ 1 & 0 & 0 & 0 \\ 0 & 0 & 1 & 0 \\ 0 & 0 & 0 & 1 \end{bmatrix} \times \begin{bmatrix} 7 \\ 3 \\ 2 \\ 1 \end{bmatrix} = \begin{bmatrix} 6 \\ 4 \\ 10 \\ 1 \end{bmatrix}
$$

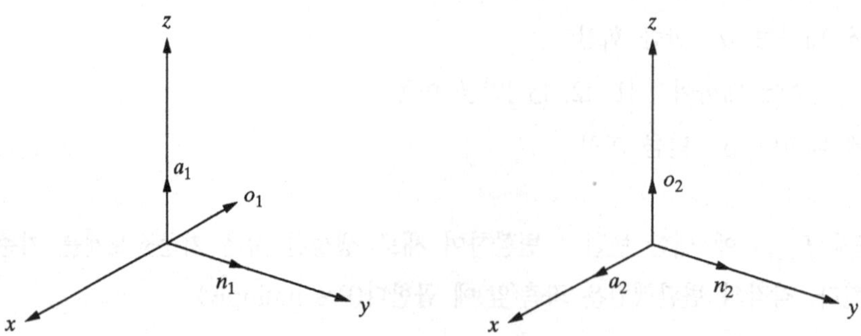

After the first transformation

After the second transformation

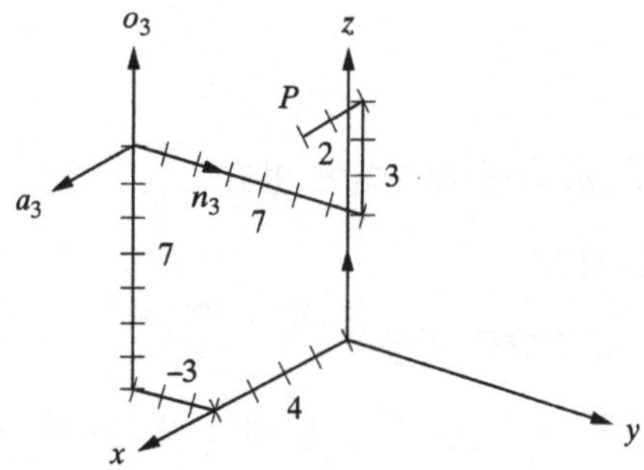

그림 3-22 이동과 회전의 조합

3.3.4 회전 좌표계에 대한 변환

지금까지 논의된 모든 변환은 고정좌표계에 관련된 것이었다. 이것은 이동좌표계에 관련된 점의 위치를 제외한 모든 이동, 회전은 기준좌표계의 축에 관련해서 계산되었다.

그러나 현재 좌표계나 이동하는 좌표계에 관련된 변환을 만드는 것도 가능하다. **움직이는 좌표계에 부착된 물체의 점의 위치는 이동좌표계에 관련해서 측정해야하므로 점이나 물체의 변화를 나타내는 변환행렬은 순서대로 뒤에 곱해져야한다**(Post-multiply).

행렬의 순서는 실행된 변환의 순서와 동일하다. 다음의 3가지에 대한 연속적인 변환이 있다고 가정하자.

1) $\bar{a}$축에 대하여 $\beta°$ 만큼 회전

2) $\bar{n}, \bar{o}, \bar{a}$ 축을 따라 [l1, l2, l3]만큼 이동

3) $\bar{o}$축에 대하여 $\alpha°$ 만큼 회전하는 경우

$$P_{xyz} = \mathrm{Rot}(\bar{a}, \beta)\mathrm{Trans}(l1, l2, l3)\mathrm{Rot}(\bar{o}, \alpha)P_{noa}$$

$$\begin{bmatrix} C\phi_a & -S\phi_a & 0 & 0 \\ S\phi_a & C\phi_a & 0 & 0 \\ 0 & 0 & 1 & 0 \\ 0 & 0 & 0 & 1 \end{bmatrix} \begin{bmatrix} 1 & 0 & 0 & l1 \\ 0 & 1 & 0 & l2 \\ 0 & 0 & 1 & l3 \\ 0 & 0 & 0 & 1 \end{bmatrix} \begin{bmatrix} C\phi_o & 0 & S\phi_o & 0 \\ 0 & 1 & 0 & 0 \\ -S\phi_o & 0 & C\phi_o & 0 \\ 0 & 0 & 0 & 1 \end{bmatrix} \begin{bmatrix} P_n \\ P_o \\ P_a \\ 1 \end{bmatrix} \qquad (3\text{-}16)$$

예제 3-4

점 $P(7,3,2)^T$는 좌표계 $(\bar{n}, \bar{o}, \bar{a})$에 부착되어 있고

1) $\bar{a}$축에 대하여 90° 만큼 회전

2) $\bar{n}, \bar{o}, \bar{a}$ 축을 따라 [4, -3, 7]만큼 이동

3) $\bar{o}$ 축에 대하여 90° 만큼 회전하는 경우에 대한 변환결과 좌표를 기준좌표계에 대하여 표현하라.

해답

회전하여 새로 생성된 축을 기준으로 변환되는 경우에는 각각의 변환행렬을 뒤에 곱한다. 즉, 행렬의 순서는 실행된 변환의 순서와 같은 순서이다.

현재의 이동좌표계에 대한 변환으로 계산한다. 회전하여 새로 생성된 축을 기준으로 변환되며, 변환행렬은 순서대로 뒤에 곱해진다.

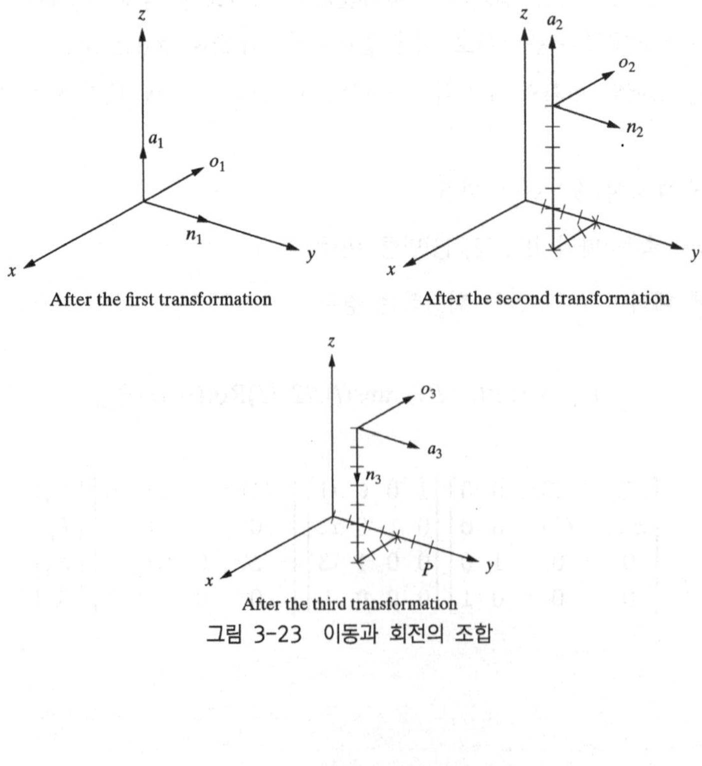

그림 3-23 이동과 회전의 조합

$$
\begin{aligned}
P_{xyz} &= \mathrm{Rot}(\bar{a},90)\mathrm{Trans}(4,-3,7)\mathrm{Rot}(\bar{o},90)P_{noa} \\
&= \begin{bmatrix} 0 & -1 & 0 & 0 \\ 1 & 0 & 0 & 0 \\ 0 & 0 & 1 & 0 \\ 0 & 0 & 0 & 1 \end{bmatrix} \times \begin{bmatrix} 1 & 0 & 0 & 4 \\ 0 & 1 & 0 & -3 \\ 0 & 0 & 1 & 7 \\ 0 & 0 & 0 & 1 \end{bmatrix} \times \begin{bmatrix} 0 & 0 & 1 & 0 \\ 0 & 1 & 0 & 0 \\ -1 & 0 & 0 & 0 \\ 0 & 0 & 0 & 1 \end{bmatrix} \times \begin{bmatrix} 7 \\ 3 \\ 2 \\ 1 \end{bmatrix} = \begin{bmatrix} 0 \\ 6 \\ 0 \\ 1 \end{bmatrix}
\end{aligned}
$$

예제 3-5

점 $P(1,-2,3)^T$는 좌표계 $(\bar{n}, \bar{o}, \bar{a})$에 부착되어 있고

1) $\bar{a}$ 축에 대하여 45° 만큼 회전
2) $\bar{n}, \bar{o}, \bar{a}$ 축을 따라 [2, -3, 4]만큼 이동
3) $\bar{o}$ 축에 대하여 90° 만큼 회전

하는 경우에 대한 변환결과를 기준좌표계에 대하여 표현하라.

예제 3-6

점 $P(5,3,4)^T$이 기준좌표계(P_{xyz})에 대하여

1) z축에 대하여 90° 만큼 회전
2) x축에 대하여 90° 만큼 회전
3) x, y, z 축을 따라 [-4, 2, 7]만큼 이동

하는 경우에 대한 변환결과 좌표를 기준좌표계에 대하여 표현하라.

예제 3-7

점 $P(-1,1,2)^T$는 좌표계 $(\overline{n}, \overline{o}, \overline{a})$에 부착되어 있고

1) y축에 대하여 -90° 만큼 회전

2) x, y, z축을 따라 [3, 5, 2]만큼 이동

3) x축에 대하여 270° 만큼 회전

하는 경우에 대한 변환결과 좌표를 기준좌표계에 대하여 표현하라.

예제 3-8

점 $P(1,-2,3)^T$는 좌표계 $(\overline{n}, \overline{o}, \overline{a})$에 부착되어 있고

1) $\overline{n}$축에 대하여 60° 만큼 회전

2) $\overline{n}, \overline{o}, \overline{a}$축을 따라 [1, 2, 3]만큼 이동

3) $\overline{o}$축에 대하여 -30° 만큼 회전

하는 경우에 대한 변환결과를 기준좌표계에 대하여 표현하라.

예제 3-9

로봇 말단효과장치를 원하는 방위에 위치시키기 위하여 사용하며, $\overline{n}, \overline{o}, \overline{a}$축 각각에 대한 세 개의 회전을 다음과 같이 하는 경우에 대한 동차변환행렬을 구하시오.

- $\overline{a}$축(움직이는 좌표계에 대한 z축)에 관한 90° 회전
- $\overline{o}$축(움직이는 좌표계에 대한 y축)에 과한 180° 회전
- $\overline{n}$축(움직이는 좌표계에 대한 x축)에 과한 90° 회전

3.4 위치에 대한 표현

3.4.1 직교좌표계

액츄에이터는 x, y, z 세 개의 축을 따라 선형운동이 존재한다. 이러한 로봇의 형태는 모든 액츄에이터가 선형운동을 한다. IBM 7565 robot이 대표적인 직교좌표계(Cartesian (Gantry, Rectangular) Coordinate)로봇이다.

- x, y, z의 세 개의 축을 따라 세 개의 선형 운동이 존재
- 로봇의 구동기가 선형(유압, 전동 스크류)
- IBM 7567 로봇
- 회전운동이 없기 때문에 변환행렬이 단순한 이동변환행렬로 표현

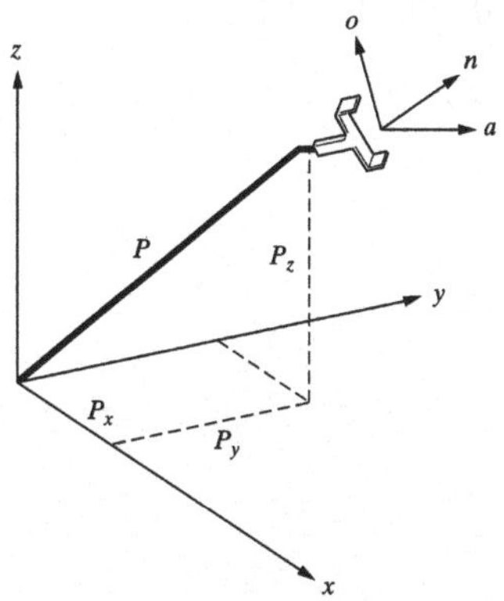

그림 3-24 직교 좌표계

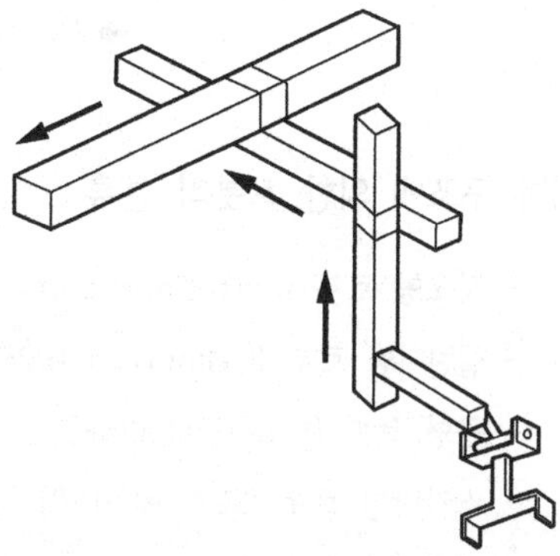

그림 3-25 직교 좌표형 로봇

$$
{}^{R}T_{P} = T_{cart} = \begin{bmatrix} 1 & 0 & 0 & P_x \\ 0 & 1 & 0 & P_y \\ 0 & 0 & 1 & P_z \\ 0 & 0 & 0 & 1 \end{bmatrix}
$$

예제 3-10

직교형 로봇의 말단효과장치 좌표를 점 $P=[3,4,7]^T$에 위치하고자 한다. 필요로 하는 직교 좌표 위치변화를 계산하시오.

해답

원하는 위치를 갖는 전향기구학 방정식을 풀면 다음과 같다.

$$ {}^{R}T_{P} = T_{cart} = \begin{bmatrix} 1 & 0 & 0 & P_x \\ 0 & 1 & 0 & P_y \\ 0 & 0 & 1 & P_z \\ 0 & 0 & 0 & 1 \end{bmatrix} = \begin{bmatrix} 1 & 0 & 0 & 3 \\ 0 & 1 & 0 & 4 \\ 0 & 0 & 1 & 7 \\ 0 & 0 & 0 & 1 \end{bmatrix} $$

$$ \rightarrow P_x = 3,\ P_y = 4,\ P_z = 7 $$

기계적 구조에 의한 로봇의 분류

- 직교형 로봇 (Cartesian/gantry (3P))
- 실린더형 로봇 (Cylindrical (R2P))
- 구형 로봇 (Spherical (2RP))
- 스카라형 로봇 (SCARA:(2RP))
- 다관절형 로봇 (Articulated/anthropomorphic (3R))

3.4.2 실린더 좌표계

두 개의 선형 이동운동과 하나의 회전운동으로 구성되는 좌표계는 실린더 좌표계(Cylindrical Coordinate)이다. 이 좌표계의 이동순서는 아래 그림에서와 같이 x축을 따라 r만큼 이동하고, z축에 대하여 α만큼 회전하고, z축을 따라 l 만큼 이동한다.

> · 두 개의 선형 이동운동
> · 하나의 회전운동으로 구성
> · 순서 :
>   - x축을 따라 r만큼 이동
>   - z축에 대하여 α만큼 회전
>   - z축을 따라 l 만큼 이동

세 개의 변환에 의하여 야기되는 전체적인 변환은 기본축 x, y, z에 대한 이동과 회전이므로 각각의 행렬을 다음과 같이 좌측에 곱함으로써 구할 수 있다.

$$^{R}T_{P} = T_{cyl}(r,\alpha,l) = \text{Trans}(0,0,l)\text{Rot}(z,\alpha)\text{Trans}(r,0,0)$$

$$^{R}T_{P} = \begin{bmatrix} 1 & 0 & 0 & 0 \\ 0 & 1 & 0 & 0 \\ 0 & 0 & 1 & l \\ 0 & 0 & 0 & 1 \end{bmatrix} \begin{bmatrix} C\alpha & -S\alpha & 0 & 0 \\ S\alpha & C\alpha & 0 & 0 \\ 0 & 0 & 1 & 0 \\ 0 & 0 & 0 & 1 \end{bmatrix} \begin{bmatrix} 1 & 0 & 0 & r \\ 0 & 1 & 0 & 0 \\ 0 & 0 & 1 & l \\ 0 & 0 & 0 & 1 \end{bmatrix}$$

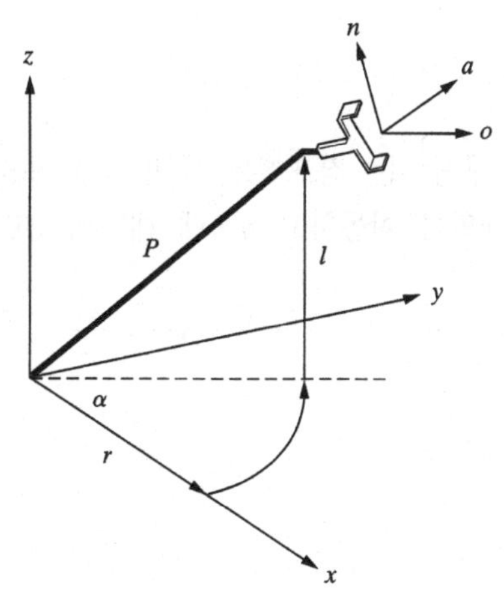

그림 3-26 실린더형 좌표계

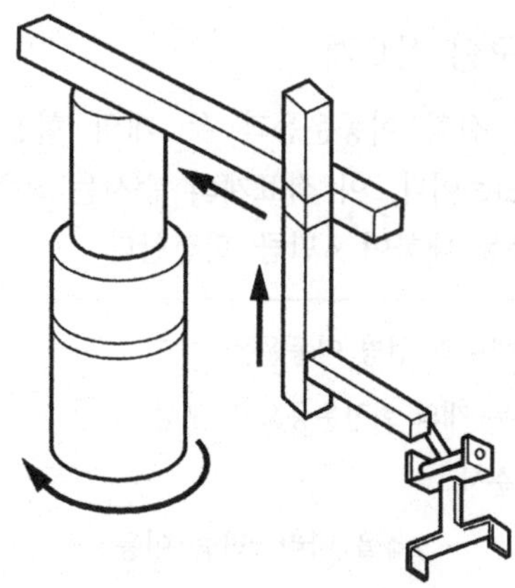

그림 3-27 실린더형 로봇

$$ {}^{R}T_P = T_{cyl} = \begin{bmatrix} C\alpha & -S\alpha & 0 & rC\alpha \\ S\alpha & C\alpha & 0 & rS\alpha \\ 0 & 0 & 1 & l \\ 0 & 0 & 0 & 1 \end{bmatrix} $$

예제 3-11

실린더형 로봇의 말단효과장치 좌표를 $P=[3,4,7]^T$점에 위치하고자한다. 로봇의 조인트변수를 구하여라.

해답

$l=7$, $rC\alpha=3$, $rS\alpha=4$ 따라서 $\tan\ \alpha=\frac{4}{3}$ 그리고 $\alpha=53.1°$

각각의 방정식에 α를 대입하면 $r=5$라는 것을 알 수 있다.

➜ $r=5$, $\alpha=53.1°$, $l=7$

3.4.3 구형 좌표계

하나의 선형 이동운동과 두 개의 회전운동으로 구성되는 좌표계는 구형 좌표계(Spherical Coordinate)이다. 이 좌표계의 순서는 z축을 따라 r만큼 이동하고 y축에 대하여 β만큼 회전하고 z축을 대하여 γ만큼 회전한다.

- 하나의 선형 이동운동
- 두 개의 회전운동으로 구성
- 순서
  - z축을 따라 r만큼 이동
  - y축에 대하여 β만큼 회전
  - z축을 대하여 γ만큼 회전

세 개의 변환에 의하여 야기되는 전체적인 변환은 각각의 행렬을 다음과 같이 앞에 곱함으로써 구할 수 있다.

$$^{R}T_P = T_{sph}(r,\beta,l) = \mathrm{Rot}(z,\gamma)\mathrm{Rot}(y,\beta)\mathrm{Trans}(0,0,\gamma)$$

$$^{R}T_P = \begin{bmatrix} C\gamma & -S\gamma & 0 & 0 \\ S\gamma & C\gamma & 0 & 0 \\ 0 & 0 & 1 & 0 \\ 0 & 0 & 0 & 1 \end{bmatrix}\begin{bmatrix} C\beta & 0 & S\beta & 0 \\ 0 & 1 & 0 & 0 \\ -S\beta & 0 & C\beta & 0 \\ 0 & 0 & 0 & 1 \end{bmatrix}\begin{bmatrix} 1 & 0 & 0 & 0 \\ 0 & 1 & 0 & 0 \\ 0 & 0 & 1 & r \\ 0 & 0 & 0 & 1 \end{bmatrix}$$

$$^{R}T_P = T_{sph} = \begin{bmatrix} C\beta\cdot C\gamma & -S\gamma & S\beta\cdot C\gamma & rS\beta\cdot C\gamma \\ C\beta\cdot S\gamma & C\gamma & S\beta\cdot S\gamma & rS\beta\cdot S\gamma \\ -S\beta & 0 & C\beta & rC\beta \\ 0 & 0 & 0 & 1 \end{bmatrix}$$

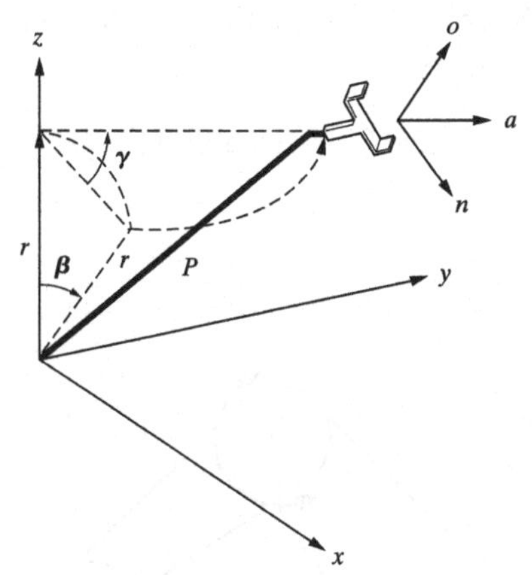

그림 3-28 구형 좌표계

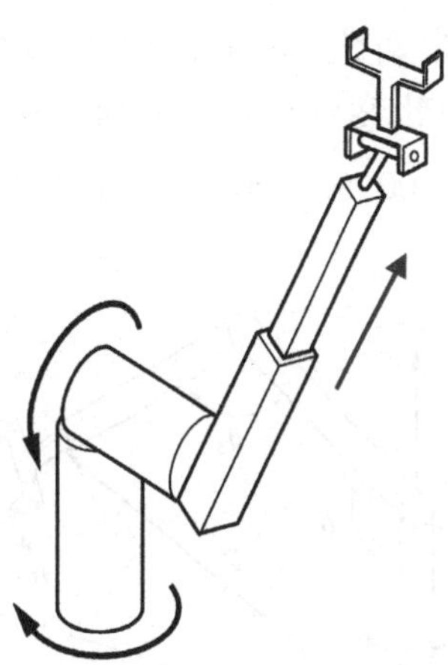
그림 3-29 구형 로봇

예제 3-12

구형 로봇의 말단효과장치 좌표를 $P=[3,4,7]^T$점에 위치하고자 한다. 로봇의 조인트변수를 구하여라.

해답

$rS\beta C\gamma = 3,\ rS\beta S\gamma = 4,\ rC\beta = 7$

$\tan\gamma = \frac{4}{3} \rightarrow \gamma = 53.1^\circ$ 또는 233.1°

$S\gamma = 0.8$ 또는 -0.8

$rC\beta = 7, \rightarrow \beta = 35.5^\circ$ 또는 -35.5°

$r = 8.6$

두 개의 해답은 같은 위치를 나타내나 방위는 서로 다르다. 방위는 중요하지 않기에 두 개는 모두 해답이다.

3.4.4 다관절형 좌표계

세 개의 회전으로 구성되는 좌표계는 다관절형 좌표계(Articulated Coordinate)이다. 인간의 팔과 유사한 형태이며, 최소 공간에 최대 작업영역이 확보된다.

PUMA 500 또는 600 로봇이 가장 대표적인 예이다. 이 표현은 D-H표현법에서 상세히 다룬다.

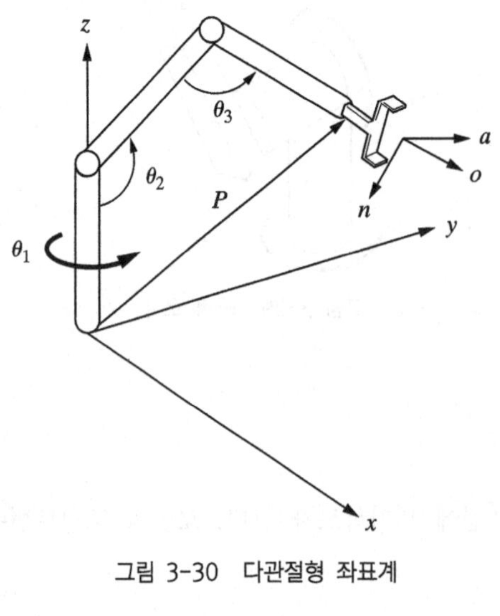

그림 3-30 다관절형 좌표계

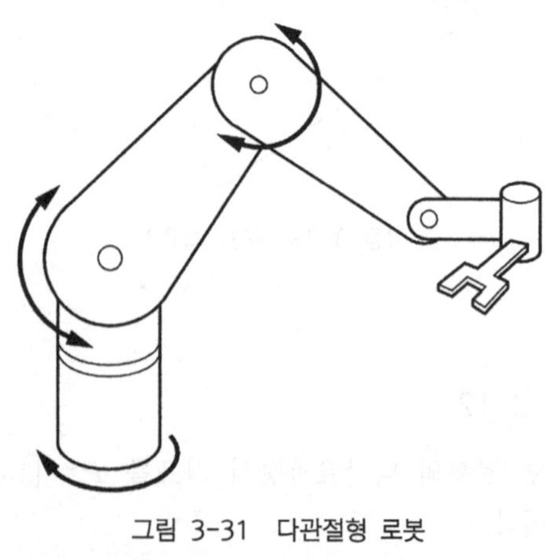

그림 3-31 다관절형 로봇

3.5 방위에 대한 표현

지금까지 우리는 방위를 표시하는 방법으로 3×3 회전행렬 만을 가지고 있었다. 회전행렬은 모든 열이 서로 수직이고 단위 크기를 가지고 있으며 그 행렬식의 값이 언제나 +1인 경우이다.

회전행렬은 고유 정규 직교행렬(proper orthogonal matrices)이라고 한다. 정규 직교행렬에 관한 Cayley의 공식의 결과에 의하여 어떤 3×3 회전행렬도 세 개의 파라미터만으로 표시할 수 있다.

회전행렬 R이 주어졌을 때 요소 사이의 종속관계를 쉽게 나타낼 수 있다. 행렬 9개의 요소에, 6개의 제한조건이 있다. 이 절에서는 방위의 표현을 오직 세 개의 인자만을 사용하여 나타낼 수 있는 몇 가지 표시방법을 제시한다. 회전에 대한 교환법칙은 성립하지 않는다.

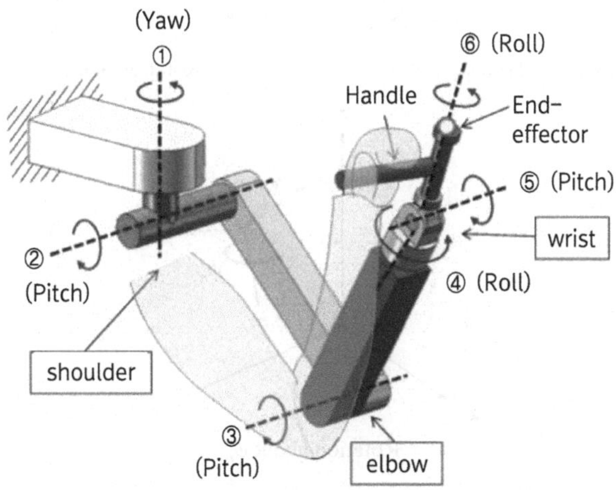

그림 3-32 Conceptual design of 6-DOF

3.5.1 롤, 피치, 요(RPY) 각도

로봇 말단효과장치를 원하는 방위에 위치시키기 위하여 사용하며, $\overline{n}, \overline{o}, \overline{a}$축 각각에 대한 세 개의 회전 순서를 나타낸다.

현재 좌표계는 기준좌표계와 평행하며, 방위는 RPY 운동 이전의 기준좌표계와 같다고 가정한다.

RPY에 의한 방위에서 새로 생성된 축($\overline{n}, \overline{o}, \overline{a}$)을 기준으로 회전하는 경우, 변환하여 새로 생성된 축을 기준으로 회전시키는 경우는 변환행렬은 우측(뒤)에 곱해야 한다(Post-multiply).

- 롤(Roll) : $\overline{n}$축(움직이는 좌표계에 대한 x축)에 과한 ϕ_n회전
- 피치(Pitch) : $\overline{o}$축(움직이는 좌표계에 대한 y축)에 과한 ϕ_o회전
- 요(yaw) : $\overline{a}$축(움직이는 좌표계에 대한 z축)에 관한 ϕ_a회전

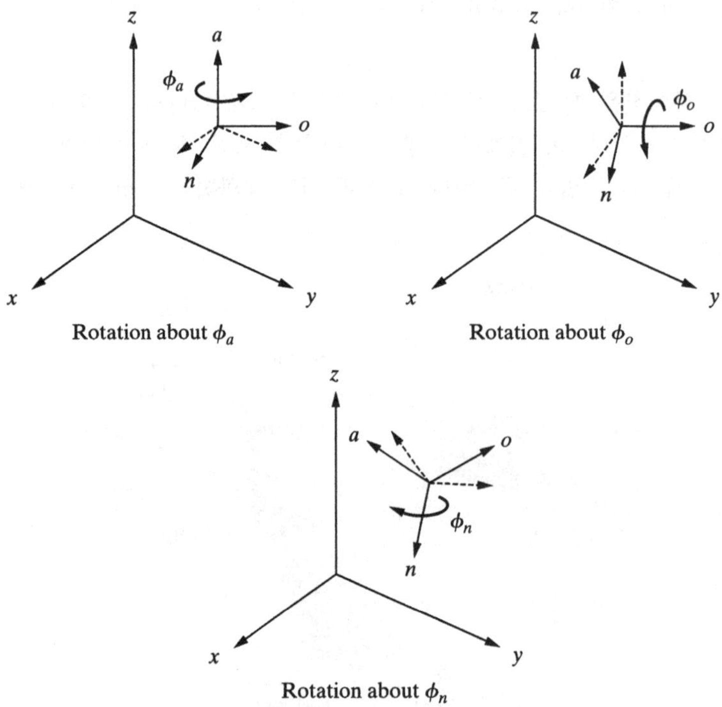

그림 3-33 $\overline{n}, \overline{o}, \overline{a}$축 각각에 대한 세 개의 회전

$$\mathrm{RPY}(\phi_n, \phi_o, \phi_a) = \mathrm{Rot}(n, \phi_n)\mathrm{Rot}(o, \phi_o)\mathrm{Rot}(a, \phi_a)$$

$$= \begin{bmatrix} 1 & 0 & 0 & 0 \\ 0 & C\phi_n & -S\phi_n & 0 \\ 0 & S\phi_n & C\phi_n & 0 \\ 0 & 0 & 0 & 1 \end{bmatrix} \begin{bmatrix} C\phi_o & 0 & S\phi_o & 0 \\ 0 & 1 & 0 & 0 \\ -S\phi_o & 0 & C\phi_o & 0 \\ 0 & 0 & 0 & 1 \end{bmatrix} \begin{bmatrix} C\phi_a & -S\phi_a & 0 & 0 \\ S\phi_a & C\phi_a & 0 & 0 \\ 0 & 0 & 1 & 0 \\ 0 & 0 & 0 & 1 \end{bmatrix}$$

$$= \begin{bmatrix} C\phi_a C\phi_o & C\phi_a S\phi_o S\phi_n - S\phi_a C\phi_n & C\phi_a S\phi_o C\phi_n + S\phi_a S\phi_n & 0 \\ S\phi_a C\phi_o & S\phi_a S\phi_o S\phi_n + C\phi_a C\phi_n & S\phi_a S\phi_o C\phi_n - C\phi_a S\phi_n & 0 \\ -S\phi_o & C\phi_o S\phi_n & C\phi_o C\phi_n & 0 \\ 0 & 0 & 0 & 1 \end{bmatrix} \quad (3\text{-}16)$$

을 얻게 된다. 롤, 피치, 요각이 정의 될 때, 수행되는 순서도 고려된다는 것을 명심해야한다. 만약 식(3-16)을 주어진 변환행렬과 같도록 놓으면, 방향과 관련하여 세 개의 미지수를 포함하는 9개의 방정식이 있게 된다. 9개의 방정식에서 6개는 종속관계에 있으므로 3개의 미지수에 3개의 방정식을 갖게 된다.

$${}^{R}T_{P} = \begin{bmatrix} n_x & o_x & a_x & P_x \\ n_y & o_y & a_y & P_y \\ n_z & o_z & a_z & P_z \\ 0 & 0 & 0 & 1 \end{bmatrix} \quad (3\text{-}17)$$

이라고 주면, 식(3-16)으로부터 $\phi_o \neq 0$이면, $\phi_a = a\tan(n_y/n_x)$이 되고 $\phi_n = a\tan(o_z/a_z)$이 된다. 마지막으로 $\cos\phi_o$를 계산하기 위하여 n_x과 n_y의 제곱의 합을 구한 후, 이것의 제곱근을 구하는 것으로 ϕ_o를 계산할 수 있다. 그런 후에 $-n_x$을 계산된 cos으로 나눈 후 이것의 $a\tan$를 구함으로서 ϕ_o를 계산할 수 있다. 요약하면

$$\begin{aligned} \phi_n &= a\tan 2(o_z, a_z) \\ \phi_o &= a\tan 2(-n_z, \sqrt{n^2{}_x + n^2{}_y}) \\ \phi_a &= a\tan 2(n_y, n_x) \end{aligned} \quad (3\text{-}18)$$

여기서 $a\tan2(o, a)$는 두 개의 변수를 갖는 $a\tan$함수이다.

ϕ_o를 구하기 위하여 양의 제곱근을 사용함으로써 두 번째 해가 존재할 수도 있다. 우리는 항상 $-180 \leq \phi_o \leq 180$이 되는 한 개의 해를 계산한다.

그러나 경우에 따라 모든 해를 계산해야 하는 필요가 있는 경우도 있다. 만약에 $\phi_o = \pm 180°$

이면 (3-18)의 해는 구할 수가 없다. 이 경우에는 ϕ_n와 ϕ_a의 합이나 혹은 차만이 계산가능하다. 이 경우에 가능한 방법 중 하나는 $\phi_n = 0$으로 선택하는 것이고, 이 경우에 결과는 다음과 같다.

$$\begin{aligned}&\text{만약 } \phi_o = 180^\circ \text{ 이면}\\ &\quad \phi_n = a\tan2(o_x, o_y)\\ &\quad \phi_o = 180\\ &\quad \phi_a = 0\end{aligned} \tag{3-19}$$

$$\begin{aligned}&\text{만약 } \phi_o = -180^\circ \text{ 이면}\\ &\quad \phi_n = a\tan2(o_x, o_y)\\ &\quad \phi_o = -180\\ &\quad \phi_a = 0\end{aligned} \tag{3-20}$$

고정된 기준축 $(\overline{X}, \overline{Y}, \overline{Z})$을 기준으로 하는 RPY(Roll, Pitch, yaw) 방위표현 방법의 변환행렬은 좌측(앞)에 곱해야 한다(Pre-multiply).

$$\mathrm{RPY}(\phi_X, \phi_Y, \phi_Z) = \mathrm{Rot}(Z, \phi_Z)\mathrm{Rot}(Y, \phi_Y)\mathrm{Rot}(X, \phi_X)$$

$$= \begin{bmatrix} C\phi_Z & -S\phi_Z & 0 & 0 \\ S\phi_Z & C\phi_Z & 0 & 0 \\ 0 & 0 & 1 & 0 \\ 0 & 0 & 0 & 1 \end{bmatrix} \begin{bmatrix} C\phi_Y & 0 & S\phi_Y & 0 \\ 0 & 1 & 0 & 0 \\ -S\phi_Y & 0 & C\phi_Y & 0 \\ 0 & 0 & 0 & 1 \end{bmatrix} \begin{bmatrix} 1 & 0 & 0 & 0 \\ 0 & C\phi_X & -S\phi_X & 0 \\ 0 & S\phi_X & C\phi_X & 0 \\ 0 & 0 & 0 & 1 \end{bmatrix} \tag{3-21}$$

Roll, Pitch, yaw

· 자동차나 헬기 등의 항공기에서 회전각을 나타내는 용어들이다. 차체 길이 방향으로 차체 중심을 관통하는 축을 x축, 차체 좌우 방향으로 차체 중심을 관통하는 축을 y축, 차체 상하 방향으로 차체 중심을 관통하는 축을 z축으로 하여 3축 좌표계의 중심에 차가 위치하고 있다고 가정

- 차체가 x축 중심으로 회전하는 것: rolling
- 차체가 y축 중심으로 회전 : pitching
- 차체가 z축 중심으로 회전 : yawing

· 좀 더 쉬운 예를 들면, 사람 목을 중심으로 머리의 운동에 적용해 보자
- 고개를 좌우로 갸웃거리는 것은 rolling
- 고개를 상하로 끄덕이는 것은 pitching
- 고개를 절레절레 흔드는 것은 yawing이 된다.

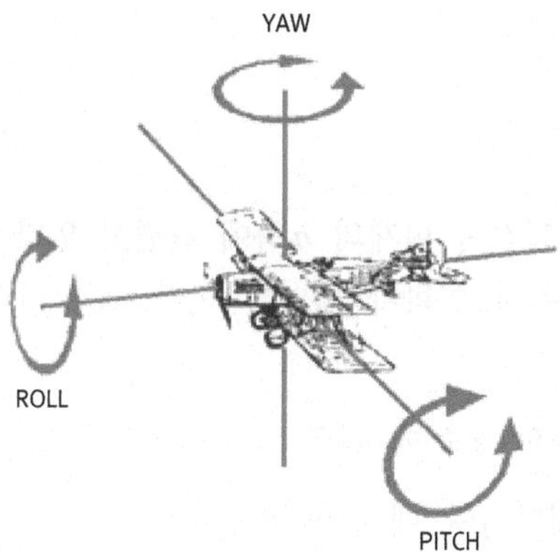

그림 3-34 비행기의 Roll, Pitch, yaw

예제 3-13

로봇 말단효과장치(End-effector)의 원하는 최종위치와 방위는 다음과 같다. 필요한 Roll, Pitch, yaw의 각과 변위를 구하여라.

$$
{}^{R}T_{P} = \begin{bmatrix} n_x & o_x & a_x & P_x \\ n_y & o_y & a_y & P_y \\ n_z & o_z & a_z & P_z \\ 0 & 0 & 0 & 1 \end{bmatrix} = \begin{bmatrix} 0.354 & -0.674 & 0.649 & 4.33 \\ 0.505 & 0.722 & 0.475 & 2.50 \\ -0.788 & 0.160 & 0.595 & 8 \\ 0 & 0 & 0 & 1 \end{bmatrix}
$$

해답

해는 다음과 같이 구한다.

$$\phi_a = a\tan2(n_y, n_x) = a\tan2(0.505, 0.354) = 55^\circ \text{ 또는 } 235^\circ$$

$$\phi_o = a\tan2(-n_z, \sqrt{n_x^2 + n_y^2}) = a\tan2(0.788, 0.616) = 52^\circ \text{ 또는 } 128^\circ$$

$$\phi_n = a\tan2(o_z, a_z) = a\tan2(0.160, 0.595) = 15^\circ$$

$$p_x = 4.33,\ p_y = 2.5,\ p_z = 8$$

3.5.2 오일러(Euler) 각

RPY변환과 유사하나 최종 회전이 현재의 a축에 관련이 있다는 것만 상이하다. 현재의 축과 관련된 모든 회전은 로봇의 위치 변화가 없어야 한다. 오일러각 표현을 위한 순서는 다음과 같다.

- $\bar{a}$축(움직이는 좌표계에 대한 z축)에 관한 ϕ회전
- $\bar{o}$축(움직이는 좌표계에 대한 y축)에 관한 θ회전
- $\bar{a}$축(움직이는 좌표계에 대한 z축)에 관한 ψ회전

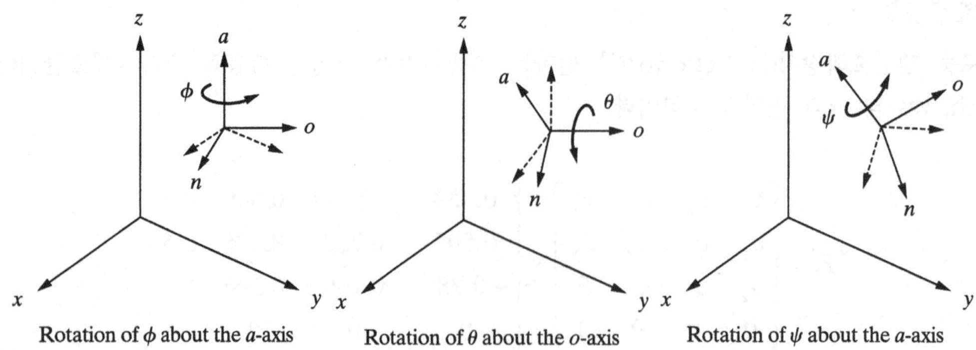

그림 3-35 오일러(Euler) 각

$$\text{Euler}(\phi,\theta,\psi)=\text{Rot}(a,\phi)\text{Rot}(o,\theta)\text{Rot}(a,\psi)$$

$$=\begin{bmatrix} C\phi C\theta C\psi - S\phi S & -C\phi C\theta S\psi - S\phi C\psi & C\phi S\theta & 0 \\ S\phi C\theta C\psi + C\phi S & -S\phi C\theta S\psi + C\phi C\psi & S\phi S\theta & 0 \\ -S\theta C\psi & S\theta S\psi & C\theta & 0 \\ 0 & 0 & 0 & 1 \end{bmatrix} \qquad (3\text{-}17)$$

오일러각에 대한 역기구학 해는 RPY와 매우 유사한 방식으로 얻어질 수 있다.

$$\text{RPY}(\phi_a,\phi_o,\phi_n)=\text{Rot}(a,\phi_a)\text{Rot}(o,\phi_o)\text{Rot}(n,\phi_n)$$

$$=\begin{bmatrix} C\phi_a & -S\phi_a & 0 & 0 \\ S\phi_a & C\phi_a & 0 & 0 \\ 0 & 0 & 1 & 0 \\ 0 & 0 & 0 & 1 \end{bmatrix}\begin{bmatrix} C\phi_o & 0 & S\phi_o & 0 \\ 0 & 1 & 0 & 0 \\ -S\phi_a & 0 & C\phi_o & 0 \\ 0 & 0 & 0 & 1 \end{bmatrix}\begin{bmatrix} 1 & 0 & 0 & 0 \\ 0 & C\phi_n & -S\phi_n & 0 \\ 0 & S\phi_n & C\phi_n & 0 \\ 0 & 0 & 0 & 1 \end{bmatrix}$$

$$=\begin{bmatrix} C\phi_a C\phi_o & C\phi_a S\phi_o S\phi_n - S\phi_a C\phi_n & C\phi_a S\phi_o C\phi_n + S\phi_a S\phi_n & 0 \\ S\phi_a C\phi_o & S\phi_a S\phi_o S\phi_n + C\phi_a C\phi_n & S\phi_a S\phi_o C\phi_n - C\phi_a S\phi_n & 0 \\ -S\phi_o & C\phi_o S\phi_n & C\phi_o C\phi_n & 0 \\ 0 & 0 & 0 & 1 \end{bmatrix}$$

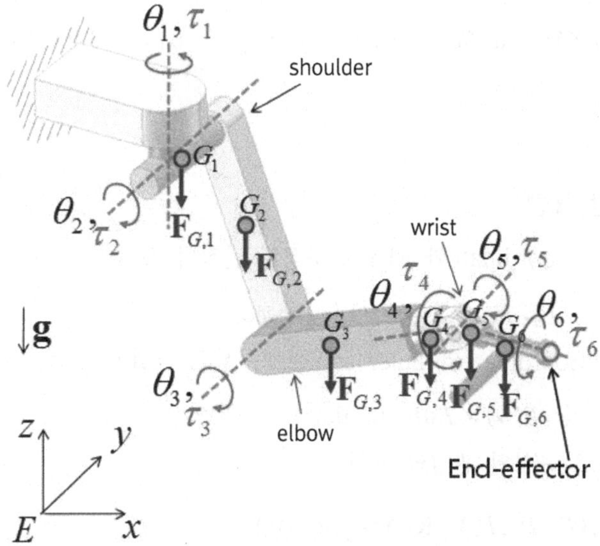

그림 3-36 Configuration of a 6-DOF

예제 3-14

직교 오일러 로봇 말단효과장치(End-effector)의의 원하는 최종위치와 방위는 다음과 같다. 오일러각을 구하여라.

$$ {}^{R}T_P = \begin{bmatrix} n_x & o_x & a_x & P_x \\ n_y & o_y & a_y & P_y \\ n_z & o_z & a_z & P_z \\ 0 & 0 & 0 & 1 \end{bmatrix} = \begin{bmatrix} 0.579 & -0.548 & -0.604 & 5 \\ 0.540 & 0.813 & -0.220 & 7 \\ 0.611 & -0.199 & 0.766 & 3 \\ 0 & 0 & 0 & 1 \end{bmatrix} $$

해답

해는 다음과 같이 구한다.

$\phi = ATAN2(a_y, a_x) = a\tan 2(-0.220, -0.604) = 20^\circ$ 또는 200°

$\psi = ATAN2(-n_z, (n_x C\psi_a + n_y S\psi_a)) = a\tan 2(0.788, 0.616) = 18^\circ$ 또는 198°

$\theta = ATAN2((-a_y C\psi_a - a_x S\psi_a), (o_y C\psi_a - o_x S\psi_a)) = a\tan 2(0.259, 0.966) = -40^\circ$ 또는 40°

3.5.3 방향에 대한 표현

가정 1: Cartesian Coordinate와 RPY로 구성된 관절의 표현

$$ {}^{R}T_H = T_{cart}(P_x, P_y, P_z) \times RPY(\phi_a, \phi_o, \phi_n) $$

가정 2: Spherical Coordinate와 Euler angle로 구성된 관절의 표현

$$ {}^{R}T_H = T_{sph}(r, \beta, \gamma) \times Euler(\phi, \theta, \psi) $$

가정 3: 직교-RPY로 구성된 관절의 표현

$$ {}^{R}T_H = T_{cart}(P_x, P_y, P_z) \times \mathrm{RPY}(\phi_a, \phi_o, \phi_n) $$

가정 4 : 구-오일러 각으로 구성된 관절의 표현

$$^{R}T_{H} = T_{sph}(r, \beta, \gamma) \times \mathrm{RPY}(\phi, \theta, \psi)$$

매니퓰레이터를 사용하는 궁극적인 목적은 한쪽 끝에 붙은 말단효과장치 (end-effector, tool, gripper, hand)로 다른 한쪽의 정지한 지지대를 바탕으로 주어진 작업을 수행하거나 혹은 3차원 공간상에 말단효과장치를 원하는 위치와 자세가 되도록 하는 것이다.

Chapter 4 로봇 기구학

산업용 로봇은 실용화 이래 산업현장에서 널리 사용되고 있으나, 산업용 매니퓰레이터 등은 고정된 위치에서 일정한 범위내의 작업만이 가능하기 때문에 이동하면서 작업을 해야 되는 여러 산업현장에서는 부가적으로 이동 기능 또는 주행 기능이 필요하게 된다. 또한 공장의 자동화 및 무인화 시스템을 위해서는 필수 불가결한 요소인 이동로봇에 대한 기술개발로써 이동로봇에 관한 연구가 필요하게 된다.

IT 기술의 빠른 발전으로 지능형 로봇의 시대가 열리고 있다. 과거에는 제조업 현장에서의 공장 자동화가 주요 응용분야였으나, 최근 의료, 물류, 가정 등 서비스 영역의 로봇 응용이 증가하고 있다. 무인자동차 역시 넓은 관점에서는 로봇에 해당하는 것으로 볼 수 있으며, 지능형 자동차 기술의 주도권을 잡기위한 경쟁이 치열하다. 국내 지능형 로봇산업은 아직까지 맹아기에 머무르고 있으나, 해외증시에서는 제조(Kuka), 의료(Intuitive Surgical), 무인자동차(Mobileye), 가정(iRobot) 등 지능형 로봇 업체들이 투자자들의 관심을 모으고 있다.

이미 자동차 제조업 현장에서는 조립, 용접, 도색, 운반 및 품질검사에 이르기까지 로봇의 도움이 없이는 단 한 대의 자동차 생산도 불가능하다. 과거에는 인력을 대체하는 자동화와 생산성 개선의 개념이었다면, 이제 로봇은 사람이 할 수 없는 수준의 고정밀 작업을 수행하여 혁신적인 품질 수준을 보장하는데 필수적인 도구가 되고 있다.

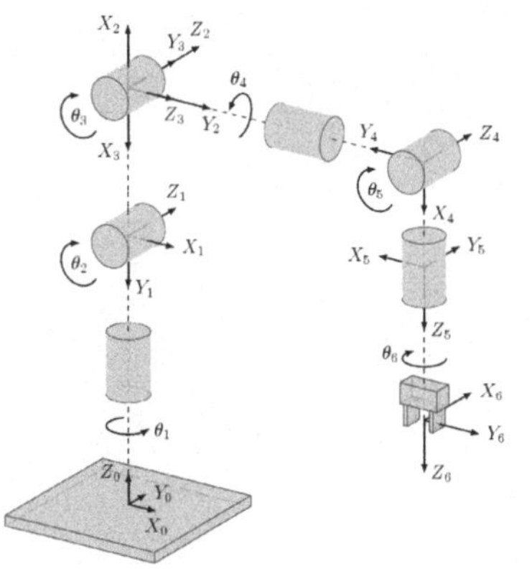

그림 4-1 로봇 매니퓰레이터 기구학

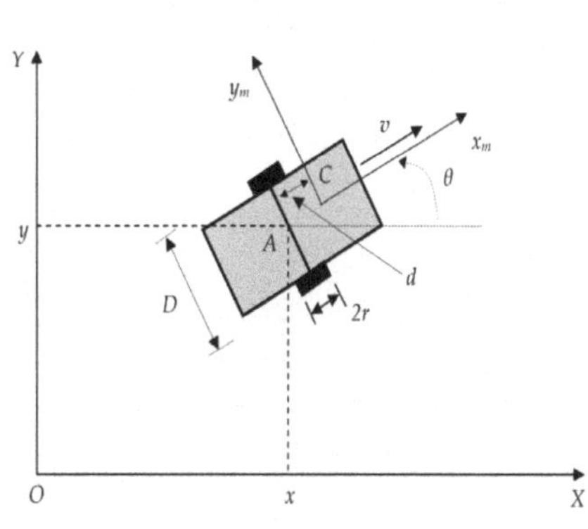

그림 4-2 이동 로봇 기구학

무인자동차는 아직까지 매출로 이어지고 있지는 않으나, 벤츠, 구글, 아우디 등 주요 메이커들은 2020년 이전 상용화가 가능하다는 연구성과를 보고 중이다.

주요 국가 정부는 로봇기술을 창조, 혁신산업은 물론 국가경쟁력의 원동력으로 인식하고, 로봇산업에 대한 지원을 확대하고 있다. 구글은 2013년 이후 로봇 및 인공지능 관련기업 10여개를 인수한 바 있으며, 무인자동차, 물류/배송, 재난구조 등 서비스 로봇사업에 투자를 확대하고 있다. 의료, 물류 등 서비스 품질 고도화는 물론, 순찰, 재난 대응 등 공공 서비스분야의 질적 개선까지 로봇의 활용범위가 빠르게 확장되고 있다.

기구학(Kinematics)이란 움직임을 일으키는 힘, 토오크, 관성 등을 고려하지 않고 그 기하학적인 움직임과 시간을 기준으로 한 움직임을 연구하는 학문이다. 매니퓰레이터의 관절좌표계와 말단효과장치의 위치, 자세 사이의 관계에 관한 기구학에 대하여 다루기로 한다.

실제로 매니퓰레이터가 작업을 한다는 것은 Euclidean 3차원 공간상에서 매니퓰레이터의 끝부분에 작업을 하기 위해 부착된 말단효과장치를 움직여서 대상 부품, 도구 혹은 물체 등의 작업 대상물에 대하여 일을 한다는 것이다. 이러한 말단효과장치의 움직임을 나타내기 위해서는 기본적으로 관절 변수와 말단효과장치의 위치 및 자세와의 관계를 얻어야 하며, 이러한 의미에서 기구학은 제일 중요한 분야 중 하나라고 할 수 있다.

4.1 로봇 매니퓰레이터의 기구학

기구학에도 각 관절의 움직임으로부터 말단효과장치의 위치와 자세를 계산하는 전향기구학(Forward Kinematics)과, 역으로 말단효과장치의 위치와 자세로부터 각 관절의 움직임을 계산하는 역기구학(Inverse Kinematics)이 있으며, 이들의 상호관계는 그림에 나타나 있다.

로봇 메카니즘에 있어 기구학의 모델링은 로봇의 위치제어를 위한 제어기 구성의 기초가 되며, 이는 이동로봇의 동작이 주어졌을 경우에 각 바퀴의 동작을 구하는 역 기구학과 바퀴의 동작이 주어졌을 경우에 이동로봇의 동작을 구하는 전향 기구학으로 분류할 수 있다.

매니퓰레이터는 관절로 연결된 링크로 이루어져 있다. 이러한 링크는 일반적으로 직렬로 연결되어 있으며, 액츄에이터에 의하여 직선 혹은 회전 운동을 한다. 또한 관절 및 링크의 위치,

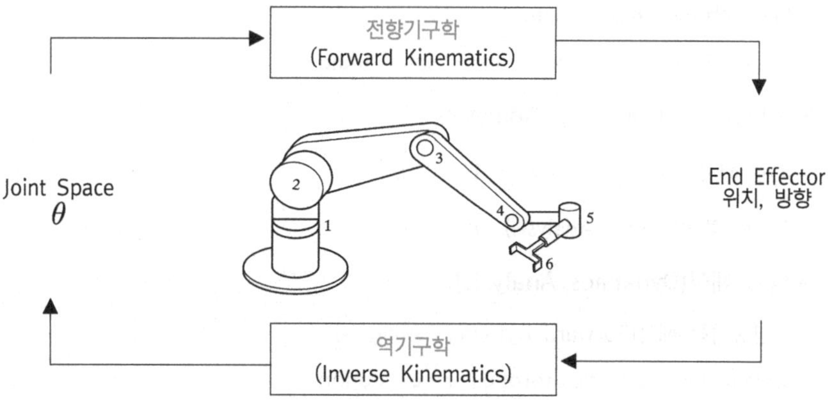

그림 4-3 로봇 매니퓰레이터의 기구학

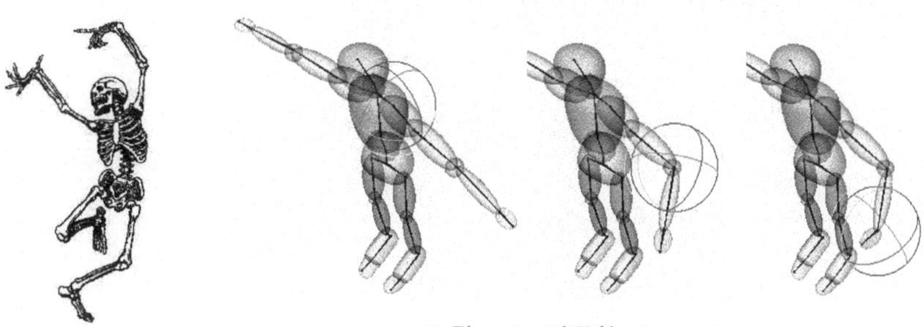

그림 4-4 기구학(Kinematics)

말단효과장치의 위치와 자세의 관계는 임의로 선택된 좌표계로 나타낼 수 있으며, 이 좌표계는 매니퓰레이터의 기구학, 동역학 및 제어에 매우 중요한 역할을 한다. 일반적으로 매니퓰레이터의 동작을 해석하기 위해서 움직이지 않는 기준좌표계와 각 링크 혹은 관절에 부착되어 링크 혹은 관절과 더불어 움직이는 이동좌표계와의 관계를 이용한다. 이러한 기준좌표계는 임의로 선정할 수가 있으나 편의상 매니퓰레이터의 베이스(base), 혹은 어깨(shoulder)부분에 설정하는 경우가 많다.

로봇의 해석

- **위치해석(Position Analysis)**
  - 전향기구학(Forward Kinematics)
    Given: Joint angles, Find: End-effector pose (=position + orientation)
  - 역기구학(Inverse Kinematics)
    Given: End-effector pose, Find: Joint angles
- **자코비안 해석(Jacobian Analysis)**
  - 속도 해석(Velocity Analysis): $V = J\,\dot{\theta}$
  - 정역학 해석(Statics Analysis): $\tau = J^T F$
- **동역학 해석(Dynamics Analysis)**
  - 전향동역학 해석(Forward Dynamics Analysis)
    Given: applied forces/torques, Find: motion
  - 역동역학 해석(Inverse Dynamics Analysis)
    Given: Trajectory, Find: required forces/torques

4.1.1 Denavit-Hartenberg 좌표계

매니퓰레이터의 기구학적인 모델링을 위한 방법으로 보통 2가지가 쓰이고 있다. 즉 Rodrigues formula 표기법과 Denavit와 Hartenberg에 의해서 개발된 Denavit- Hartenberg 표기법이다. 이 절에서는 현재 많이 쓰이고 있는 후자의 경우에 대해서 만 다루기로 한다. 매니퓰레이터의 각 링크에 대한 각각의 좌표계의 설정에 대한 체계적인 접근은 1955년. J. Denavit와 R.S.Hartenberg에 의해서 처음 제안 되었으며 이 방법에서의 좌표설정 차례는 다음과 같다.

우선 매니퓰레이터에 베이스의 축은 첫번째 링크의 회전축과 일치하도록 정하고, X_O및 Y_O 축은 오른손 법칙에 의하여 Z_O축에 직각이 되도록 각각 정한다. 이 좌표계의 원점은 임의로 선택할 수 있으나, 1 번째 회전축과 base의 축을 일치시키면 편리하다.

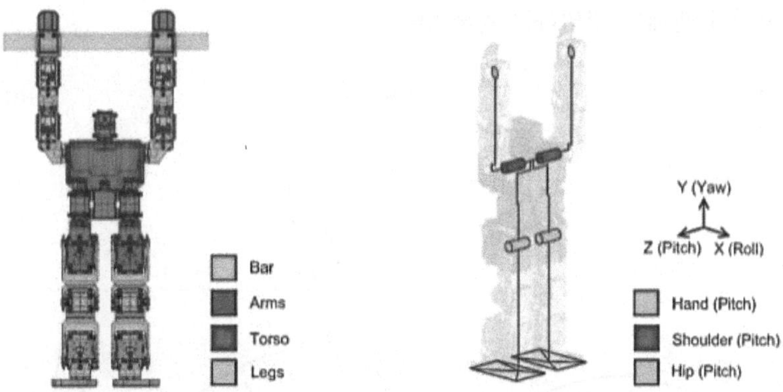

그림 4-5 휴머노이드 로봇의 main block과 조인트 1

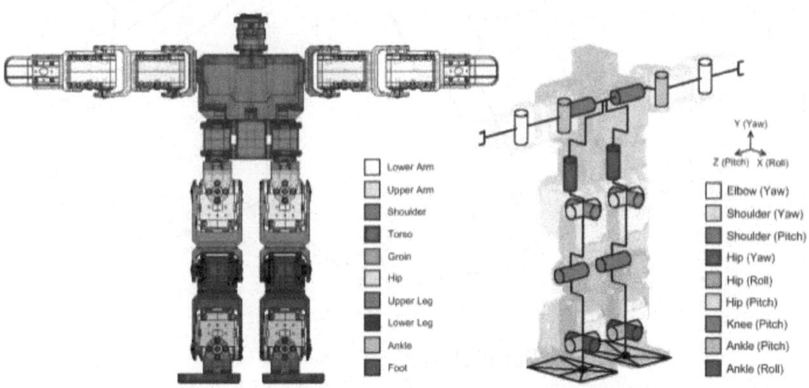

그림 4-6 휴머노이드 로봇의 main block과 조인트 2

n개의 관절을 가지고 있는 일반적인 매니퓰레이터에 직교 좌표계를 정하는 법에 대해서 공부하기로 한다. L_k가 k번째의 직교 좌표계라면 다음과 같은 순서로 좌표계를 설정할 수 있다.

로봇을 표현하고 그들의 운동을 모델링 하는데 기준으로 Denavit-Hartenberg(D-H) 표현법을 사용한다. D-H 표현법은 어떤 로봇의 형상이나 링크 관절에 대해서 사용 가능하며 자코비안 계산, 힘 해석 같은 연산 결과를 사용 가능하다.

로봇이 연속적인 관절과 링크로 구성되어 있으며 관절은 병진관절과 회전관절이 임의의 순서로 임의의 평면에 존재하며 링크의 길이도 0을 포함한 어떤 길이로도 변화가 가능하다.

각 관절에 기준 좌표계를 할당하며 하나의 관절에서 다음 관절로 변환된다. 최종관절에 도착할 때까지의 모든 변환을 조합 총 변환행렬을 구한다.

D-H 표현법으로 로봇의 모델링은 각각의 관절에 대하여 지역 기준 좌표계를 할당하며 각 관절에 대하여 z, x축을 할당 y축은 전혀 사용하지 않는다.링크는 매니퓰레이터의 두 이웃 하는 관절 축 사이의 관계를 정의하는 강체이다.

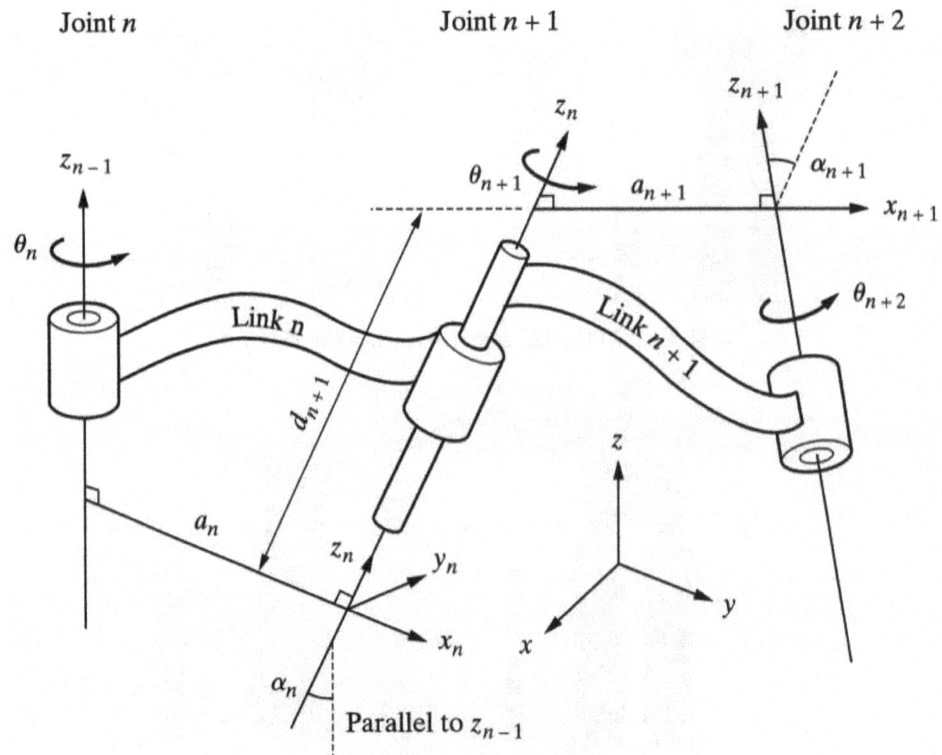

그림 4-7 D-H 표시법

① 링크의 길이 : a_n

② 링크의 뒤틀림 : α_n

③ 링크 offset : d_n

④ 조인트 각 : θ_n

a_n : x_{n-1}과 x_n축 사이의 거리

α_n : z_{n-1}과 z_n축 사이의 각도

d_n : z_{n-1}과 z_n축 사이의 거리

θ_n : x_{n-1}과 x_n축 사이의 각도

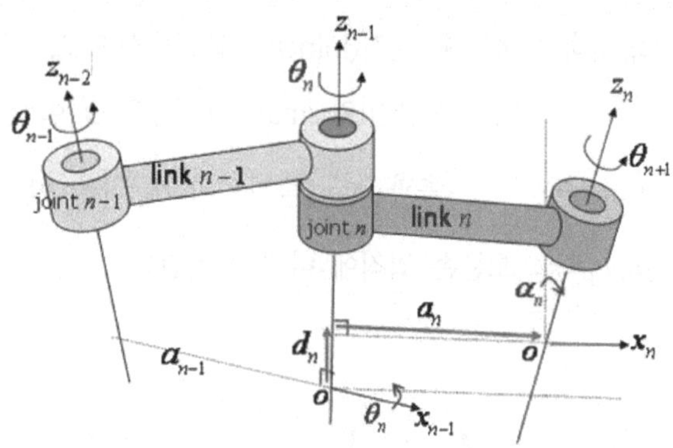

그림 4-8

4개의 링크인자에 의해 로봇의 기구부를 정의하는 방법은 Denavit- Hartenberg의 표현방법에 따른다.

기준좌표계 할당하는 절차는 다음과 같다.

1) 모든 관절은 예외 없이 z축에 의해서 표현
2) 관절이 회전관절이면 회전에 대한 오른손 법칙에 의해 회전 방향은 z축
3) 관절이 병진관절이면 관절에 대한 z축은 직선이동방향
4) 관절 n에 대한 z축의 첨자는 $n-1$
5) 회전관절에 있어서 z축에 관한 회전값(θ)은 관절 변수
6) 병진관절에 있어서 z축에 따른 링크길이(d)가 관절 변수
7) a는 공통법선 사이의 길이(관절간의 offset)
8) α는 두 개의 연속적인 z축 사이의 각도(관절의 비뚤어짐)

일반적으로 θ, d만이 관절 변수이다.

① Z_n축에 관하여 X_{n+1}만큼 회전하라

② X_n와 X_{n+1}를 동일선상에 있게 하기 위하여 Z_n축을 따라서 d_{n+1}만큼 이동

③ X_n와 X_{n+1}의 원점을 같게 하기 위해서 X_n축을 따라서 a_{n+1}만큼 이동

④ Z_n축과 Z_{n+1}축을 일직선하기 위해 X_{n+1}축에 관하여 α_{n+1}만큼 Z_n을 회전

z_{n-1}축 : n번째 관절(Joint)의 회전방향으로, 회전관절(Revolute)일 경우 θ_n이 관절변수이고, 직선관절(Prismatic)일 경우 d_n이 관절변수가 된다.

x_{n-1}축 : z_{n-1}축과 z_{n-2}축사이의 a_{n-1}을 따르는 축

y_{n-1}축 : 오른손 법칙에 따라 결정한다.

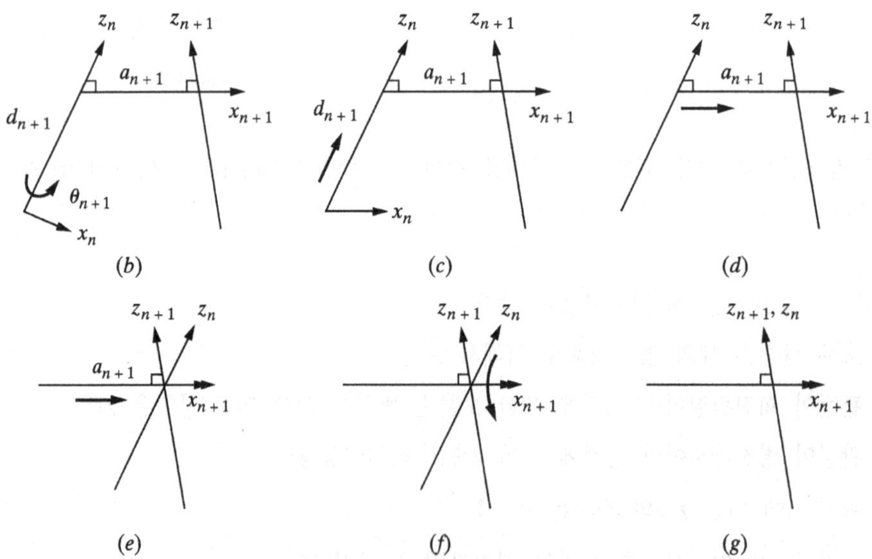

그림 4-9 D-H 표현에 의한 변환

$$
{}^{n}T_{n+1} = A_{n+1} = Rot(z,\theta_{n+1}) \times Trans(0,0,d_{n+1}) \times Trans(a_{n+1},0,0) \times Rot(x,\alpha_{n+1})
$$
$$
= \begin{bmatrix} C\theta_{n+1} & -S\theta_{n+1} & 0 & 0 \\ S\theta_{n+1} & C\theta_{n+1} & 0 & 0 \\ 0 & 0 & 1 & 0 \\ 0 & 0 & 0 & 1 \end{bmatrix} \times \begin{bmatrix} 1 & 0 & 0 & 0 \\ 0 & 1 & 0 & 0 \\ 0 & 0 & 1 & d_{n+1} \\ 0 & 0 & 0 & 1 \end{bmatrix} \times \begin{bmatrix} 1 & 0 & 0 & a_{n+1} \\ 0 & 1 & 0 & 0 \\ 0 & 0 & 1 & 0 \\ 0 & 0 & 0 & 1 \end{bmatrix} \times \begin{bmatrix} 1 & 0 & 0 & 0 \\ 0 & C\alpha_{n+1} & -S\alpha_{n+1} & 0 \\ 0 & S\alpha_{n+1} & C\alpha_{n+1} & 0 \\ 0 & 0 & 0 & 1 \end{bmatrix} \tag{4-1}
$$

$$
A_{n+1} = \begin{bmatrix} C\theta_{n+1} & -S\theta_{n+1}C\alpha_{n+1} & S\theta_{n+1}S\alpha_{n+1} & a_{n+1}C\theta_{n+1} \\ S\theta_{n+1} & C\theta_{n+1}C\alpha_{n+1} & -C\theta_{n+1}S\alpha_{n+1} & a_{n+1}S\theta_{n+1} \\ 0 & S\alpha_{n+1} & C\alpha_{n+1} & d_{n+1} \\ 0 & 0 & 0 & 1 \end{bmatrix} \tag{4-2}
$$

로봇의 기저에서 손까지의 총 변환은

$$
{}^{R}T_{H} = {}^{R}T_{1}\,{}^{1}T_{2}\,{}^{2}T_{3} \cdots {}^{n-1}T_{n} = A_1 A_2 A_3 \cdots A_n \tag{4-3}
$$

예제 4-1

다관절 로봇에 대한 D-H 표현법을 구하여라.

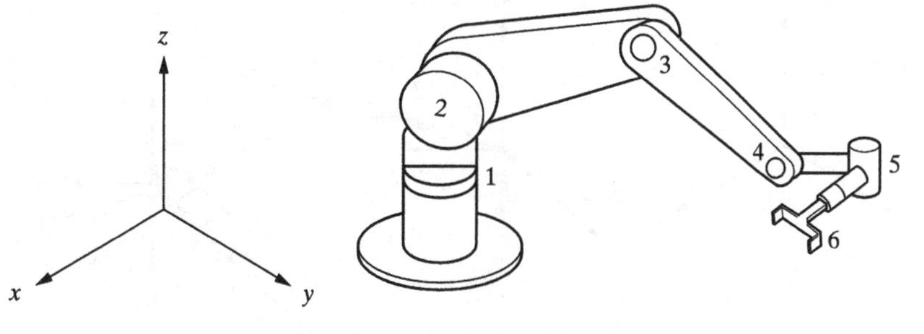

그림 4-10 6자유도 갖는 다관절 로봇

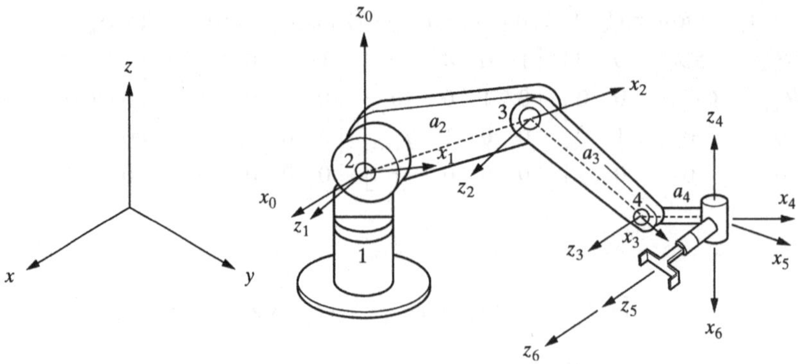

그림 4-11　6자유도 갖는 다관절 로봇의 기준좌표계

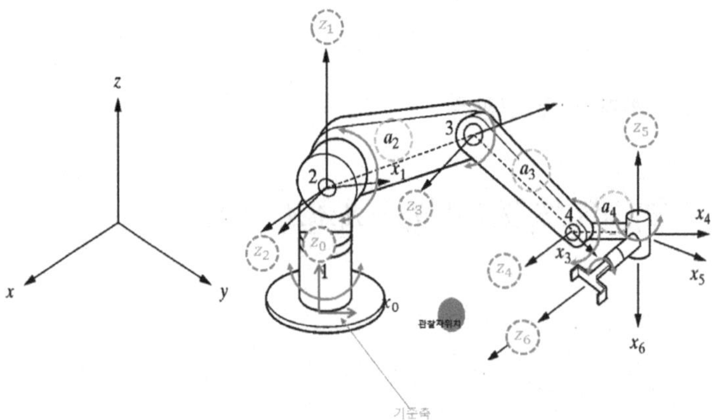

그림 4-12　6자유도 갖는 다관절 로봇의 기준좌표계의 축 표현

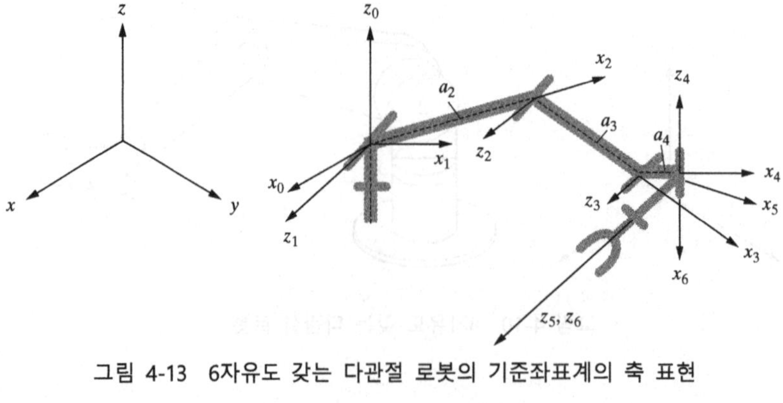

그림 4-13　6자유도 갖는 다관절 로봇의 기준좌표계의 축 표현

해답

#	θ	d	a	α
1	θ_1	0	0	0
2	θ_2	0	a_2	90
3	θ_3	0	a_3	0
4	θ_4	0	a_4	0
5	θ_5	0	0	-90
6	θ_6	0	0	90

각각 2개의 연속적인 관절사이의 변환은 매개변수표에서 매개변수를 단순하게 A행렬에 대입함으로써 쓰여질 수 있다. 0과 1 좌표사이의 A1 - A6까지의 행렬은 다음과 같다.

$$A_1 = \begin{bmatrix} C_1 & 0 & S_1 & 0 \\ S_1 & 0 & -C_1 & 0 \\ 0 & 1 & 0 & 0 \\ 0 & 0 & 0 & 1 \end{bmatrix} \quad A_2 = \begin{bmatrix} C_2 & -S_2 & 0 & C_2a_2 \\ S_2 & C_2 & 0 & S_2a_2 \\ 0 & 0 & 1 & 0 \\ 0 & 0 & 0 & 1 \end{bmatrix}$$

$$A_3 = \begin{bmatrix} C_3 & -S_3 & 0 & C_3a_3 \\ S_3 & C_3 & 0 & S_3a_3 \\ 0 & 0 & 1 & 0 \\ 0 & 0 & 0 & 1 \end{bmatrix} \quad A_4 = \begin{bmatrix} C_4 & 0 & -S_4 & C_4a_4 \\ S_4 & 0 & C_4 & S_4a_4 \\ 0 & -1 & 0 & 0 \\ 0 & 0 & 0 & 1 \end{bmatrix}$$

$$A_5 = \begin{bmatrix} C_5 & 0 & S_5 & 0 \\ S_5 & 0 & -C_5 & 0 \\ 0 & 1 & 0 & 0 \\ 0 & 0 & 0 & 1 \end{bmatrix} \quad A_6 = \begin{bmatrix} C_6 & -S_6 & 0 & 0 \\ S_6 & C_6 & 0 & 0 \\ 0 & 0 & 1 & 0 \\ 0 & 0 & 0 & 1 \end{bmatrix} \tag{4-4}$$

$$S\theta_1C\theta_2 + C\theta_1S\theta_2 = S(\theta_1+\theta_2) = S_{12}$$
$$C\theta_1C\theta_2 - S\theta_1S\theta_2 = C(\theta_1+\theta_2) = C_{12} \tag{4-5}$$

로봇의 기저와 로봇 손 사이의 총 변환 행렬은 다음과 같다.

$$^{R}T_{H} = A_1A_2A_3A_4A_5A_6$$

$$= \begin{bmatrix} C_1(C_{234}C_5C_6 - S_{234}S_6) - S_1S_5C_6 & C_1(-C_{234}C_5C_6 - S_{234}C_6) + S_1S_5S_6 & C_1(C_{234}S_5) + S_1C_5 & C_1(C_{234}a_4 + C_{23}a_3 + C_2a_2) \\ S_1(C_{234}C_5C_6 - S_{234}S_6) + C_1S_5S_6 & S_1(-C_{234}C_5C_6 - S_{234}C_6) - C_1S_5S_6 & S_1(C_{234}S_5) - C_1C_5 & S_1(C_{234}a_4 + C_{23}a_3 + C_2a_2) \\ S_{234}C_5C_6 + C_{234}S_6 & -S_{234}C_5C_6 + C_{234}C_6 & S_{234}S_5 & S_{234}a_4 + S_{23}a_3 + S_2a_2 \\ 0 & 0 & 0 & 1 \end{bmatrix} \quad (4\text{-}6)$$

예제 4-2

Stanford Arm에 축 좌표계를 할당하고 매개변수표를 채워라

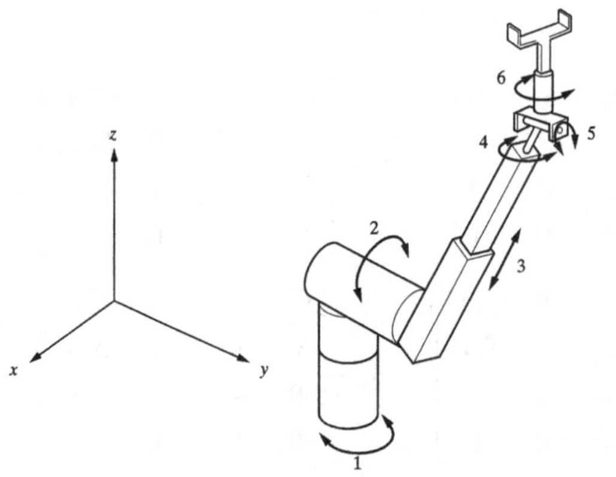

그림 4-14 Stanford Arm

해답

#	θ	d	a	α
1	θ_1	0	0	0
2	θ_2	0	0	90
3	0	d_1	0	-90
4	θ_4	0	0	0
5	θ_5	0	0	-90
6	θ_6	0	0	90

4.1.2 액츄에이터 및 직각좌표공간

관절공간(Joint space)이란 n 자유도 매니퓰레이터에 있는 모든 링크는 n개의 관절변수 조합으로 명시되는데 이 변수의 조합을 n×1 관절벡터 라고 한다. 이 관절벡터가 형성하는 공간을 관절공간이라 한다. 직각 관절공간(Cartesian space)은 직교하는 축을 따라 위치와 방위를 측정하기 위한 공간(작업 지향적공간: Task oriented space, 또는 구조공간 : Operational space)을 말한다.

기구학 관절은 어떤 종류의 액츄에이터에 의해서 가동 하는 것으로 가정하는데, 실제의 산업용 로봇에서는 액츄에이터에 대한 위치의 개념을 고려해서 해석해야 한다. 이런 액츄에이터에 대한 위치의 해석을 액츄에이터 벡터라 하고 때때로 이 액츄에이터 벡터의 함수로 관절벡터를 계산한다.

(1) PUMA 560의 링크인자

각각의 링크인자가 구해지면 앞에서 설명한 링크 변환 행렬의 일반식에 적용하여 링크 변환 행렬을 구하고 이 행렬들을 곱해서 구해지는 변환행렬을 해석함으로써 기구학적인 해석 즉 계{0}을 기준으로 한 계{6}의 위치와 방향을 계산할 수 있다.

$$P_x = c_1[a_2c_2 + a_3c_{23-d_4}s_{23}] - d_3s_1 \tag{4-7}$$

$$P_y = s_1[a_2c_2 + a_3c_{23} - d_4s_{23}] + d_3c_1 \tag{4-8}$$

$$P_z = -a_3s_{23} - a_2s_2 - d_4c_{23} \tag{4-9}$$

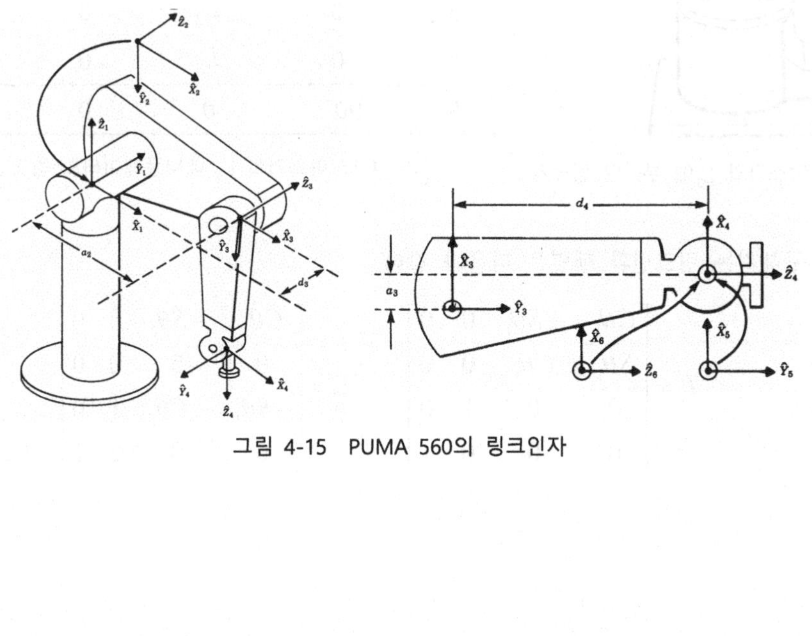

그림 4-15 PUMA 560의 링크인자

i	α_i	a_i	d_i	θ_i
1	0	0	0	θ_1
2	-90°	0	0	θ_2
3	0	a_2	0	θ_3
4	-90°	d4	0	θ_4

(2) Kinematics of industrial robots

그림은 야스가와 매니퓰레이터의 L_3에 부착된 링크계를 보여준다. 그림에서 매니퓰레이터는 관절벡터 $\theta=(0,-90,90,90,0)$에 상응하는 위치에 놓여있다.

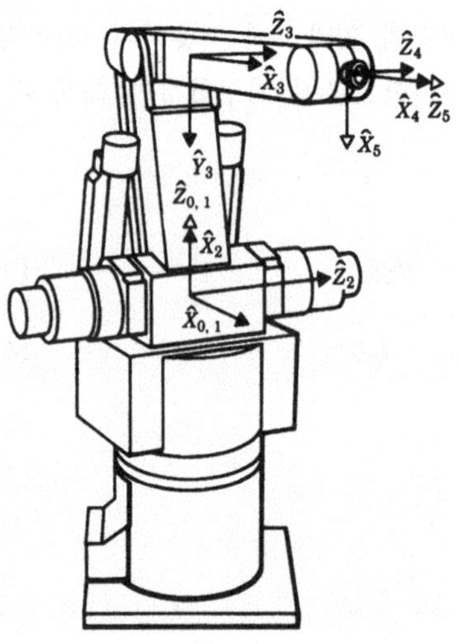

그림 4-16 야스가와 L_3에 부착된 링크계

i	α_{i-1}	a_{i-1}	d_i	θ_i
1	0	0	0	θ_1
2	-90°	0	0	θ_2
3	0	L_2	0	θ_3
4	0	L_3	0	θ_4
5	90°	0	0	θ_5

그림 4-17 야스가와 L_3 매니퓰레이터의 링크인자

결과로 구해지는 링크변환 행렬은 다음과 같다.

$$
{}^{0}T_1 = \begin{bmatrix} C\theta_1 & -S\theta_1 & 0 & 0 \\ S\theta_1 & C\theta_1 & 0 & 0 \\ 0 & 0 & 1 & 0 \\ 0 & 0 & 0 & 1 \end{bmatrix} \qquad {}^{1}T_2 = \begin{bmatrix} C\theta_2 & -S\theta_2 & 0 & 0 \\ 0 & 0 & 0 & 0 \\ -S\theta_2 & -C\theta_2 & 1 & 0 \\ 0 & 0 & 0 & 1 \end{bmatrix}
$$

$$ {}^{2}T_{3} = \begin{bmatrix} C\theta_3 & -S\theta_3 & 0 & l_2 \\ S\theta_3 & C\theta_3 & 0 & 0 \\ 0 & 0 & 1 & 0 \\ 0 & 0 & 0 & 1 \end{bmatrix} \qquad {}^{3}T_{4} = \begin{bmatrix} C\theta_4 & -S\theta_4 & 0 & l_3 \\ S\theta_4 & C\theta_4 & 0 & 0 \\ 0 & 0 & 1 & 0 \\ 0 & 0 & 0 & 1 \end{bmatrix} $$

$$ {}^{4}T_{5} = \begin{bmatrix} C\theta_5 & -S\theta_5 & 0 & 0 \\ 0 & 0 & -1 & 0 \\ S\theta_5 & C\theta_5 & 0 & 0 \\ 0 & 0 & 0 & 1 \end{bmatrix} $$

${}^{0}T_{5} = {}^{0}T_{1}\,{}^{1}T_{2}\,{}^{2}T_{3}\,{}^{3}T_{4}\,{}^{4}T_{5}$에 의하여 구해진다.

4.1.3 로봇 매니퓰레이터 역기구학

지금까지는 매니퓰레이터의 관절각이 주어진 경우, 기준좌표계에 대한 공구단의 위치와 자세를 계산하는 전향기구학에 대한 문제를 다루었다. 이 절에서는 **기준좌표계에 대한 공구단의 위치와 자세가 주어진 경우, 이때의 각 관절각을 구하는 역기구학(inverse kinematics) 문제를 다루기로 한다.**

역기구학 문제는 다음과 같은 순서로 풀이한다.

① 공구단 좌표계를 베이스 좌표계에 대하여 변환한다.

② 역기구학을 푼다. 매니퓰레이터의 공구단을 직각좌표 공간상에서의 움직임은 관절 변수로 변환하여 제어를 한다.

공구단의 위치와 자세를 관절좌표계 상에 변환 하는 것은 일반적으로 폐형식해(closed form solution)가 존재하지 않는다. 따라서 일반적으로 반복적인 방법을 많이 사용하고 있으나, 이것 역시 모든 해를 다 구하지 못하는 경우가 있다. 이러한 역기구학 문제는 전향기구학에서의 D-H 알고리즘과 같은 체계적인 절차가 없으므로 일반적으로 전향기구학 문제보다 해를 구하기가 더 어렵다. 따라서 역기구학 문제는 각각의 로봇 혹은 유사한 그룹의 로봇에 대하여 각각 다른 방법을 사용한다. 그러나 작업현장에서 작업을 하기 위해서는 부품 혹은 대상물의 위치와 자세에 대한 정보를 센서를 통하여 감지하고, 이러한 정보를 이용하여 각 관절의 상태를 결정하여야 하며, 이러한 의미에서 역기구학 문제는 매우 중요하다.

해의 존재

매니퓰레이터 역기구학해의 존재여부는 작업공간에 대한 문제와 연관된다. 작업공간은 매니퓰레이터의 말단효과장치가 도달할 수 있는 공간이며, 해가 존재하기 위해서는 명확한 목적점이 작업공간 내에 존재 해야만 한다. 작업공간의 두 가지 정의를 고려하는 것이 편리하다.

a) **자유자재(dexterous) 작업영역**

로봇의 말단효과장치가 어떠한 방위에서도 도달할 수 있는 공간을 말한다. 자유자재 한 작업영역의 어떤 점에서도 말단효과장치는 임의의 방위로 놓여질 수 있다.

b) **도달가능(reachable) 작업영역:**

로봇이 최소한 한 개의 방위로 도달할 수 있는 공간을 말한다. **자유자재 작업영역이 도달가능한 작업영역의 부분 집합을 이룬다.**

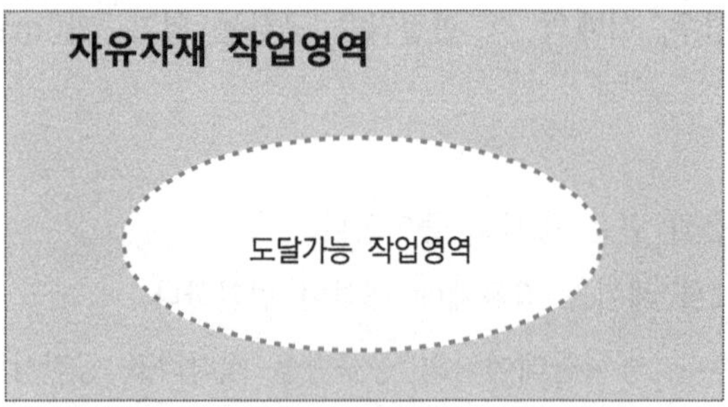

그림 4-18 작업영역의 구분

2-링크 매니퓰레이터의 작업영역에 대하여 고려하여보자. 만약에 $L_1 = L_2$이라면 도달가능 작업영역은 반경은 $2L_1$이다. 그러므로 자유자재 작업영역은 단 한 개의 점(원점)이다.

만약에 $L_1 \neq L_2$이라면 도달가능 작업영역은 외경 $L_1 + L_2$이고, 내경 $\mid L_1 + L_2 \mid$ 인 반지형상 공간이며, 자유자재 작업영역은 존재하지 않는다. 작업영역의 환경에서는 단 한가지의 방

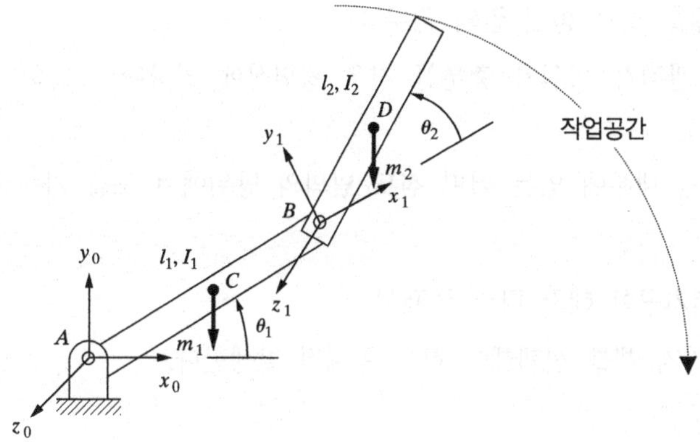

그림 4-19 길이 L_1, L_2링크를 갖는 2-링크 매니퓰레이터

향만이 가능하다. 그림에서 팔의 θ_1이 360도 회전이 가능하지만 0 $\ll\theta_2\ll$180 경우, 도달 가능 작업영역은 같은 범위이지만 각 점에 도달하는 방위는 각 점에 대하여 단 한 가지씩 뿐이다. 매니퓰레이터가 6자유도 미만일 때에는 3차원 공간에서 일반적 목표의 위치와 방위를 가질 수 없다. 따라서 그림의 평면 매니퓰레이터는 평면 밖으로 도달할 수 없고, Z축의 값이 영이 아닌 어떠한 목표점도 도달 불가능하다.

작업 공간은 또한 공구계 변환에 의해서도 영향을 받는다. 손목계의 위치와 방위가 작업공간 내에 있으면 최소한 한 가지의 해가 존재한다.

다수해의 존재

역기구학 해를 구하는 과정에서 접하는 또 다른 문제는 해가 여러 개 존재한다는 것이다.

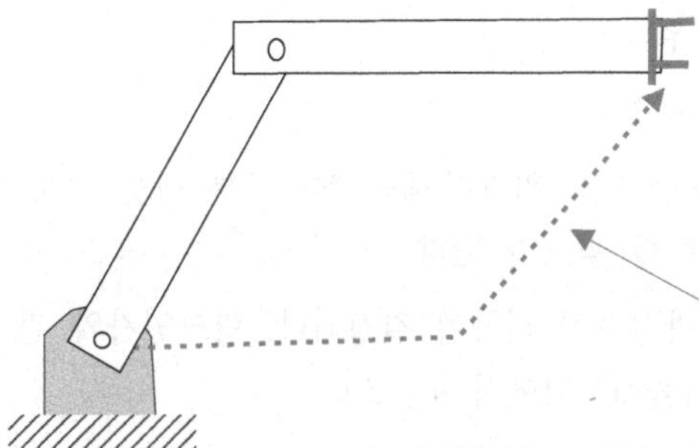

그림 4-20 매니퓰레이터의 역기구학 해

세 개의 회전 관절을 갖는 평면 팔의 경우 :

- 링크 길이와 관절각 범위가 충분한 경우 평면상에 커다란 크기의 자유자재 공간을 갖는다.
- 이유: 작업공간 내부에 있는 어떤 점도 임의의 방위에서 도달 가능하기 때문

매니퓰레이터의 역기구학 해가 다수 존재시 :

- 그 중에 한가지 해를 선택해야 하는 문제점 발생한다.
- 선정기준은 바뀔 수 있다.
- 매우 타당한 선택은 "최근접 해"이다.

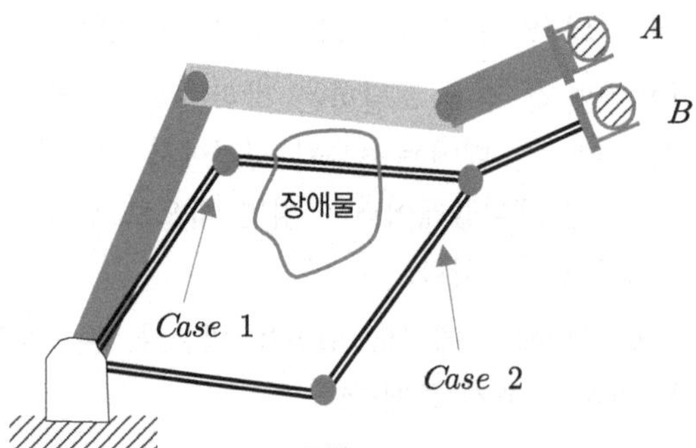

그림 4-21

그림에서 A점에서 B점으로 이동 시키는 경우 각 관절의 이동량을 최소화하는 것이 최선의 선택이다.

case 1 : 방해물이 없는 경우

case 2 : 방해물이 존재하는 경우

따라서 '근접'해가 충돌을 초래한다면 '원거리'해를 택하도록 만들 수도 있으며, 일반적으로는 모든 가능한 해를 다 계산하여야 할 필요가 있다.

해의 숫자는 매니퓰레이터의 관절수에 의하여 결정되나, 링크인자와 관절의 허용 운동범위의 함수이기도 하다. (회전관절 매니퓰레이터에서 a_i, d_i)

선형식과는 달리 비선형 방정식군을 풀 수 있는 일반적인 알고리즘은 없다. 주어진 위치 및 방위와 관련된 관절변수의 모든 집합을 결정하는 알고리즘에 의해 관절변수가 결정될 수 있다

면 매니퓰레이터는 '가능해(solvable)'라고 하며, 다수해의 경우에 모든 해를 계산할 수 있어야 함을 의미한다.

매니퓰레이터 해법에 관해 제시된 전략은 다음과 같다.

- 수치해 : 반복계산의 특성, 폐형식의 해에 비교해 일반적으로 매우 느림
- 폐형식의 해(closed form solution) : 해석적 표현에 의하여 해가 구해지는 것 또는 4차 이하의 방정식으로, 반복계산에 의존하지 않고도 충분히 해를 구할 수 있는 방법
- 대수적 방법, 기하학적 방법 : 서로 비슷하지만 접근방법만이 다르다.

현재 거의 모든 산업용 매니퓰레이터들이 폐형식 해가 존재할 수 있도록 충분히 간단하게 설계되고 있으며, 6회전 관절의 매니퓰레이터가 폐형식 해를 갖기 위한 충분조건은 세 개의 이웃하는 관절축이 한 점에서 교차하여야 한다.

n 〈 6일 때 부분공간의 개념

매니퓰레이터에서 도달 가능한 목표계(goal frame)의 집합은 그 매니퓰레이터의 도달가능 작업공간을 구성한다.

n〈6일 때의 n 자유도 매니퓰레이터에 대하여 도달 가능 작업공간은 n자유도 부분공간의 한 부분으로 생각할 수 있다. 6자유도 매니퓰레이터의 작업공간이 공간의 부분집합인 것과 같은 이치로 **조금 더 단순한 매니퓰레이터의 작업공간은 부분공간의 부분집합인 것이다.**

예로서 길이 L_1, L_2링크를 갖는 2-링크 매니퓰레이터의 부분공간은 평면이 되지만, 작업공간은 이 평면의 부분집합 즉, $L_1 = L_2$인 경우에 반경 $L_1 + L_2$의 원이 된다.

그림 4-22

예제 4-3

다음 형태의 3-링크를 갖는 매니퓰레이터에 대하여 ${}^B_WT$의 부분공간을 구하여라.

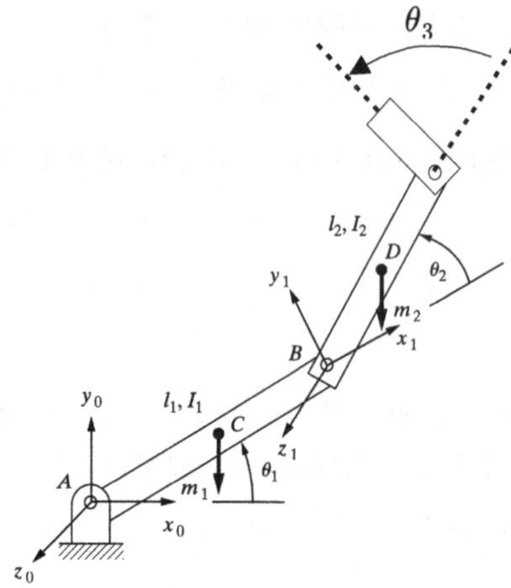

그림 4-23 4-link 매니퓰레이터

해답

${}^B_WT$의 부분공간은 다음과 같이 주어진다.

$$
{}^B_WT = \begin{bmatrix} c_\phi & -s_\phi & 0.0 & x \\ s_\phi & c_\phi & 0.0 & y \\ 0.0 & 0.0 & 1.0 & 0.0 \\ 0 & 0 & 0 & 1 \end{bmatrix}
$$

여기서 $[x,\ y,\ 0]^T$: 손목 관절의 위치, ϕ : 말단 링크의 방위

예제 4-4

2 자유도 매니퓰레이터에 대한 ${}^0_2T$의 부분공간을 구하여라.

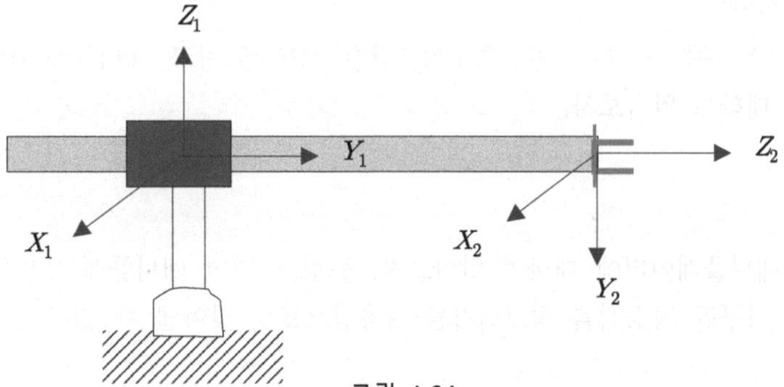

그림 4-24

해답

$${}^0P_{2ORG} = \begin{bmatrix} x \\ y \\ 0 \end{bmatrix}$$ 여기서 x, y는 임의의 값을 가질 수 있다.

$${}^0\widehat{Z}_0 = \begin{bmatrix} \dfrac{x}{\sqrt{x^2+y^2}} \\ \dfrac{y}{\sqrt{x^2+y^2}} \\ 0 \end{bmatrix} \qquad {}^0T_2 = \begin{bmatrix} \dfrac{y}{\sqrt{x^2+y^2}} & 0 & \dfrac{x}{\sqrt{x^2+y^2}} & x \\ \dfrac{-x}{\sqrt{x^2+y^2}} & 0 & \dfrac{y}{\sqrt{x^2+y^2}} & y \\ 0 & -1 & 0 & 0 \\ 0 & 0 & 0 & 1 \end{bmatrix}$$

따라서 n<6인 매니퓰레이터의 해법은 다음과 같다.

1. 일반적 목표계가 주어지면, 수정된 목표계 ${}^S_GT$을 매니퓰레이터 부분공간 안에 있으며 ${}^S_GT$에 가능한 한 '근접'한 것으로 선택하여 계산을 한다.
2. ${}^S_GT$을 목표로 하고 역기구학을 계산하여 관절각을 찾는다. 목표점이 매니퓰레이터의 작업공간 안에 있지 않으면 해를 구하는 것이 가능하지 않을 수도 있다.

대수적 해와 기하학적 해

기구학 방정식의 해를 구하는 방법으로써, 단순 평면 3-링크 매니퓰레이터의 해를 구하는 두 가지 방법에 대하여 알아보자.

대수적 해

아래 그림의 매니퓰레이터에 대하여 알아보자. 3-링크 평면 매니퓰레이터의 링크 인자인 경우에 로봇 팔의 기구학 방정식을 링크인자를 사용함으로써 찾아낼 수 있다.

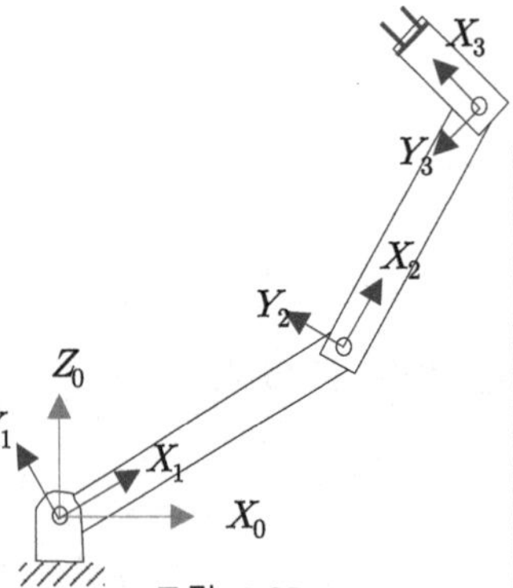

그림 4-25

i	α_i	a_i	d_i	θ_i
1	90	L_1	0	θ_1
2	0	L_2	0	θ_2
3	0	0	0	θ_3

$${}^{B}_{W}T = \begin{bmatrix} c\phi & -s & 0 & x \\ s\phi & c\phi & 0 & y \\ 0 & 0 & 1 & 0 \\ 0 & 0 & 0 & 1 \end{bmatrix} \tag{4-10}$$

역기구학에 논의의 초점을 맞추기 위해 기저계(base frame)에 기준하여 손목계를 명시하는 필요한 변환이 즉, ${}^{B}_{W}T$가 완료되었다고 가정하자. 평면 매니퓰레이터를 대상으로 삼고 있으므로 이들 목표점을 명시하는 것은 세 개의 숫자만을 명시하는 것으로 쉽게 완료된다. 즉, x, y와 인데 여기에서 에서 평면에서의 링크 3의 (+X축에 기준한) 방위이다. 따라서, 일반적인 ${}^{B}_{W}T$를 목표값으로 주기보다는 다음과 같은 형태의 변환을 가정한다.

$$ {}^{B}_{W}T = \begin{bmatrix} c\phi & -s & 0 & x \\ s\phi & c\phi & 0 & y \\ 0 & 0 & 1 & 0 \\ 0 & 0 & 0 & 1 \end{bmatrix} \tag{4-11} $$

(4-10)과 (4-11)을 등식화하여 θ_1, θ_2 그리고 θ_3에 대하여 풀어야하는 네 개의 비선형 방정식에 도달하게 된다.

$$ c\phi = c_{123} \tag{4-12} $$

$$ s\phi = s_{123} \tag{4-13} $$

$$ x = l_1 c_1 + l_2 c_{12} \tag{4-14} $$

$$ y = l_1 s_1 + l_2 s_{12} \tag{4-15} $$

(4-14)와 (4-15)식을 자승하고 합하면

$$ x^2 + y^2 = l_1^2 + l_2^2 + 2 l_1 l_2 c_2 \tag{4-16} $$

$$ c_{12} = c_1 c_2 - s_1 s_2 $$

$$ s_{12} = c_1 s_2 - s_1 c_2 \tag{4-17} $$

식 (4-16)를 C_2에 관하여 풀면,

$$ c_2 = \frac{x^2 + y^2 - l_1^2 - l_2^2}{2 l_1 l_2} \tag{4-18} $$

해가 존재하기 위하여 식(4-18)의 우변이 -1과 1사이에 값을 가져야한다. 위 조건이 만족하는지를 검토하여 해의 존재여부를 결정한다. 이 제한조건을 만족하지 못하는 경우에는 매니퓰레이터가 도달하기에는 목표점이 너무 먼 위치에 있음을 의미한다.

목표점이 작업공간 안에 있다고 가정하면 s_2는 다음과 같이 구해진다.

$$s_2 = \pm \sqrt{1-c_2^2} \tag{4-19}$$

마지막으로 두변수 Arc tan기호를 사용하여 θ_2를 계산한다.

$$\theta_2 = A\tan2(s_2,\ c_2) \tag{4-20}$$

θ_2를 구한 후에는 식(4-10)과 (4-11)을 이용하여 θ_1을 구할 수 있다.

$$x = k_1 c_1 - k_2 s_1 \tag{4-21}$$

$$y = k_1 s_1 - k_2 c_1 \tag{4-22}$$

여기서, $k_1 = l_1 + l_2 c_2$, $k_2 = l_2 s_2$이다.

이와 같은 방정식을 풀기 위하여 변수치환하면(상수 k_1, k_2를 기술하는 방법을 변환)

$$r = -\sqrt{k_1 + k_2} \tag{4-23}$$

$y = A\tan2(k_1,\ k_2)$ 이면

$$k_1 = r\cos\gamma$$

$$k_2 = t\sin\gamma \tag{4-24}$$

(4-21), (4-22)식은 다음과 같다.

$$\frac{x}{r} = \cos\gamma\cos\theta_1 - \sin\gamma\sin\theta_1 \Rightarrow \cos(\gamma+\theta_1) \tag{4-25}$$

$$\frac{x}{r} = \cos\gamma\cos\theta_1 - \sin\gamma\sin\theta_1 \Rightarrow \sin(\gamma+\theta_1) \tag{4-26}$$

또는

$$\cos(\gamma + \theta_1) = \frac{x}{y}$$

$$\sin(\gamma + \theta_1) = \frac{x}{y}$$

두변수 Arc tan기호를 사용하면 다음과 같다.

$$\gamma + \theta_1 = A\tan2\left(\frac{y}{\gamma}, \frac{x}{\gamma}\right) = A\tan2(y, x) \tag{4-27}$$

그리하여

$$\gamma + \theta_1 = A\tan2\left(\frac{y}{\gamma}, \frac{x}{\gamma}\right) = A\tan2(y, x) \tag{4-28}$$

앞에서 θ_2를 구하기 위하여 부호를 선택할 때, k_2의 부호를 변경시키고 결과적으로 θ_1에 영향을 미친 것을 주목하자. 식(4-23)과 (4-24)의 치환은 흔히 접하게 되는 해법이다. 만약에 $x = y = 0$이면 부정이 되며, θ_1는 임의의 각, θ_1에서 θ_2까지의 합을 (4-8)과 (4-9)식에서 구할 수 있다.

처음 두 개의 각은 이미 알고 있으므로

$$\theta_1 + \theta_2 + \theta_3 = A\tan2\,(s_\phi, c_\phi) = \phi$$

$$\theta_3 = \phi - \theta_1 - \theta_2$$

기하적 해 (geometric solution)

매니퓰레이터의 해를 구하는 기구학적 방법에서는 로봇 팔의 공간기하를 평면기하 문제로 분해함으로써 구할 수 있다. 특히 $\alpha_i = 0$ 또는 ± 90일 때 풀이가 용이하다.

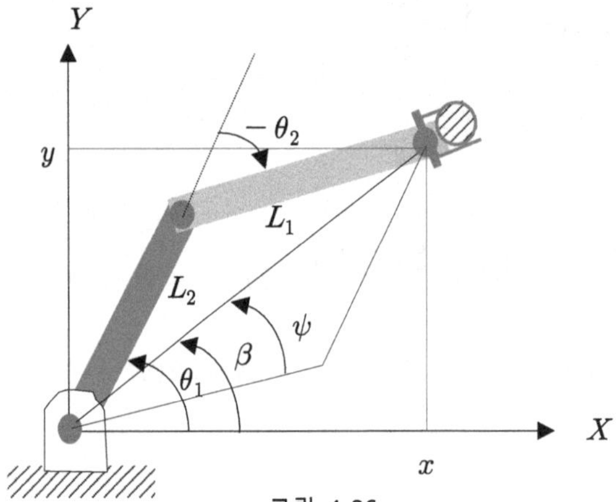

그림 4-26

그림에서 코싸인 법칙을 적용하여 θ_2를 구할 수 있다.

$$x^2 + y^2 = l_1^2 + l_2^2 - 2l_1 l_2 \cos(180 + \theta_2) \tag{4-29}$$

$$\cos(180 + \theta_2) = -\cos\theta_2$$

$$c_2 = \frac{x^2 + y^2 - l_1^2 - l_2^2}{2l_1 l_2 \sqrt{x^2 + y^2}} \tag{4-30}$$

만약에 $\sqrt{x^2 + y^2} > l_1 + l_2$이라면 해는 없다.

(4-30)식을 풀면 -180 〈 2〈 0, 그림에서 2 = -2 를 구해야

$$\theta_1 = \beta \pm \psi \text{ 여기서,} \quad \beta = A\tan 2(y, x) \tag{4-31}$$

ψ를 구하기 위하여 코사인 법칙을 다시 적용하면 다음과 같다.

$$\cos\psi = \frac{x^2 + y^2 + l_1^2 - l_2^2}{2l_1 \sqrt{x^2 + y^2}} \tag{4-32}$$

$$\theta_1 = \beta \pm \psi + \ : \text{if } 2\langle\ 0$$

$$- \ : \text{if } 2\rangle\ 0$$

평면상의 각도는 가감이 가능하므로, 3관절 각들의 합은 마지막 링크의 방위가 된다.

$$\theta_1 + \theta_2 + \theta_3 = \phi$$

여기에서 3를 구하면 모든 해를 구한 것이 된다.

$$\theta_3 = \phi - \theta_1 - \theta_2$$

4.1.4 다항식 변환에 의한 대수해

θ한 개의 변수만이 존재할 때도 $\sin\theta$와 $\cos\theta$ 등이 나타나므로, 초월함수의 해를 구하기가 어렵다. 그러나 치환을 수행하면 한 개의 변수 u로 방정식을 구할 수 있다.

$$u = \tan\frac{\theta}{2}$$

$$\cos\theta = \frac{1-u^2}{1+u^2} \tag{4-33}$$

$$\sin\theta = \frac{2u}{1+u^2}$$

위식은 기구학 방정식을 풀기 위하여 자주 사용되어지는 중요한 기하학적인 대체이다. 이러한 대체를 이용하여 초월함수 방정식을 u의 다항식으로 변환한다.

예제 4-5

초월함수 방정식

$$a\cos\theta + b\sin\theta = c \tag{4-34}$$

을 반각의 tan을 이용한 다항식으로 고친 후, θ를 구하라.

(4-33)식을 치환하고 $1+u^2$을 곱하면

$$a(1-u^2) + 2bu = c(1+u^2) \tag{4-35}$$

u의 차수로 전개하면

$$(a+c)u^2 - 2bu + (c-a) = 0 \tag{4-36}$$

위 방정식의 해는

$$u = b \pm \frac{\sqrt{b^2-a^2-c^2}}{a+c} \tag{4-37}$$

따라서

$$\theta = 2\tan^{-1}\left(b \pm \frac{\sqrt{b^2-a^2-c^2}}{a+c}\right) \tag{4-38}$$

식 (4-37)의 해가 복소수이면 원래의 초월함수의 해가 존재하지 않는다. 만약 $a+c=0$이면 arc tan가 무한히 커지므로, $\theta = 180^\circ$ 이다.

4차 방정식까지는 일반해가 존재하므로 4차식 이하의 대수적으로 해를 구할 수 있는 간단한 매니퓰레이터를 폐형식 해 매니퓰레이터라고 한다.

4.1.5 역기구학의 예(1)

(1) 로봇의 팔의 역기구학 해 구하기

전체 변환행렬 ${}^{R}T_{H}$에서 각 관절의 각을 분리하기 위해 각 관절 변환행렬의 역행렬을 전체 변환행렬 앞에 곱한다. 방정식을 통해 각 관절 변수를 구할 수 있다.

$$ {}^{R}T_{H} = A_1 A_2 A_3 A_4 A_5 A_6 \tag{4-39}$$

$$= \begin{bmatrix} C_1(C_{234}C_5C_6 - S_{234}S_6) - S_1S_5C_6 & C_1(-C_{234}C_5C_6 - S_{234}C_6) + S_1S_5C_6 & C_1(C_{234}S_5) + S_1C_5 & C_1(C_{234}a_4 + C_{23}a_3 + C_2a_2) \\ S_1(C_{234}C_5C_6 - S_{234}S_6) + C_1S_5C_6 & S_1(-C_{234}C_5C_6 - S_{234}C_6) - C_1S_5C_6 & S_1(C_{234}S_5) - C_1C_5 & S_1(C_{234}a_4 + C_{23}a_3 + C_2a_2) \\ S_{234}C_5C_6 + C_{234}S_6 & -S_{234}C_5C_6 + C_{234}C_6 & S_{234}S_5 & S_{234}a_4 + S_{23}a_3 + S_2a_2 \\ 0 & 0 & 0 & 1 \end{bmatrix}$$

$$= \begin{bmatrix} n_x & o_x & a_x & p_x \\ n_y & o_y & a_y & p_y \\ n_2 & o_2 & a_2 & p_2 \\ 0 & 0 & 0 & 1 \end{bmatrix}$$

$$A_1^{-1} \times \begin{bmatrix} n_x & o_x & a_x & p_x \\ n_y & o_y & a_y & p_y \\ n_2 & o_2 & a_2 & p_2 \\ 0 & 0 & 0 & 1 \end{bmatrix} = A_1^{-1}[RHS] = A_2 A_3 A_4 A_5 A_6$$

$$\begin{bmatrix} C_1 & S_1 & 0 & 0 \\ 0 & 0 & 1 & 0 \\ S_1 & -C_1 & 0 & 0 \\ 0 & 0 & 0 & 1 \end{bmatrix} \times \begin{bmatrix} n_x & o_x & a_x & p_x \\ n_y & o_y & a_y & p_y \\ n_2 & o_2 & a_2 & p_2 \\ 0 & 0 & 0 & 1 \end{bmatrix} = A_2 A_3 A_4 A_5 A_6$$

(2) 로봇의 위치와 방위를 결정하는 6개의 방정식

$$\theta = \tan^{-1}\left[\frac{p_y}{p_x}\right]$$

$$\theta_2 = \tan^{-1}\frac{(C_3a_3 + a_2)(p_z - S_{234}a_4) - S_3a_3(p_xC_1 + p_yS_1 - C_{234}a_4)}{(C_3a_3 + a_2)(p_xC_1 + p_yS_1 - C_{234}a_4) + S_3a_3(P_z - S_{234}a_4}$$

$$\theta_3 = \tan^{-1}\left[\frac{S_3}{C_3}\right]$$

$$\theta_4 = \theta_{234} - \theta_2 - \theta_3$$

$$\theta_5 = \tan^{-1}\frac{C_{234}(C_1a_x + S_1a_y)S_{234}a_z}{S_1a_x - C_1a_y}$$

$$\theta_6 = \tan^{-1}\frac{-S_{234}(C_1n_x + S_1n_y) + S_{234}n_z}{-S_{234}(C_1o_x + S_1o_y) + C_{234}o_z} \tag{4-40}$$

(3) 로봇의 역기구학 프로그래밍

1) 로봇 설계자는 역기구학 해답을 계산하고 이 방정식을 이용하여 로봇의 위치를 구현한다.

2) 일반적인 계산법을 통해 관절 변수를 계산하는 것은 시간이 많이 소요된다.

3) 로봇이 A 에서 B 사이의 직선 위를 움직일 때, 로봇의 경로를 예측할 수 없다.

4) 한 직선을 추적하기 위해서는 두 점 사이를 나눈 다음 두 점 사이의 연속적인 작은 부분을 로봇이 추적하게 한다. 각각의 부분점에 대해 관절 변수가 계산되어야 한다.
5) 통상적으로 로봇의 움직임보다 계산이 늦으면 로봇은 정확성을 잃거나 특정한 경로를 추종할 수 없다.
6) 새로운 해답을 계산하는 시간이 짧으면 로봇의 움직임은 더욱 정확하다.
7) 가능한 모든 불필요한 계산을 제거한다.
8) 프로그래머는 모든 수학적 작업을 미리 한 다음 로봇제어기에는 오직 최종 해답만을 계산하는 프로그래밍만 한다.

4.1.6 역기구학의 예(2)

이 절에서는 두가지 종류의 로봇 매니퓰레이터에 대한 역기구학 해를 다루기로 한다. 한가지 방법은 순수한 대수학적인 방법으로 해를 구하고, 또 다른 한 방법은 대수학적인 방법과 기하학적인 방법을 병행한 방법으로 해를 구한다.

Unimation PUMA 560

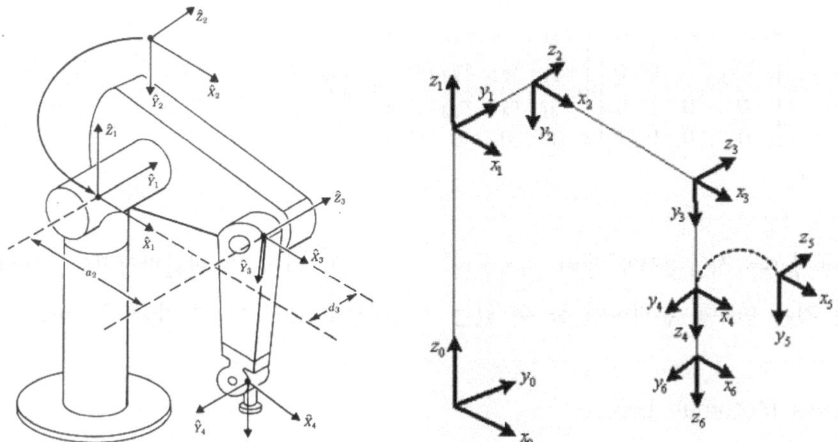

그림 4-27 PUMA 560

6자유도를 갖는 로봇 매니퓰레이터의 대수적인 방법의 예로서 UNIMATION사의 PUMA 560에서 ${}^0_6T$가 수치값으로 주어졌을 때 θ_i를 구한다.

$$ {}^0_6T = \begin{bmatrix} r_{11} & r_{12} & r_{13} & p_x \\ r_{21} & r_{22} & r_{23} & p_y \\ r_{31} & r_{32} & r_{33} & p_z \\ 0 & 0 & 0 & 1 \end{bmatrix} = {}^0_1T(\theta_1){}^1_2T(\theta_2){}^{20}_{3}T(\theta_3){}^3_4T(\theta_4){}^0_5T(\theta_5){}^0_1T(\theta_1){}^5_6T(\theta_6) \tag{4-41} $$

식 (4-41)에서 θ_1에 관계되는 항을 좌변으로 옮겨 놓으면

$$ \left[{}^0_1T(\theta_1)\right]^{-1}\,{}^0_6T = {}^1_2T(\theta_2){}^2_3T(\theta_3){}^3_4T(\theta_4){}^4_5T(\theta_5){}^5_6T(\theta_6) \tag{4-42} $$

${}^0_1T$의 역을 취하여 식 (4-42)를 다시 쓰면

$$ \begin{bmatrix} c_1 & s_1 & 0 & 0 \\ -s_1 & c_1 & 0 & 0 \\ 0 & 0 & 1 & 0 \\ 0 & 0 & 0 & 1 \end{bmatrix} \begin{bmatrix} r_{11} & r_{12} & r_{13} & p_x \\ r_{21} & r_{22} & r_{23} & p_y \\ r_{31} & r_{32} & r_{33} & p_z \\ 0 & 0 & 0 & 1 \end{bmatrix} = {}^1_6T \tag{4-43} $$

여기에서 ${}^1_6T$는 식(4-43)과 같이 주어진다. 이 간단한 기법 즉 변환방정식의 양변에 역행렬을 곱하는 것은 변수를 분리하여 풀 수 있는 방정식으로 유도하는데 가끔 유용하게 쓰인다.

Yasukawa Motoman L-3

Yasukawa Motoman의 주된 3가지 특징은 다음과 같다.

1, 매니퓰레이터의 관절이 다섯개뿐이므로 말단 효과장치의 위치와 방위를 조절하여 일반적 목표계를 얻을 수는 없다.

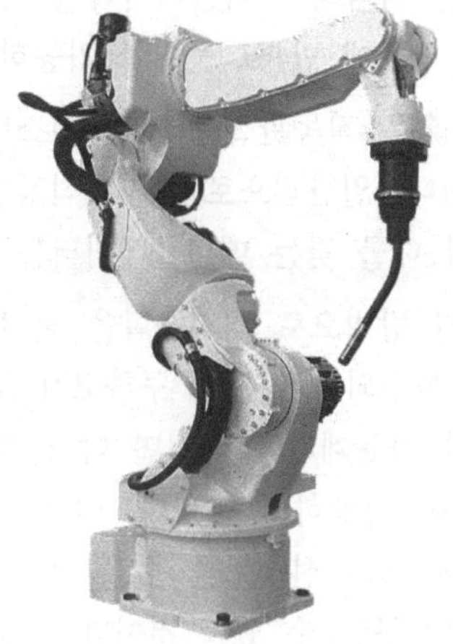

그림 4-28 MOTOMAN-VA1400

2, 링크와 체인 구동방법 때문에 한 개의 액츄에이터가 움직이면 2개 또는 그 이상의 관절이 운동하게 된다.

3, 액츄에이터의 위치 한계가 상수가 아니고, 다른 액츄에이터의 위치에 따라 결정되므로 계산된 매니퓰레이터의 값이 한계 내에 있는가 아닌가 하는 것이 저절로 결정되지는 않는다.

4.1.7 자코비안(Jacobian)

지금까지 로봇의 기구학 계산을 통해서 각 관절의 회전 각도와 로봇의 말단의 사이의 관계를 살펴보았다. 2자유도 로봇의 경우 해석적인 계산을 통해서 전향기구학 및 역기구학을 계산할 수 있지만 일반적으로 복잡한 형태를 갖는 로봇의 경우 기구학 계산은 매우 어렵게 된다.

역기구학 문제를 풀기 위해서는 일반적으로 비선형방정식의 해를 구하여야 하나 선형방정식과는 달리 비선형 연립미분방정식의 해를 구하는 일반적인 방법은 없으며, 해석적인 방법과 수치해석 적인 방법과 같은 2가지 형태의 해를 생각할 수 있다. 또한 해석적인 방법은 대수적인 방법과 기하학적인 방법으로 나 눌 수 있다. 해석적인 방법의 가장 큰 단점은, 이 방법이 로봇에 따라 풀이법이 달라진다는 것이다. 따라서 각각의 로봇 혹은 유사한 그룹의 로봇에 대한 풀이법이 존재한다. 이 경우에는 각각의 매니퓰레이터에 대하여 직관적으로 해를 구해야 하며, 간단한 구조의 매니퓰레이터의 경우에 만 그 풀이가 가능하다.

개루프형의 6자유도의 회전 혹은 직동관절을 가진 시스템은 역기구학 해를 구할 수 있으나 이 일반해는 수치해석적인 것이다. 일반적으로 수치해석적인 해는 해석적인 해를 얻는 것보다 시간이 많이 걸리므로 폐형식의 해를 갖는 매니퓰레이터를 설계하는 것이 매우 중요하다.

위에 언급한 것처럼 해석적인 방법으로 역기구학을 풀기위해서 상당히 복잡한 기하학적 계산이 필요하다. 주어진 인자는 한정되어 있는데 구하고자 하는 해가 더 많기 때문이다. 그리고 로봇 플랫폼에 종속되어 설정한 좌표계가 달라지면 다시 계산해야 하거나 잘못된 좌표계 설정으로 엉뚱한 결과가 나오는 일이 발생하기도 한다. 이런 일 때문에 역기구학을 풀기 위해 자코비안을 사용하는데, end effector의 선속도를 주고 각 관절의 각속도를 구하는데 이 각속도를 구한다음 적분을 통해 각도를 구할 수 있는 것이다.

그렇지만, 회전 각도와 로봇 말단 사이 관계의 미분을 이용하면 일반적인 로봇 경우에 대해서도 기구학 계산의 어려움을 개선할 수 있다.

로봇 기구학의 미분관계

다음의 그림에 나타낸 평면 2링크 로봇을 예로 들어서 로봇 각 관절의 각속도와 로봇 말단의 미분값에 대해서 고찰해 보도록 한다.

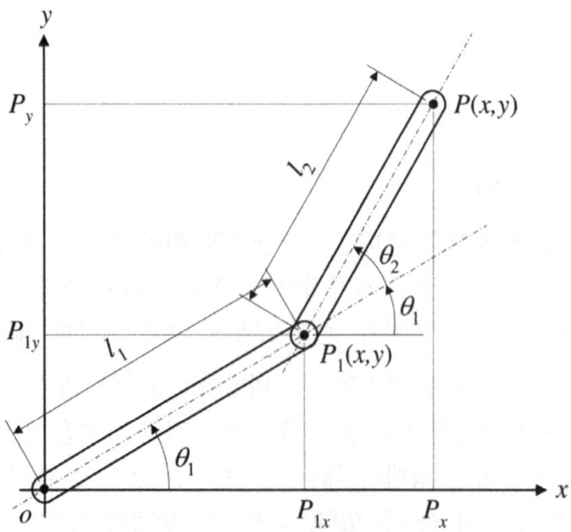

그림 4-29 평면 2링크 회전 관절형 로봇

회전각도와 로봇말단의 미분 관계를 계산하기 위해서 먼저, 평면 2링크 회전에서 점 B의 속도는 다음과 같다.

$$P_x = l_1\cos\theta_1 + l_2\cos(\theta_1+\theta_2) \tag{4-44}$$

$$P_y = l_1\sin\theta_1 + l_2\sin(\theta_1+\theta_2) \tag{4-45}$$

위식의 양변을 시간에 대하여 미분하여 다음의 관계를 얻을 수 있다.

$$\dot{P}_x = l_1\dot{\theta}_1 sin\theta_1 - l_2(\dot{\theta}_1+\dot{\theta}_2)\sin(\theta_1+\theta_2) \tag{4-46}$$

$$\dot{P}_y = l_1\dot{\theta}_1 cos\theta_1 + l_2(\dot{\theta}_1+\dot{\theta}_2)\cos(\theta_1+\theta_2) \tag{4-47}$$

앞에서 구성한 식 (4-46)와 (4-47)은 다음과 같은 행렬형태로 속도를 나타낼 수 있다.

$$\begin{bmatrix}\dot{p}_x\\ \dot{p}_y\end{bmatrix} = \begin{bmatrix}-l_1\sin(\theta_1)-l_2\sin(\theta_1+\theta_2) & -l_2\sin(\theta_1+\theta_2)\\ l_1\cos(\theta_1)+l_2\cos(\theta_1+\theta_2) & l_2\cos(\theta_1+\theta_2)\end{bmatrix}\begin{bmatrix}\dot{\theta}_1\\ \dot{\theta}_2\end{bmatrix} \tag{4-48}$$

$$\dot{p} = J\dot{\theta} \tag{4-49}$$

이 때, 편리성을 위해서 J로 정리한 행렬은 자코비안(Jacobian) 행렬이라고 부른다.

$$J = \begin{bmatrix}-l_1\sin(\theta_1)-l_2\sin(\theta_1+\theta_2) & -l_2\sin(\theta_1+\theta_2)\\ l_1\cos(\theta_1)+l_2\cos(\theta_1+\theta_2) & l_2\cos(\theta_1+\theta_2)\end{bmatrix},\quad P = \begin{bmatrix}\dot{p}_x\\ \dot{p}_y\end{bmatrix},\quad \theta = \begin{bmatrix}\dot{\theta}_1\\ \dot{\theta}_2\end{bmatrix} \tag{4-50}$$

로봇 기구의 자코비안 행렬 J의 의미는 각 회전 관절의 각속도가 주어지면 로봇 말단의 선속도를 식(4-48)을 이용하여 계산할 수 있음을 나타낼 뿐만 아니라 자코비안 행렬의 역행렬 J^{-1}을 이용하여 로봇 말단의 선속도가 주어지면 각 회전 관절의 각속도를 구할 수 있음을 의미한다.

자코비안은 그 물리적인 의미로 에너지를 최소화할 수 있도록 관절을 움직이게 만든다는 것이다.

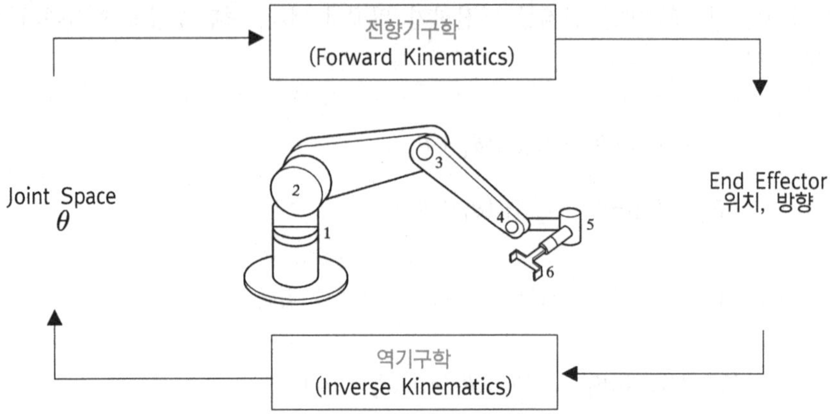

그림 4-30 로봇 매니퓰레이터의 기구학

로봇의 해석

□ 위치해석(Position Analysis)

· 전향기구학(Forward Kinematics)

Given: Joint angles, Find: End-effector pose (=position + orientation)

· 역기구학(Inverse Kinematics)

Given: End-effector pose, Find: Joint angles

□ 자코비안 해석(Jacobian Analysis)

· 속도 해석(Velocity Analysis): $V = J\,\dot{\theta}$

· 정역학 해석(Statics Analysis): $\tau = J^T F$

예제 4-6

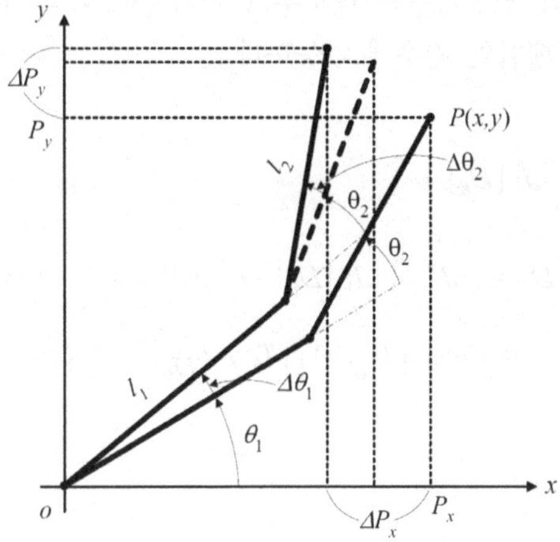

그림 4-31 평면 2링크 회전 관절형 로봇

그림 4-31에 주어진 평면 2링크 관절형 매니퓰레이터의 링크 l1의 길이는 0.15 m, 링크 l2의 길이는 0.12 m이다. 그리고 관절의 각도는$\theta_1 = 30$, $\theta_2 = 60$일 때, 말단장치 $P_1(x,y)$좌표를 구하라.

해답

$$P_{1x} = l_1\cos\theta_1 + l_2\cos(\theta_1+\theta_2) = 0.15\times\cos(30) + 0.12\times\cos(30+60) = 0.1299(m)$$

$$P_{1y} = l_1\sin\theta_1 + l_2\sin(\theta_1+\theta_2) = 0.15\times\sin(30) + 0.12\times\sin(30+60) = 0.1950(m)$$

역 자코비안(Inverse Jacobian)

조금 더 깊이 들어가면 로봇의 동작을 위해 자코비안과 Weight matrix과의 곱을 통해 움직이는 관절의 우선순위를 지정할 수 있다. 그리고 n×m 형태의 jacobian의 역행렬을 구하기 위해 의사-역행렬(pseudo-inverse matrix)을 사용한다.

$$Ax = B,\ A^TAx = A^TB,\ A^TAx = A^TB \tag{4-51}$$

로봇 매니퓰레이터의 동작제어를 위해 많은 지식이 필요하다. 자코비안 행렬의 역행렬을 사용하여 로봇 매니퓰레이터의 전향기구학 해로부터 역기구학 해를 표시하면 다음과 같다. 다음 식은 자코비안 행렬이 정방행렬일 경우에 가능하다.

$$[D] = [J][D_\theta] \tag{4-52}$$

$$[J^{-1}][D] = [J^{-1}][J][D_\theta] \rightarrow [D_\theta] = [J^{-1}][D]$$

$$[{}^{T_6}J^{-1}][{}^{T_6}D] = [{}^{T_6}J^{-1}][{}^{T_6}J][D_\theta] \rightarrow [D_\theta] = [{}^{T_6}J^{-1}][{}^{T_6}D]$$

4.2 이동로봇의 기구학

고정된 매니퓰레이터는 홀로노믹(holonomic) 시스템인 반면에, 구르는 이동로봇은 비-홀로노믹(non-holonomic)시스템이다. 바퀴에 대한 기구학 및 동력학에 대한 분석에 따르면, 구르는 이동로봇에 대한 제한은 홀로노믹(holonomic) 시스템인 매니퓰레이터의 제한보다 매우 복잡하다. 이동로봇의 높은 실행성을 갖는 제어기의 구성은 체계적인 기구학 및 동력학 모델링의 개발에 의해 이루어질 수 있다.

홀로노믹 시스템 (Holonomic System)

구 분	홀로노믹 시스템 (Holonomic System)	비-홀로노믹 시스템 (Non-holonomic System)
대 상	· 매니퓰레이터	· 이동로봇(이동 로봇)
조인트	· prismatic이나 revolute 조인트	· 점이나 선 접촉 조인트
	· lower-pair조인트	· higher-pair조인트
특 징	· 움직이는 방향이 명확하기 때문에 링크의 속도를 알면 속도의 적분과 방향에 의하여 링크의 현재 위치를 파악할 수 있음	· 대부분 임의의 조향장치에 의하여 방향을 변경하거나 혹은 구동바퀴의 속도 차에 의하여 몸체의 이동방향을 임의로 변경. · 현재 이동로봇의 몸체속도를 알고 있을지라도 이동방향은 예측할 수가 없어, 현재의 알고 있는 몸체속도로부터 이동로봇의 위치를 파악하는 것은 불가능

이동로봇에 대하여 체계적인 방법에 의하여 기구학 모델링을 구하며, 위치 궤적이 설정되어졌을 경우에 이 궤적을 정확히 추적하기 위한 제어 시스템의 구성 방법에 중점을 두고 이루어진다.

1) 4-바퀴를 갖는 이동로봇의 기구학 모델링은 이동로봇이 구조적으로 유연성(flexible)부분을 갖지 않는다.

2) 모든 조종축은 이동면에 직교한다는 가정하에서 기구학 모델링이 이루어진다.

기구학 모델링의 순서는 1) 좌표 시스템 할당 2) 좌표변환 행렬 3) 자코비안 행렬 4) 역 기구학 해 5) 전향 기구학 해를 구하는 순서로 이루어진다. 이와 같은 기구학 모델링은 기준 궤적이 주어진 경우 정확한 위치제어를 위하여 사용된다.

4.2.1 바퀴형 이동로봇의 특징

이동로봇은 다음의 특성을 갖는다고 간주한다.

1) 고정된 로봇 매니퓰레이터는 정지된 물체를 잡았을 때만 폐-체인을 갖는 반면에, 이동로봇은 다중-폐-체인을 갖는다.
2) 고정된 매니퓰레이터는 단지 lower-pair 조인트를 갖는 반면에, 이동로봇은 바퀴와 평면 접촉면 사이에 higher-pair 조인트를 갖는다.
3) 고정된 매니퓰레이터는 각 조인트의 모든 자유도가 구동되는 반면에, 이동로봇은 바퀴의 자유도 중의 일부만 구동된다.
4) 고정된 매니퓰레이터는 각 조인트의 모든 자유도가 위치와 속도센서를 갖는 반면에, 이동로봇은 바퀴의 자유도 중 일부만 위치와 속도센서를 갖는다.
5) 이동로봇은 내부마찰 및 바닥과 접촉하는 접촉점의 마찰도 중요하다.

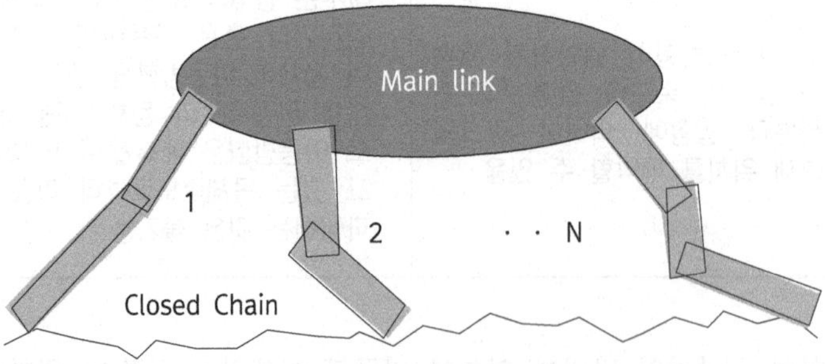

그림 4-32 이동로봇의 폐-체인 메카니즘

특성구분

구분	매니퓰레이터	이동로봇
체 인	· 정지된 물체를 잡았을 때만 폐-체인을 갖는다.	· 다중-폐-체인을 갖는다.
조 인 트	· lower-pair 조인트	· 바퀴와 평면 접촉면 사이에 higher-pair 조인트
구동모터	· 각 조인트의 모든 자유도가 구동	· 바퀴의 자유도 중의 일부만 구동
센 서	· 각 조인트의 모든 자유도가 위치와 속도센서를 갖는다.	· 바퀴의 자유도 중 일부만 위치와 속도 센서를 갖는다.
기 타		· 내부마찰 및 바닥과 접촉하는 접촉점의 마찰도 중요

4.2.2 바퀴의 특성

고정된 매니퓰레이터의 조인트는 prismatic이나 revolute 조인트에 의해 전이 혹은 회전 동작을 갖으며, 공통표면은 이웃하는 링크와 접하는 lower pair조인트이다. lower pair조인트를 갖는 로봇 매니퓰레이터의 경우, 움직이는 방향이 명확하기 때문에 링크의 속도를 알면 속도의 적분과 방향에 의하여 링크의 현재 위치를 파악할 수 있다. 이러한 시스템을 일컬어 홀로노믹 제약(holonomic constraint)을 갖는 시스템이라고 한다.

반면에 이동로봇은 이동표면과 바퀴사이에 점이나 선 접촉을 갖는 higher pair조인트를 갖는다. 이는 여러 종류가 있지만 대부분 임의의 조향장치에 의하여 방향을 변경하거나 혹은 구동바퀴의 속도 차에 의하여 몸체의 이동방향을 임의로 변경하는 것이 가능하다.

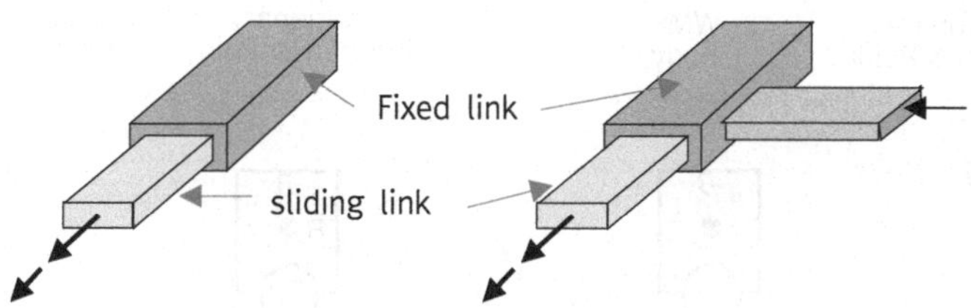

그림 4-33 prismatic 조인트

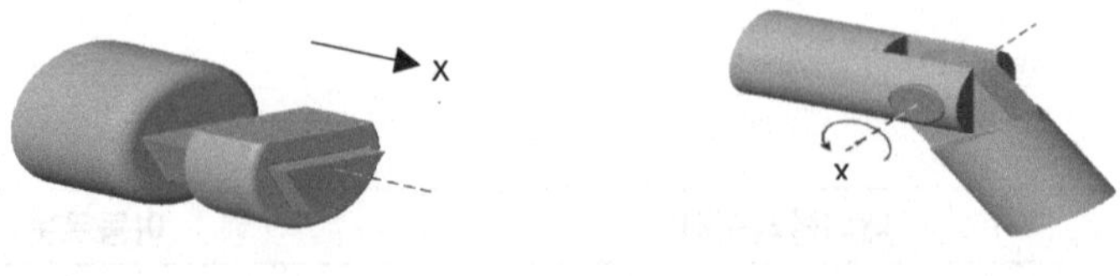

(a) prismatic 조인트 (b) revolute 조인트

그림 4-34 lower pair 조인트의 종류

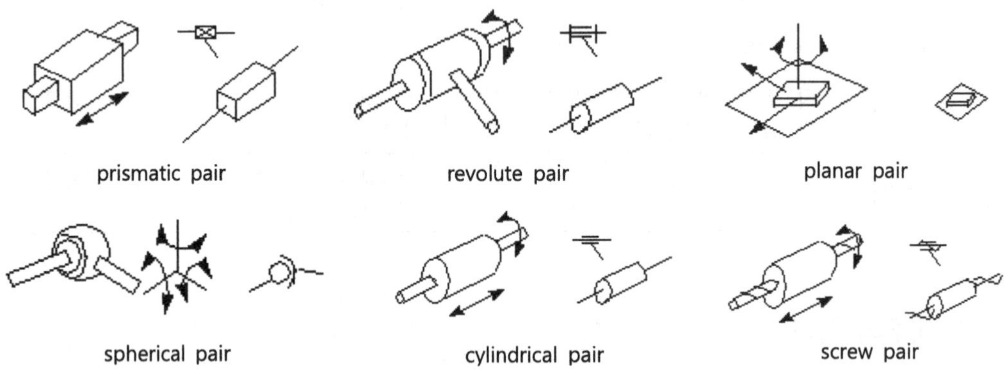

그림 4-35 lower pair 조인트의 종류

즉, 현재 이동로봇의 몸체속도를 알고 있을지라도 이동방향은 예측할 수가 없어, 현재의 알고 있는 몸체속도로부터 이동로봇의 위치를 파악하는 것은 불가능하다. 이러한 시스템을 비-홀로노믹 제약(non- holonomic constraint)을 갖는 시스템이라고 한다. 이는 이동로봇의 몸체속도의 적분에 의하여 직각 좌표 시스템에서 이동로봇 위치를 구할 수 없다는 의미와 일치한다. 비-홀로노믹 제약에 대한 설명은 순간 일치(instantaneously coincident)좌표시스템의 도입에 의해 쉽게 설명할 수 있다.

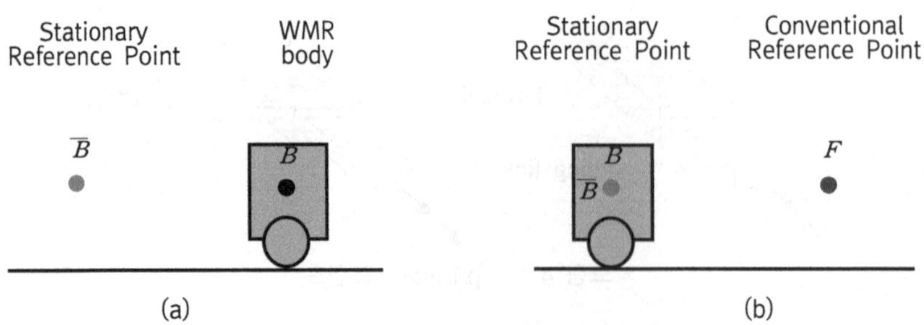

그림 4-36 순간일치에서 이동로봇의 동작

이동로봇이 일반적인 기준점(F)을 출발해서 임의의 고정된 기준점($\overline{B}$)을 통과할 때 이동로봇의 body점(B)에 대한 임의의 고정된 기준점($\overline{B}$)의 위치; ${}^{\overline{B}}p_B = 0$이지만 ${}^{\overline{B}}v_B \neq 0$이고 ${}^{\overline{B}}a_B \neq 0$이다.

이러한 사실로부터 움직이는 좌표 시스템의 속도와 가속도는 움직이는 좌표 시스템의 위치와 상관없이 구할 수 있다. 즉, 비-홀로노믹 제약을 갖는다. 이는 곧 higher-pair조인트의 특징이다. 여기서 움직이는 좌표는 몸체좌표인 B이며 일반적인 기준점 좌표는 바닥좌표인 F이다.

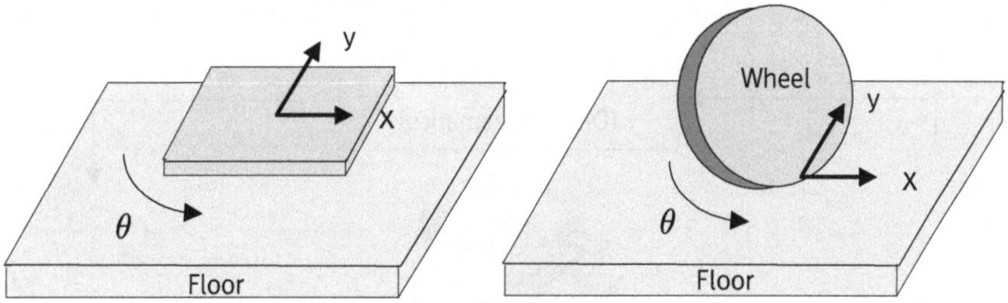

(a) lower-pair (b) higher-pair

그림 4-37 조인트의 종류

조인트의 종류

- lower-pair조인트 : 매니퓰레이터의 조인트는 prismatic이나 revolute 조인트에 의해 전이 혹은 회전 동작을 갖는다.
- higher-pair조인트 : 이동로봇은 이동표면과 바퀴사이에 점이나 선 접촉을 갖는다.

순간일치 좌표시스템

ㅁ 임의의 고정된 기준점($\overline{B}$)을 이동로봇(B)가 통과할 때 :

- 위치; ${}^{\overline{B}}p_B = 0$, 속도 ${}^{\overline{B}}v_B \neq 0$, ${}^{\overline{B}}a_B \neq 0$
- 이동로봇이 움직이는 좌표 시스템의 속도와 가속도는 움직이는 좌표 시스템의 위치와 상관없이 구할 수 있다.
- 비-홀로노믹 제약
- higher-pair조인트의 특징

4.2.3 좌표 시스템 할당

기존에 이동로봇에 대한 기구학적인 모델링은 Muir, Newman 등에 의하여 로울러식 이동로봇에 대하여 간략하게 취급되어져 왔다. 지금까지 바퀴형 이동로봇의 기구학 모델링에 대한 체계적인 수학적 전개가 없어 많은 어려움을 겪어왔으나, 본 장에서 일반적인 경우에 대한 예를 통하여 수학적 모델링이 이루어짐으로써 바퀴형 이동로봇에 대한 분석, 구성, 모의실험, 제어 등에 매우 유용하다. 특히 4-바퀴의 이동로봇에 대한 기구학 모델링을 구하고, dead-reckoning 알고리즘을 통하여 실시간에서 이동로봇의 위치제어를 가능하게 한다.

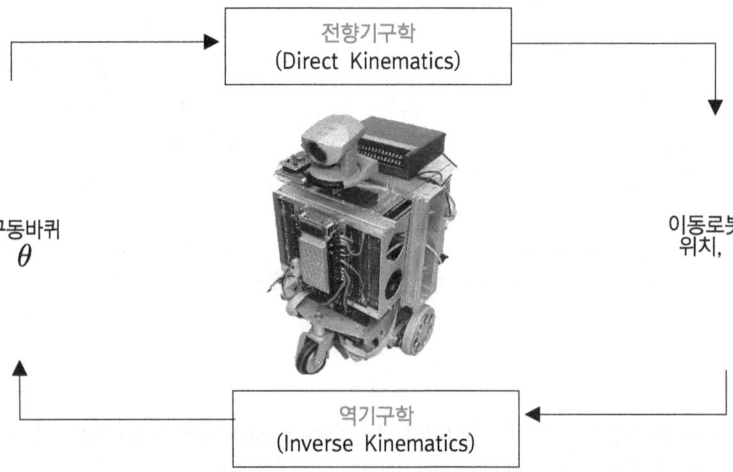

그림 4-38 이동로봇의 기구학

이동로봇 메카니즘에 있어 기구학의 모델링은 이동로봇의 위치제어를 위한 제어기 구성의 기초가 되며, 이는 이동로봇의 동작이 주어졌을 경우에 각 바퀴의 동작을 구하는 역 기구학과 바퀴의 동작이 주어졌을 경우에 이동로봇의 동작을 구하는 전향 기구학으로 분류할 수 있다.

◆ 구조상의 가정 :

1) 바퀴형 이동로봇은 유연성(flexible)부분을 갖지 않는다.

2) 각 바퀴마다 조향링크는 없거나 혹은 하나만 갖는다.

3) 모든 조종 축은 이동표면에 직교한다.

◆ 동작상의 가정 :

1) 이동로봇은 평면의 표면을 움직인다.
2) 이동표면과 바퀴사이의 접촉점에서 전이 마찰력(translational friction)은 충분히 커서 전이 미끄럼(translational slip)은 발생하지 않는다.
3) 이동표면과 바퀴사이의 접촉점에서 회전 마찰력(rotational friction)은 아주 작아서 회전 미끄럼(rotational slip)은 발생할 수 있다.

기구학(Kinematics)

▫ Kinematics :

이동로봇에 인가되는 힘(force)이나 토크(torque)는 고려하지 않고 단지 동작만을 기하학적으로 분석(Geometrical analysis)

- 전향기구학(Forward Kinematics) : 측정된 전향기구학 해는 엔코더를 통하여 측정된 바퀴의 속도와 위치로부터 이동로봇의 몸체 속도를 구한다.
- 역기구학(Inverse Kinematics) : 구동된 역 기구학 해는 이동로봇의 몸체 속도로부터 구동된 바퀴의 속도를 구한다.

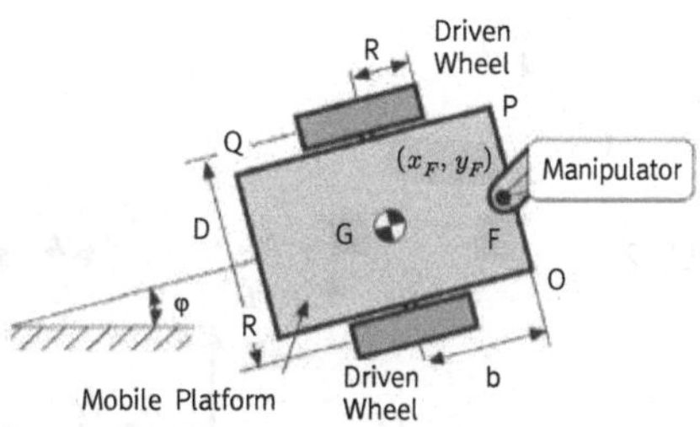

mobile robot kinematics

좌표 시스템 할당은 바퀴형 이동로봇의 기구학 모델링에서 첫번째 단계이다. 이동로봇의 각각의 바퀴에 대한 좌표 시스템의 할당은 다음 그림과 같이 이루어진다.

그림 4-41에서 축 F, B, H_i, S_i, C_i는 각각 다음을 의미한다.

F : 이동 표면에 직교하는 Z축을 갖는 고정된 기준좌표 시스템.

B : 이동로봇의 몸체와 함께 움직이는 몸체좌표 시스템으로 이동의 표면에 직교하는 Z축을 갖는다.

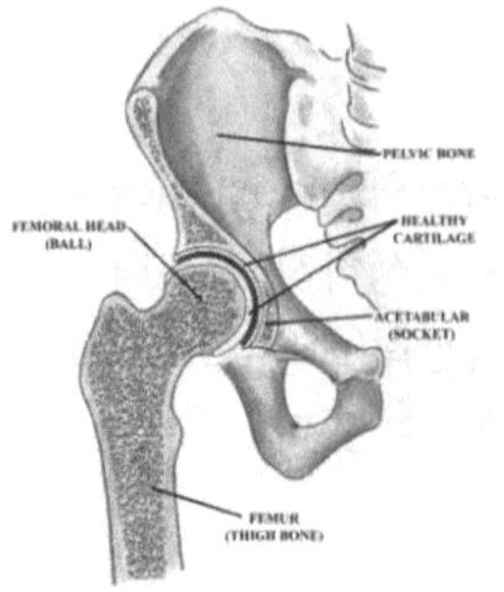

그림 4-39 Hip

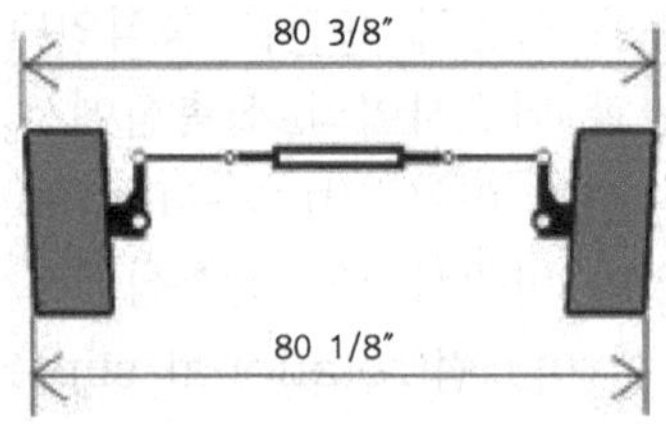

그림 4-40 steering wheel

H_i : Hip (조종바퀴 i에만 갖음)이동로봇의 몸체와 함께 움직이는 좌표 시스템으로 조종 조인트의 축과 일치하는 Z축을 갖는다.

S_i : Steering (조종바퀴 i에만 갖음) 조종링크 i와 함께 움직이는 좌표 시스템으로 H_i의 Z축과 일치하는 Z축을 갖으며 H_i의 원점과 일치하는 원점을 갖는다.

C_i : 바퀴 i의 접촉점과 함께 움직이는 좌표 시스템으로 이동의 표면과 바퀴 사이의 접촉점에서 원점을 갖는다.

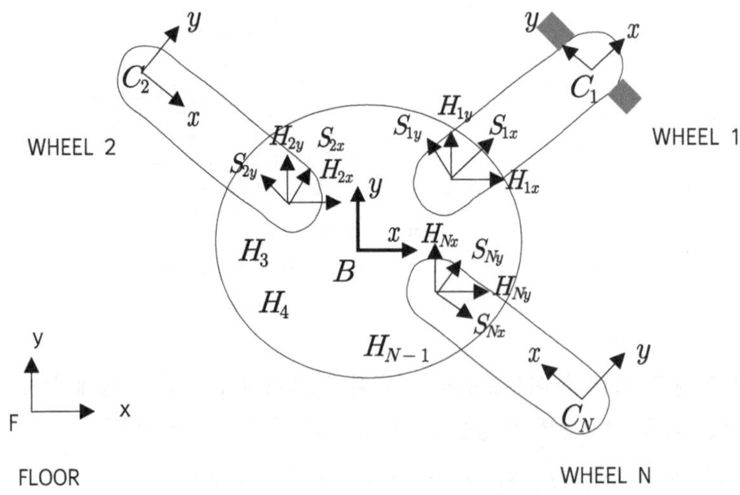

그림 4-41 이동로봇의 좌표 시스템 할당

좌표변환 행렬

동차변환 행렬(Homogeneous transform matrix)은 좌표 시스템사이의 위치와 방향의 관계를 표현하기 위하여 정의되어 진다. 좌표변환 행렬 ${}^{A}\Pi_{B}$는 좌표 시스템 B에서의 점 ${}^{B}r$의 좌표를 좌표 시스템 B의 이에 해당하는 좌표 ${}^{A}r$로 변환시킨다.

$$
{}^{A}r = {}^{A}\Pi_{B}\,{}^{B}r \tag{4-53}
$$

공간상에서 점을 나타내는 벡터 ${}^{A}r$는 세개의 직교 좌표 시스템으로 이루어지며 다음과 같은 4개의 스칼라 요소를 갖는다.

$$
{}^{A}r = \begin{bmatrix} {}^{A}r_x \\ {}^{A}r_y \\ {}^{A}r_z \\ 1 \end{bmatrix} \tag{4-54}
$$

스칼라 요소를 갖는 성분을 이용하여 변환 행렬을 표현하는데, 변환 행렬은
(3 × 3)의 회전행렬과 (3 × 1)의 전이 벡터 P를 갖는다.

$$
{}^{A}\Pi_{B} = \begin{bmatrix} n_x & o_x & a_x & p_x \\ n_y & o_y & a_y & p_y \\ n_z & o_z & a_z & p_z \\ 0 & 0 & 0 & 1 \end{bmatrix} \tag{4-55}
$$

식(4-55)에서 세개의 벡터 구성원 수직(normal), 회전(orientation), 접근(approach)은 A좌표 시스템에 대한 B좌표 시스템의 X, Y, Z축에 대한 방향을 나타내고, 전이 벡터 p의 3개의 구성원 p_x, p_y, p_z은 A좌표 시스템의 X, Y, Z축의 원점에 대한 B 좌표 시스템의 거리를 나타낸다.

이동로봇의 모든 기구학 모델링 좌표 시스템은 이동표면에 직교하는 Z축을 갖는다고 가정하였으므로 좌표 시스템 사이의 모든 회전은 Z축에 대하여 발생한다.

$$
{}^{A}\Pi_{B} = \begin{bmatrix} \cos{}^{A}\theta_{B} & -\sin{}^{A}\theta_{B} & 0 & {}^{A}d_{Bx} \\ \sin{}^{A}\theta_{B} & \cos{}^{A}\theta_{B} & 0 & {}^{A}d_{By} \\ 0 & 0 & 1 & {}^{A}d_{Bz} \\ 0 & 0 & 0 & 1 \end{bmatrix} \tag{4-56}
$$

위식에서

${}^{A}\theta_{B}$: A좌표 시스템의 X축과 B좌표 시스템의 X축 사이에서 A좌표 시스템의 Z축에 대한 B좌표 시스템의 회전 각도를 나타낸다.

${}^{A}d_{Bj}$: A좌표 시스템의 원점과 B좌표 시스템의 원점사이에서 A좌표 시스템의 j축에 대한 B좌표 시스템의 전이 거리를 나타낸다.

${}^{A}\omega_{B}$: A좌표 시스템의 X축과 B좌표 시스템의 X축 사이에서 A좌표 시스템의 Z축에 대한 B좌표 시스템의 회전 각 속도를 나타낸다.

그림 4-42에서 조향바퀴와 조향되지 않는 바퀴에 대한 각각의 좌표변환은 식(4-56)의 좌표 시스템의 변환 행렬로부터 다음과 같다.

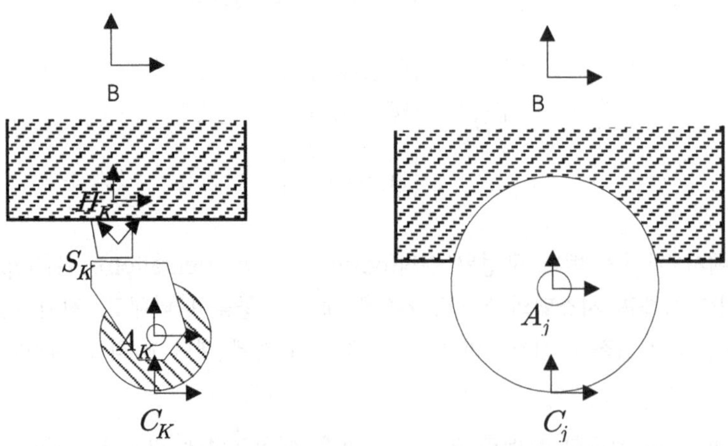

(a) 조향바퀴 (b) 조향되지 않는 바퀴

그림 4-42 바퀴의 좌표 시스템 할당

$$Floor-\overline{B}ody \quad Transformation:\ {}^{F}T_{\overline{B}} = \begin{bmatrix} \cos{}^{F}\theta_{\overline{B}} & -\sin{}^{F}\theta_{\overline{B}} & 0 & {}^{F}d_{Bx} \\ \sin{}^{F}\theta_{\overline{B}} & \cos{}^{F}\theta_{B} & 0 & {}^{F}d_{By} \\ 0 & 0 & 1 & {}^{F}d_{Bz} \\ 0 & 0 & 0 & 1 \end{bmatrix}$$

$$Floor-\overline{C}ontact \quad Transformation:\ {}^{F}T_{\overline{C_i}} = \begin{bmatrix} \cos{}^{F}\theta_{\overline{C_i}} & -\sin{}^{F}\theta_{\overline{C_i}} & 0 & {}^{F}d_{\overline{C_{ix}}} \\ \sin{}^{F}\theta_{\overline{C_i}} & \cos{}^{F}\theta_{\overline{C_i}} & 0 & {}^{F}d_{C_{iy}} \\ 0 & 0 & 1 & {}^{F}d_{\overline{C_{iz}}} \\ 0 & 0 & 0 & 1 \end{bmatrix}$$

$$Body-Hip \quad Transformation:\ {}^{B}T_{H_i} = \begin{bmatrix} \cos{}^{B}\theta_{H_i} & -\sin{}^{B}\theta_{H_i} & 0 & {}^{B}d_{H_{ix}} \\ \sin{}^{B}\theta_{H_i} & \cos{}^{B}\theta_{H_i} & 0 & {}^{B}d_{H_{iy}} \\ 0 & 0 & 1 & {}^{B}d_{H_{iz}} \\ 0 & 0 & 0 & 1 \end{bmatrix}$$

$$Steering-Contact \quad Transformation:\ {}^{S_i}T_{C_i} = \begin{bmatrix} \cos{}^{S_i}\theta_{C_i} & -\sin{}^{S_i}\theta_{C_i} & 0 & {}^{S_i}d_{C_{ix}} \\ \sin{}^{S_i}\theta_{C_i} & \cos{}^{S_i}\theta_{C_i} & 0 & {}^{S_i}d_{C_{iy}} \\ 0 & 0 & 1 & {}^{S_i}d_{C_{iz}} \\ 0 & 0 & 0 & 1 \end{bmatrix}$$

$$Body-Contact \quad Transformation:\ {}^{B}T_{C_i} = \begin{bmatrix} \cos{}^{B}\theta_{\overline{C_i}} & -\sin{}^{B}\theta_{\overline{C}} & 0 & {}^{B}d_{C_{ix}} \\ \sin{}^{B}\theta_{\overline{C}} & \cos{}^{B}\theta_{C} & 0 & {}^{B}d_{C_{iy}} \\ 0 & 0 & 1 & {}^{B}d_{C_{iz}} \\ 0 & 0 & 0 & 1 \end{bmatrix} \tag{4-57}$$

동차변환행렬

방향벡터 / 위치벡터 / Scaling

$$^{A}\Pi_{B} = \begin{bmatrix} n_x & o_x & a_x & p_x \\ n_y & o_y & a_y & p_y \\ n_z & o_z & a_z & p_z \\ 0 & 0 & 0 & 1 \end{bmatrix}$$

$$^{A}\Pi_{B} = \begin{bmatrix} \cos^{A}\theta_{B} & -\sin^{A}\theta_{B} & 0 & ^{A}d_{Bx} \\ \sin^{A}\theta_{B} & \cos^{A}\theta_{B} & 0 & ^{A}d_{By} \\ 0 & 0 & 1 & ^{A}d_{Bz} \\ 0 & 0 & 0 & 1 \end{bmatrix}$$

회전 및 전이변수

구분	내 용	
거 리	$^{A}\theta_{B}$	회전거리(Rotational displacement)
	$^{A}d_{Bj}$	전이거리(Translational displacement):for $j\in[x,y,z]$
속 도	$^{A}\omega_{B}$	회전속도(Rotational velocity)
	$^{A}v_{Bj}$	전이속도(Translational velocity):for $j\in[x,y]$
가속도	$^{A}\alpha_{B}$	회전 가속도(Rotational acceleration)
	$^{A}a_{Bj}$	전이 가속도(Translational acceleration):for $j\in[x,y]$

자코비안 행렬

바퀴의 속도는 X축에 대한 바퀴의 속도 ω_{wx}, 회전속도 ω_{cz}, 조종속도 ω_{s}(Steering wheels), 로울러 속도 ω_{r}(Omnidirectional wheels), 회전속도 ω_{wy}(Ball wheels)로 구분할 수 있다. 이는 각각 바퀴형 이동로봇이 갖는 바퀴의 변수와 동일하다. 그래서 여기서는 바퀴의 속도 벡터로부터 이동로봇의 속도 벡터를 구하기 위하여 자코비안 행렬(Jacobian matrix)을 구한다.

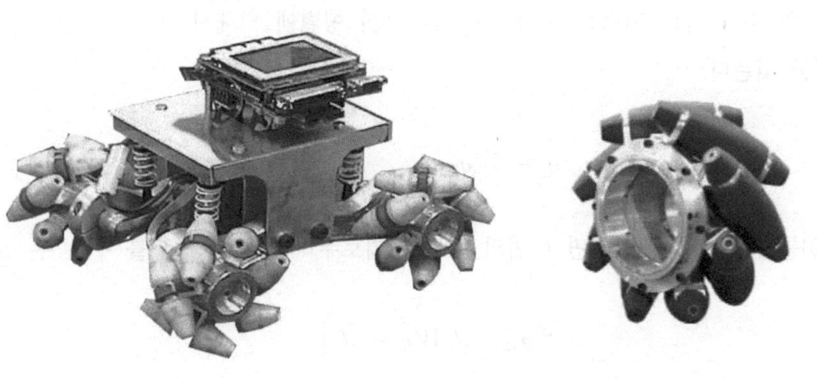

Omni-Directional Wheels

그림 4-43 Omnidirectional wheel을 갖는 이동로봇

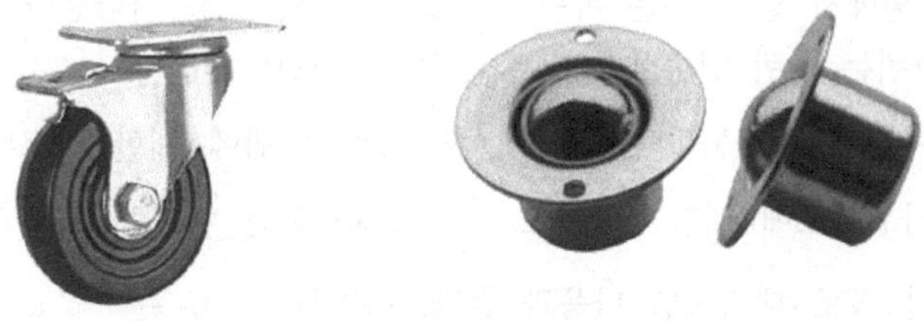

(a) Steering wheel (b) Ball wheel

그림 4-44 Steering 및 Ball wheel

식(4-56)의 변환 행렬로부터 다음과 같은 몸체 속도를 구할 수 있다.

$$^{\overline{B}}\dot{p}_B = \begin{bmatrix} ^{\overline{B}}V_{Bx} \\ ^{\overline{B}}V_{By} \\ ^{\overline{B}}\omega_B \end{bmatrix} = \begin{bmatrix} \cos{}^B\theta_{C_i} - \sin{}^B\theta_{C_i} & ^Bd_{C_{iy}} & -{}^Bd_{Hiy} \\ \sin{}^B\theta_{C_i} & \cos{}^B\theta_{C_i} & -{}^Bd_{C_{ix}} & ^Bd_{Hix} \\ 0 & 0 & 1 & -1 \end{bmatrix} \begin{bmatrix} ^{\overline{C}_i}v_{Cix} \\ ^{\overline{C}_i}v_{Ciy} \\ ^{\overline{C}_i}\omega_{Ciz} \\ ^{\overline{C}_i}\omega_{Siz} \end{bmatrix} = \hat{J}_i\hat{\dot{q}}_i \tag{4-58}$$

식(4-58)에서 $^{\overline{B}}\dot{p}_B$는 몸체 좌표축에 대한 이동로봇 몸체 속도의 벡터를 나타내며, $\hat{J}_i$는 바퀴 i에 대한 의사-자코비안(pseudo-jacobian)행렬이다. 그리고 $\hat{\dot{q}}_i$는 바퀴 i에 대한 의사-속도 행렬이다. 바퀴 i에 대한 바퀴 변수는 w_i로 나타내는데, 일반적인 바퀴는 바퀴변수가 4 보다 적은 수를 갖으며, 그래서 속도 벡터에 있어 4개의 요소보다 적다.

(4 × 1)의 의사-속도 벡터는 (4 × w_i)의 바퀴 행렬에 의해서 (w_i × 1)의 물리적 속도벡터와 관계를 갖는다.

$$\dot{\hat{q}}_i = W_i \dot{q}_i \tag{4-59}$$

식(4-59)를 (4-58)에 대입하면 바퀴의 속도 벡터로부터 몸체의 속도를 구할 수 있다.

$$^{\overline{B}}\dot{p}_B = \hat{J}_i W_i \dot{q}_i = J_i \dot{q}_i \tag{4-60}$$

$J_i = \hat{J}_i W_i$는 바퀴 i에 대한 (3 × w_i)의 바퀴 자코비안 행렬이다.

바퀴 자코비안 행렬에서 열의 수는 바퀴 자유도(DOF)의 수를 나타낸다. 만약에 이동로봇이 redundant이라면 바퀴는 바퀴 변수보다 적은 수의 자유도를 갖는다.

식(4-58)에서 일반적으로 구동이나 조향이 불가능한 바퀴에 대한 자코비안 행렬을 구하기 위하여 먼저 의사-바퀴속도에 대한 각 속도 $^{A}\omega_{wx}$ 와 회전 미끄럼 $^{\overline{C}}\omega_{Cz}$로 이루어지는 실제 바퀴속도와 바퀴행렬 W로 대치하면 다음과 같다. 여기서 $^{\overline{C}}\omega_{Cz}$는 $^{A}\omega_{wx}$의 속도차이에 의하여 발생하는 구동되지 않는 바퀴속도이다.

$$\dot{\hat{q}} = \begin{bmatrix} ^{\bar{c}}v_{cix} \\ ^{\bar{c}}v_{ciy} \\ ^{\bar{c}}\omega_{ciz} \\ ^{\bar{c}}\omega_{siz} \end{bmatrix} = \begin{bmatrix} 0 & 0 \\ R & 0 \\ 0 & 1 \\ 0 & 0 \end{bmatrix} \begin{bmatrix} ^{A}\omega_{wx} \\ ^{\bar{c}}\omega_{cz} \end{bmatrix} = W\dot{q} \tag{4-61}$$

위 식에서 R은 바퀴의 반경이다.

바퀴행렬 W

• Conventional Non-Steered Wheel $\dot{\hat{q}} = \begin{bmatrix} {}^{\bar{c}}v_{cix} \\ {}^{\bar{c}}v_{ciy} \\ {}^{\bar{c}}\omega_{ciz} \\ {}^{H}\omega_{siz} \end{bmatrix} = \begin{bmatrix} 0\,0 \\ R\,0 \\ 0\,1 \\ 0\,0 \end{bmatrix} \begin{bmatrix} {}^{A}\omega_{wx} \\ {}^{\bar{c}}\omega_{cz} \end{bmatrix} = W\dot{q}$

• Conventional Steered Wheel $\dot{\hat{q}} = \begin{bmatrix} {}^{\bar{c}}v_{cix} \\ {}^{\bar{c}}v_{ciy} \\ {}^{\bar{c}}\omega_{ciz} \\ {}^{H}\omega_{siz} \end{bmatrix} = \begin{bmatrix} 0\,0\,0 \\ R\,0\,0 \\ 0\,1\,0 \\ 0\,0\,1 \end{bmatrix} \begin{bmatrix} {}^{A}\omega_{wx} \\ {}^{\bar{c}}\omega_{cz} \\ {}^{H}\omega_{sz} \end{bmatrix} = W\dot{q}$

• Omnidirectional Wheel $\dot{\hat{q}} = \begin{bmatrix} {}^{\bar{c}}v_{cix} \\ {}^{\bar{c}}v_{ciy} \\ {}^{\bar{c}}\omega_{ciz} \\ {}^{H}\omega_{siz} \end{bmatrix} = \begin{bmatrix} 0 & r\sin(\eta) & 0 \\ R & -r\cos(\eta) & 0 \\ 0 & 0 & 1 \\ 0 & 0 & 0 \end{bmatrix} \begin{bmatrix} {}^{A}\omega_{Wx} \\ {}^{P}\omega_{Rx} \\ {}^{C}\omega_{Cz} \end{bmatrix} = W\dot{q}$

(4 × 2)의 바퀴행렬 W는 식(4-58)의 의사 자코비안 행렬에 곱해져서 다음과 같은 (3 × 2)의 자코비안 행렬을 구할 수 있다.

$$J = \begin{bmatrix} -R\sin^B\theta_{cz} & {}^{B}d_{cy} \\ R\cos^B\theta_{cz} & {}^{B}d_{cx} \\ 0 & 1 \end{bmatrix} = \begin{bmatrix} \cos^B\theta_{C_i} & -\sin^B\theta_{C_i} & {}^{B}d_{C_{iy}} & -{}^{B}d_{Hiy} \\ \sin^B\theta_{C_i} & \cos^B\theta_{C_i} & -{}^{B}d_{C_{ix}} & {}^{B}d_{Hix} \\ 0 & 0 & 1 & -1 \end{bmatrix} \begin{bmatrix} 0\,0 \\ R\,0 \\ 0\,1 \\ 0\,0 \end{bmatrix} \tag{4-62}$$

식(4-58)에 (4-61)식을 대입하면 다음과 같다.

$$ {}^{\bar{B}}\dot{p}_B = \begin{bmatrix} {}^{\bar{B}}V_{Bx} \\ {}^{\bar{B}}V_{By} \\ {}^{\bar{B}}\omega_B \end{bmatrix} = \begin{bmatrix} -R\sin^B\theta_{cz} & {}^{B}d_{cy} \\ R\cos^B\theta_{cz} & -{}^{B}d_{cx} \\ 0 & 1 \end{bmatrix} \begin{bmatrix} {}^{A}\omega_{wx} \\ {}^{\bar{c}}\omega_{cz} \end{bmatrix} = J_i\dot{q}_i $$

예제 4-7

식(4-58)의 유도과정을 설명하시오.

예제 4-8

식(4-59), (4-60)에 사용되어지는 바퀴행렬 W는 어떻게 유도되는지 유도과정을 설명하시오.

예제 4-9

식(4-58)과 (4-61)를 사용하여 자코비안 행렬(4-62)의 유도과정을 설명하시오.

자코비안 행렬

- 바퀴의 속도 벡터로부터 이동로봇의 속도 벡터를 구하기 위하여 자코비안 행렬을 구한다.
- 바퀴 자코비안 행렬에서 열의 수는 바퀴 자유도(DOF)의 수를 나타낸다. 만약에 이동로봇이 redundant이라면 바퀴는 바퀴 변수보다 적은 수의 자유도를 갖는다.

바퀴의 변수

구분	의 미	특 징
ω_s	Steering velocity	조향각에 의해 회전
ω_{wx}	Wheel velocity about x axle	앞으로 전진 (일반적인 구동바퀴)
ω_{wz}	Rotational sleep velocity	바퀴의 속도 차에 의해 회전
ω_r	Roller velocity	Omnidirectional wheels
ω_{wy}	Rotational velocity	Ball wheels

Redundant

구분	판단기준	특징
Redundant	바퀴변수 〉 자유도	바퀴 중 일부는 자유도가 중복됨
Non-redundant	바퀴변수 = 자유도	

4.2.4 전향 기구학과 역 기구학 해

바퀴형 이동로봇은 여러개의 폐-체인으로 이루어져 있기 때문에 전향과 역 기구학 해는 모든 바퀴에 대한 기구학 방정식의 해를 동시에 구함으로써 얻을 수 있다.

일반적으로 기구학 해는 전향 기구학과 역 기구학으로 구분하는데, 구동된 역 기구학 해는 이동로봇의 몸체 속도로부터 구동된 바퀴의 속도를 구하는 것이고, 측정된 전향기구학 해는 엔코드를 통하여 측정된 바퀴의 속도와 위치로부터 이동로봇의 몸체 속도를 구하는 것이다.

바퀴의 속도벡터 $\dot{q}_i$로부터 이동로봇 몸체의 속도벡터 $\dot{p}$를 구하기 위하여 바퀴 자코비안 행렬 J_i를 사용하면

$$\dot{p} = J_i \ \dot{q}_i \qquad i = 1,....N \tag{4-63}$$

그림 4-45 바퀴형 이동로봇

여기서 i는 바퀴수이고, N는 바퀴의 전체수, $\dot{p}$는 이동로봇 몸체의 속도벡터, J_i는 (3 × w_i)의 바퀴 i에 대한 자코비안 행렬, $\dot{q}_i$는 (w_i × 1)의 바퀴 속도벡터이다. 식(4-63)에서 N개의 바퀴방정식은 이동로봇의 동작을 특정 지우기 위하여 동시에 하나의 수식으로 풀어야 한다. 식(4-63)을 다음과 같이 N개의 전체바퀴에 대한 방정식으로 나타낼 수 있다.

$$\begin{bmatrix} I_1 \\ I_2 \\ \cdot \\ \cdot \\ I_N \end{bmatrix} \dot{p} = \begin{bmatrix} J_1 & 0 & \dots & 0 \\ 0 & J_2 & \cdot & \vdots \\ \vdots & \cdot & \cdot & 0 \\ 0 & \dots & 0 & J_N \end{bmatrix} \begin{bmatrix} \dot{q}_1 \\ \dot{q}_2 \\ \vdots \\ q_N \end{bmatrix} \tag{4-64}$$

혹은 다음으로 표현할 수 있다.

$$A_0 \dot{p} = B_0 \dot{q} \tag{4-65}$$

구동된 역 기구학 해

식(4-65)에서 주어진 이동로봇의 몸체 속도로부터 구동된(actuated) 바퀴의 속도를 구함으로서 구동된 역 기구학 해를 구할 수 있다. 구동되거나 혹은 구동되지 않은 바퀴의 변수로 구분하기 위하여 식(4-63)을 다음과 같이 2개의 구성원으로 분리한다.

$$\dot{p} \ = \ J_{ia}\dot{q}_{ia} + \ J_{iu}\dot{q}_{iu} \qquad \text{f or} \quad i = 1, .., N \tag{4-66}$$

여기서 "a"는 구동된 구성원을 나타내고, "u"구동되지 않은 구성원을 나타낸다. 식(4-66)에서 분리된 바퀴의 방정식을 식(4-64)의 형태로 다시 결합하여 표현하면 다음과 같다.

$$\begin{bmatrix} I_1 \\ I_2 \\ \vdots \\ I_N \end{bmatrix} \dot{p} = \begin{bmatrix} J_{1a} & 0 & \dots & 0 & J_{1u} & 0 & \dots & 0 \\ 0 & J_{2a} & \cdot & \vdots & 0 & J_{2u} & \cdot & \vdots \\ \vdots & \cdot & \cdot & 0 & \vdots & \cdot & \cdot & 0 \\ 0 & \dots & 0 & J_{Na} & 0 & \dots & 0 & J_{Nu} \end{bmatrix} \begin{bmatrix} \dot{q}_{1a} \\ \dot{q}_{2a} \\ \vdots \\ q_{Na} \\ \dot{q}_{1u} \\ \dot{q}_{1u} \\ \vdots \\ q_{Nu} \end{bmatrix} \tag{4-67}$$

혹은

$$A_o\dot{p} = B_{op}\,\dot{q}_p \tag{4-68}$$

여기서 B_{op}는 (3N × w)행렬이고, $\dot{q}_p$는 (w × 1)행렬이며 w는 각각의 바퀴변수의 합이다. 즉, 바퀴변수 $w = w_1 + w_2 + \dots.\ w_N$ 식(4-68)에서 B_{op}는 정방 행렬이 아니기 때문에 $\dot{q}_p$에 대한 해를 구하기 위해서는 의사-역행렬을 사용하여 다음과 같이 구할 수 있다.

$$\dot{q}_p = (B^T{}_{op}\,B_{op})^{-1}\ B^T{}_{op}\quad A_0\quad \dot{p} \tag{4-69}$$

식(4-67)에서 구동된 바퀴 속도의 벡터는 다음에 의하여 구할 수 있다.

$$\dot{q}_a = \begin{bmatrix} J^T{}_{1a}\triangle(J_{1u})J_{1a}]^{-1}J^T{}_{1a}\triangle(J_{1u}) \\ J^T{}_{2a}\triangle(J_{2u})J_{2a}]^{-1}J^T{}_{2a}\triangle(J_{2u}) \\ J^T{}_{Na}\triangle(J_N)J_{1a}]^{-1}J^T{}_{Na}\triangle(J_N) \end{bmatrix}\dot{p} = J_a\,\dot{p} \tag{4-70}$$

여기서 $\triangle(J_N)$는 $J_N(J^T{}_N J_N)^{-1}J^T{}_{N-1}$과 동일하다.

측정된 전향기구학 해

측정된 전향 기구학 해는 측정된 바퀴의 위치 q_s와 속도 $\dot{q}_s$로부터 몸체의 속도벡터 $\dot{p}$를 구하는 것이다.

전향 기구학 해를 구하기 위한 첫번째 단계는 바퀴의 속도를 측정부분과 측정되지 않는 부분으로 다음식과 같이 분리한다.

$$\dot{p} = J_{is}\dot{q}_{is} + J_{in}\dot{q}_{in} \qquad \text{for} \quad i = 1, \dots N \tag{4-71}$$

여기서 첨자 s, n은 각각 측정되는 부분과 측정되지 않는 부분을 표시한다. 식(4-71)에서 측정된 전향기구학 해를 구하기 위하여 $J_{in}\dot{q}_{in}$을 좌측으로 이동하여 식(4-64)의 형태로 표현하면 다음과 같다.

$$\begin{bmatrix} I_1 - J_{1n} & 0 & \dots & 0 \\ I_2 & 0 & -J_{2n} & . & : \\ : & : & . & . & 0 \\ I_N & 0 & \dots & 0 - J_{Nn} \end{bmatrix} \begin{bmatrix} \dot{p} \\ \dot{q}_{1n} \\ \dot{q}_{2n} \\ \vdots \\ q_{Nn} \end{bmatrix} = \begin{bmatrix} J_{1s} & 0 & \dots & 0 \\ : & J_{2s} & . & 0 \\ : & . & . & 0 \\ 0 & \dots & 0 & J_{Ns} \end{bmatrix} \begin{bmatrix} \dot{q}_{is} \\ \dot{q}_{2s} \\ \vdots \\ q_{Ns} \end{bmatrix} \tag{4-72}$$

혹은

$$A_n \; \dot{p}_n \; = \; B_s \; \dot{q}_s \tag{4-73}$$

여기서 A_n는 (3n × [3 + n])이고, $\dot{p}_n$는 ([3 + n] × 1), B_s는 (3n × s), $\dot{q}_s$는(s × 1)의 행렬이다. 측정된 바퀴의 속도벡터 $\dot{q}_s$로부터 측정되지 않은 바퀴의 속도 $\dot{q}_n$와 이동로봇 몸체의 속도를 구하기 위하여 의사-역행렬을 사용한다.

$$\dot{p}_n = (A^T{}_n A_n)^{-1} A^T{}_n B_s \dot{q}_s \tag{4-74}$$

식(4-72)에서 측정된 바퀴 속도로부터 이동로봇 몸체의 속도는 다음에 의하여 구할 수 있다.

$$\dot{p} = \left[\triangle(J_{1n}) + \triangle(J_{1n}) + \dots + \triangle(J_{Nn})\right] \left[\triangle(J_{1n})J_{1s} \; \triangle(J_{2n})J_{2s} \dots \triangle(J_{Nn})J_{Ns}\right] \dot{q}_s \tag{4-75}$$

혹은

$$\dot{p} = J_s \; \dot{q}_s \tag{4-76}$$

여기서 $\triangle(J_N)$는 $J_N(J^T{}_N J_N)^{-1} J^T{}_{N-I}$과 동일하다.

4.2.5 4-바퀴 2-자유도 이동로봇의 기구학 모델링

지금까지의 수학적 모델링을 토대로 하여 4-바퀴 2-자유도를 갖는 이동로봇에 대한 기구학 모델링을 구한다.

다루고자 하는 이동로봇은 그림 4-46에서 보이는 바와 같이 좌우의 두 바퀴는 서로 독립적인 모터에 의해 구동되며, 두 구동바퀴의 속도 차에 의해서 몸체 방향의 변화가 이루어진다. 즉, 두 개의 각각 독립적인 모터에 의하여 구동되기에 이동로봇은 2-자유도를 갖는다.

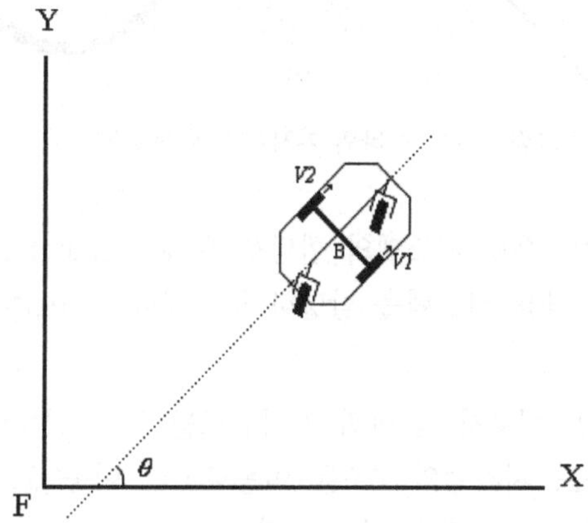

그림 4-46 평면에서 이동로봇의 위치

이동로봇이 구동되는 직각 좌표시스템 평면에서, 바닥 좌표축 F는 고정된 기준 좌표축이다. 그리고 이동로봇은 몸체 기준점 B에 대하여 정의하고 좌표(X, Y)는 이동로봇에 부착되어 있다고 가정한다. 평면에서 이동로봇의 위치는 다음 3개의 변수에 의하여 정의되어진다.

X, Y : 고정된 기준좌표에 대한 이동로봇 몸체 기준점 B의 좌표

θ : 고정된 기준좌표에 대한 이동로봇 몸체 기준좌표(X, Y)의 방향

이동로봇 몸체의 위치벡터 P는 다음과 같이 정의한다.

$$P = (X, Y, \theta)^T \tag{4-77}$$

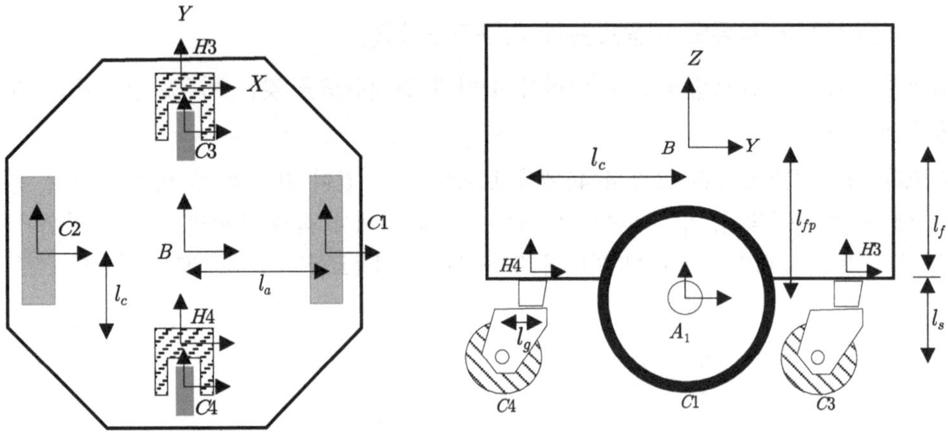

그림 4-47 4-바퀴 2-자유도 이동로봇

고정된 로봇 매니퓰레이터는 좌표 시스템의 할당을 위해 Denavit-Hartenburg 표기법을 사용하는 반면에, 이동로봇에서 좌표 시스템을 할당하기 위해서는 Sheth- Uicker 표기법을 적용한다.

바퀴형 이동로봇의 대표적인 예로서, 4-바퀴 2-자유도를 갖는 이동로봇에 대한 형태는 그림 4-47에서 나타낸다. 바닥 좌표 시스템의 Z축은 이동로봇의 이동 표면에 직교하게 설정하며, 이동로봇의 몸체 좌표 시스템 B는 바닥에 대해 수직인 Z축을 갖는 이동로봇 몸체에 할당한다. 이동로봇 좌표 시스템의 이동은 이동로봇의 이동으로서 해석된다.

이동로봇 몸체의 중앙에 이동로봇 좌표 시스템을 할당하고, 접촉점 좌표 시스템 C_i $(i=1,2,3,4)$는 바퀴의 방향에 평행한 Y축을 갖는 바닥과 각각의 바퀴사이의 접촉점에 위치한다.

그림 4-47에서 바퀴 1, 2는 1) 일반적이고 2) 구동되고 3) 측정되는 바퀴인 반면에 바퀴 3, 4는 1) 일반적이고 2) 구동되지 않고 3) 측정되지 않는 보조바퀴이다. 즉, 보조바퀴인 바퀴 3, 4는 단지 안정성만을 위하여 존재하며 바퀴 3과 4에서의 방향의 조정은 바퀴 1과 2의 속도차에 의하여 일어난다. 결과적으로 바퀴 3, 4는 구동되는 것이 아니고 측정되는 것도 아니다.

표기법

구분	사용예	의 미	기 타
Denavit-Hartenburg 표기법	매니퓰레이터	· 이웃하는 링크사이의 전이와 회전을 나타내기 위하여 ${}^{i}A_{i-1}$ 사용 · 링크파라메타 : a_i, α_i사용 · 조인트파라메타 : d_i, θ_i사용	상대적 관계
Sheth-Uicker 표기법	이동로봇	· 바퀴와 바닥사이의 선, 점접촉을 갖는 higher-joint의 관계를 나타내기 위해 사용	절대적 관계

좌표 시스템 할당

4-바퀴 2-자유도 이동로봇의 좌표 시스템의 할당은 그림 4-48과 같이 이루어진다.

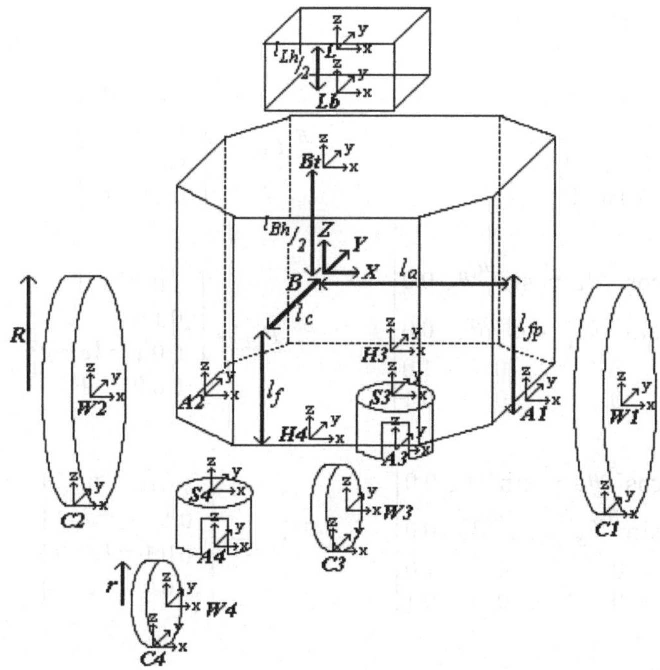

그림 4-48 이동로봇의 기구학 좌표 시스템 할당

그림 4-48에서 몸체 좌표 시스템 B는 이동로봇의 몸체에 고정되어 있으며, 접촉점 좌표 시스템 $C_j(j=1,2)$는 조향되지 않는 구동바퀴에 할당된다. 그리고 Hip H_K 와 steering S_K, 접촉점 $C_K(k=3,4)$ 좌표 시스템은 각각 조향되는 바퀴에 할당된다. 구동바퀴와 보조바퀴의 반경은 각각 다음과 같다.

$$R_1 = R_2 = R \ , \ R_3 = R_4 = r$$

좌표변환 행렬

식(4-56), (4-57)의 동차변환행렬을 사용하여 각각의 좌표 시스템에 대한 좌표변환 행렬은 다음과 같이 구해진다.

$$^{B}T_{C1} = \begin{bmatrix} 1\,0\,0 & l_a \\ 0\,1\,0 & 0 \\ 0\,0\,1 & -l_{fp}-R \\ 0\,0\,0 & 1 \end{bmatrix} \qquad ^{B}T_{C2} = \begin{bmatrix} 1\,0\,0 & -l_a \\ 0\,1\,0 & 0 \\ 0\,0\,1 & -l_{fp}-R \\ 0\,0\,0 & 1 \end{bmatrix}$$

$$^{B}T_{H3} = \begin{bmatrix} 1\,0\,0 & 0 \\ 0\,1\,0 & l_c \\ 0\,0\,1 & -l_f \\ 0\,0\,0 & 1 \end{bmatrix} \qquad ^{B}T_{H4} = \begin{bmatrix} 1\,0\,0 & 0 \\ 0\,1\,0 & -l_c \\ 0\,0\,1 & -l_f \\ 0\,0\,0 & 1 \end{bmatrix}$$

$$^{H_3}\Phi_{S_3} = \begin{bmatrix} \cos{}^{H_3}\theta_{S_3} & -\sin{}^{H_3}\theta_{S_3} & 0\,0 \\ \sin{}^{H_3}\theta_{S_3} & \cos{}^{H_3}\theta_{S_3} & 0\,0 \\ 0 & 0 & 1\,0 \\ 0 & 0 & 0\,1 \end{bmatrix} \qquad ^{S3}T_{C3} = \begin{bmatrix} 1\,0\,0 & 0 \\ 0\,1\,0 & -l_g \\ 0\,0\,1 & -l_S-r \\ 0\,0\,0 & 1 \end{bmatrix}$$

$$^{H_4}\Phi_{S_4} = \begin{bmatrix} \cos{}^{H_4}\theta_{S_4} & -\sin{}^{H_4}\theta_{S_4} & 0\,0 \\ \sin{}^{H_3}\theta_{S_4} & \cos{}^{H_4}\theta_{S_4} & 0\,0 \\ 0 & 0 & 1\,0 \\ 0 & 0 & 0\,1 \end{bmatrix} \qquad ^{S4}T_{C4} = \begin{bmatrix} 1\,0\,0 & 0 \\ 0\,1\,0 & -l_g \\ 0\,0\,1 & -l_S-r \\ 0\,0\,0 & 1 \end{bmatrix} \tag{4-78}$$

예제 4-10

그림 4-48의 차동구동 이동로봇에서 $l_a = 4[m]$, $l_{fp} = 4.2[m]$, $l_{Bh} = 4[m]$, $r = 2[m]$ $R = 3[m]$, $l_f = 4[m]$, $l_c = 1.5[m]$, $l_g = 1[m]$일 경우에 각각의 좌표시스템에 대한 좌표변환 행렬을 구하여라.

예제 4-11

그림 4-47, 4-48를 참조하여 l_g의 값을 구하고, 무엇을 나타내는지 간단히 기술하시오.

바퀴의 동작방정식

이동로봇의 동작의 표현은 3개의 일반화된 좌표 (X, Y, θ)에 의하여 표현되며, 2-자유도를 갖는다. 본 장에서 사용하는 이동로봇의 모델에 대한 자유도는 바퀴의 전진방향으로 하나의 자유도가 존재하고, 두번째 자유도는 바퀴와 바닥사이의 접촉점에 대한 회전 방향으로 존재한다.

식(4-62)의 자코비안 행렬과 (4-63)식을 이용하여 4-바퀴의 2-자유도를 갖는 이동로봇의 각 구동바퀴에 대한 동작의 속도 방정식을 다음과 같이 재정리할 수 있다.

단, 그림 4-46로부터 다음과 같이 주어진 매개변수를 식(4-62)에 대입한다.

$$R_1 = R_2 = R \qquad \sin {}^{B}\theta_{ciz} = 0 \qquad \cos {}^{B}\theta_{ciz} = 1$$

$${}^{B}d_{c1y} = {}^{B}d_{c2y} = 0 \qquad {}^{B}d_{c1x} = l_a \qquad {}^{B}d_{c2x} = -l_a \tag{4-79}$$

바퀴 1 : $\,{}^{\overline{B}}\dot{p}_B = J_1 \dot{q}_1$

$$\begin{bmatrix} {}^{\overline{B}}v_{Bx} \\ {}^{\overline{B}}v_{By} \\ {}^{\overline{B}}\omega_{Bz} \end{bmatrix} = \begin{bmatrix} 0 & 0 \\ R & -l_a \\ 0 & 1 \end{bmatrix} \begin{bmatrix} \omega_{W1x} \\ \omega_{C1z} \end{bmatrix} \tag{4-80}$$

바퀴 2 : $^{\overline{B}}\dot{p}_B = J_2\dot{q}_2$

$$\begin{bmatrix} ^{\overline{B}}v_{Bx} \\ ^{\overline{B}}v_{By} \\ ^{\overline{B}}\omega_{Bz} \end{bmatrix} = \begin{bmatrix} 0 & 0 \\ R & l_a \\ 0 & 1 \end{bmatrix} \begin{bmatrix} \omega_{W2x} \\ \omega_{C2z} \end{bmatrix} \tag{4-81}$$

예제 4-12

식(4-61)와 (4-62)으로부터 바퀴 1,2에 대한 전향기구학 방정식 (4-80),(4-81)를 유도하시오.

해답

$$^{\overline{B}}\dot{p}_B = \begin{bmatrix} ^{\overline{B}}V_{Bx} \\ ^{\overline{B}}V_{By} \\ ^{\overline{B}}\omega_B \end{bmatrix} = \begin{bmatrix} \cos{}^B\theta_{C_i} & -\sin{}^B\theta_{C_i} & ^Bd_{C_{iy}} & -{}^Bd_{Hiy} \\ \sin{}^B\theta_{C_i} & \cos{}^B\theta_{C_i} & -{}^Bd_{C_{ix}} & ^Bd_{Hix} \\ 0 & 0 & 1 & -1 \end{bmatrix} \begin{bmatrix} ^{\overline{C_i}}v_{Cix} \\ ^{\overline{C_i}}v_{Ciy} \\ ^{\overline{C_i}}\omega_{Ciz} \\ ^{\overline{C_i}}\omega_{Siz} \end{bmatrix} = \hat{J}_i\dot{\hat{q}}_i$$

$$^{\overline{B}}\dot{p}_B = \hat{J}_i W_i\dot{q}_i = J_i\dot{q}_i \text{에서} \quad \dot{\hat{q}} = \begin{bmatrix} ^{\overline{c}}v_{cix} \\ ^{\overline{c}}v_{ciy} \\ ^{\overline{c}}\omega_{ciz} \\ ^{\overline{c}}\omega_{siz} \end{bmatrix} = \begin{bmatrix} 0 & 0 \\ R & 0 \\ 0 & 1 \\ 0 & 0 \end{bmatrix} \begin{bmatrix} ^{A}\omega_{wx} \\ ^{\overline{c}}\omega_{cz} \end{bmatrix} = W\dot{q}$$

이므로 이로 대처하면

$$\dot{p} = \begin{bmatrix} -Rsin^B\theta_{cz} & ^Bd_{cy} \\ Rcos^B\theta_{cz} & -{}^Bd_{cx} \\ 0 & 1 \end{bmatrix}\dot{q}\text{이다.}$$

이에 바퀴 1,2에 대한 각각의 매개변수를 대입하면

$$바퀴\ 1 : \begin{bmatrix} {}^{\overline{B}}v_{Bx} \\ {}^{\overline{B}}v_{By} \\ {}^{\overline{B}}\omega_{Bz} \end{bmatrix} = \begin{bmatrix} 0 & 0 \\ R & -l_a \\ 0 & 1 \end{bmatrix} \begin{bmatrix} \omega_{W1x} \\ \omega_{C1z} \end{bmatrix}$$

$$바퀴\ 2 : \begin{bmatrix} {}^{\overline{B}}v_{Bx} \\ {}^{\overline{B}}v_{By} \\ {}^{\overline{B}}\omega_{Bz} \end{bmatrix} = \begin{bmatrix} 0 & 0 \\ R & l_a \\ 0 & 1 \end{bmatrix} \begin{bmatrix} \omega_{W2x} \\ \omega_{C2z} \end{bmatrix}$$ 가 구해진다.

기구학 행렬

$$\dot{p} = J\dot{q}$$

(3 × 1)=(3 × wheel variables)(wheel variables × 1)

구동된 역 기구학 해

이동로봇의 몸체 속도 $\dot{p}$로부터 바퀴의 구동속도 $\dot{q}$를 구하기 위하여 식(4-64)로부터 각각의 바퀴 1과 2에 대하여 다음과 같이 재정리한다.

$$\begin{bmatrix} I_1 \\ I_2 \end{bmatrix} {}^{\overline{B}}\dot{p}_B = \begin{bmatrix} J_1 & 0 \\ 0 & J_2 \end{bmatrix} \begin{bmatrix} \dot{q}_1 \\ \dot{q}_2 \end{bmatrix}$$

$$\begin{bmatrix} 1 & 0 & 0 \\ 0 & 1 & 0 \\ 0 & 0 & 1 \\ 1 & 0 & 0 \\ 0 & 1 & 0 \\ 0 & 0 & 1 \end{bmatrix} \begin{bmatrix} {}^{\overline{B}}v_{Bx} \\ {}^{\overline{B}}v_{By} \\ {}^{\overline{B}}\omega_{Bz} \end{bmatrix} = \begin{bmatrix} 0 & 0 & 0 & 0 \\ R & -l_a & 0 & 0 \\ 0 & 1 & 0 & 0 \\ 0 & 0 & 0 & 0 \\ 0 & 0 & R & l_a \\ 0 & 0 & 0 & 1 \end{bmatrix} \begin{bmatrix} \omega_{w1x} \\ \omega_{c1z} \\ \omega_{w2x} \\ \omega_{c2z} \end{bmatrix} \quad (4\text{-}82)$$

여기서 I_1, I_2는 각각 (3 × 3)의 단위행렬이다.

식(4-82)에서 두 바퀴에 대한 속도성분을 구동되는 바퀴의 변수와 구동되지 않는 바퀴의 변수로 구분하면, 식(4-67)에 의해서 다음과 같은 형태의 식을 갖게 된다.

$$\begin{bmatrix} I_1 \\ I_2 \end{bmatrix}\dot{p}=\begin{bmatrix} J_{1a} & 0 & J_{1u} & 0 \\ 0 & J_{2a} & 0 & J_{2u} \end{bmatrix}\begin{bmatrix} \dot{q}_{1a} \\ \dot{q}_{2a} \\ \dot{q}_{1u} \\ \dot{q}_{1u} \end{bmatrix}$$

$$=\begin{bmatrix} 0 & 0 & 0 & 0 \\ R & 0 & -l_a & 0 \\ 0 & 0 & 1 & 0 \\ 0 & 0 & 0 & 0 \\ 0 & R & 0 & l_a \\ 0 & 0 & 0 & 1 \end{bmatrix}\begin{bmatrix} \omega_{w1x} \\ \omega_{w2x} \\ \omega_{c1z} \\ \omega_{c2z} \end{bmatrix} \tag{4-83}$$

여기서

$$J_{1a}=\begin{bmatrix} 0 \\ R \\ 0 \end{bmatrix},\ J_{2a}=\begin{bmatrix} 0 \\ R \\ 0 \end{bmatrix},\ J_{1u}=\begin{bmatrix} 0 \\ l_a \\ 1 \end{bmatrix},\ J_{2u}=\begin{bmatrix} 0 \\ -l_a \\ 1 \end{bmatrix}$$

$$\begin{bmatrix} \dot{q}_{1a} \\ \dot{q}_{2a} \end{bmatrix}=\begin{bmatrix} {}^{A1}\omega_{w1x} \\ {}^{A2}\omega_{w2x} \end{bmatrix},\ \begin{bmatrix} \dot{q}_{1u} \\ \dot{q}_{2u} \end{bmatrix}=\begin{bmatrix} {}^{\overline{c1}}\omega_{c1z} \\ {}^{\overline{c2}}\omega_{c2z} \end{bmatrix} \tag{4-84}$$

이며, 식(4-83)를 다음과 같이 간단히 표현 가능하다.

$$A_o\dot{p} = B_{op}\,\dot{q}_p \tag{4-85}$$

여기서 B_{op}는 (6 × 4)행렬이고, $\dot{q}_p$는 (4 × 1)행렬이다. 식(4-85)에서 B_{op}는 정방 행렬이 아니기 때문에 $\dot{q}_p$에 대한 해를 구하기 위해서는 의사-역행렬(pseudo-inverse)을 사용하여 다음과 같이 구할 수 있다.

$$\dot{q}_p=(B^T{}_{op}B_{op})^{-1}B^T{}_{op}A_0\dot{p} \tag{4-86}$$

식(4-83)에서 구동된 바퀴속도의 벡터는 식(4-70)로 부터 다음과 같이 구할 수 있다.

$$\dot{q}_a = \begin{bmatrix} [J^T{}_{1a}\triangle(J_{1u})J_{1a}]^{-1}J^T{}_{1a}\triangle(J_{1u}) \\ [J^T{}_{2a}\triangle(J_{2u})J_{2a}]^{-1}J^T{}_{2a}\triangle(J_{2u}) \end{bmatrix} \dot{p} = J_a\dot{p} \quad (4\text{-}87)$$

위 식으로부터 구동된 역 기구학 해는 다음과 같다.

$$\begin{bmatrix} {}^{A1}\omega_{w1x} \\ {}^{A2}\omega_{w2x} \end{bmatrix} = \frac{1}{R}\begin{bmatrix} 0 & 1 & l_a \\ 0 & 1 & -l_a \end{bmatrix}\begin{bmatrix} {}^{\overline{B}}v_{Bx} \\ {}^{\overline{B}}v_{By} \\ {}^{\overline{B}}\omega_{Bz} \end{bmatrix} \quad (4\text{-}88)$$

식(4-82)에서 두 바퀴에 대한 속도를 구동되는 부분과 구동되지 않는 부분으로 구분하지 않고, 바퀴 각각에 대한 역 기구학 해를 구하면 다음과 같다.

$$\begin{bmatrix} {}^{A1}\omega_{w1x} \\ {}^{\overline{c1}}\omega_{c1z} \end{bmatrix} = \frac{1}{R}\begin{bmatrix} 0 & 1 & -l_a \\ 0 & 0 & R \end{bmatrix}\begin{bmatrix} {}^{\overline{B}}v_{Bx} \\ {}^{\overline{B}}v_{By} \\ {}^{\overline{B}}\omega_{Bz} \end{bmatrix} = (J^T{}_1 J_1)^{-1}J^T{}_1\dot{p} \quad (4\text{-}89)$$

$$\begin{bmatrix} {}^{A2}\omega_{w2x} \\ {}^{\overline{c2}}\omega_{c2z} \end{bmatrix} = \frac{1}{R}\begin{bmatrix} 0 & -1 & -l_a \\ 0 & 0 & R \end{bmatrix}\begin{bmatrix} {}^{\overline{B}}v_{Bx} \\ {}^{\overline{B}}v_{By} \\ {}^{\overline{B}}\omega_{Bz} \end{bmatrix} = (J^T{}_2 J_2)^{-1}J^T{}_2\dot{p} \quad (4\text{-}90)$$

예제 4-13

식(4-82)으로부터 식(4-83)을 유도하시오

예제 4-14

식(4-83)을 의사-역행렬의 곱에 의하여 식(4-87)으로 유도하시오.

예제 4-15

4바퀴 2자유도를 갖는 이동로봇에서 $R=2$, $l_a=3$이고 이동로봇 몸체속도가 다음과 같을 때 구동된 역기구학 해를 구하고, 각각 구동바퀴에 대한 구동된 부분과 구동되지 않는 부분으로 구분하여 구하시오.

$$\begin{bmatrix} {}^{\overline{B}}v_{Bx} \\ {}^{\overline{B}}v_{By} \\ {}^{\overline{B}}\omega_{Bz} \end{bmatrix} = \begin{bmatrix} 10 \\ 10 \\ 0.5 \end{bmatrix}$$

pseudo-inverse

- Least-square solution을 위하여 의사-역행렬(pseudo-inverse)을 사용한다.(즉 좌우 양변에 전치행렬을 곱하고, 해를 구하기 위하여 하나의 변수 외 나머지 행렬을 역행렬로 이전하는 경우)

구분	적용 예
$Ax=B$ $A^TAx=A^TB$ $x=(A^TA)^{-1}A^TB$	$A_o\dot{p} = B_{op}\dot{q}_p$ $B_{op}^TA_o\dot{p} = B_{op}^TB_{op}\dot{q}_p$ $\dot{q}_p=(B^T{}_{op}B_{op})^{-1}B^T{}_{op}A_o\dot{p}$

측정된 전향 기구학 해

측정된 바퀴의 위치 q_s 와 속도 $\dot{q}_s$ 로부터 몸체의 속도벡터 $\dot{p}$를 구하기 위하여 먼저, 바퀴의 속도를 측정되는 부분과 측정되지 않는 부분으로 분리하여 표현하면 다음과 같다.

$$\begin{bmatrix} I_1 \\ I_2 \end{bmatrix}\dot{p} = \begin{bmatrix} J_{1s} & 0 \\ 0 & J_{2s} \end{bmatrix}\begin{bmatrix} \dot{q}_{1s} \\ \dot{q}_{2s} \end{bmatrix} + \begin{bmatrix} J_{1n} & 0 \\ 0 & J_{2n} \end{bmatrix}\begin{bmatrix} \dot{q}_{1n} \\ \dot{q}_{2n} \end{bmatrix} \tag{4-91}$$

$$= \begin{bmatrix} -Rsin^B\theta_{CZ} & 0 \\ Rcos^B\theta_{CZ} & 0 \\ 0 & 0 \\ 0 & -Rsin^B\theta_{CZ} \\ 0 & Rcos^B\theta_{CZ} \\ 0 & 0 \end{bmatrix}\begin{bmatrix} \omega_{w1x} \\ \omega_{w2x} \end{bmatrix} + \begin{bmatrix} d_{1y} & 0 \\ -d_{1x} & 0 \\ 1 & 0 \\ 0 & d_{2y} \\ 0 & -d_{2x} \\ 0 & 1 \end{bmatrix}\begin{bmatrix} \omega_{c1z} \\ \omega_{c2z} \end{bmatrix}$$

$$= \begin{bmatrix} 0 & 0 \\ R & 0 \\ 0 & 0 \\ 0 & 0 \\ 0 & R \\ 0 & 0 \end{bmatrix}\begin{bmatrix} \omega_{w1x} \\ \omega_{w2x} \end{bmatrix} + \begin{bmatrix} 0 & 0 \\ -l_a & 0 \\ 1 & 0 \\ 0 & 0 \\ 0 & l_a \\ 0 & 1 \end{bmatrix}\begin{bmatrix} \omega_{c1z} \\ \omega_{c2z} \end{bmatrix} \tag{4-92}$$

여기서

$$J_{1s} = \begin{bmatrix} 0 \\ R \\ 0 \end{bmatrix} \qquad J_{2s} = \begin{bmatrix} 0 \\ R \\ 0 \end{bmatrix} \qquad J_{1n} = \begin{bmatrix} 0 \\ -l_a \\ 1 \end{bmatrix} \qquad J_{2n} = \begin{bmatrix} 0 \\ l_a \\ 1 \end{bmatrix}$$

$$\begin{bmatrix} \dot{q}_{1s} \\ \dot{q}_{2s} \end{bmatrix} = \begin{bmatrix} {}^{A1}\omega_{w1x} \\ {}^{A2}\omega_{w2x} \end{bmatrix}, \quad \begin{bmatrix} \dot{q}_{1n} \\ \dot{q}_{2n} \end{bmatrix} = \begin{bmatrix} {}^{\overline{c1}}\omega_{c1z} \\ {}^{\overline{c2}}\omega_{c2z} \end{bmatrix} \tag{4-93}$$

식(4-91)을 간단히 표현하면 다음과 같다.

$$\dot{p} = J_s\dot{q}_s + J_n\dot{q}_n \tag{4-94}$$

식(4-94)에서 측정된 전향기구학 해를 구하기 위하여 $J_n \dot{q}_n$을 좌측으로 이동하여 식(4-83)의 형태로 표현하면 다음과 같다.

$$\begin{bmatrix} I_1 - J_{1n} & 0 \\ I_2 & 0 & -J_{2n} \end{bmatrix} \begin{bmatrix} \dot{p} \\ \dot{q}_{1n} \\ \dot{q}_{2n} \end{bmatrix} = \begin{bmatrix} J_{1s} & 0 \\ 0 & J_{2s} \end{bmatrix} \begin{bmatrix} \dot{q}_{1s} \\ \dot{q}_{2s} \end{bmatrix} \tag{4-95}$$

혹은

$$A_n \dot{p}_n = B_s \dot{q}_s \tag{4-96}$$

여기서 A_n는 (6 × 5)이고, $\dot{p}_n$는 (5 × 1), B_s는 (6 × 2), $\dot{q}_s$는 (2 × 1)의 행렬이다. 측정된 바퀴의 속도벡터 $\dot{q}_s$로부터 측정되지 않은 바퀴의 속도 $\dot{p}_n$와 이동로봇 몸체의 속도를 구하기 위하여 의사-역행렬에 의한 방법을 사용한다.

$$\dot{p}_n = (A^T{}_n A_n)^{-1} A^T{}_n \ B_s \dot{q}_s \tag{4-97}$$

식(4-95)에서 측정된 바퀴 속도로부터 이동로봇 몸체의 속도는 다음에 의하여 구할 수 있다.

$$\dot{p} = [\triangle(J_{1n}) + \triangle(J_{1n}) + \ldots + \triangle(J_{Nn})] [\triangle(J_{1n})J_{1s} \triangle(J_{2n})J_{2s} \ldots \triangle(J_{Nn})J_{Ns}] \dot{q}_s \tag{4-98}$$

식(4-98)으로부터 측정된 전향 기구학 해는 다음과 같이 구해진다.

$$\begin{bmatrix} {}^{\overline{B}}v_{Bx} \\ {}^{\overline{B}}v_{By} \\ {}^{\overline{B}}\omega_{Bz} \end{bmatrix} = \frac{R}{2l_a} \begin{bmatrix} -l_a & l_a \\ l_a & l_a \\ 1 & -1 \end{bmatrix} \begin{bmatrix} {}^{A1}\omega_{w1x} \\ {}^{A2}\omega_{w2x} \end{bmatrix} \tag{4-99}$$

예제 4-16

식(4-94)로부터 식(4-95)을 유도하시오.

예제 4-17

4바퀴 2자유도를 갖는 이동로봇에서 $R=2$, $l_a=3$ 각 구동바퀴의 회전속도는 10[m/s]일 경우에 몸체의 전이속도와 회전속도를 각각 구하시오.

해답

전향기구학해 방정식 $\begin{bmatrix} {}^{\overline{B}}v_{Bx} \\ {}^{\overline{B}}v_{By} \\ {}^{\overline{B}}\omega_{Bz} \end{bmatrix} = \frac{R}{2l_a}\begin{bmatrix} -l_a & l_a \\ l_a & l_a \\ 1 & -1 \end{bmatrix}\begin{bmatrix} {}^{A1}\omega_{w1x} \\ {}^{A2}\omega_{w2x} \end{bmatrix}$에 각각의 구성원을 대입하면

$$\begin{bmatrix} {}^{\overline{B}}v_{Bx} \\ {}^{\overline{B}}v_{By} \\ {}^{\overline{B}}\omega_{Bz} \end{bmatrix} = \frac{2}{6}\begin{bmatrix} -3 & 3 \\ 3 & 3 \\ 1 & -1 \end{bmatrix}\begin{bmatrix} 10 \\ 10 \end{bmatrix} = \begin{bmatrix} 0 \\ 20 \\ 0 \end{bmatrix}$$

즉 몸체속도 20 m/s로 y축 방향으로 전진만 하는 경우이다.

예제 4-18

$w_{1x}=5, w_{2x}=10$이고 $R=5$, $l_a=4$인 경우에 전향기구학 해를 구하시오.

해답

$$\text{전향기구학해 방정식}\quad \begin{bmatrix} {}^{\overline{B}}v_{Bx} \\ {}^{\overline{B}}v_{By} \\ {}^{\overline{B}}\omega_{Bz} \end{bmatrix} = \frac{R}{2l_a}\begin{bmatrix} -l_a & l_a \\ l_a & l_a \\ 1 & -1 \end{bmatrix}\begin{bmatrix} {}^{A1}\omega_{w1x} \\ {}^{A2}\omega_{w2x} \end{bmatrix}\text{으로부터}$$

$$\begin{bmatrix} {}^{\overline{B}}v_{Bx} \\ {}^{\overline{B}}v_{By} \\ {}^{\overline{B}}\omega_{Bz} \end{bmatrix} = \frac{5}{8}\begin{bmatrix} -4 & 4 \\ 4 & 4 \\ 1 & -1 \end{bmatrix}\begin{bmatrix} 5 \\ 10 \end{bmatrix} = \begin{bmatrix} 12.5 \\ 37.5 \\ -3.125 \end{bmatrix}$$

Sensed-not sensed

구분	구성요소
Sensed wheel velocity	ω_{wix}
Not sensed wheel velocity	ω_{wiz}, ω_{wir}

4.2.6 Dead-Reckoning

실시간에서 이동로봇의 위치제어를 위하여 dead-reckoning 알고리즘을 사용한다. 이 알고리즘에서 이동로봇의 현 위치는 각각의 샘플링 구간에서 구해지는 구동바퀴의 속도의 연산을 전 단계의 위치에 더하여 이루어진다.

Dead-reckoning은 이동로봇이 정지상태이거나 혹은 측정된 초기속도 ${}^{F}\dot{p}_B(0)$를 알 때 시작된다. 이동로봇의 초기위치 ${}^{F}p_B(0)$는 설정되었거나 혹은 측정된다.

각 샘플링 구간에서 이동로봇은 일정한 힘/토크에 의하여 구동된다고 가정하기 때문에 상수 가속도에 의해서 이동로봇의 이동 동작은 충분히 설정이 가능하다고 가정한다.

시간 t=(n-1)T에서 t = nT까지의 샘플링 구간에서 WMR의 속도 ${}^{\overline{B}}\dot{p}_B$는

$$ {}^{\overline{B}}\dot{p}_B(t) = {}^{\overline{B}}\dot{p}_B[(n-1)T] + \frac{({}^{\overline{B}}\dot{p}_B(nT) - {}^{\overline{B}}\dot{p}_B[(n-1)T])}{T}(t - [(n-1)T]) \quad (4\text{-}100) $$

여기서 각각의 샘플링 순간에서 속도 ${}^{\overline{B}}\dot{p}_B$는 식(4-76)의 측정된 전향 속도에 의해 계산된다.

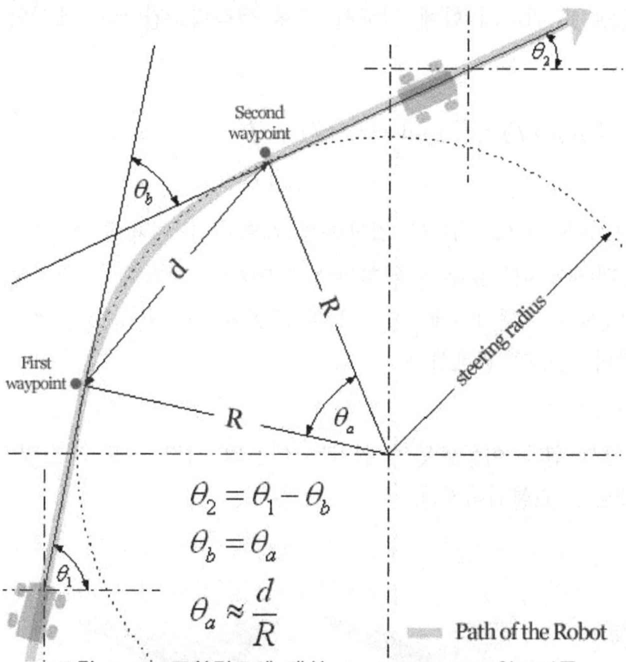

그림 4-49 조향경로에 대한 dead-reckoning 알고리즘

이동로봇의 몸체 속도에서 바닥 기준좌표 시스템(F)에 대한 속도로의 변환은 다음의 동작 행렬에 의하여 이루어진다.

$$ {}^{F}\dot{p}_B = \begin{bmatrix} {}^{F}V_{Bx} \\ {}^{F}V_{By} \\ {}^{F}\omega_{B_z} \end{bmatrix} = \begin{bmatrix} \cos{}^{F}\theta_B & -\sin{}^{F}\theta_B & 0 \\ \sin{}^{F}\theta_B & \cos{}^{F}\theta_B & 0 \\ 0 & 0 & 1 \end{bmatrix} \begin{bmatrix} {}^{\overline{B}}v_{Bx} \\ {}^{\overline{B}}v_{By} \\ {}^{\overline{B}}\omega_{B_z} \end{bmatrix} = M\ {}^{\overline{B}}\dot{p}_B \quad (4\text{-}101) $$

여기서 M은 (3 × 3)의 동작행렬이며, 이는 이동로봇의 위치 $^{F}p_{B}$에 의한다.

위식의 이용에 의하여 변환은

$$^{F}\dot{p}_{B}(t) = M[(n-1)T]\ ^{\overline{B}}\dot{p}_{B}(t) \tag{4-102}$$

현재 시간 nT에서 이동로봇의 위치는 동작행렬 M[(n-1)T]을 사용해서 구한 t=[(n-1)T]에서 이동로봇 위치를 이용하여 구한다. 지나간 샘플링 구간에서 속도의 적분과 샘플링 순간 t=(n-1)T에서의 이동로봇 위치의 합에 의해서 현재 샘플링순간 t=nT에서의 이동로봇의 위치를 계산한다.

$$^{F}p_{B}(nT) = {}^{F}p_{B}[(n-1)T] + \int_{(n-1)T}^{nT} {}^{F}\dot{p}_{B}(t)dt \tag{4-103}$$

식(4-100)과 (4-102)를 식(4-103)의 적분항에 대입하여 현재의 이동로봇 위치를 표현한다. 즉, 직각 좌표 시스템에서 이동로봇의 위치는 이전단계의 위치와, 이동로봇의 몸체 좌표시스템의 속도의 연산에 의해서 구해지는데, 결국 몸체 좌표시스템의 속도는 엔코드를 통하여 측정되어지는 각 구동바퀴의 속도와 관계한다.

직각 좌표시스템에서 현재 이동로봇의 위치는 이전의 직각 좌표 시스템에서의 위치와 각 구동바퀴의 속도의 항으로 표현되어진다.

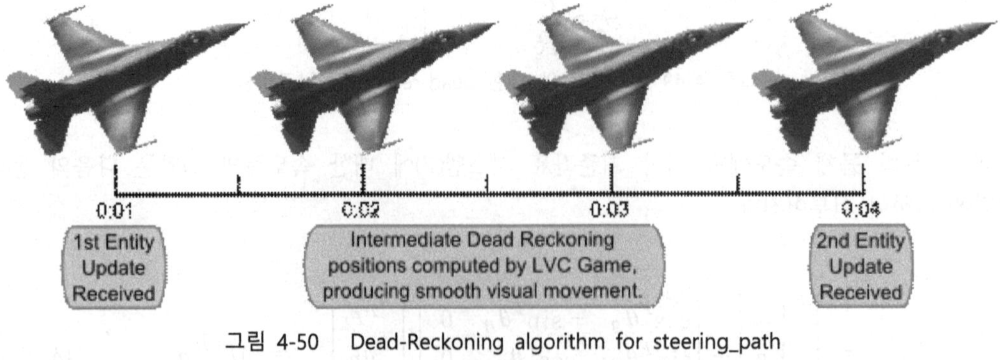

그림 4-50 Dead-Reckoning algorithm for steering_path

$$ {}^{F}p_B(nT) = {}^{F}p_B[(n-1)T] + \frac{T}{2} M[(n-1)T]({}^{\overline{B}}\dot{p}_B(nT) - {}^{\overline{B}}\dot{p}_B[(n-1)T]) $$

$$ {}^{F}p_B(nT) = \begin{bmatrix} {}^{F}d_{Bx}(n-1)T \\ {}^{F}d_{By}(n-1)T \\ {}^{F}\theta_{Bz}(n-1)T \end{bmatrix} + \frac{T}{2} \begin{bmatrix} \cos{}^{F}\theta_B(n-1)T & -\sin{}^{F}\theta_B(n-1)T & 0 \\ \sin{}^{F}\theta_B(n-1)T & \cos{}^{F}\theta_B(n-1)T & 0 \\ 0 & 0 & 1 \end{bmatrix} \left(\frac{R}{2La} \begin{bmatrix} 0 & 0 \\ La & La \\ 1 & -1 \end{bmatrix} \begin{bmatrix} w_{w1x}(nT) \\ w_{w2x}(nT) \end{bmatrix} - \frac{R}{2La} \begin{bmatrix} 0 & 0 \\ La & La \\ 1 & -1 \end{bmatrix} \begin{bmatrix} w_{w1x}(n-1)T \\ w_{w2x}(n-1)T \end{bmatrix} \right) $$

$$ {}^{F}p_B(nT) = \begin{bmatrix} {}^{F}d_{Bx}(n-1)T \\ {}^{F}d_{By}(n-1)T \\ {}^{F}\theta_{Bz}(n-1)T \end{bmatrix} + \frac{T}{2} \begin{bmatrix} \cos{}^{F}\theta_B(n-1)T & -\sin{}^{F}\theta_B(n-1)T & 0 \\ \sin{}^{F}\theta_B(n-1)T & \cos{}^{F}\theta_B(n-1)T & 0 \\ 0 & 0 & 1 \end{bmatrix} \frac{R}{2La} \begin{bmatrix} 0 & 0 \\ La & La \\ 1 & -1 \end{bmatrix} \begin{bmatrix} w_{w1x}(nT) - w_{w1x}(n-1)T \\ w_{w2x}(nT) - w_{w2x}(n-1)T \end{bmatrix} $$

(4-104)

식(4-76)에서 구해진 측정된 전향 기구학 해를 식(4-104)에 대입하여 확장, 간략화하면 현재의 방향 ${}^{F}\theta_B(nT)$의 직접 계산과 현재의 전이 ${}^{F}d_{Bx}(nT)$,순차적으로 계산이 이루어진다. 즉, 식(4-104)를 위치와 방향에 대하여 각각 표현하면 다음과 같다.

$$ {}^{F}\theta_B(nT) = {}^{F}\theta_B(n-1)T + \frac{TR}{4la}[{}^{A2}\theta_{w2x}(nT) - {}^{A1}\theta_{w1x}(nT)] \tag{4-105} $$

$$ \begin{bmatrix} {}^{F}d_{Bx}(nT) \\ {}^{F}d_{By}(nT) \end{bmatrix} = \begin{bmatrix} {}^{F}d_{Bx}((n-1)T) \\ {}^{F}d_{By}((n-1)T) \end{bmatrix} + \frac{TR}{4la} \begin{bmatrix} Cos{}^{F}\theta_{Bz}(n-1)T & -Sin{}^{F}\theta_{Bz}(n-1)T \\ Sin{}^{F}\theta_{Bz}(n-1)T & Cos{}^{F}\theta_{Bz}(n-1)T \end{bmatrix} \begin{bmatrix} -l_a & l_a \\ l_a & l_a \end{bmatrix} \begin{bmatrix} \dot{q}_{s1}((n-1)T) + \dot{q}_{s1}(nT) \\ \dot{q}_{s2}((n-1)T) + \dot{q}_{s2}(nT) \end{bmatrix} $$

(4-106)

그림 4-48의 좌표 시스템의 할당에서 $\sin{}^{B}\theta_{ciz} = 0$, $\cos{}^{B}\theta_{ciz} = 1$, ${}^{B}d_{c1x} = l_a$, ${}^{B}d_{c2x} = -l_a$, ${}^{B}d_{c1y} = {}^{B}d_{c2y} = l_b = 0$ 임을 알 수 있다.

식(4-105)에서 나타내는 이동로봇의 방향의 직접 계산은 홀로노믹 제약(holonomic constraint)인 반면에, 이동로봇의 전이는 직접 구할 수 없기 때문에 비-홀로노믹 제약을 갖는다.

이동로봇의 전이에 대한 순차 계산의 오차는 센서잡음, 바퀴의 미끄러짐, 비-평행 평면 등에 의해 축적되어 나타난다. 반면에 식(4-105)의 홀로노믹-제약의 직접 계산에서는 이러한 오차는 발생하지 않는다.

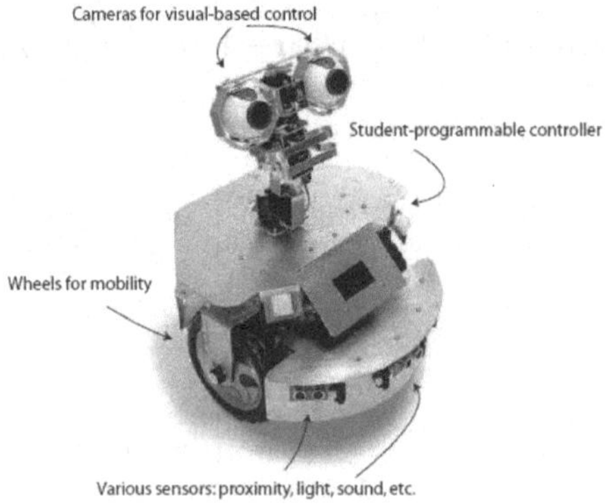

그림 4-51 이동로봇

[방향 및 전이 계산]

구분	계산방법	특징	발생오차
방향계산	• 직접계산	• 홀로노믹 제약	• 오차 적음
전이계산	• 순차계산	• 비-홀로노믹 제약	• 센서잡음, 바퀴의 미끄럼, 비-평행평면 등에 의해 오차발생

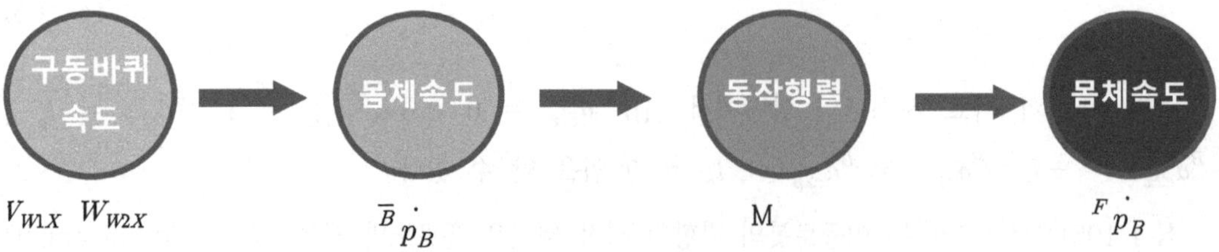

그림 4-52 Dead-reckoning 알고리즘

예제 4-19

현재의 이동로봇의 방향 ${}^{F}\theta_B(nT)$과 전이 ${}^{F}d_{Bx}(nT)$, ${}^{F}d_{By}(nT)$를 구하기 위하여 dead- reckoning 알고리즘에 대하여 간략히 설명하시오.

해답

식(4-55)과 식(4-56) 참조

Dead-reckoning

· 실시간에서 이동로봇의 위치제어를 위하여 dead-reckoning 알고리즘을 사용한다. 이 알고리즘에서 이동로봇의 현 위치는 각각의 샘플링 구간에서 구해지는 구동바퀴의 속도의 연산을 전 단계의 위치에 더하여 이루어진다.

· Dead-reckoning은 이동로봇이 정지 상태이거나 혹은 측정된 초기속도 ${}^{F}\dot{p}_B(0)$를 알 때 시작된다.

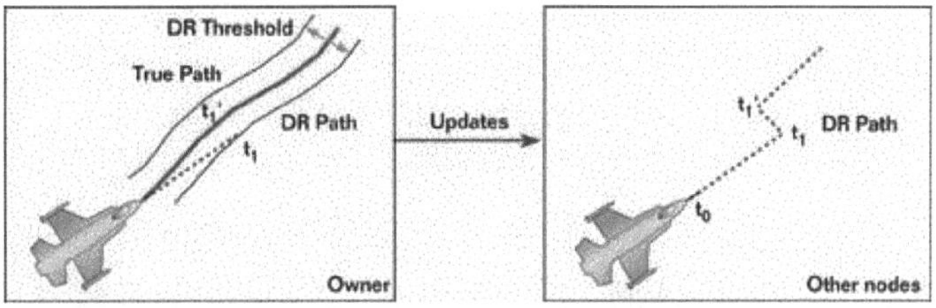

기구학이란(Kinematics) 이동로봇에 인가되는 힘(force)이나 토크(torque)는 고려하지 않고 단지 동작만을 기하학적으로 분석(Geometrical analysis)하는 것이며, 이는 측정된 전향기구학 해는 엔코더를 통하여 측정된 바퀴의 속도와 위치로부터 이동로봇의 몸체 속도를 구하는 전향기구학(Forward Kinematics)과 이동로봇의 몸체 속도로부터 구동된 바퀴의 속도를 구하는 역기구학(Inverse Kinematics)으로 구분한다.

Chapter 5 로봇 동력학

로봇을 설계하거나 이미 설계된 로봇의 움직임을 조사하려면, 실제 로봇을 대상으로 다양한 변수 값 들을 직접 측정하여야 한다. 하지만 로봇의 크기나 가격 등의 문제로 실제 로봇에의 적용이 어려울 경우가 많다. 이러한 경우에 로봇 동력학(Dynamics)은 실제 로봇이 움직이는 행동을 미리 알아보기 위해서 로봇을 모델링하는 것이다. 먼저 기구학을 통하여 로봇 조인트의 움직임을 직교좌표 공간에서 나타낼 수 있다. 하지만 이러한 로봇의 움직임은 실제 로봇의 움직임을 고려한 것이 아니라, 기구학의 수식적인 관계를 나타낸 것이다. 실제 로봇의 움직임을 나타내기 위해서는 각 조인트에 적용되는 힘이나 토크 값을 구해야 한다. 각 조인트의 토크 값은 다양한 힘으로 구성되어 있는데, 이 값을 구하면 토크 값에 의한 로봇의 움직임을 동적으로 나타낼 수 있게 된다.

로봇의 운동방정식을 이용하여 로봇을 움직이게 하는 힘에 대하여 공부하기로 한다. 로봇의 동작을 위하여 구성된 제어기에서, **전향동력학 해는 각 조인트 구동기의 힘/토크로부터 로봇 말단효과장치의 위치, 속도, 가속도를 구하고, 역동력학 해는 원하는 말단효과장치의 위치, 속도, 가속도로부터 각 조인트 구동기의 힘/토크를 구할 수 있다.**

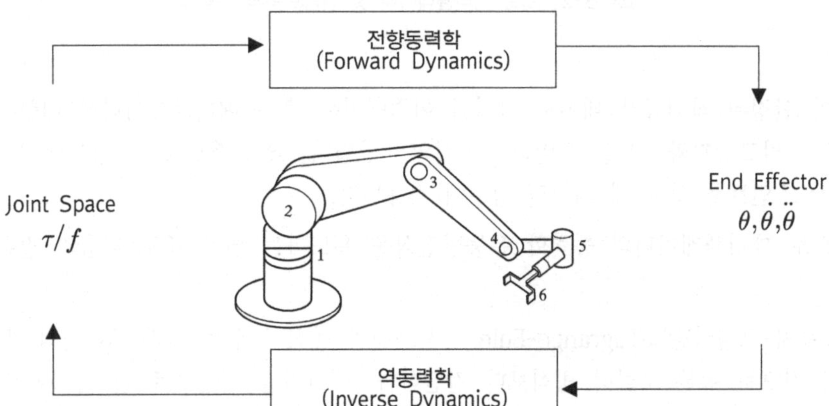

그림 5-1 로봇 매니퓰레이터의 동력학

이동로봇의 동작을 위하여 구성된 제어기에서, 역 동력학 해는 원하는 이동로봇의 동작으로부터 구동기의 힘/토크를 구할 수 있고, 전향동력학 해는 바퀴 구동기의 힘/토크로부터 이동로봇 몸체의 가속도를 구할 수 있다.

- **전향 동역학**(Forward Dynamics): 전향 동력학 해는 구동기의 힘/토크로 부터 로봇 말단 효과장치의 위치, 속도, 가속도를 구하는 것이다.
- **역 동력학**(Inverse Dynamics): 역 동력학 해는 말단효과장치의 가속도, 속도, 위치로부터 구동기의 힘/토크를 구하는 것이다.

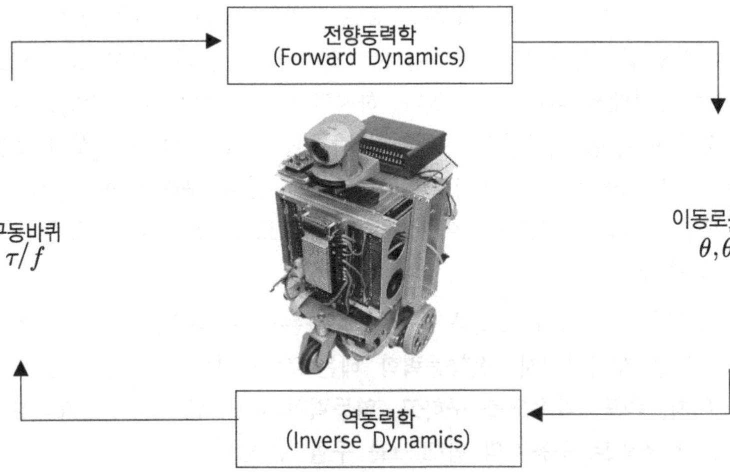

(b) 이동로봇의 동력학

그림 5-2 로봇 매니퓰레이터 및 이동로봇의 동력학

고정되어 한정된 작업공간 내에서 작업이 이루어지는 로봇 매니퓰레이터에 대한 동력학 운동방정식은 라그랑지와 뉴톤-오일러 형식의 방법이 일반적으로 사용되어지는데 이는 lower-pair 조인트를 갖는 개-체인의 경우에 적용된다.

일반적으로 매니퓰레이터의 동력학 운동방정식을 유도하는 법은 주로 다음과 같은 2가지가 있다.

① **라그랑지-오일러방법**(Lagrange-Euler): 시스템의 동적 특성을 일과 에너지의 개념으로 나타낸 것으로 뉴튼-오일러 방식보다 간단하다. 에너지를 기반으로 한 동역학적 모델접근방법으로, 비교적 간단한 운동에서 로봇의 운동에 작용하는 여러 가지 변수에 의한 효과를 이해하는 데 유용하며 일반좌표에 근거하게 된다. 이것은 일반화된 좌표계, 에너지,

일반화된 힘의 개념을 이용하였으며, 이 방법은 마지막의 폐형식 해가 매니퓰레이터의 관성, 중력, 마찰, 코리오리스 및 원심력과 같은 항으로 이루어져 있어 물리적인 해석이 가능한 장점이 있다.

② **뉴톤-오일러방법**(Netwon-Euler): 동적 시스템을 뉴턴의 두 번째 법칙을 직접적으로 적용하여 각 링크의 좌표에서 링크의 힘과 모멘트로 나타내는 것이다. 따라서 이 방식은 힘의 균형을 기반으로 한 접근 방식으로 동역학 방정식의 유도에 효율적이며, 시뮬레이션과 컴퓨터 계산을 할 때 편리하다.

라그랑지의 방법을 이용하여 운동방정식을 도출하는 방법에 대해서 설명한다. 라그랑지 역학은 뉴턴의 역학과 근본은 크게 다르지 않다. 다만 운동을 기술하는 방법과 문제에 접근하는 방법이 약간 차이가 날 뿐이다. 라그랑지 역학은 벡터량인 힘이 아닌 "라그랑지안(Lagrangian)"이라고 불리는 스칼라로 운동(에너지)을 기술한다. 우선 라그랑지 역학은 주어진 기하학적인 상황, 예를 들면 평면 위에서 운동을 하거나 혹은 원운동을 해야 하는 제한조건에서 가능한 모든 운동을 고려한다. 그리고 그 중에서 라그랑지안을 최소값을 만들어 주는 운동을 찾는 것이다. 여기에 기계론적 인과론이 들어간다.

라그랑지 역학은 벡터가 아닌 스칼라를 다루므로 운동방정식을 세우기가 매우 편리하다. 그러나 여기에 그치지 않고 발전된 점이 있다면 문제에 대한 접근 방식입니다. 주어진 상황에서 가능한 모든 운동을 찾은 후에 기계론적 인과에 따라 운동을 결정하기 때문에 약간의 수정을 가하면 기계론적 인과를 받아들이지 않는 양자역학과 같은 학문에서도 사용할 수 있다.

5.1 로봇매니퓰레이터의 라그랑지-오일러 동력학

라그랑지의 방정식은 에너지를 기본으로 해서 운동방정식을 도출하는 방법이다.

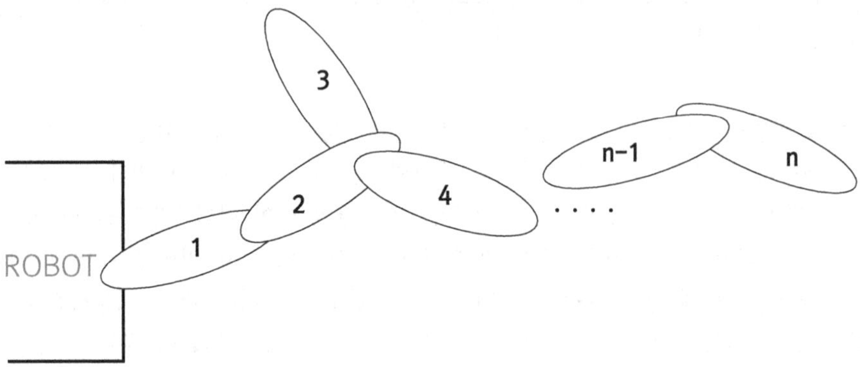

그림 5-3 n개의 강체시스템

매니퓰레이터의 운동에너지와 위치에너지를 구한 후 라그랑지 운동방정식을 이용하여 매니퓰레이터의 동역학 방정식을 구하고자 한다. 라그랑지 방정식에 대하여 알아보자.

$$\frac{d}{dt}\left(\frac{\partial L}{\partial \dot{q}_i}\right) - \frac{\partial L}{\partial q_i} = Q_i \quad (\mathrm{i} = 1, \cdots, \mathrm{n}) \tag{5-1}$$

위 식에서 라그랑지안(L) = 전체 운동에너지(T) - 전체 위치에너지(U)

$$L = T - U \tag{5-2}$$

여기서, L은 라그랑지안, T는 운동에너지, U는 위치 에너지, Q_i는 일반화된 좌표 q_i에 대응한 일반화된 힘, n은 일반화좌표의 개수를 나타낸다. 운동에너지 T는 직진 운동에너지와 회전 운동에너지의 합이다.

$$T = \frac{1}{2}\sum_{j=1}^{n}(m_j v_j^T v_j + \omega_j^T I_j \omega_j) \tag{5-3}$$

여기서, 강체 j의 질량을 m_j, 중심속도 벡터를 v_j, 회전각속도 ω_j, 강체 중심에 관한 관성 텐서(tensor)을 I_j이다.

위치 에너지 U는

$$U = -\sum_{j=1}^{n} m_j g z_j \tag{5-4}$$

여기서, 중력이 작용하는 방향을 축을 z축이라 설정할 때, z_j는 강체 j의 z좌표, g는 중력 가속도이다.

5.1.1 진자시스템(1링크)

회전하는 중심축에는 DC-모터가 1개 장착되어 있는 1링크 진자시스템이라고 가정하자. 진자시스템에 라그랑지 방법을 간단하게 도입하여 동력학을 구해보자.

진자의 위치벡터(r)를 잡을 수 있고, 기준 좌표축의 원점이 진자보다 위에 있기 때문에 j벡터 쪽 성분이 '-'부호이다.

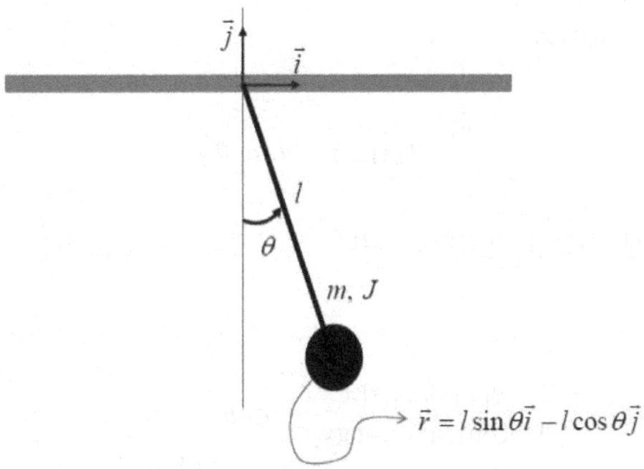

그림 5-4 1개 진자 회전운동의 경우

위에서 잡힌 위치벡터를 미분해서 속도벡터(v)를 구한다.

$$\vec{\nu} = l\dot{\theta}\cos\theta\vec{i} + l\dot{\theta}\sin\theta\vec{j} \tag{5-5}$$

여기서, θ도 시간에 관한 함수이기 때문에 미분해야할 함수라는 점만 유의하자.

이제 운동에너지를 구해보자. 운동에너지는 두 종류가 있다. 그 중 하나가 병진운동에너지이다. 병진운동은 직선방향의 운동을 말하는 것으로, 위에서 구한 속도벡터를 이용한다. 중고등 시절 배운 운동에너지 공식을 그대로 사용하면 된다.

병진운동에너지
Translation kinetic energy
$$\frac{1}{2}m(\vec{\nu}\cdot\vec{\nu}) = \frac{1}{2}ml^2\dot{\theta}^2 \tag{5-6}$$

그리고 회전운동에너지를 구하자. 위의 예제로 다룰 시스템에서는 회전운동을 하는 것이 진자 뿐이다.

회전운동에너지
Translation kinetic energy
$$\frac{1}{2}J\omega^2 = \frac{1}{2}J\dot{\theta}^2 \tag{5-7}$$

이제 위치에너지를 구해보자.

$$\vec{r} = l\sin\theta\vec{i} - l\cos\theta\vec{j} \tag{5-8}$$

위치벡터의 중력방향 성분만 생각하면 된다. 위치에너지는 mgh라는 공식을 가지고 있음을 고려하면,

위치에너지
Potential energy
$$mgh = -mgl\cos\theta \tag{5-9}$$

라그랑지 방정식(Lagrange Equation)

라그랑지안 Lagrangian $L = \sum$전체운동에너지 $- \sum$전체위치에너지

$$= \frac{1}{2}(ml^2 + J)\dot{\theta}^2 + mgl\cos\theta \qquad (5\text{-}10)$$

라그랑지 방정식을 구하기 위해서는 먼저 라그랑지안(lagrangian)을 찾아야한다. 라그랑지안은 전체 운동에너지에서 전체 위치에너지를 뺀 것이다.

라그랑지 방정식 Lagrange Equation $\frac{d}{dt}\left(\frac{\delta L}{\delta \dot{\eta}}\right) - \frac{\delta L}{\delta \eta} = F_\eta$ $\quad \eta$: 시스템의 상태 (5-11)

그 라그랑지안을 이용해서 위의 라그랑지 방정식에 대입해서 풀면된다. 라그랑지 방정식이 도출되는 과정은 복잡한 과정을 통하여 구하여진다.

$$\frac{d}{dt}(ml^2 + J)\dot{\theta} + mgl\sin\theta = F_\theta$$
$$(ml^2 + J)\ddot{\theta} + mgl\sin\theta = F_\theta \qquad (5\text{-}12)$$

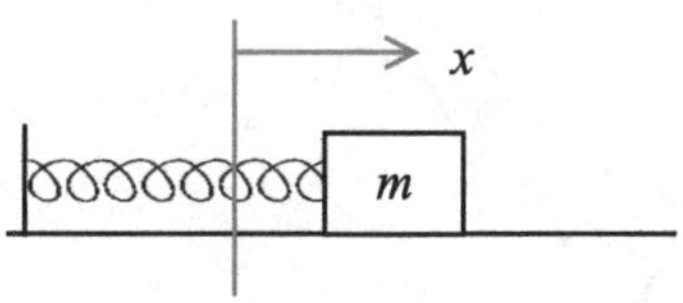

$$T = \frac{1}{2}m\dot{x}^2$$
$$V = \frac{1}{2}kx^2$$

라그랑지안 $L = T - V = \frac{1}{2}m\dot{x}^2 - \frac{1}{2}kx^2$

$$\therefore \frac{\partial L}{\partial \dot{x}} = m\dot{x} \quad \therefore \frac{d}{dt}\frac{\partial L}{\partial \dot{x}} = m\ddot{x}, \quad \frac{\partial L}{\partial x} = -kx$$

$$\therefore Langrange\text{운동방정식} : m\ddot{x} = -kx$$

그림 5-5 질량m인 물체가 용수철(상수 k)에 의해 수평진동하는 경우

1) 직선운동에너지(Force) 구한다.
2) 회전운동에너지(Torque) 구한다.
3) T = 직선운동에너지(Force) + 회전운동에너지(Torque)
4) 위치에너지(U) 구한다.
5) 라그랑지안 : $L = T - U$
6) 라그랑지 방정식 구한다.

$$\frac{d}{dt}\left(\frac{\partial L}{\partial \dot{\phi}_i}\right) - \frac{\partial L}{\partial \phi_i} = \tau_i \quad (\mathrm{i} = 1, \cdots, \mathrm{n})$$

5.1.2 평면 2링크 매니퓰레이터

그림과 같은 평면 2링크 매니퓰레이터 운동방정식을 라그랑지의 방정식에 의해 구해보자.

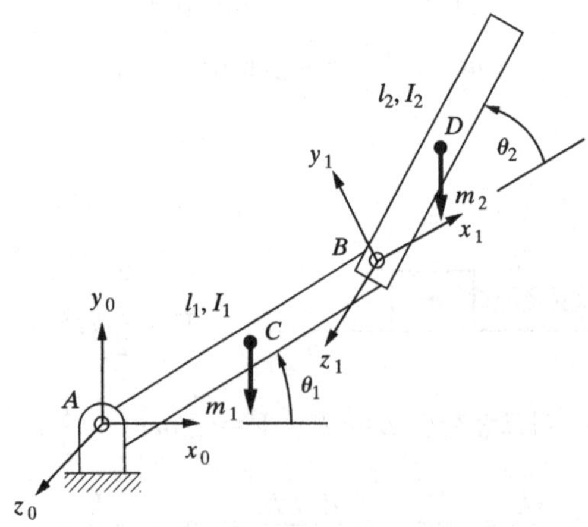

그림 5-6 평면 2링크 매니퓰레이터

링크 1에 대해서

$$\begin{aligned} x_1 &= \mathrm{l}_1\cos\phi_1 \quad \dot{x}_1 = -\dot{\phi}_1\mathrm{l}_1\sin\phi_1 \\ y_1 &= \mathrm{l}_1\sin\phi_1 \quad \dot{y}_1 = \dot{\phi}_1\mathrm{l}_1\cos\phi_1 \end{aligned} \tag{5-13}$$

이식으로부터 아래식이 구해진다.

$$v_1^T v_1 = \left[\dot{x}_1\ \dot{y}_1\right]\begin{bmatrix}\dot{x}_1 \\ \dot{y}_1\end{bmatrix} = \dot{\mathrm{x}}_1^2 + \dot{\mathrm{y}}_1^2 = \mathrm{l}_1^2\dot{\phi}_1^2 \tag{5-14}$$

직진의 운동에너지는 다음과 같이 구해진다.

$$\frac{1}{2}(m_1 v_1^T v_1) = \frac{1}{2}m_1 l_1^2\dot{\phi}_1^2 \tag{5-15}$$

운동에너지 T의 회전의 운동에너지는

$$\frac{1}{2}(\omega_1^T I_1 \omega_1) = \frac{1}{2}(I_1\omega_1^2) = \frac{1}{2}(I_1\dot{\phi}_1^2) \tag{5-16}$$

링크 2에 대해서

$$\begin{aligned} x_2 &= \mathrm{l}_1\cos\phi_1 + l_2\cos(\phi_1+\phi_2) \quad \dot{x}_2 = -\dot{\phi}_1\mathrm{l}_1\sin\phi_1 - (\dot{\phi}_1+\dot{\phi}_2)l_2\sin(\phi_1+\phi_2) \\ y_2 &= \mathrm{l}_1\sin\phi_1 + l_2\sin(\phi_1+\phi_2) \quad \dot{y}_2 = \dot{\phi}_1\mathrm{l}_1\cos\phi_1 + (\dot{\phi}_1+\dot{\phi}_2)l_2\cos(\phi_1+\phi_2) \end{aligned} \tag{5-17}$$

이로부터 다음과 같은 식이 구해진다.

$$\begin{aligned} v_2^T v_2 = \left[\dot{x}_2\ \dot{y}_2\right]\begin{bmatrix}\dot{x}_2 \\ \dot{y}_2\end{bmatrix} &= \dot{\mathrm{x}}_1^2 + \dot{\mathrm{y}}_1^2 \\ &= \mathrm{l}_1^2\dot{\phi}_1^2 + \mathrm{l}_2^2(\dot{\phi}_1^2+\dot{\phi}_2^2)^2 + 2\mathrm{l}_1\mathrm{l}_2\dot{\phi}_1(\dot{\phi}_1+\dot{\phi}_2)\cos\phi_2 \end{aligned} \tag{5-18}$$

직진의 운동에너지

$$\frac{1}{2}(m_2 v_2^T v_2) = \frac{1}{2} m_2 \{ l_1^2 \dot{\phi}_1^2 + l_2^2 (\dot{\phi}_1^2 + \dot{\phi}_2^2)^2 + 2 l_1 l_2 \dot{\phi}_1 (\dot{\phi}_1 + \dot{\phi}_2) \cos\phi_2 \} \tag{5-19}$$

회전의 운동에너지

$$\frac{1}{2}(\omega_2^T I_2 \omega_2) = \frac{1}{2}(I_2 \omega_2^2) = \frac{1}{2} I_2 (\dot{\phi}_1 + \dot{\phi}_2)^2 \tag{5-20}$$

여기서, 링크 2의 회전각속도 $\omega_2 = \dot{\phi}_1 + \dot{\phi}_2$ 이다.

평면 2링크 전체 운동에너지는

$$\begin{aligned} T &= \frac{1}{2} \sum_{j=1}^{2} (m_j v_j^2 + I_j \omega_j^2) \\ &= \frac{1}{2} m_1 l_1^2 \dot{\phi}_1^2 + \frac{1}{2} m_2 l_1^2 \dot{\phi}_1^2 + l_2^2 (\dot{\phi}_1^2 + \dot{\phi}_2^2)^2 + 2 l_1 l_2 \dot{\phi}_1 (\dot{\phi}_1 + \dot{\phi}_2) \cos\phi_2 \\ &\quad + \frac{1}{2}(I_1 \dot{\phi}_1^2) + \frac{1}{2} I_2 (\dot{\phi}_1 + \dot{\phi}_2)^2 \end{aligned}$$

$$\begin{aligned} U &= \sum_{j=1}^{2} m_j g y_j \\ &= m_1 g l_1 \sin\phi_1 + m_2 g l_1 \sin\phi_1 + l_2 \sin(\phi_1 + \phi_2) \end{aligned} \tag{5-21}$$

라그랑지안 L은 운동에너지와 위치에너지로부터 구해진다.

$$L = T - U$$

$$\begin{aligned} L &= \frac{1}{2} m_1 l_1^2 \dot{\phi}_1^2 + \frac{1}{2} m_2 l_1^2 \dot{\phi}_1^2 + l_2^2 (\dot{\phi}_1^2 + \dot{\phi}_2^2)^2 + 2 l_1 l_2 \dot{\phi}_1 (\dot{\phi}_1 + \dot{\phi}_2) \cos\phi_2 \\ &\quad + \frac{1}{2}(I_1 \dot{\phi}_1^2) + \frac{1}{2} I_2 (\dot{\phi}_1 + \dot{\phi}_2)^2 - m_1 g l_1 \sin\phi_1 + m_2 g l_1 \sin\phi_1 + l_2 \sin(\phi_1 + \phi_2) \end{aligned} \tag{5-22}$$

위 식으로 라그랑지안 L을 대입하면

$$\frac{d}{dt}\left(\frac{\partial L}{\partial \dot{q}_i}\right) - \frac{\partial L}{\partial q_i} = Q_i \qquad (i = 1, \ldots, n) \tag{5-23}$$

일반화좌표 $q=\begin{bmatrix}\phi_1\\ \phi_2\end{bmatrix}$, 일반화된 힘 $Q=\begin{bmatrix}\tau_1\\ \tau_2\end{bmatrix}$

$$\frac{d}{dt}\left(\frac{\partial L}{\partial \dot{\phi}_1}\right)-\frac{\partial L}{\partial \phi_1}=\tau_1 \qquad (5\text{-}24)$$
$$\frac{d}{dt}\left(\frac{\partial L}{\partial \dot{\phi}_2}\right)-\frac{\partial L}{\partial \phi_2}=\tau_2$$

$\frac{d}{dt}\left(\frac{\partial L}{\partial \dot{\phi}_1}\right)-\frac{\partial L}{\partial \phi_1}=\tau_1$의 계산 :

$$\begin{aligned}\tau_1 = {} & \mathrm{m_1 l_1^2 + m_2 (l_1^2 + l_2^2) + 2m_2 l_1 l_2 \cos\phi_2} + I_1 + I_2\ddot{\phi}_1 \\ & + (m_2 l_2^2 + m_2 l_2 l_{G2}\cos\phi_2 + I_2)\ddot{\phi}_2 \\ & - \mathrm{2m_2 l_1 l_2^2}\dot{\phi}_1\dot{\phi}_2 \sin\phi_2 + \mathrm{m_2 l_2 l_2}\dot{\phi}_2^2 \sin\phi_2 \\ & + m_1 g l_1 \cos\phi_1 + m_2 g l_1 \cos\phi_1 + l_2 \cos(\phi_1+\phi_2)\end{aligned} \qquad (5\text{-}25)$$

$\frac{d}{dt}\left(\frac{\partial L}{\partial \dot{\phi}_2}\right)-\frac{\partial L}{\partial \phi_2}=\tau_2$의 계산 :

$$\begin{aligned}\tau_2 = {} & \mathrm{I_2 + m_2 (l_2^2 + l_1 l_{G2} \cos\phi_2}\ddot{\phi}_1 + \mathrm{I_2 + m_2 l_2^2}\ddot{\phi}_2 \\ & + m_2 l_1 l_2 \dot{\phi}_1^2 sin\phi_2 + m_2 g l_2 \cos(\phi_1+\phi_2)\end{aligned} \qquad (5\text{-}26)$$

위에서 구한 τ_1, τ_2를 하나의 행렬로 표현하면 아래식과 같다.

$$\begin{aligned}\tau_1 = {} & \mathrm{m_1 l_1^2 + m_2 (l_1^2 + l_2^2) + 2m_2 l_1 l_2 \cos\phi_2} + I_1 + I_2\ddot{\phi}_1 \\ & + (m_2 l_2^2 + m_2 l_2 l_2\cos\phi_2 + I_2)\ddot{\phi}_2 \\ & - \mathrm{2m_2 l_1 l_2^2}\dot{\phi}_1\dot{\phi}_2 \sin\phi_2 + \mathrm{m_2 l_2 l_2}\dot{\phi}_2^2 \sin\phi_2 \\ & + m_1 g l_1 \cos\phi_1 + m_2 g l_1 \cos\phi_1 + l_2 \cos(\phi_1+\phi_2)\end{aligned} \qquad (5\text{-}27)$$

$$\begin{aligned}\tau_2 = {} & \mathrm{I_2 + m_2 (l_2^2 + l_1 l_2 \cos\phi_2}\ddot{\phi}_1 + \mathrm{I_2 + m_2 l_2^2}\ddot{\phi}_2 \\ & + m_2 l_1 l_2 \dot{\phi}_1^2 sin\phi_2 + m_2 g l_2 \cos(\phi_1+\phi_2)\end{aligned} \qquad (5\text{-}28)$$

$$\begin{bmatrix} \tau_1 \\ \tau_2 \end{bmatrix} = \begin{bmatrix} m_1 l_1^2 + m_2(l_1^2 + l_2^2) + 2m_2 l_1 l_2 C_2 + I_1 + I_2 & m_2 l_2^2 + m_2 l_2 l_2 C_2 + I_2 \\ I_2 + m_2(l_2^2 + l_1 l_2 C_2) & I_2 + m_2 l_2^2 \end{bmatrix} \begin{bmatrix} \ddot{\phi}_1 \\ \ddot{\phi}_2 \end{bmatrix} + \begin{bmatrix} 2m_2 l_1 l_2^2 \dot{\phi}_1 \dot{\phi}_2 S_2 + m_2 l_2 l_2 \dot{\phi}_2^2 S_2 \\ m_2 l_1 l_2 \dot{\phi}_1^2 S_2 \end{bmatrix} + \begin{bmatrix} m_1 g l_1 C_1 + m_2 g(l_1 C_1 + l_2 C_{12}) \\ m_2 g l_2 C_{12} \end{bmatrix} \tag{5-29}$$

위식을 간단화하면 다음과 같이 표현된다.

$$H(\phi)\ddot{\phi} + h(\phi, \dot{\phi}) + g(\phi) = \tau \tag{5-30}$$

여기서, $H(\phi)$는 관성행렬, $h(\phi, \dot{\phi})$는 원심력과 코리올리력 행렬, $g(\phi)$는 중력항의 행렬, 관성행렬 $H(\phi)$는 매니퓰레이터의 특성을 결정짓는 중요한 행렬이다.

5.2 이동로봇의 뉴튼-평행법칙 동력학

로봇의 동력학(Dynamics)모델링은 기존에 몇몇 연구가에 의하여 라그랑지 방법(Lagrange method)으로 아주 간단하게 소개되었다. 그러나 고정된 로봇 매니퓰레이터에 적용되는 이러한 모델링 방법은 여러가지 구조적인 특성 때문에 이동로봇의 정확한 궤적 추적에는 많은 어려움이 있다. 이동로봇에 대한 구체적이고, 체계적인 수학적 전개가 없어 많은 어려움을 겪어 왔다.

마찰력이 작용할 경우 마찰력/토크는 각각의 조인트에 대한 구동력/토크에 더해진다. 이러한 마찰력 모델링 과정에서 구동되지 않는 조인트에서의 마찰력은 모델링 단계가 누락되어 구동력/토크에 영향을 미치지 못한다. 즉, 구동되지 않는 조인트를 갖는 체인의 경우에 기존의 두 동력학 방법으로는 동작의 충분한 모델링이 불가능하다.

결과적으로 라그랑지와 뉴튼-오일러 형식의 두 동력학 방법은 이동로봇 메카니즘의 동력학 모델링을 위해서는 모든 조인트의 위치와 속도가 측정되어져야 하는데, 이동로봇의 특성에서 언급했듯이 이동로봇은 바퀴의 자유도 중 일부만 위치와 속도센서를 갖는다. 그래서 이동로봇의 모델링에 라그랑지와 뉴튼-오일러의 동력학 방법을 사용하는 것은 적합하지 않다.

라그랑지와 뉴튼-오일러 형식의 두 동력학 방법의 확장은 메카니즘의 폭넓은 영역의 모델링에 적용할 수 있다. 비록 이러한 설정 형식이 비-홀로노믹 제약과 폐-체인을 모델링 할 수 있을지라도 구동되지 않는 조인트와 측정되지 않는 조인트의 문제를 적절히 표현하지는 못한다. 또한 마찰력 (베어링과 바퀴의 접촉점에서 정지마찰(static friction), coulomb와 구름마찰)과 몸체 점성 마찰력의 작용에 대해 적용할 수 없다. 그래서 본 장에서는 기존의 고정된 매니퓰레이터의 동력학 모델링을 위하여 사용되었었든 뉴튼-오일러 혹은 라그랑지 방법이 아닌 뉴튼의 평형법칙의 적용에 의하여 이동로봇의 동력학 모델링을 구하고자 한다.

Lagrange

ISAAC NEWTON

이동로봇의 동력학 모델링에 대한 방법을 제시하기 위하여 다음의 동력학 모델링 구조를 제시한다.

구동모터가 있는 조인트와 말단효과장치 사이의 상대적 동작 (말단효과장치 위치, 조인트의 구동 각속도)의 표현인 기구학 모델은 저속도와 작은 부하에서의 장거리 작동과 같은 단순한 작업의 실행을 위한 제어기의 구성을 유도하지만, 조인트와 말단효과장치의 질량/관성, 힘/토크 동작과 관계하는 동력학 모델은 위치제어, 직각공간 경로제어와 같은 정확한 실행을 행하는 제어기의 구성을 유도한다.

역 동력학 해는 이동로봇의 동작 즉, 이동로봇의 가속도, 속도, 위치로부터 구동기의 힘/토크를 구하는 것이고, 이에 반하여 전향 동력학 해는 구동기의 힘/토크로부터 이동로봇의 몸체 가속도를 구하는 것이다.

본 장에서는 이동로봇이 다음의 특성을 갖는다는 전제하에서 모델링이 이루어진다.

1) 고정된 매니퓰레이터는 고정된 물체를 잡았을 때만 폐-체인을 갖는 반면에, 이동로봇은 다중-폐-체인을 갖는다.
2) 고정된 매니퓰레이터는 lower-pair 조인트를 갖는 반면에, 이동로봇은 바퀴와 평면의 접촉면 사이에 점이나 선 접촉인 higher-pair를 갖는다.
3) 고정된 매니퓰레이터는 각 조인트의 모든 자유도가 구동되는 반면에, 이동로봇은 바퀴 자유도중의 일부만 구동된다.
4) 고정된 매니퓰레이터는 각 조인트의 모든 자유도가 위치와 속도센서를 갖는 반면에, 이동로봇은 바퀴 자유도 중 일부만 위치와 속도센서를 갖는다.
5) 이동로봇은 내부마찰 뿐만 아니라 바닥과 접촉하는 접촉점의 마찰도 중요하다.

이동로봇의 동력학 모델링은 다음의 여러 단계로 나누어 단계적으로 다루고자한다.

1) 이동로봇의 각 구성원에 대한 좌표 시스템을 할당한다.
2) 위치벡터 ${}^{A}p_{B}$를 구한다.
3) 힘/토크 벡터를 구한다. (관성력/토크, 중력/토크, 구동력/토크, 점성마찰력/토크, 주위환경 접촉력/토크)
4) 조인트 커플링 행렬을 구한다.
5) 링크 자코비안 행렬을 구한다.
6) 전파행렬을 계산한다.

7) 제 1차 힘/토크 동작 방정식을 구한다.

8) 제 2차 힘/토크 동작 방정식을 구한다.

9) 역 동력학 해를 구한다.

10) 전향 동력학 해를 구한다.

동력학 모델링 방법

구분	Lagrange, Newton-Euler Method	Newton' Equilibrium Law
대상	· 고정된 매니퓰레이터	· 이동로봇
특징1	· lower-pair 조인트를 갖는 개-체인의 경우에 적용	· higher-pair 조인트를 갖는 폐-체인의 경우에 적용
특징2	· 로봇 메카니즘의 동력학 모델링을 위해서는 모든 조인트의 위치와 속도가 측정되어져야 함	· 이동로봇은 바퀴의 자유도 중 일부만 위치와 속도센서를 갖고 측정됨

동력학 모델링의 전제조건

1) 고정된 매니퓰레이터는 고정된 물체를 잡았을 때만 폐-체인을 갖는 반면에, 이동로봇은 다중-폐-체인을 갖는다.

2) 고정된 매니퓰레이터는 lower-pair 조인트를 갖는 반면에, 이동로봇은 바퀴와 평면의 접촉면 사이에 점이나 선 접촉인 higher-pair를 갖는다.

3) 고정된 매니퓰레이터는 각 조인트의 모든 자유도가 구동되는 반면에, 이동로봇은 바퀴 자유도중의 일부만 구동된다.

4) 고정된 매니퓰레이터는 각 조인트의 모든 자유도가 위치와 속도센서를 갖는 반면에, 이동로봇은 바퀴 자유도 중 일부만 위치와 속도센서를 갖는다.

5) 이동로봇은 내부마찰 뿐만 아니라 바닥과 접촉하는 접촉점의 마찰도 중요하다.

5.2.1 동력학 모델링 구조

앞에서 언급된, 동력학 모델링을 위한 요구조건을 충족시키는 동력학 구조를 구하고, 다중 링크 이동로봇 메카니즘의 폭넓은 부류에 적용한다.

뉴튼의 동력학, 힘/토크 모델링, 순간일치(instantaneously coincident) 좌표 시스템을 이동로봇의 동력학 모델링에 적용한다. 하나의 링크의 양단에 존재하는 조인트에서 힘/토크의 전파 성질은 링크 자코비안 행렬내의 기구학적 위치 매개변수에 의해 표현된다. 두 링크의 접촉점인 조인트에서 힘/토크의 전파 성질은 조인트 커플링 행렬내의 마찰계수 매개변수에 의해 표현된다.

이동로봇에서 제 1차 힘/토크 동작 방정식은 이동로봇의 동작시 각 부위에서 작용하는 모든 힘/토크를 전파행렬의 사용에 의하여 이동로봇의 몸체 중심인 공통 좌표 시스템에 전파했을 때 전파된 모든 힘/토크의 합을 0으로 둠에 의해서 구해진다.

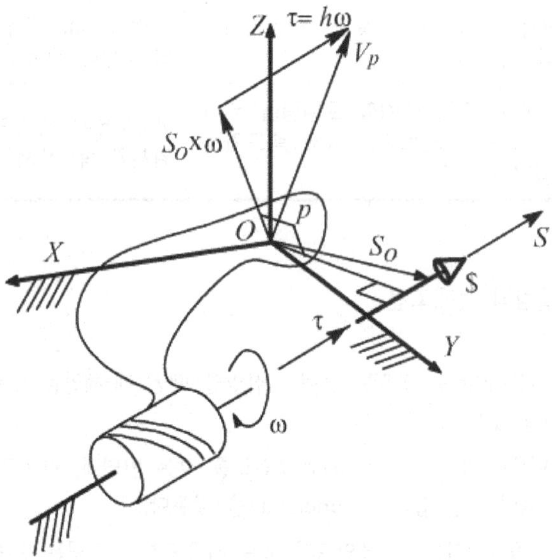

그림 5-7 Twist components for a general screw kinematic pair

동작방정식

· 이동로봇에서 제 1차 힘/토크 동작 방정식은 이동로봇의 동작시 각 부위에서 작용하는 모든 힘/토크를 전파행렬의 사용에 의하여 이동로봇의 몸체 중심인 공통 좌표 시스템에 전파했을 때 전파된 모든 힘/토크의 합을 0으로 둠에 의해서 구해진다.

링크에 가해지는 힘/토크는 다음의 5가지로 분류한다.

1) 관성력/토크 (inertial force/torque)
2) 중력/토크 (gravitational force/torque)
3) 구동력/토크 (actuation force/torque)
4) 점성 마찰력/토크 (viscous friction force/torque)
5) 접촉력/토크 (environmental contact force/torque)

1) 관성력/토크 (inertial force/torque)

링크 A에 작용하는 관성력은 링크의 질량중심에 위치하는 관성 좌표 시스템에 관계하는 링크의 전이 가속도에 비례한다.

$$^{M(A)}f_{iA} = m_A \ ^{\overline{M}(A)}a_{M(A)} \tag{5-31}$$

여기서 $M(A)$는 링크 A의 질량중심에 위치하는 좌표 시스템이고, $\overline{M}(A)$는 순간적으로 링크 A의 질량중심에 일치하는 관성 좌표 시스템이다.

$^{M(A)}f_{iA} = [\,^{M(A)}f_{iAx} \ ^{M(A)}f_{iAy} \ ^{M(A)}f_{iAz}]^T$링크 A에 작용하는 4-벡터의 관성력이다.
$^{\overline{M}(A)}a_{M(A)} = [\,^{\overline{M}(A)}a_{M(A)x} \ ^{\overline{M}(A)}a_{M(A)y} \ ^{\overline{M}(A)}a_{M(A)z}]^T$는 링크 A의 가속도 벡터이다.

링크에 작용하는 관성 토크는 링크의 질량중심에 위치하는 좌표 시스템에 관계할 경우 식(5-31)의 관성력으로부터 분리하여 표현 가능하다.

링크 A에 대한 관성 토크의 계산은 질량의 중심에 위치하는 좌표 시스템 $\overline{M}(A)$에서 단순화된다.

$$^{M(A)}\tau_{iA} = \,^{M(A)}I_A \ ^{\overline{M}(A)}\alpha_{M(A)} + \,^{(A)}\omega_{M(A)} \times \,^{M(A)}I_A \ ^{\overline{M}(A)}\omega_{M(A)} \tag{5-32}$$

여기서 $^{M(A)}\tau_{iA} = [\,^{M(A)}\tau_{iAx} \ ^{M(A)}\tau_{iAy} \ ^{M(A)}\tau_{iAz}]^T$는 링크 A에 작용하는 4-벡터의 관성 토크이다. 질량중심 좌표 시스템 M(A)에서 링크 A에 작용하는 관성 힘/토크는 식(5-31)과 (5-32)의 결합에 의해서 다음과 같이 주어진다.

$$^{M(A)}f_{iA} = [\,^{M(A)}f^T{}_{iA} \ \ ^{M(A)}\tau_{iA}]^T \tag{5-32'}$$

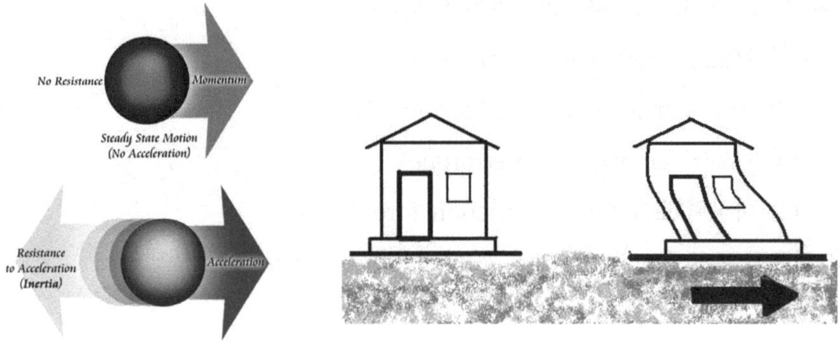

그림 5-8 inertial force/torque

관성력/토크

구분	식	특징
Force	$f = ma$	링크의 전이 가속도에 비례
Torque	$\tau = I\alpha + \omega \times I\omega$	회전 가속도 및 속도에 비례

뉴튼의 3대 법칙

□ 제1법칙 : 관성(inertia)의 법칙

- 정지하고 있는 물체는 계속 정지해 있으려 하고 움직이는 물체는 계속 움직이려 하는 성질이 있다.
- 예) 움직이고 있는 물체에 대하여 : 달려가다가 미처 예측 못한 정지선이 있다. 마음으로는 서고 싶지만 계속 가려고 하는 관성 때문에 정지하지 못하고 2~3발짝 더 가다가 겨우 정지 했다.
- 예) 정지하고 있는 물체에 대하여 : 어떤 물체가 정지하고 있다. 이 물체를 갑자기 움직이려 하면 잘 움직여지지 않는다. 시간을 갖고 서서히 움직일 때 비로소 움직여진다.

ㅁ 제2법칙 : 운동(Motion)법칙

· F=Ma : F=힘, M=질량, a=가속도

· 어떤 M이라는 질량을 갖는 물체를 움직이는데 필요한 힘은 그 물체의 가속도에 비례한다.

· 예) 어떤 수레위에 300 Kg쯤 되는(무게는 중요하지 않음) 무게의 물체가 있는데 이것을 혼자서 갑자기 세게 밀면 꼼짝도 안하는데 시간을 갖고 서서히 밀면 잠시 후에는 조금씩 움직이기 시작한다. 즉 가속도가 작으면 힘 F값이 작아서 움직이기 쉽다. 그러다가 점차 속도가 빨라지고 나중에는 상당히 빠르게 움직일 수 있다. 그런데 처음부터 빠르게 움직이려 하면 a값이 커서 F(힘)이 많이 필요하기 때문에 한사람의 힘으로 움직이기에는 너무 벅차서 꼼짝도 하지 않는다.

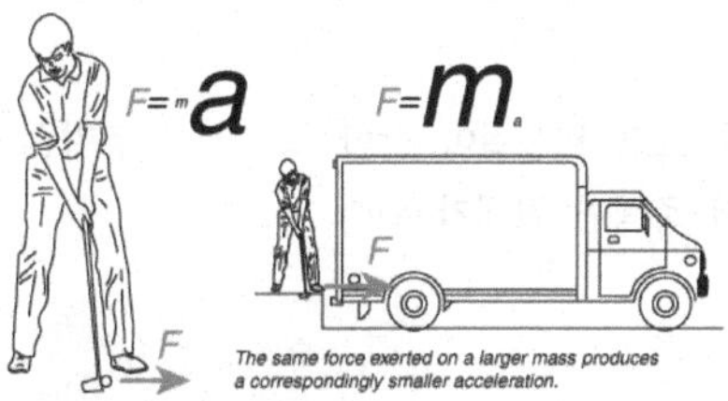

Newton's Second Law

Newton's Third Law

ㅁ 제3법칙 : 작용반작용(Reaction) 법칙

· 어떤 물체를 밀어서 움직이려고 하면 힘의 크기는 똑 같고 방향이 반대인 상대적인 힘이 발생한다.

· 예) 나룻배 2개가 있는데 어느 한쪽 배에서 다른 한쪽 배를 삿대로 밀어 멀리 보내려 하면 내가 타고 있는 배는 뒤로 후진하는 힘을 받게 된다.

2) 중력(gravitational force)

뉴튼의 중력법칙은 링크 A의 질량과 중력상수(g=9.8)의 곱으로서 링크 A에 작용하는 중력/토크를 나타낸다.

$$^{G(A)}f_{gA} = -m_A \quad g \quad e_i \qquad (5\text{-}33)$$

여기서 e_i는 $[0\ 0\ 1\ 0\ 0\ 0]^T$이고, 중력법칙에 대한 좌표 시스템은 Z축에 대하여 중력영역에 반대하는 방향으로 링크 A의 질량중심에 위치한다.

중력

구분	식	특징
Force	$f = -m\,ge$	z축에 대해서만 존재

· 중력의 크기는 물체의 질량에 비례하므로 자유낙하 하는 물체는 질량에 상관없이 일정한 가속도로 떨어진다. 약 9.8 m/s^2의 이 가속도를 중력가속도 g라 한다. 그러나 정확한 중력가속도는 장소에 따라 조금씩 다르다. 이것은 지구 자전에 따른 원심력이 위도에 따라 다르고, 지구가 완전한 구체가 아니라 약간 평평한 타원체이며, 지구 내부의 지질구조가 균일하지 않기 때문이다.

· 예를 들어 반지름이 가장 크고 원심력이 강한 적도에서 중력은 최소가 되고, 반지름이 작고 원심력도 작은 극지방에서 중력이 최대가 된다.

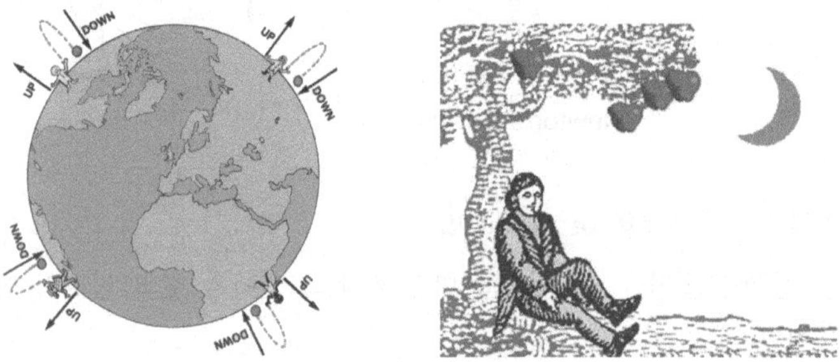

Gravitational force

3) 구동력/토크 (actuation force/torque)

링크에 적용되는 구동력/토크는 직접적인 구동기의 구동에 의해 생성되는 힘/토크와 동일하다.

구동기의 구동축에 대한 링크의 각 속도는 구동기 각 속도의 $1/\beta$ 배와 동일하다. (β는 기어의 비율)

링크 A의 X, Y, Z축에 대하여 적용되는 6-벡터의 구동력/토크는 다음과 같다.

$$
\begin{aligned}
{}^{P}f_{aA} \;&=\; -{}^{P}f_{aB} = \beta f\ e_i \quad : \text{일직선 운동을 위한 구동기} \\
&= \beta \tau e_i \quad : \text{회전 운동을 위한 구동기} \qquad (5\text{-}34)
\end{aligned}
$$

여기서 $f(\tau)$는 구동기에서 작용하는 힘/토크이고, ${}^{P}f_{aB}$는 동일하고 이웃하는 링크 B에 작용하는 뉴튼의 작용-반작용 법칙에 의한 반-작용 힘/토크이다.

구동력/토크

구분	식	특징
Force	$f=\beta\, fe$	linear actuator
Torque	$f=\beta\tau e$	rotational actuator

* 단, 구동바퀴는 회전하므로 τ만 존재하는 것으로 간주한다.

4) 점성 마찰력/토크(viscous friction force/torque)

가스나 공기, 물과 같은 매체 속을 링크가 움직일 때 작용하는 힘이 점성 마찰력/토크이다.

하나의 자유도를 갖고, 움직이는 강건체에 있어 공기에 의해서 작용하는 점성 마찰력/토크는 강건체의 속도에 비례한다.

$$ {}^{VA}f_{vA} = {}^{VA}V_A \cdot {}^{\overline{V}(A)}v_{VA} \tag{5-35} $$

여기서 ${}^{VA}f_{vA}$는 6-벡터의 점성 마찰력/토크이고, ${}^{\overline{V}(A)}v_{VA}$는 강체의 속도벡터이다. (6 × 6)의 점성 마찰력 행렬은 다음과 같은 대칭행렬이다.

$$ {}^{VA}V_A = Diag(\mu_{vAx} \quad \mu_{vAy} \quad \mu_{vAz} \quad \epsilon_{vAx} \quad \epsilon_{vAy} \quad \epsilon_{vAz}) \tag{5-36} $$

여기서 μ_{vAi}는 i번째 축에 대한 전이 점성 마찰계수(translational viscous friction)이고 ϵ_{vAi}는 i번째 축에 대한 회전 점성 마찰계수이다.

점성 마찰력/토크

구분	식	특징
Force/Torque	$f = Vv$	강건체의 속도에 비례

- 마찰할 때 생기는 두 물체 사이의 저항력을 마찰력이라 한다. 정지한 상태에 있는 물체를 움직이려고 할 때 생기는 저항을 정지마찰(static friction), 움직이고 있는 물체에 작용하는 저항을 운동마찰(kinetic friction)이라 한다. 또, 물체의 면을 따라 미끄러질 때의 마찰을 미끄럼마찰(sliding friction), 물체의 면을 따라 구를 때의 마찰을 굴림마찰(rolling friction)이라 한다.
- 유체 내부에서도 유체 각 부분 사이에는 유동(流動)에 대한 저항(내부마찰)이 나타나지만, 이것은 '점성'이라고 하여 고체의 면 사이에서 일어나는 마찰과는 다른 것으로 간주한다. 유체 속을 움직이는 물체가 받는 저항 중 유체의 점성에 의해서 일어나는 것을 마찰저항이라고 한다.

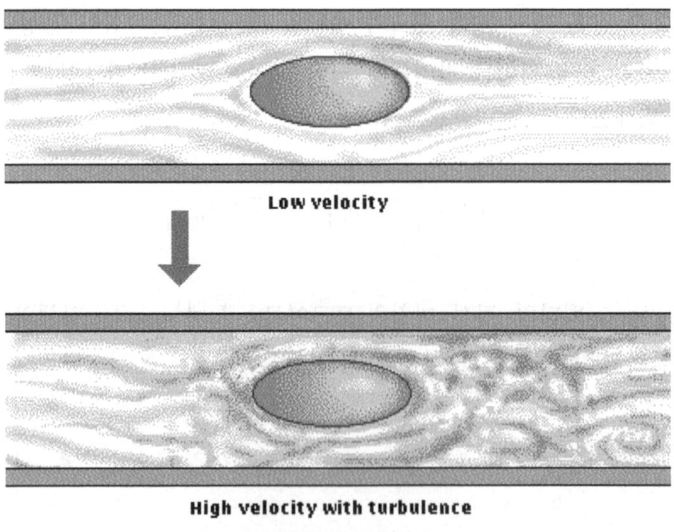

Viscous friction force/torque

5) 주위환경 접촉력(environment contact force/torque)

이동로봇 메카니즘의 링크 A가 외부 메카니즘에 접촉할 경우에, 외부몸체는 몸체 E에 고정된 접촉 좌표 시스템 C(E, A)에서 접촉하는 링크에 주위환경 접촉 힘/토크를 발생한다.

$$^{C(E,A)}f_{eA} = (f_{eAx} \quad f_{eAy} f_{eAz} \quad \tau_{eAx} \quad \tau_{eAy} \quad \tau_{eAz})^T \tag{5-37}$$

링크 A에 작용하는 주위환경 접촉력/토크 모델링에 있어서 좌표 시스템 C(E, A)는 접촉점에 위치한다.

주위환경 접촉력

구분	식	특징
Force	$^{C(E,A)}f_{eA} = (f_{eAx} f_{eAy} f_{eAz} \tau_{eAx} \tau_{eAy} \tau_{eAz})^T$	

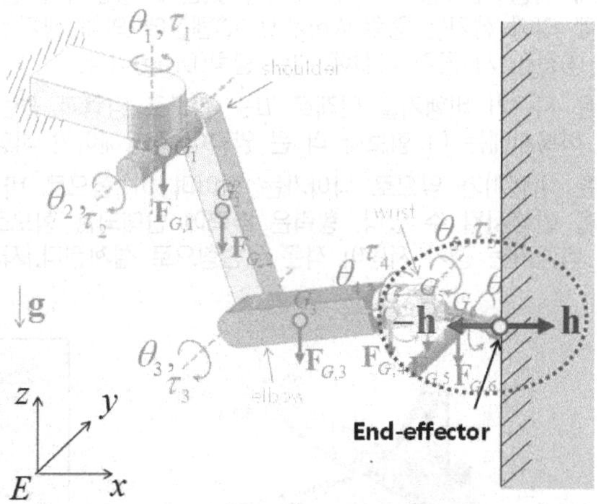

Environment contact force/torque

비행원리

· 비행기는 어떤 원리로 하늘을 날 수 있을까. 그 원리의 비밀은 날개에 있다. 비행기는 날개를 이용해 양력을 발생시키는데 배가 부력으로 물 위에 뜰 수 있는 것처럼 비행기가 하늘을 날 수 있는 가장 중요한 힘은 양력이다.

· 양력을 설명하기 위해 필요한 원리를 '베르누이 정리'라고 한다. 이는 공기의 유속과 압력의 관계를 나타내는 이론으로 공기의 유속이 빨라질수록 압력은 낮아지고 공기의 유속이 느려질수록 압력은 높아진다는 원리다.

· 비행기 날개의 단면을 보면 위쪽이 활처럼 둥글게 굽어져 있는데 이 때문에 날개 윗면을 흐르는 공기의 속도가 빠르고 아랫면을 흐르는 공기의 속도는 느려진다. 이때 공기의 속도가 빠른 날개 윗면은 주위의 대기 압력보다 높은 정압이, 아랫면은 주위의 대기 압력보다 낮은 부압이 생긴다.

· 공기는 압력이 높은 곳에서 낮은 곳으로 이동하는 속성이 있기 때문에 압력이 낮은 날개 아랫면에서 압력이 높은 윗면으로 공기가 흐르는 양력이 발생하게 된다. 바로 이 양력에 의해 비행기는 공기 중에 떠오르게 된다.

· 비행에 작용하는 힘에는 네 가지가 있는데 ①날개에 생기는 양력(Lift), ②비행기 무게에 의해 생기는 중력(Weight), ③엔진에 의해 생기는 추력(Thrust) 그리고 비행기 ④전진 시 공기 마찰에 의한 항력(Drag)이다.

· 중력은 지구가 비행기를 아래로 끄는 힘으로 양력과 정반대로 작용하기 때문에 비행기 이륙시에는 이 힘보다 더 큰 양력이 작용해야만 비행기 이륙이 가능하다.

· 추력은 비행기가 앞으로 나아가는 힘이며 이 힘으로 바람이 날개를 지나가게 해 양력을 발생시킬 수 있다. 항력은 추력에 반대되는 힘으로 이 힘을 최대한 줄이기 위해 비행기는 공기 저항이 적은 유선형으로 설계된다.[자료제공=대한항공]

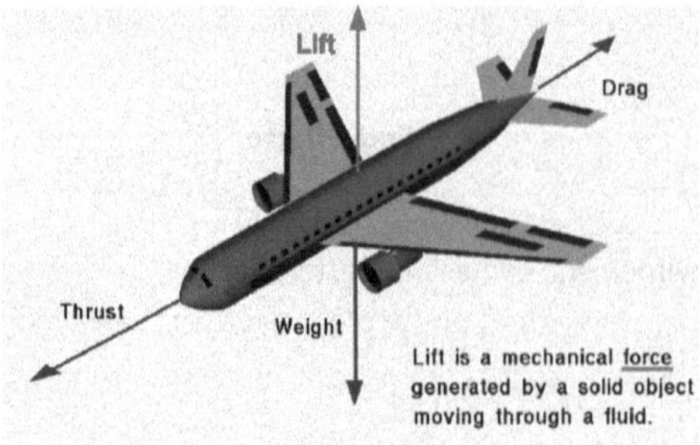

비행에 작용하는 힘

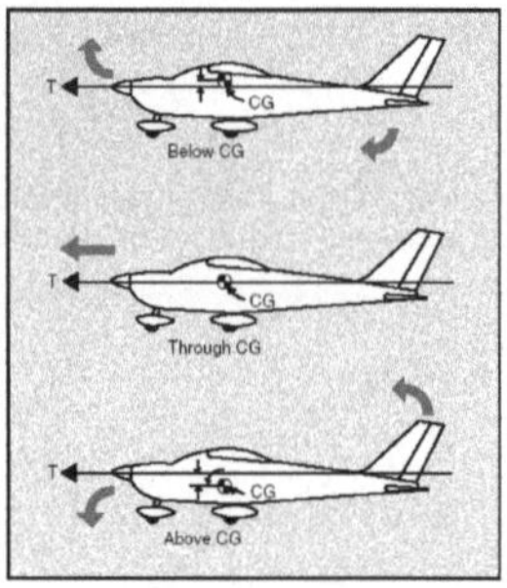

추력(Thrust)

예제 5-1

동력학 모델링을 위하여 사용하는 force/torque 종류에는 어떤 것이 있으며 각각 이동로봇의 어디에서 발생하는지 간단히 요약하시오.

해답

동력학 모델링을 위하여 사용하는 force/torque 종류와 발생하는 위치는 각각 다음과 같다.

1) 관성력/토크(i)((inertial force/torque) : 부하(L), 몸체(B), 바퀴1($W1$), 바퀴2($W2$)
2) 중력/토크(g)(gravitational force) : (L), (B), ($W1$), ($W2$)
3) 구동력/토크(a)(actuation force/torque): ($W1$), ($W2$)
4) 점성 마찰력/토크(v)(viscous friction force/torque) : (B),
5) 접촉력/토크(e)(environmental contact force/torque) : ($W1$), ($W2$), ($W3$), ($W4$)

5.5.2 힘/토크 전파(force/torque propagation)

이동로봇 메카니즘에서 동력학 모델링을 구하기 위하여 어떤 공통 좌표 시스템에 이동로봇 메카니즘에 작용하는 모든 힘/토크를 전파했을 때, 전파된 모든 힘/토크의 합은 '0'이라는 뉴튼의 평형법칙을 적용한다.

그림 5-9와 같이 조인트에 의해서 링크 A에서 M까지 연속적으로 구성된 개-체인의 메카니즘에 대해서 고려해본다.

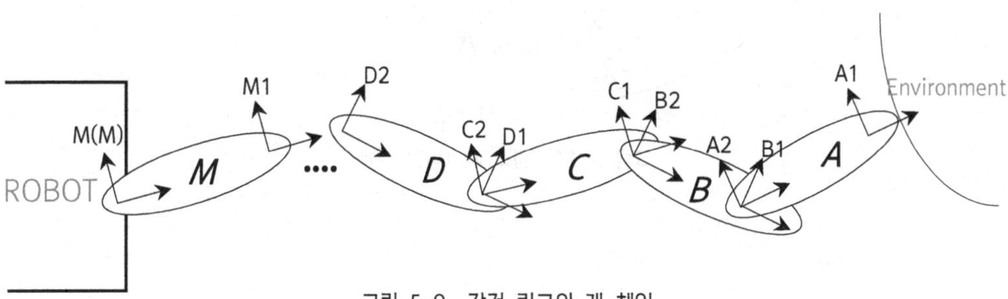

그림 5-9 강건 링크의 개-체인

각각의 조인트(즉, A2와 B1)에서 두 좌표 시스템은 Sheth-Uicker 표기법에 의한 조인트 변수의 전이와 회전에서 동일한 위치와 방향에 위치한다.

만약에 조인트 변수가 0이라면 각 조인트에서 좌표 시스템은 일치한다. 좌표 시스템 A1에서 M(M)으로의 힘/토크의 전파를 표현하는 방법에 대하여 구한다.

1) 링크 힘/토크 전파

링크를 통하여 좌표 시스템 A1에서 M(M)으로 힘/토크의 전파에 대해 알아본다.

링크 A에서 속도 ${}^{\overline{A_1}}v_{A_1}$는 (6 × 6)의 링크 자코비안 행렬 ${}^{A_1}L_{A_2}$에 의하여 ${}^{\overline{A_2}}v_{A_2}$와 선형적인 관계를 갖는다.

$$ {}^{\overline{A_1}}v_{A_1} = {}^{A_1}L_{A_2} \cdot {}^{\overline{A_2}}v_{A_2} \qquad (5\text{-}38) $$

위 식으로부터

$$ {}^{A_2}f_A = {}^{A_1}L^T{}_{A_2} \cdot {}^{A_1}f_A \qquad (5\text{-}39) $$

과 같은 관계식을 구할 수 있다. 즉, A2 좌표 시스템에서의 힘/토크는 A1 좌표 시스템의 힘/토크가 링크 자코비안 행렬인 ${}^{A_1}L^T{}_{A_2}$를 통하여 전파된다.

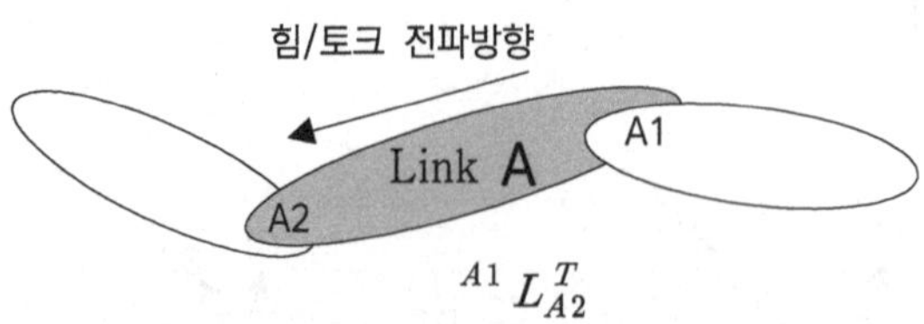

그림 5-10 링크 자코비안 행렬

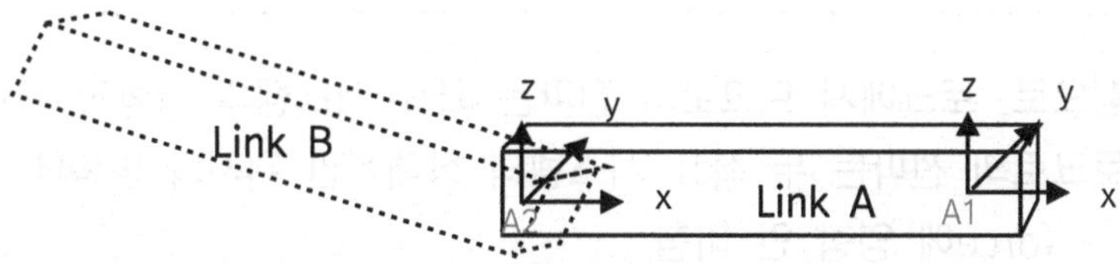

그림 5-11 링크 A와 B의 관계

링크 자코비안 행렬 ${}^{A_1}L_{A_2}$는 두 좌표 시스템사이의 위치와 방향 ${}^{A_2}P_{A_1}$에 의하며, 좌표 시스템 A1, A2의 동작과는 무관하다.

$$ {}^{B_1}f_A = {}^{A_2}L^T{}_{B_1} \cdot {}^{A_2}f_A \tag{5-40}$$

식(5-39)의 각각의 구성을 표현하면 다음과 같다.

$$\begin{bmatrix} {}^{A_2}f_{Ax} \\ {}^{A_2}f_{Ay} \\ {}^{A_2}f_{Az} \\ {}^{A_2}\tau_{Ax} \\ {}^{A_2}\tau_{Ay} \\ {}^{A_2}\tau_{Az} \end{bmatrix} = \begin{bmatrix} 1 & 0 & 0 & : & 0 & 0 & 0 \\ 0 & 1 & 0 & : & 0 & 0 & 0 \\ 0 & 0 & 1 & : & 0 & 0 & 0 \\ - & - & - & - & - & - & - \\ 0 & 0 & 0 & : & 1 & 0 & 0 \\ 0 & 0 & a & : & 0 & 1 & 0 \\ 0 & -a & 0 & : & 0 & 0 & 1 \end{bmatrix} \begin{bmatrix} {}^{A_1}f_{Ax} \\ {}^{A_1}f_{Ay} \\ {}^{A_1}f_{Az} \\ {}^{A_1}\tau_{Ax} \\ {}^{A_1}\tau_{Ay} \\ {}^{A_1}\tau_{Az} \end{bmatrix} \tag{5-41}$$

링크 자코비안 행렬의 전치 ${}^{A_1}L^T{}_{A_2}$는 좌표 시스템의 A1에 관계하는 좌표 시스템 A2의 위치와 방향에 관계하는 ${}^{A_1}P_{A_2}$의 함수이다.

전치된 링크 자코비안 행렬의 상-우(3 × 3)행렬에서 토크는 힘으로 전파되지 않기 때문에 0이다. 상-좌 (3 × 3)행렬은 하-우(3 × 3)행렬과 동일하며, 좌표 시스템의 A1에 관계하는 좌표 시스템 A2의 방향각의 함수이다. 식(5-41)에서 두개의 부 행렬은 그림 5-11에서 두개의 좌표 시스템 A1, A2가 평형하기 때문에 단위행렬이다.

위의 식(5-41)을 통하여 힘에서 힘으로, 토크에서 토크로의 전파는 좌표 시스템의 방향과 관계하고, 힘에서 토크로의 전파는 두 좌표 시스템의 상대적인 위치와 방향에 관계한다.

· 힘에서 힘으로, 토크에서 토크로의 전파는 좌표 시스템의 방향과 관계
· 힘에서 토크로의 전파는 두 좌표 시스템의 상대적인 위치와 방향에 관계
· torque → force에 영향 안 미침
· force → torque에 영향 미침(중간고정하고 끝에 force주면 회전력 갖음)

2) 조인트 힘/토크 전파

두 링크사이에서의 힘/토크의 전파는 링크와 링크 사이에 위치하는 한 개의 조인트의 좌표 시스템에 의하여 힘/토크의 전파가 이루어진다. 즉 조인트 좌표 시스템 B1을 통하여 링크 A에서 B로 힘/토크가 전파된다.

만약에 어떤 축이 조인트 자유도를 갖지 않는다면, 즉 구동되지 않고 고정된 조인트라면 이 조인트에서 힘/토크는 직접 전파된다. 즉 힘/토크 ${}^{B_1}(f,\tau)_{Bi}$가 자유도를 갖지 않는 조인트 축을 통하여 전파된다면, 이 힘/토크는 링크 A에서 작용하는 힘/토크 ${}^{B_1}(f,\tau)_{Ai}$와 동일하다.

$${}^{B_1}(f,\tau)_{Bi} = {}^{B_1}(f,\tau)_{Ai} \tag{5-42}$$

반면에 힘/토크가 조인트 자유도를 갖는 축을 통하여 전파된다면, 이는 간접적으로 전파된다. 즉 자유도를 갖는 조인트를 통한 힘/토크의 전파는 쿨롱의 마찰력, 구름 마찰력을 포함하는 조인트 마찰력의 특성에 의하여 이루어진다.

$${}^{B_1}(f,\tau)_{Bi} = \zeta_{ij} \ {}^{B_1}(f,\tau)_{Ai} \tag{5-43}$$

여기서 ζ_{ij}는 비례요소이다.

마찰력의 형태는 정지 마찰력(static friction)(ζ_{sij}), 쿨롱의 마찰력(ζ_{cij}), 구름 마찰력 (ζ_{rij})의 3가지를 들 수 있다.

$$\begin{aligned}\zeta_{sij} &= 1 \ \text{: if} \quad i=j \ ; \quad {}^{B_1}v_{A_{2i}} = 0 \\ &= 0 \ \text{: 그 외의 경우}\end{aligned} \tag{5-44}$$

정지 마찰력(static friction)은 하나의 단일 축 $(i=j)$을 따라서 힘/토크는 결합한다. 여기서 $i=j$라는 것은 i번째 좌표 시스템의 X, Y, Z 축과 j번째 좌표 시스템의 X, Y, Z축이 일치함을 의미한다. 즉, 동일링크에 있는 두 좌표 시스템의 경우이다.

즉. 이동로봇에서는 Z축을 기준으로 하여 회전이 발생하기 때문에, 축X, Y를 통하여 전파되는 힘/토크에서 두 좌표 시스템에 대한 상대속도 ${}^{B_1}v_{A_{2i}}=0$이다.

쿨롱의 마찰력의 경우는 다음과 같다.

$$\zeta_{cij} = -\mu_{c_{ABi}} \ : \ \text{if} \quad i \neq j \quad \text{and} \quad {}^{B_1}v_{A_{2i}} \neq 0$$

$$= 0 : \text{그 외의 경우} \tag{5-45}$$

그리고 구름 마찰력은 다음과 같다.

$$\zeta_{rij} = -\mu_{r_{ABi}} \ : \text{만약에 i번째 축이 구름 조인트 축이고,} \quad {}^{B_1}v_{A_{2i}} \neq 0\text{일때}$$

$$= 0 : \text{그 외의 경우} \tag{5-46}$$

링크 A에 적용되는 힘/토크로부터 링크 B에 전파되는 힘/토크를 구하기 위하여 조인트 커플링 행렬의 특성을 이용하여 표현한다.

$${}^{B1}f_B = {}^{B1}C_{BA}\ {}^{B1}f_A \tag{5-47}$$

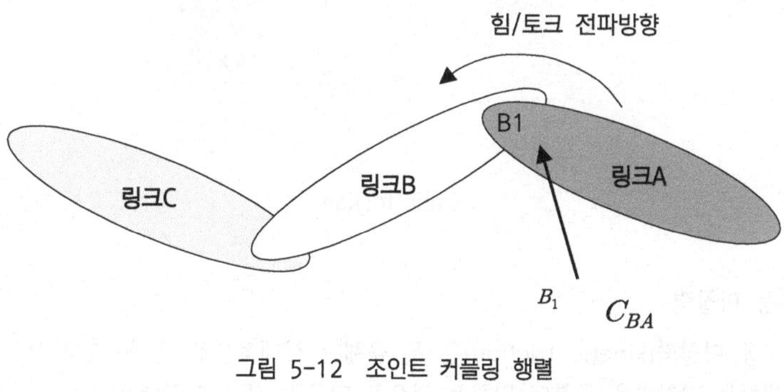

그림 5-12 조인트 커플링 행렬

위 식에서 링크 A의 B1 좌표 시스템에서의 힘과 토크를 링크 B의 B1 좌표 시스템으로 전파하는 조인트 커플링 행렬 ${}^{B_1}C_{BA}$는 다음과 같이 구성된다.

$${}^{B_1}C_{BA} = k_{ij} = 1$$: i=j이고 i번째 조인트는 자유도를 갖지 않는 경우

= ζ_{ij}: 그 외의 경우 (5-48)

즉, 식(5-48)에서 i번째 조인트가 자유도를 갖지 않는 고정된 조인트 일 경우에, 조인트 커플링 행렬의 값은 1이고, 그 외는 비례상수의 값을 갖는다.

마찰의 종류

□ 정지 마찰력

· 정지 마찰력(static friction)은 물체가 움직이지 않는 동안에 받는 마찰력을 말한다. 평면 위에 놓인 물체가 외부에서 힘을 받았는데 움직이지 않는다면, 외부의 힘과 크기가 같고 방향이 반대인 정지 마찰력이 작용한 것으로 이해할 수 있다. 이러한 정지 마찰력의 최대값을 최대 정지 마찰력이라고 한다. 외부의 힘이 최대정지 마찰력보다 커지면, 물체는 움직이기 시작하고 , 그 이후엔 미끄럼 (운동) 마찰력을 받게 된다.

Static friction

□ 운동 마찰력

· 운동 마찰력(kinetic friction)은 두 물체가 상대적으로 움직이면서 서로 문질러질 때, 발생하는 마찰력을 통틀어 말하는 것으로 다음과 같은 마찰력들이 있다.

□ 미끄럼 운동 마찰력

· 미끄럼 운동 마찰력(sliding friction)은 물체가 접촉면에 대해 움직이고 있을 때 받는 마찰력이다. 일반적으로 운동 마찰력은 최대 정지 마찰력보다 작거나 같다.

□ 구름 마찰력

· 구름 마찰력(rolling resistance)은 물체가 접촉면에 대해 구를 때 받는 마찰력이다. 구른다는 조건을 수식으로 표현하면, 물체의 질량중심을 기준으로 물체의 각속도 (ω) 와 물체의 병진 속력(v) 그리고 물체의 반지름(r)이 관계에 있을 때를 말한다.

· 구름마찰의 원인: 접촉면의 변형에 의해 일어난다. 바퀴가 있는 경우 바퀴의 찌그러짐과 원상 복원이 매 순간 일어나고 이 반복되는 과정에서 에너지 손실이 있으므로 속도가 줄게 된다. 이것 때문에 구름 마찰력이 생긴다. 구름 마찰력의 크기: 강체일 경우 물체의 변형이 없으면 구름 마찰력이 0이다. 그러나 완전히 접촉된 두 물체는 강체일 수 없으므로 실제 물체 사이에는 항상 존재한다. 구름 마찰력은 구름마찰 계수와 수직항력의 곱이다. 그러나 구름마찰 계수는 정지 마찰 계수에 비해 50내지 100분의 1정도이므로 구름 마찰력이 훨씬 적다.

힘/토크의 전파

구분	식	관계	특징
링크 자코비안행렬	${}^{A_1}L_{A_2}$	조인트와 조인트	· 두 조인트사이에서의 힘/토크의 전파는 조인트와 조인트사이에 위치하는 한 개의 링크자코비안 시스템에 의하여 힘/토크의 전파가 이루어진다.
조인트 커플링행렬	${}^{B_1}C_{BA}$	링크와 링크	· 두 링크사이에서의 힘/토크의 전파는 링크와 링크 사이에 위치하는 한 개의 조인트의 좌표 시스템에 의하여 힘/토크의 전파가 이루어진다.
전파 행렬	${}^{M(M)}P_{A1}$	링크와 조인트	· 조인트와 링크를 통한 계속적인 힘/토크의 전파는 조인트 커플링 행렬과 링크 자코비안행렬을 통하여 연속적으로 이루어 진다.

· ${}^{B1}f_B = {}^{B1}C_{BA}\ {}^{B1}f_A$: 링크A의 $B1$좌표계의 힘은 조인트커플링 행렬을 통하여 링크 B의 B1좌표로 전파된다. 즉, 조인트 좌표 시스템 B1을 통하여 링크 A에서 B로 힘/토크가 전파된다.

3) 전파 행렬

좌표 시스템 A1에서의 힘/토크 ${}^{A_1}f_A$은 그림 5-13의 개-체인에서 보이는 바와 같이 좌표 시스템 M(M)의 힘/토크로 전파된다.

$$
{}^{M(M)}f_M = [{}^{M1}L^T{}_{M(M)} \cdot {}^{M1}C_{ML} \cdots {}^{B1}L^T{}_{C1} \cdot {}^{B1}C_{BA} \cdot {}^{A1}L^T{}_{B1}]\,{}^{A1}f_A \qquad (5\text{-}49)
$$

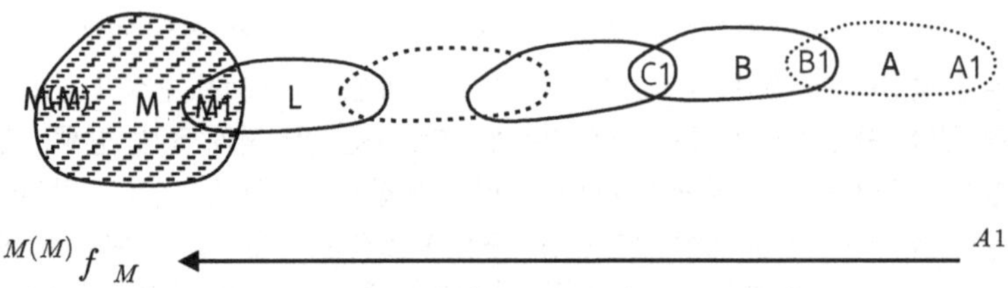

그림 5-13 전파행렬

식(5-49)에서 링크 자코비안 행렬의 전치행렬과 조인트 커플링 행렬이 연속적으로 이루어진 행렬을 전파행렬(propagation matrix)이라고 한다.

$$
{}^{M(M)}P_{A1} = [{}^{M1}L^T{}_{M(M)} \cdot {}^{M1}C_{ML} \cdots {}^{B1}L^T{}_{C1} \cdot {}^{B1}C_{BA} \cdot {}^{A1}L^T{}_{B1}] \qquad (5\text{-}50)
$$

예제 5-2

아래 그림에서와 같이 좌표시스템 $a1$에서의 힘/토크 ${}^{a1}f_I$가 전파행렬을 통하여 링크 K의 $a4$좌표시스템으로 전파되는 경우 이를 전파행렬을 사용하여 표시하여라.

[힘/토크 ${}^{a1}f_I$의 전파]

해답

좌표시스템 $a1$에서의 힘/토크 ${}^{a1}f_I$는 링크 I, U, K를 통하며, 각 링크에서 조인트는 $a2, a3$를 통한다. 그러므로 좌표 시스템 $a4$의 힘/토크의 표시는 다음과 같다.

$$ {}^{a4}f_K = [{}^{a3}L^T{}_{a4} \cdot {}^{a3}C_{KU} \cdot {}^{a2}L^T{}_{a3} \cdot {}^{a2}C_{UI} \cdot {}^{a1}L^T{}_{a2}]\,{}^{a1}f_I $$

전파행렬

· 링크 자코비안 행렬의 전치행렬과 조인트 커플링 행렬이 연속적으로 이루어진 행렬을 전파행렬(propagation matrix)이라고 한다.

$$ \begin{aligned} {}^{M(M)}f_M &= [{}^{M1}L^T{}_{M(M)} \cdot {}^{M1}C_{ML} \cdots {}^{B1}L^T{}_{C1} \cdot {}^{B1}C_{BA} \cdot {}^{A1}L^T{}_{B1}]\,{}^{A1}f_A \\ &= {}^{M(M)}P_{A1} \cdot {}^{A1}f_A \end{aligned} $$

4) 링크 중력 전파 행렬

각 링크에 대한 중력 좌표 시스템은 중력영역에 반대하는 Z축에 나란하다. 링크의 중력 좌표 시스템 G(L)에서 질량 중심 좌표 시스템 M(L)까지의 전파행렬은 절대 중력좌표 시스템 G에서 질량 중심 좌표 시스템 M(L)까지의 연속된 링크 자코비안 행렬의 전치에 의하여 구해진다. 즉, 조인트 커플링행렬의 영향은 무시한다.

$$ \begin{aligned} {}^{M(L)}P_{G(L)} &= [{}^{L_1}L^T{}_{M(L)} \cdot {}^{K_1}L^T{}_{L_1} \cdots {}^{B_1}L^T{}_{C_1} \cdot {}^{A_1}L^T{}_{B_1} \cdot {}^{G}L^T{}_{A_1}] * P_{mask} \\ &= [{}^{M(L)}L_{L_1} \cdot {}^{L_1}L_{K_1} \cdots {}^{C_1}L_{B_1} \cdot {}^{B_1}L_{A_1} \cdot {}^{A_1}L_G] * P_{mask} \end{aligned} $$

위 식에서 P_{mask}는 다음과 같은 (6 × 6)행렬이다.

$$P_{mask} = \begin{bmatrix} 111000 \\ 111000 \\ 111000 \\ 000111 \\ 000111 \\ 000111 \end{bmatrix} \tag{5-51}$$

5.2.3 힘/토크 동작 방정식

다음의 그림 5-14와 같이 폐-체인을 갖는 이동로봇 메카니즘의 힘/토크 동작방정식은 뉴튼 평형법칙을 토대로 한다.

재원 S에서 발생한 모든 힘/토크를 공통 좌표 시스템 M(M)으로 전파했을 경우, 그점에 전파된 모든 힘/토크의 합은 0 이라는 것을 이용하여 힘/토크 동작방정식을 구할 수 있다.

$$\sum_{S}^{M(M)} f_s = 0 \tag{5-52}$$

위의 식(5-52)를 이동로봇 메카니즘의 메인링크 즉, 몸체에서의 질량 중심좌표 시스템 M(M)에 평형의 법칙을 적용하여 6개의 제 1차 힘/토크 동작방정식을 구할 수 있다.

1) 제 1차 힘/토크 동작방정식

본 장에서의 목적은 그림 5-14의 이동로봇 메카니즘에서 메인 링크 M의 동작을 모델링하는 것이다.

그래서 식(5-49)에 평형법칙을 적용하기 위하여 메인 링크의 질량 중심좌표 M(M)을 공통 좌표 시스템으로서 선택한다. 제 1차 힘/토크 동작 방정식은 다음식과 같이 평형법칙의 적용에 의하여 구해진다.

$$\sum_{X}\sum_{S}\left({}^{M(M)}P_{N(S,X)} \cdot {}^{N(S,X)}f_{SX} \right) = 0 \tag{5-53}$$

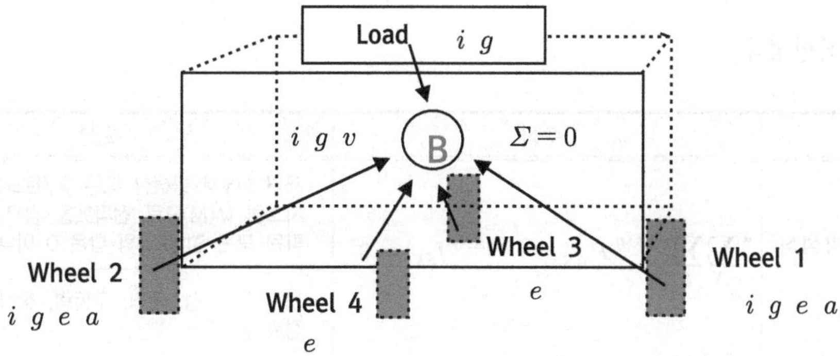

그림 5-14 Newton의 평형법칙

식(5-53)에서 바깥쪽의 합은 메카니즘 내의 모든 링크 X이고, 안쪽의 합은 힘/토크의 모든 재원이다. 여기서 재원 S는 관성, 중력, 구동력, 점성마찰력, 주위접촉 힘/토크를 의미한다.

Force/torque 발생

구분	작용부위
관성력/토크(i) (inertial force/torque)	부하(L), 몸체(B), 바퀴1($W1$), 바퀴2($W2$)
중력/토크(g) (gravitational force)	(L), (B), ($W1$), ($W2$)
구동력/토크(a) (actuation force/torque)	($W1$), ($W2$)
점성 마찰력/토크(v) (viscous friction force/torque)	(B)
접촉력/토크(e) (environmental contact force/torque)	($W1$), ($W2$), ($W3$), ($W4$)

동작방정식

구분	수식	특징
제1차 동작방정식 (6개)	$\sum_X \sum_S ({}^{M(M)}P_{N(S,X)} \cdot {}^{N(S,X)}f_{SX}) = 0$	· 재원 S에서 발생한 모든 힘/토크를 공통 좌표 시스템 M(M)으로 전파했을 경우, 그 점에 전파된 모든 힘/토크의 합은 0 이다. · 재원S는 관성, 중력, 구동력, 점성마찰력, 주위 접촉 힘/토크
제2차 동작방정식 (18개)	${}^{B_1}f_B = {}^{B_1}C_{BA} \cdot {}^{B_1}f_A(1)$ ${}^{B_1}f_A = {}^{B_1}C_{AB} \cdot {}^{B_1}f_B(2)$ $[I - {}^{B_1}C_{BA} \cdot {}^{B_1}C_{AB}]\,{}^{B_1}f_B = 0$ (2)를(1)에 대입하여 정리(3)	· 조인트 커플링 행렬이 사용되는 각 조인트는 바닥과 바퀴사이, 바퀴와 조향축사이, 바퀴와 몸체사이, 그리고 조향축과 몸체 사이에 존재하는 것으로 간주한다.

2) 제 2차 힘/토크 동작방정식

하나의 조인트를 통한 링크 A에서 B로의 힘/토크의 전파는 식(5-47)에서 나타내었다.

식(5-47)에서 몸체 A와 B의 할당은 임의로 링크 A에서 B로의 표현과 동일한 방법에 의하여 힘/토크가 전파된다.

$$ {}^{B_1}f_A = {}^{B_1}C_{AB} \cdot {}^{B_1}f_B \tag{5-54}$$

여기서 커플링 행렬 ${}^{B_1}C_{AB}$는 ${}^{B_1}C_{BA}$구성원의 이용에 의해 구해진다.

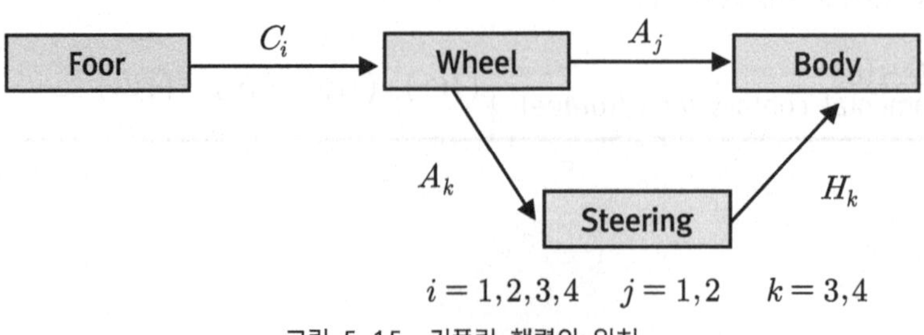

그림 5-15 커플링 행렬의 위치

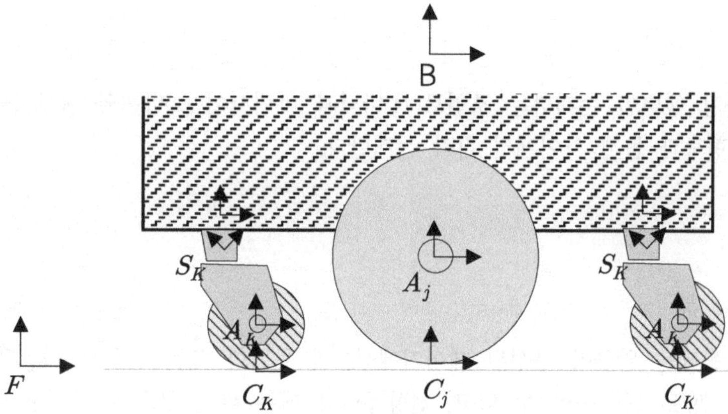

그림 5-16 커플링 행렬의 위치

식(5-54)을 식(5-47)에 대입하여 하나의 조인트에 대하여 다음과 같은 6-벡터 힘/토크 동작 방정식을 구할 수 있다.

$$[I-{}^{B_1}C_{BA}\cdot{}^{B_1}C_{AB}]\,{}^{B_1}f_B=0 \tag{5-55}$$

여기서 I는 (6 × 6)의 단위행렬이며, 힘/토크 ${}^{B_1}f_B$는 앞장에서의 순차적인 과정을 통해서 구해진다. 이동로봇의 각각의 조인트에서 식(5-55)에서의 동일한 방법의 사용에 의하여 제 2차 힘/토크 동작 방정식을 구한다.

이동로봇에서 조인트 커플링 행렬이 사용되는 각 조인트는 그림 5-16에서 보이는 바와 같이 바닥과 바퀴사이, 바퀴와 조향축사이, 바퀴와 몸체사이, 그리고 조향축과 몸체 사이에 존재하는 것으로 간주한다.

예제 5-3

위의 그림 5-16의 각 조인트에서 식(5-55) 형태의 동작방정식을 구해보자

풀이

조인트 커플링 행렬이 존재하는 조인트 ①바닥과 바퀴사이 ②바퀴와 몸체사이 ③바퀴와 조향축사이 ④조향축과 몸체 사이에서 각각 존재한다.

5.2.4 동력학 해

이동로봇의 동작을 위하여 구성된 제어기에서, 역 동력학 해는 원하는 이동로봇의 동작으로부터 구동기의 힘/토크를 구할 수 있고, 전향동력학 해는 바퀴 구동기의 힘/토크로부터 이동로봇 몸체의 가속도를 구할 수 있다.

힘/토크 동작방정식은 구동력/토크 τ_a, 주위환경 접촉력/토크 f_e와 이동로봇 메카니즘의 모든 링크에서 발생하는 속도 ${}^{\overline{x}}v_x$, 가속도 ${}^{\overline{x}}a_x$에 의한다.

$$f_1(\tau_a, f_e, {}^{\overline{x}}a_x, {}^{\overline{x}}v_x) = 0 \tag{5-56}$$

위의 동력학 동작방정식은 구동력/토크 τ_a , 주위환경 접촉력/토크 f_e와 메인 링크의 가속도 ${}^{\overline{M}\,(M)}a_{M(M)}$에 선형적인 관계를 갖는다. 즉, 동력학 동작방정식은 다음과 같다.

$$A\tau_a + Bf_e + C\,{}^{\overline{M}\,(M)}a_{M(M)} = b \tag{5-57}$$

여기서 A는 [(6+N_S) × a], B는 [(6+N_S) × 6N], C는 [(6+N_S) × 6]이고 b는 (6+N_S)벡터이다.

구동된 역 동력학 해 (actuated inverse dynamic solution)

메인 링크가 ${}^{\overline{M}\,(M)}a_{M(M)}$으로 표현되는 원하는 궤적을 구동하기 위하여 구동력/토크 τ_a를 구하는 것이 필요하다. 즉, 구동된 역 동력학 해를 구하고자 한다.

식(5-57)의 동력학 동작방정식을 고전적인 형태로 표현하면 다음과 같다.

$$A_i \cdot X_i = b_i \tag{5-58}$$

입력

· $A_i = [A\ B]$미지벡터 $X_i = [\tau^T{}_a \quad f^T{}_e]^T$이고 벡터 $b_i = b - C\,{}^{\overline{M}\ (M)}a_{M(M)}$이다.

출력

이동로봇에 대한 응용에 있어서, 미지의 구동력/토크와 주위환경 접촉력/토크의 수는 독립방정식 $(6 + N_S)$의 수를 초과한다.

식(5-58)은 의사-역행렬의 방법에 의하여 역 동력학 해 $X_i = [\tau^T{}_a \ f^T{}_e]^T$를 구할 수 있다.

측정된 전향 동력학 해 (sensed forward dynamic solution)

식(5-57)에서 바퀴 구동력/토크가 주어진 경우에 메인링크의 가속도를 구한다.

메인 링크의 속도와 위치궤적은 가속도의 적분에 의해서 구해진다.

전향 동력학 해에 대하여 식(5-57)의 동력학 동작 방정식에서 미지수는 메인 링크의 가속도 ${}^{\overline{M}\ (M)}a_{M(M)}$와 주위환경 접촉력/토크 f_e이다. 바퀴 구동력/토크τ_a는 입력값으로서 설정되어진다.

전향 동력학 해를 구하기 위하여 식(5-57)을 고전적 형태로 표현하면 다음과 같다.

$$A_f \cdot X_f = b_f \tag{5-59}$$

입력

· $A_f = [CB]$, 미지벡터 $X_f = [{}^{\overline{M}\,M}a_{M(M)}, f^T{}_e]^T$이고 벡터 $b_f = b - A\,\tau^T{}_a$이다.

출력

동작방정식

ㅁ 뉴튼의 평행법칙에 의해

$$\sum_{S}^{M(M)} f_s = 0$$

ㅁ 재원 S에서 발생한 모든 힘/토크를 공통 좌표 시스템 M(M)으로 전파했을 경우, 그점에 전파된 모든 힘/토크의 합은 0 이라는 것을 이용하여 힘/토크 동작방정식을 구할 수 있다.

힘/토크의 재원

1) 관성력/토크 (inertial force/torque)
2) 중력/토크 (gravitational force)
3) 구동력/토크 (actuation force/torque)
4) 점성 마찰력/토크 (viscous friction force/torque)
5) 접촉력/토크 (environmental contact force/torque)

힘/토크 동작방정식

구분	수식	특징
제1차 동작방정식 (6개)	$\sum_X \sum_S ({}^{M(M)}P_{N(S,X)} \cdot {}^{N(S,X)}f_{SX}) = 0$	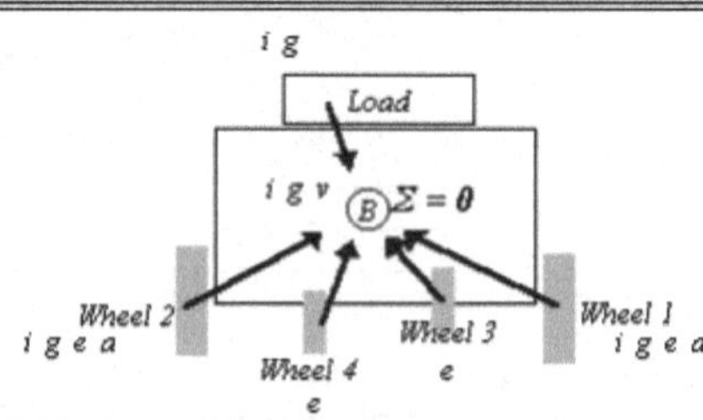
제2차 동작방정식 (18개)	$[I - {}^{B_1}C_{BA} \cdot {}^{B_1}C_{AB}]\, {}^{B_1}f_B = 0$ ${}^{B_1}f_B = {}^{B_1}C_{BA} \cdot {}^{B_1}f_A$ ${}^{B_1}f_A = {}^{B_1}C_{AB} \cdot {}^{B_1}f_B$	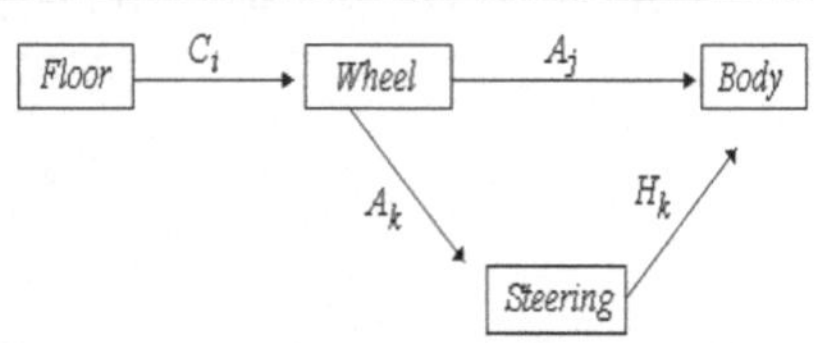

힘/토크의 전파

구 분	수식	비 고
링크 자코비안행렬 *(link jacobian matrix)*	${}^{A_1}L_{A_2}$	조인트 ➡ 조인트
조인트 커플링행렬 *(joint coupling matrix)*	${}^{B_1}C_{BA}$	링 크 ➡ 링 크

Reduced Dynamic Model

구분	수 식
방 법	2차 동작방정식 ➡ 1차 동작방정식에 대입
형 태	$A\tau_a + Bf_e + C^{\overline{M}(M)} a_{M(M)} = b$
전향동력학 해	$A_f \cdot X_f = b_f$에서 $X_f = [{}^{\overline{M}\ M}a_{M(M)}, f^T{}_e\ ]^T$구함 $b_f = b - A\tau^T{}_a$
역동력학 해	$A_i \cdot X_i = b_i$에서 $X_i = [\tau^T{}_a\quad f^T{}_e\ ]^T$구함 $b_i = b - C^{\overline{M}(M)} a_{M(M)}$

MIT 연구팀 "로봇 운전 도우미 개발 중

· 머지않아 자동차 안에 졸음을 쫓아주는 로봇 도우미를 태울 수 있을 전망이다.

· 매사추세츠공과대학(MIT) 연구팀이 자동차에서 운전자의 친구가 되어줄 로봇인 '아이다(AIDA: Affective Intelligent Driving Agent)'를 개발하고 있다고 보도했다.

· '아이다'는 자동차 운전석과 조수석 사이 계기판(대시보드)에 설치돼 1) 인터넷으로 교통 상황을 검색해 실시간으로 알려주고 2) 길을 따라 상점·주유소 등이 어디에 있는지를 말해준다. 3) 말뿐만 아니라 윙크, 웃음 등을 곁들여 운전자와 소통하게 설계됐다. 4) 연료 등 자

동차 상태를 점검하고, 5) 운전자 얼굴 표정을 읽어 피곤하지는 않은지를 살펴 대응하며, 6) 자주 가는 길이나 식료품점 등을 기억하는 등 친구처럼 만든다는 게 연구팀의 목표다.

· MIT 연구팀(SENSEable City Lab)은 아우디, 폭스바겐과 함께 '아이다' 개발을 마무리할 계획이다. 연구 책임교수는 풍부한 유비쿼터스 센서, 모바일 컴퓨터, 개인용 행동 지원 장비 등을 이용해 "어떻게 하면 친구처럼 편안한 운전 도우미 체계를 설계할 수 있을까 고민했다"고 말했다.

Intelligent Driving Agent

미래네트워크

· 정부는 최근 '대한민국의 영원한 힘, IT'라는 슬로건을 내걸고 미래 전략을 제시했다. 융합IT와 더불어 '만물지능 통신망' 구축이 5대 미래전략에 포함됐다.

· 오후 8시. 회사원 김씨는 업무를 끝내고 사무실을 나섰다. 1) 길거리 가로등이 김씨의 움직임을 감지하고 자동으로 불을 밝혀 준다. 2) 가로등 옆 지능형 광고판에는 새로 나온 형형색색 운동화 제품들이 펼쳐진다. 3) 마침 딸 생일 선물을 미처 준비하지 못한 김씨는 광고판에서 마음에 드는 운동화를 발견한다. 곧바로 신발 사이즈와 색상을 고르고 휴대폰을 통해 결제했다. 4) 1분 뒤 지능형 버스 정류장에 도착했다. 5) 정류장 안내판은 집으로 가는 버스가 7분 뒤에 도착한다는 것은 물론 빈자리가 8개 남아있다는 것을 알려준다. '음... 피곤하던 차에 편하게 앉아갈 수 있겠군' 생각하며 느긋한 마음으로 버스를 기다린다.

· 아침 7시. 눈을 뜬 박씨는 화장실부터 찾는다. 언제부턴가 화장실이라는 공간에 들어오면 마음이 편해지고 안심이 된다. 각종 센서로 적당한 좌변기 온도와 노즐 위치를 설정해주기 때문에 조작할 필요가 없다. 볼 일을 마친 박씨는 변기 옆 작은 액정화면에서 "고객님의 체온은 정상이며 혈당도 정상입니다. 오늘도 건강한 하루 되세요"라는 메시지를 보고 빙그레 웃는다. 며칠 전에는 "미열이 있습니다. 무리한 운동을 피하세요"라고 나와 체온계로 재보니 38.5부가 나와 조금 놀라기도 했다. 박씨에게 화장실은 건강을 체크해주는 도우미인 셈이다.

· 인간을 둘러싼 모든 사물과 환경이 지능화하는 시대가 다가오고 있다. 이른바 미래네트워크(Future Network) 세상이다. 손에 잡히지 않는 50~60년 후의 미래를 말하는 것이 아니다. 10년이라는 시간을 두고 현재 IT유산을 충분히 활용하면서도 더욱 풍요롭고 안전한 미래 IT 세상을 만들어 나가는데 주안점을 뒀다. 위 사례들은 지금도 일부 현실화한 것이지만 미래 10년 이내에는 모든 사물과 사람이 상호 커뮤니케이션하는 고도로 지능화한 네트워크 세상을 미리 보여준다.

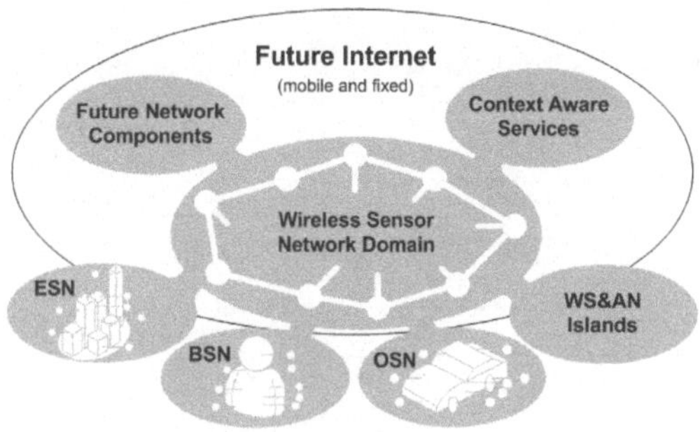

Future Network

고정된 로봇 매니퓰레이터와 이동하는 이동로봇의 동작특성을 감안하여 다른 동력학 모델링 방법을 도입한다. 로봇 매니퓰레이터는 라그랑지와 뉴튼-오일러 형식의 두 동력학 방법의 확장은 메카니즘의 폭넓은 영역의 모델링에 적용할 수 있다. 반면, 비-홀로노믹 제약조건을 갖는 이동로봇은 뉴튼의 평형법칙의 적용에 의하여 동력학 모델링을 구한다.

Chapter 6 로봇 제어시스템

로봇은 컴퓨터로 제어되는 기계이며 자동화와 관련된 다양한 기술이 포함되어 있다. 로봇은 지능제어 기능이 필요하다. 그 기능의 형태는 매우 간단하고, 비교적 제한된 형태로부터 다양한 작업조건과 환경의 변화에 대해 계속적인 적응 기능을 갖춘 매우 복잡하고, 정교한 시스템에 이르기까지 광범위하다. 그러한 제어 시스템에는 제어 기능을 수행하기 위한 다양한 종류의 컴퓨터, 다수의 마이크로프로세서, 기억 매개체, 다수의 입출력 포트, 엔코더, 그리고 다양한 종류의 센서들이 포함되는 것이 필요하다.

로봇을 작동하기 위해서는 로봇이 가지는 여러 개의 링크의 위치, 로봇의 작업이 제대로 수행되는지의 여부, 환경의 상태, 그리고 작업 조건들을 검출할 필요성이 있을 수 있다. 경우에 따라서는 센서들이 로봇 내에 설치되기도 하고, 머신 비전, 음성인식, 그리고 초음파 거리측정기처럼 부속물의 형태로 로봇에 부착되어, 전체 로봇 시스템에 통합되어 작동되기도 한다.

일반적으로 제어시스템의 대상은 제어시스템의 요소를 통하여 입력에 의하여 어떤 지시된 방법으로 출력을 제어하는 것이다. 제어시스템은 제어대상과 제어장치 두 개 부분으로 구성되어 있다. 제어대상(Control Object 또는 process)은 문자대로 제어의 대상으로서 주어지는 것이다. 제어대상에 제어장치(control device 또는 controller)를 붙여서 제어동작을 행하게 된다. 즉, 제어시스템 중에서 제어대상 이외의 것이 제어장치 구성요소이다. 제어장치는 검출부, 조절부 그리고 조작부로 구성되어 있다.

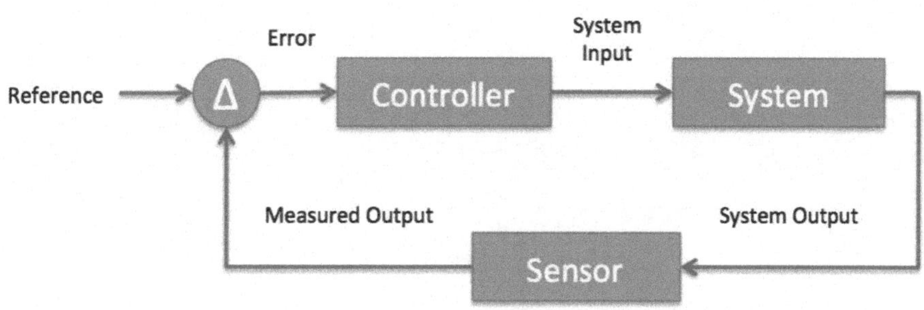

그림 6-1 로봇 제어 시스템

이러한 제어시스템의 구성을 위해서 많은 제어법이 제안되어졌다. 즉, 시스템의 변수가 잘 알려지지 않은 경우 최선의 제어를 위해서 연속적으로 그 시스템의 응답으로부터 변수와 이득 등을 변화시켜서 제어하는 적응제어, 시스템의 평가함수를 최적화 하면서 경계치 조건을 만족하여 제어하는 최적제어, 시스템에 대한 동적방정식이 필요없이 숙련된 작업자가 시스템이 행하는 하는 것처럼 애매논리에 근거하여 제어하는 퍼지제어, 시스템의 출력상태와 기준입력의 오차를 이용하여 제어하는 PID제어, 시스템 변수가 급격히 변하는 경우 사용하는 가변구조제어 등이 있다.

6.1 제어 시스템의 종류

일반적으로 제어시스템의 대상은 제어시스템의 요소를 통하여 입력에 의하여 어떤 지시된 방법으로 출력을 제어하는 것이다. 제어시스템은 제어대상과 제어장치 두 개 부분으로 구성되어 있다.

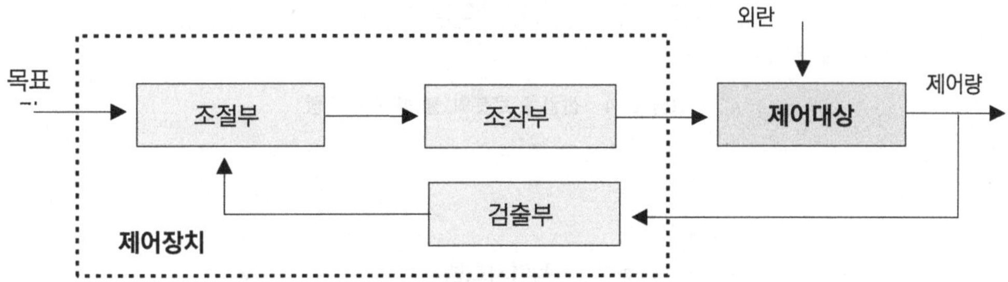

그림 6-2 제어시스템의 구성

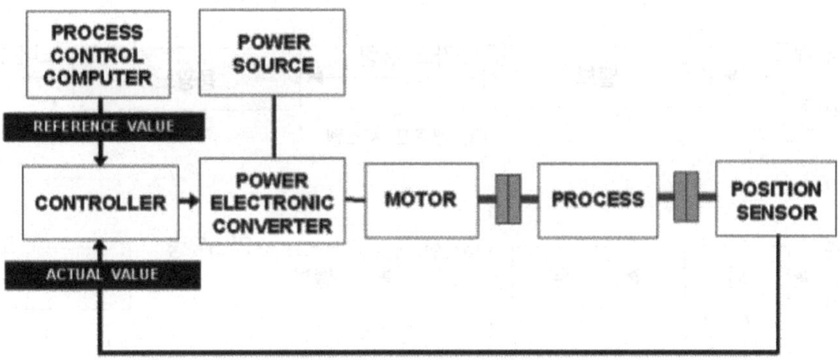

그림 6-3 제어시스템의 구성

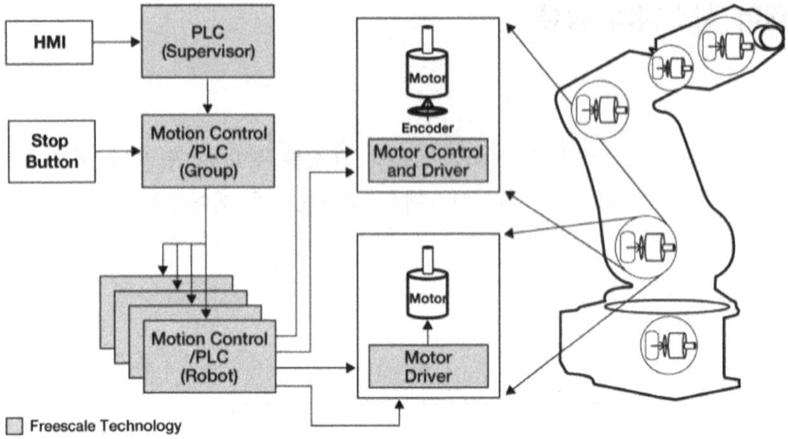

그림 6-4 산업용 로봇의 블럭다이어그램

그림 6-5 제어시스템의 기본구성

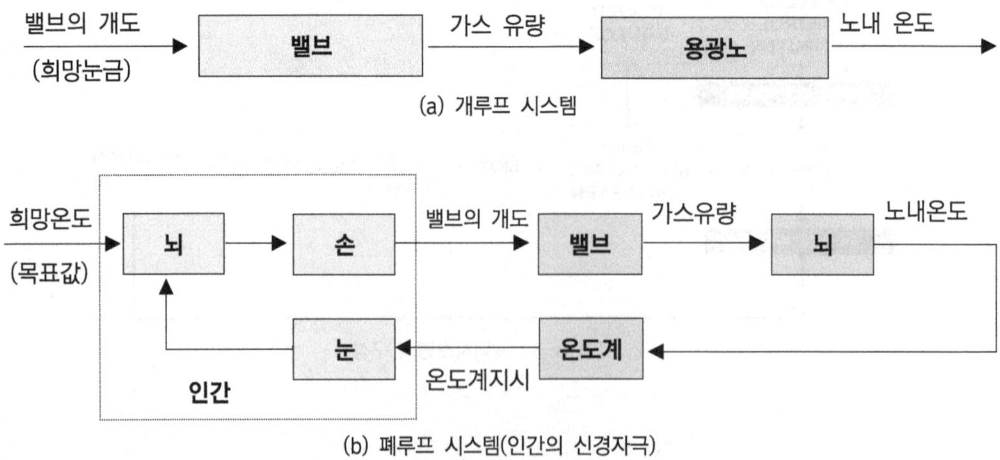

그림 6-6 제어시스템의 신호 전달방법

제어대상(Control Object 또는 process)은 문자대로 제어의 대상으로서 주어지는 것이다. 제어대상에 제어장치(control device 또는 controller)를 붙여서 제어동작을 행하게 된다. 즉, 제어시스템 중에서 제어대상 이외의 것이 제어장치 구성요소이다. 제어장치는 검출부, 조절부 그리고 조작부로 구성되어 있다.

그림 6-6은 제어시스템의 신호전달방법을 보여주고 있다. 그림 6-6(b)는 에너지나 물질의 흐름을 표시하는 것이 아니라 각 물리량 변화의 연쇄와 신경자극의 전달방법만을 나타내고 있다. 특히 그림 6-6(b)에서는 닫힌 신호전달의 루프가 있고 신호가 그 속을 순환하고 있으나 그림 6-6(a)에서는 신호가 일방적으로 전해지고 있을 뿐이다. 이점에 주목하여 제어시스템을 개루프(open-loop) 제어시스템과 폐루프(closed-loop) 제어시스템으로 분류된다.

일반적으로 개루프 제어시스템은 구조가 간단하여 설계하기 용이하고 폐루프 제어시스템에 비하여 경제적이다. 입력과 전체시스템 모델을 정확히 알거나 예측된 출력이 정해진 범위 내에서 변동 폭이 작은 제어시스템 설계에 유용하다. 동작 중에 파라메타들이 변화하거나 예기치 않은 외란 등의 개입에 의하여 설계당시의 제어성능을 유지 못하는 경우가 있다.

순차제어 및 연속제어

순차제어(Sequence control) :

· 전자동세탁기, 진공청소기와 같이 정해진 순서에 따라 단계별로 제어 단, 궤환(feedback)은 없다.

· 시퀀스제어라고도 한다. 되먹임제어(feedback control)와는 달리 보상동작적인 작용을 가지지 않는 열린 루프계이다. 제어신호는 아날로그가 아니라 디지털신호이다.

· 전기세탁기 ·전기밥솥 ·자동판매기 ·자동엘리베이터 등 일상생활에 응용될 뿐만 아니라 컨베이어, 트랜스퍼 머신, 발전소의 기동정지원격조작, 자동운전, 자동공작기 등 공장의 자동화 시스템에 폭넓게 이용되며, 조업관리, 즉 공장 스케줄 제어의 일환으로서도 매우 중요한 일면을 차지한다.

· 이 제어를 이용할 경우에는 인원의 삭감, 재현성의 확보, 생산속도의 증대와 설비효율의 향상뿐 아니라, 품질향상과 균일성의 확보, 위험 방지 등 큰 효과를 거둘 수 있다.

연속제어(Continuous control) :

· 피드백제어, 결과치를 목표치와 비교하여 일치하도록 연속적으로 제어

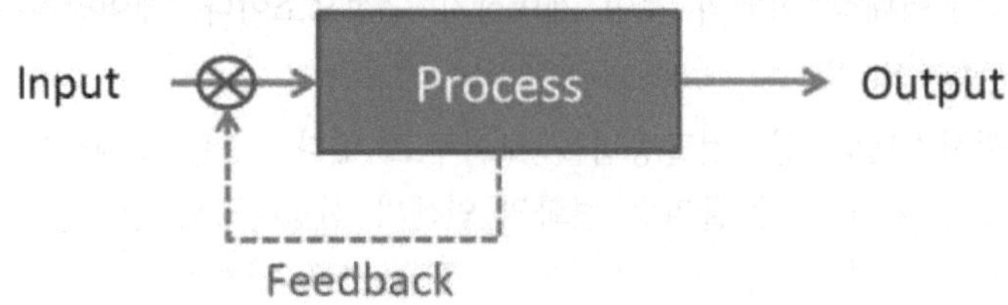

제어시스템을 구성하는 가장 전형적인 방법이 궤환제어이며 궤환요소를 사용하면 출력을 검출, 감시할 수 있다. 폐루프 제어시스템은 피드백을 수반하므로 궤환제어(feedback control)시스템이라고도 한다. 이 제어시스템에서는 제어결과가 끊임없이 피드백 되어 희망하는 값과 비교되어 차가 있으면 그것을 감소시키려고 하는 정정 동작이 행해지기 때문에 개루프 제어시스템과는 달리 외적조건이 변화해도 좋은 제어결과를 기대할 수 있다. 이 구조는 개루프 제어시스템에 비하여 융통성이 있는 제어기 설계가 가능하고 출력의 감시 기능이 있으므로 정밀제어 구조에 사용되며 안정도, 감도 및 잡음에 대하여 견실한 제어가 가능하다. 반면 해석 및 설계가 복잡해지며 제어기 가격이 높아진다.

제어 시스템의 제어를 위해서 많은 제어법이 제안되어졌다. 즉, 시스템의 변수가 잘 알려지지 않은 경우 최선의 제어를 위해서 연속적으로 그 시스템의 응답으로부터 변수와 이득 등을 변화시켜서 제어하는 적응제어, 시스템의 평가함수를 최적화 하면서 경계치 조건을 만족하여 제어하는 최적제어, 시스템에 대한 동적방정식이 필요없이 숙련된 작업자가 시스템이 행하는 하는 것처럼 애매논리에 근거하여 제어하는 퍼지제어, 시스템의 출력상태와 기준입력의 오차를 이용하여 제어하는 PID제어, 시스템 변수가 급격히 변하는 경우 사용하는 가변구조제어 등이 있다.

6.1.1 외란 제거방법에 따른 분류

(1) 피드포워드 제어(Feedforward Control) :

제어량 또는 프로세스 자체에 들어가는 외란을 미리 검출하고, 그 영향이 제어량에 나타나지 않도록 미리 조작량을 결정해주는 제어.

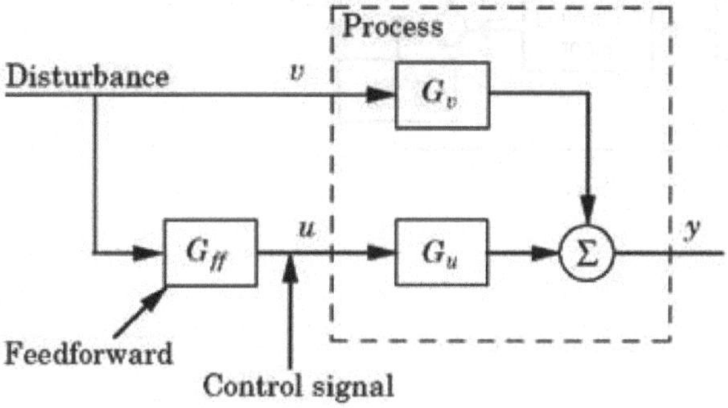

그림 6-7 Feedforward Control 제어시스템

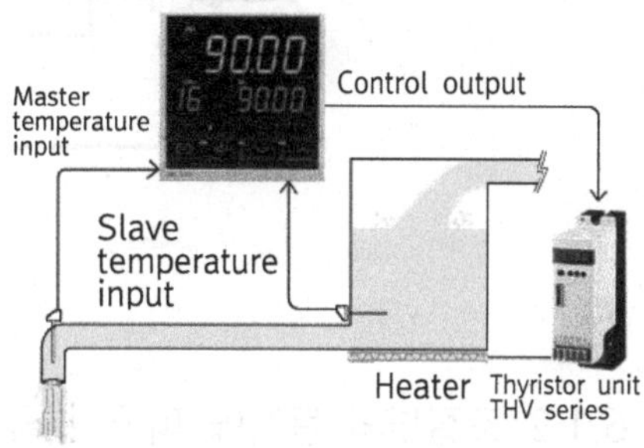

그림 6-8 종속제어

(2) 종속제어(Cascade Control) :

조작량에 들어가는 외란을 검출하여, 이 외란이 제어량에 영향을 끼치기 전에 미리 조작량을 제어. 이 제어기(2차 제어기)는 조작량을 결정해 주는 1차 제어기와 프로세스 사이에 직렬로 접속됨.

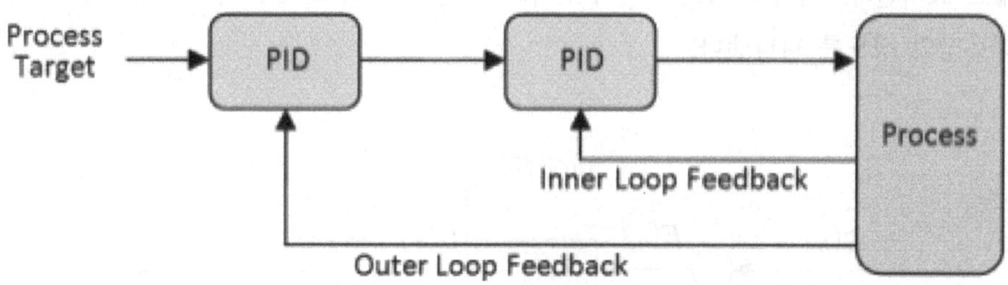

그림 6-9 종속제어(Cascade Control) 시스템의 예

(3) 피드백 제어(Feedback Control) :

제어량에 나타난 외란을 검출하여 조작량을 결정해주는 제어. 따라서, 앞의 두 제어와는 달리 외란이 제어량에 나타난 후에 비로서 조절신호가 발생됨.

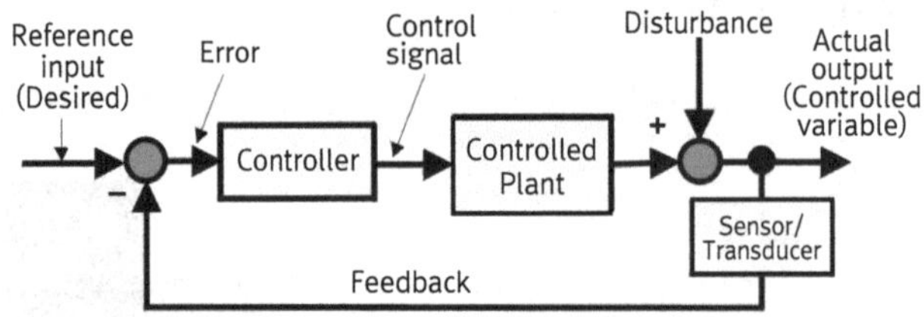

그림 6-10 피드백 제어

6.1.2 조절부의 동작에 따른 분류

(1) 비례 제어(Proportional Control) :

편차의 크기에 비례하는 제어동작. 특히, 정상상태 편차의 존재가 문제. 이것은 조절부의 전달특성이 비례적인 특성을 가진 제어시스템으로서 조절부의 입력 $e(t)$가 주어지고 그 결과로 조절부의 출력 $c(t)$가 얻어지면

$$u(t) = K_p e(t)$$

의 관계로 표시된다. 여기서, K_p는 정수로서 비례감도라 하고, 그 역수 $1/K_p$를 비례대라 하며, 비례동작의 정도를 나타낸다.

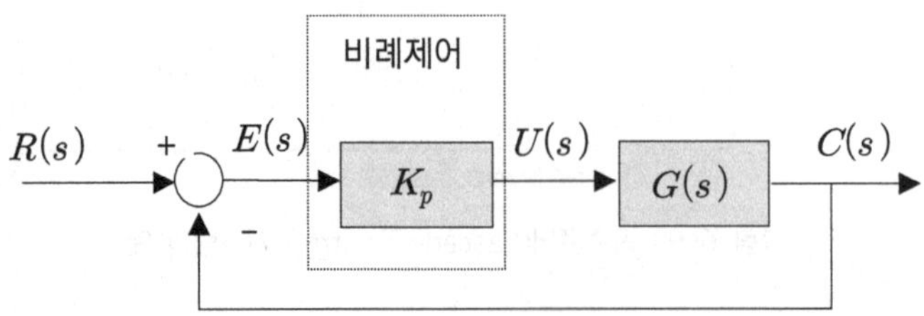

그림 6-11 비례제어 시스템

PID제어기에서 반드시 사용하는 가장 기본적인 제어이며 구현하기가 쉽다. 상승시간을 감소시키며, 기준신호와 귀환신호 사이의 차인 오차신호에 적당한 비례상수 이득을 곱해서 제어신호를 만들어내는 제어기법이다. 비례제어기는 아주 단순한 시스템의 경우를 제외하고는 단독으로 쓰이는 경우가 거의 없으며 적분제어나 미분제어와 함께 쓰인다.

(2) 미분 제어(Derivative Control) :

편차의 도함수에 비례하는 제어동작. 속응성 향상을 목적으로 함. 특히, 잡음에 취약한 점이 문제. 이것은 제어오차가 검출될 때 오차가 변화하는 속도에 비례하여 조작량을 가감하도록 하는 동작으로 오차가 커지는 것을 미연에 방지한다. 조절부동작을 수식으로 표시하면

$$u(t) = K_d \frac{d}{dt} e(t)$$

(3) 적분 제어(Integral Control) :

편차의 적분치에 비례하는 제어동작. 잔류편차(정상상태 편차)를 제거하는 것을 목적으로 함. 특히, 응답이 진동하거나 지연되는 점이 문제. 즉 적분값의 크기에 비례하여 조작부를 제어하는 것으로 잔류오차가 없도록 제어할 수 있다. 조절부동작을 나타내면 다음과 같다.

$$u(t) = K_i \int e(t) dt$$

(4) 비례적분제어(PI 제어; Proportional and integral control) :

비례동작에 의해 발생되는 잔류오차를 소멸시키기 위해 적분동작을 부가시킨 제어동작으로, 제어결과 진동적으로 되기 쉬우나 잔류오차가 적다. 조절부동작을 나타내면 다음과 같다.

$$u(t) \;=\; K_p e(t) + K_i \int_0^t e(t) dt$$

정상상태 오차를 없애는데 사용되며, 시스템의 형(type)이 1차 증가하여 정상상태 오차가 개선된다.

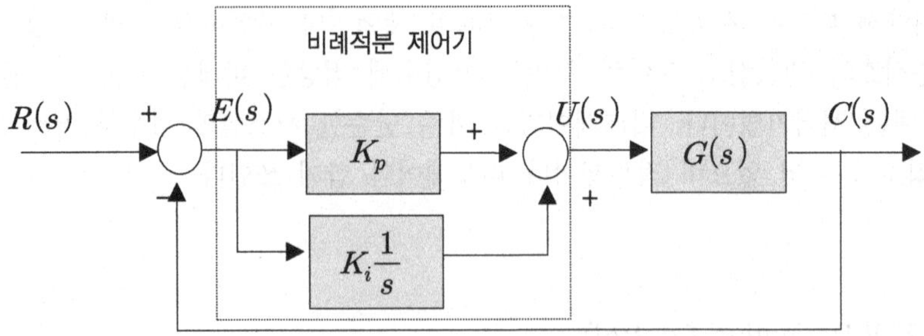

그림 6-12 비례적분제어 시스템

(5) 비례미분제어(PD 제어; Proportional derivative control) :

원하는 제어결과에 빨리 도달할 수 있도록 비례제어기에 미분동작을 부가한 동작이다. 잘 활용하면 안정도에 기여하며, 예측기능이 있어 응답속도를 빠르게 한다.

제어결과에 빨리 도달하도록 미분동작을 부가한 동작이다. 응답속응성의 개선을 위해 사용되며, 미분제어는 오차신호의 변화를 억제하는 역할을 하기 때문에 감쇠비를 증가시키고 초과를 억제하는 데에 효과적이므로 과도응답특성을 개선시킬 수 있다. 응답속응성의 개선에 사용된다. 조절부동작을 나타내면 다음과 같다.

$$u(t) = K_p e(t) + K_d \frac{d}{dt} e(t)$$

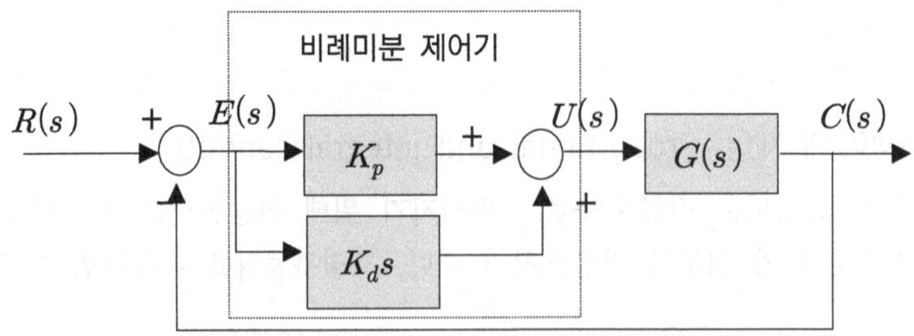

그림 6-13 비례미분제어 시스템

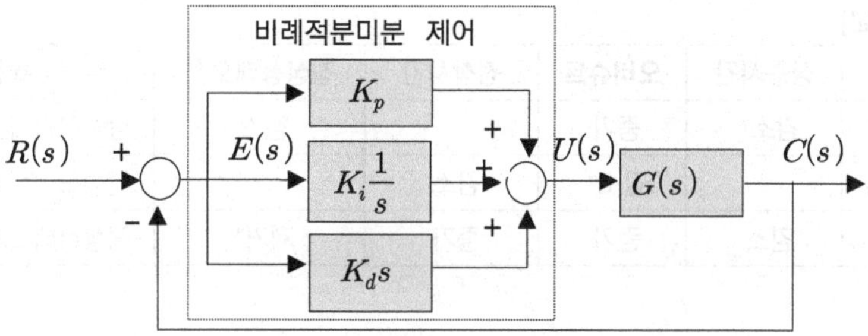

그림 6-14 비례미적분제어 시스템

(6) 비례적분미분제어(PID 제어; Proportional integral and derivative control) : 비례적분동작에 미분동작을 추가시킨 것으로 조절부동작을 나타내면

$$u(t) = K_p e(t) + K_d \frac{d}{dt} e(t) + K_i \int_0^t e(t) dt$$

여기서, 미분동작의 역할은 큰 시정수가 있는 프로세서 제어 등에서 나타나는 오버슈트(overshoot)를 감소시키는 역할을 하고, 적분동작에 의해 잔류오차를 없애는 작용을 가지고 있어 연속동작 중 가장 좋은 제어동작이다.

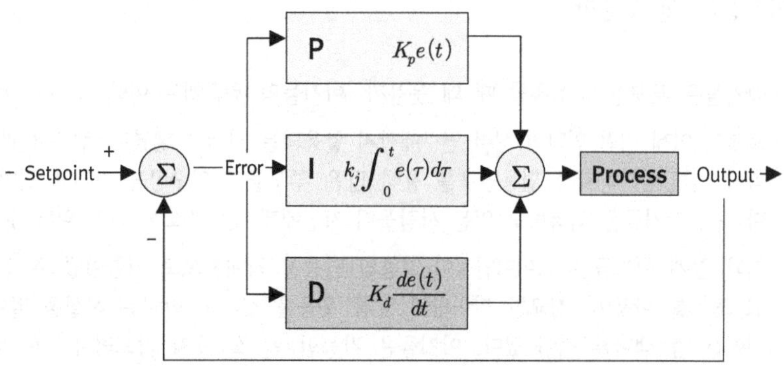

그림 6-15 비례미적분제어 시스템

[제어기 비교]

제어기	상승시간	오버슈트	정착시간	정상상태오차	특징
P-제어기	감소*	증가		감소	상승시간 감소
D-제어기		감소*	감소		안정도 증가
I-제어기	감소	증가	증가	제거*	정상상태오차 제거

6.1.3 제어기법에 따른 분류

(1) 최적제어(Optimal Control) :

평가함수가 최소 또는 최대가 되도록 제어측 구성. 시스템 파라미터 값을 미리 알고 있어야 되며 평가의 기준이 되는 평가지표(performance index)를 무엇으로 두느냐에 따라 제어방법이 다양하게 변화한다.

즉 일반적인 제어계가 피드백에 의해서 목표값을 제어량에 근접하게 하기 위해, 어떤 평가기준에 적절한 입력(목표값)을 가공하여 출력(제어량)을 목적에 가장 근사한 모양으로 얻으려고 하는 제어 이론. 이 이론은 비용 최소, 효과 최대, 손실 최소 등 일반적으로 최적을 목적으로 하는 문제에 이용된다.

아기들은 왜 웃을까

· 아기들은 부모들과 접촉할 때 왜 웃을까. 아기들의 웃음에는 어떤 목적이 있는 것일까.

· 로봇이 이제 이런 인간의 심리 연구에까지 활용되는 시대가 열렸다. 컴퓨터 과학자와 로봇 과학자, 발달심리학자가 협동연구를 통해 많은 부모들이 의구심을 가지고 있던 사실을 확인했다. 즉, 아기들은 접촉하고 있는 사람들이 자신에게 웃어주도록 하기 위해 웃는다는 것이다.

· 이와 함께 아기들은 코미디언들이 청중의 반응을 최대한으로 이끌어낼 수 있는 타이밍에 맞춰 조크를 하듯이, 정교한 타이밍에 맞춰 웃음을 짓기도 한다는 사실을 알아냈다. 한데 여기에는 좀 색다른 점이 있다. 아기들은 가능한 한 잘 웃지 않으면서 그런 타이밍을 맞추는 것 같다는 것이다. 이 같은 사실은 과학저널 '플로스 원'(PLOS ONE)에 게재됐다.

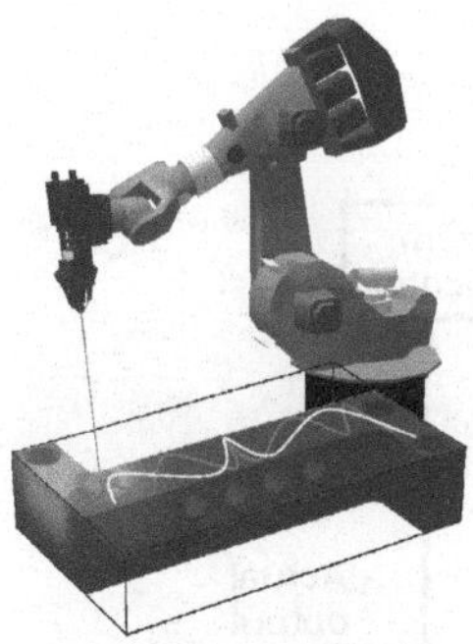

그림 6-16 최적제어

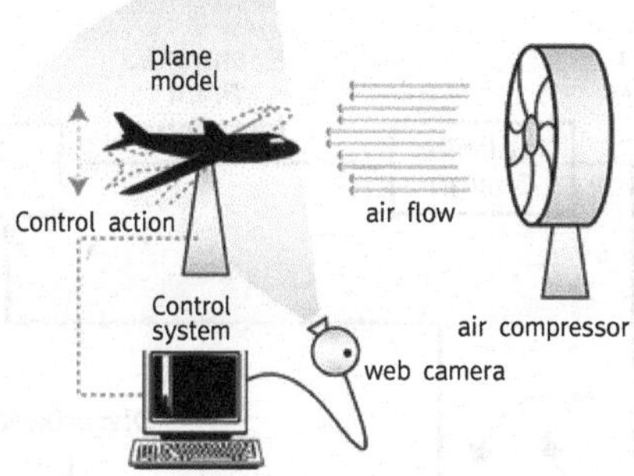

그림 6-17 적응제어

그림 6-18 퍼지제어

(2) 적응제어(Adaptive Control) :

주위 환경에 따라 시스템 파라미터 값이 미지이거나 또는 변할 때에도 이에 적응하여 주어진 기준모델과 같은 응답을 보이도록 제어측을 구성. 기준모델을 추종하는 제어를 말한다.

시스템을 확실하게 기술하는 건 불가능한 일이다. 너무 복잡할 뿐만 아니라, 시간이나 주변 상황에 따라 변화하기 때문이다. 게다가 신호에 끼어드는 외란(disturbance)이나 잡음(noise)이 문제를 더 복잡하게 한다. 적응시스템(adaptive system)이란, 이렇듯 불확실하게 변하는 대상을 실시간으로 모델링하고, 이를 바탕으로 원하는 목표를 이뤄내는 시스템을 일컫는다. 불확실한 환경에 적응(adaptation)한다는 의미에서 붙여진 이름이다. 다음은 적응시스템의 개념을 제어에 적용한, 적응제어(adaptive control) 시스템의 구조를 나타낸다.

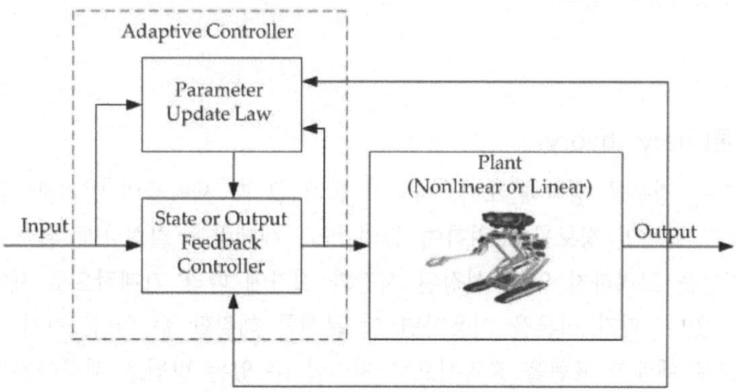

그림 6-19 적응제어(Adaptive Control)1

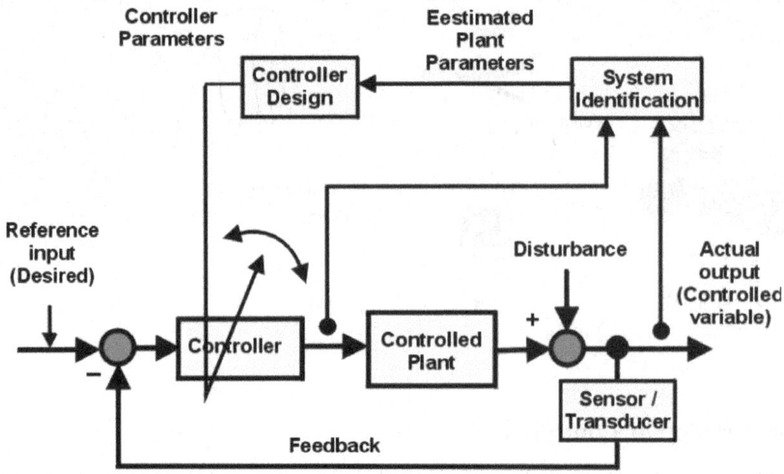

그림 6-20 적응제어(Adaptive Control)2

위 그림에서는 제어대상(plant)의 입출력 신호를 이용해 모델의 파라미터를 추정하고 이를 바탕으로 제어기를 갱신(update)하는 모습을 볼 수 있다. 모든 적응제어 시스템의 구조가 이와 똑같지는 않지만, 개념적으로는 거의 다 이런 식으로 구성돼 있다고 할 수 있다.

환경변화에 따라서 제어계의 특성이나 구조를 적극적으로 변경해 나가는 방식으로 생물의 환경변화에 대한 적응성을 표준으로 한 것이다. 외부환경의 변화가 큰 경우에는 제어 대상이나 특성이 변화하여 종래의 되먹임 제어만으로 불충분하기 때문에 적응제어가 필요하다. 적응제어는 인지기능, 조정기능이 있다.

(3) 퍼지 이론(fuzzy theory)

빨래를 세탁하는 경우를 생각해 보자, 사람이 빨래 할 때 세탁물의 양, 세탁물의 오염정도, 세탁물의 종류 등의 질적인 정보를 고려하여 물의 양과 세제량을 결정하게 된다. 그러나 일반세탁기는 여러 요인들을 고려하지 않고 설정된 시간과 절차에 따라 기계적으로 세탁하므로 물과 세제가 낭비될 수 있다. 퍼지 이론을 이용하면 이 문제를 해결할 수 있다. 퍼지 이론은 사람이 사용하는 언어적으로 애매한 표현을 효과적으로 처리할 수 있는 방법을 제공하기 때문이다.

퍼지 이론은 아직도 이론적으로 정립될 부분이 많고 응용 대상도 다양하므로 많은 연구가 이루어져야 하고 장래도 밝다고 할 수 있다.

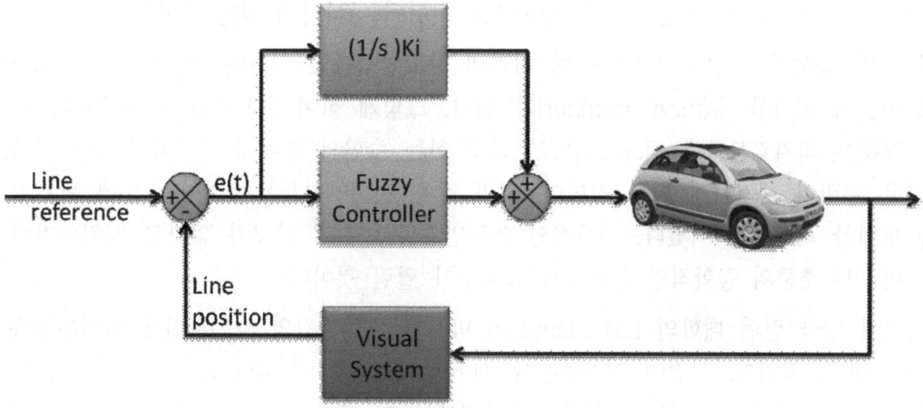

그림 6-21 퍼지제어 시스템

그림 6-22 인공지능(AI)

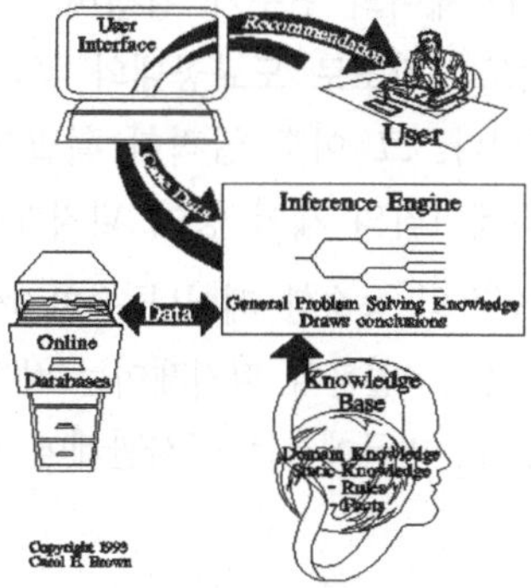

그림 6-23 전문가 시스템

컴퓨터가 인공 지능을 가지고 인간이 원하는 바를 제대로 수행하기 위해서는 인간이 사용하는 숫자는 물론이고 애매한 표현도 처리할 수 있어야 한다. 이러한 인간의 애매한 표현을 처리할 수 있는 이론적인 바탕을 제공하는 것이 바로 퍼지 이론(fuzzy theory)이다.

최초의 응용사례 퍼지제어

퍼지집합의 생각하는 법이 1965년에 Zadeh 교수에 의해 제안된 당초에는 주로 이론적인 것으로 한정되어 있었다. 이 무렵에는 퍼지이론 그 자체를 구축하고 있던 초기시대이기도 하지만 퍼지라고 하는 사고방식을 기존의 수학적 이론에 응용하던 시대이기도 하다. 기존의 수학적 이론은 보통집합 (crisp set) 위에 성립되어 있기 때문에 그 기초적인 집합론을 퍼지집합론으로 바꾸면 그 수학은 퍼지화된 새로운 수학으로 바뀌어 나타나게 되는 것이다.

예를 들면 통상적인 숫자 2 나 3 에 퍼지의 사고방식을 도입하면 '거의' 2 나 '대체로' 3 이라고 하듯이 퍼지한 수(fuzzy number)가 된다. 그렇게 하여 퍼지연산 이 만들어진다. 마찬가지로 적분은 퍼지적분으로 되고 토폴로지라고 하는 수학의 분야에서는 퍼지토폴로지라고 하는 새로운 수학이 생겨나게 되는 것이다. 그와 같은 것의 하나가 종래의 추론에 퍼지의 사고방식을 도입한 퍼지추론 이었다. 이론적인 연구만으로 아무런 쓸모가 없다고 일컬어지던 퍼지이론도 이 퍼지추론의 공학적인 응용에서 돌파구가 열린 것이다.

1974년에 영국 런던 대학의 E.H Mamdani 박사가 스팀엔진의 자동운전에 퍼지추론을 응용해 좋은 결과를 얻었다. 이것이 퍼지추론을 제어에 응용한 퍼지제어 (fuzzy control) 라고 하는 공학적 응용분야에서 효시가 되었다. 1980년에는 이 추론을 토대로 실용화의 제 1호가 덴마크의 Smidth 사에서 cement kiln 용의 fuzzy controller 로서 등장하게 되었다. 1970년대 후반부터 이 퍼지제어의 연구가 왕성해져 1980년대에 들어서 많은 분야에서 실용화되기 시작했다. 일본에서도 최초로 도쿄공대와 후지전기의 공동연구로 정수장의 약품 주입제어에 퍼지제어가 응용되었다. 그 이후 급격히 활발해져 산업계에서 주목받는 분야가 된 것이다. 지하철의 제어나 엘리베이터의 제어 등에 퍼지제어가 사용되어 성공을 거둔 많은 사례가 보고되었다.

퍼지제어는 인간의 능숙한 제어나 승차감이라고 하는 주관적인 요소를 도입한 제어분야에서 위력을 발휘하고 있다. 일본의 퍼지제어는 세계를 주도할 정도로 고수준의 하이테크 기술로 발전을 계속하고 있다. 또, 미국에서는 군사관계에 퍼지 제어를 응용하자고 하는 움직임이 일고 있다.

퍼지제어의 특징

복잡한 프로세스에는 룰 그 자체에 어쩔 수 없는 애매성이 내재해 있다. 이것을 무리하게 YES(1), NO(0) 의 두값에 억지로 맞추고는 몇 단계 깊이 추론하는 경우 최종 결론이 현실과 동떨어진 것이 되어 버린다고 해서 이상할 이유가 없다. 퍼지제어는 룰 자체에다 애매성을 흡수하여 인간이 그렇게 하듯 간단한 추론으로 대체적인 결론을 얻는다는 퍼지이론의 정신에 따르고 있다.

이 밖에 퍼지제어의 또 하나의 특징이 있다. 그것은 고장에 강하다는 것이다. 예를 들면 아래 그림에서 하나의 룰이 고장이 나서 가동하지 못하게 되었다고 가정하자. 그때 그때의 척도는 낮을지는 모르나 다른 룰이 그 척도에 따라서 도와주고 있는 것이다. 종래의 룰 시스템에서는 그렇게 되지 않는다. Co 이라고 하는 입력이 있었을 때 첫 번째나 다섯 번째의 룰이 고장이 나도 문제가 없으나 두 번째의 룰이 고장이 나면 그 룰 밖에 적용되지 않기 때문에 출력은 전혀 얻을 수 없다는 결론이 된다.

(4) 인공지능(Artificial Intelligence)

인간의 지능으로 할 수 있는 사고, 학습, 자기계발 등을 컴퓨터가 할 수 있도록 하는 방법을 연구하는 컴퓨터 공학 및 정보기술의 한 분야로서, 컴퓨터가 인간의 지능적인 행동을 모방할 수 있도록 하는 것을 인공지능이라고 말하고 있다.

또한 인공지능은 그 자체로 존재하는 것이 아니라, 컴퓨터 과학의 다른 분야와 직간접으로 많은 관련을 맺고 있다. 특히 현대에는 정보기술의 여러 분야에서 인공 지능적 요소를 도입하여 그 분야의 문제 풀이에 활용하려는 시도가 매우 활발하게 이루어지고 있다.

오늘날의 컴퓨터관련 학문과 산업은 인간의 지능이 필요한 모든 분야에 사용하기 위해 인간 두뇌의 영역으로 그 범위를 확장해가고 있으며 더 나아가 인간과 유사한 지능을 가진 첨단 컴퓨터 이론과 그 응용에 대해 많은 관심을 가지고 있다.

오늘날 인공지능 분야에서의 관심분야는 매우 광범위하며, 거의 전 분야에서 지능적인 처리가 요구되고 있다. 즉, 자연어 처리에서 서로 다른 언어들 간의 기계적인 번역, 기계추론과 계획 및 자동컴퓨터 프로그램 시스템, 인공지능 시스템의 개발을 편리하게 해주는 하드웨어의 소프트웨어에 관한 연구, 컴퓨터를 통한 의학진단 시스템 등이 연구되고 있다. 여러 응용분야의 전문가시스템도 계속적으로 개발, 발전되고 있다.

이세돌과 인공지능 알파고의 대국

10년 뒤 인공지능 어학강사 등장

- "10년 뒤면 파킨슨병이나 루게릭병 등의 재생치료가 가능해진다" "어학원에서 인공지능 교사가 어학을 가르칠 것이다" "15년 뒤에는 암 발병 가능성이 있는 사람의 증상을 억제는 예방약이 나온다" "20년 뒤에는 젊음을 되돌리는 약물이나 노화를 부르는 물질을 억제하는 연구로 건강수명을 늘릴 수 있다"

· 일본 문부과학성 과학기술 · 학술정책연구소가 최근 일본내 전문가 약 4,000명에게 물어서 정리한 향후 보급될 과학 · 의료기술의 일부다.

· '과학기술 예측 조사'에서 전문가들은 2050년까지 932가지의 새로운 기술, 서비스가 보급될 것으로 봤다. 전문가들은 치료기술 분야에서는 암 조직만을 둘러싸서 치료하는 재료가 2025년에 나올 것으로 봤다. 그 5년 뒤에는 암 발병이 의심되는 사람에게 투약해 발병을 억제하는 예방약도 보급될 것으로 전망했다. 임상시험이 시작된 유도만능줄기세포(iPS)를 생식세포로 성장시켜 불임치료에 응용하는 시기는 20년 뒤에나 가능할 것으로 예측됐다.

· 로봇이나 인공지능의 이용도 크게 늘어날 것으로 봤다. 10년쯤 뒤에는 과반수의 어학원에서 인공지능이 학원강사를 대신해 어학을 가르칠 것으로 기대했다. 15년 후에는 사람과 자동차가 정보를 주고 받으며 도로 주행이 가능해져 신호등이 사라질 것으로 내다봤다.

인공지능 기술의 적용이 현재 빠르게 이루어지고 있는 분야로는 ①자율주행 자동차, ②지능형 로봇, ③지능형 감시시스템, ④지능형 교통제어시스템 등을 들 수 있다.

① 자율주행 자동차

자율주행 자동차는 운전자의 조작 없이 스스로 주행환경을 인식하여 목표지점까지 운행할 수 있는 자동차를 의미한다. 안전사고에 대한 우려, 국가별 수용도 차이 등으로 초기 시장 형성에는 시간이 다소 소요될 것으로 예상되지만 최근 도로주행 시험이 성공적으로 진행되면서 개발 경쟁이 가속화되고 있다. 구글을 선두로 한 글로벌 IT 업계는 자동차 산업을 성장동력으로 주목하고 차량용 운영체제(OS) 선점에 총력을 기울이고 있다. 그 이유는 한 순간에 몰락한 휴대폰 제조업체들의 전철을 밟지 않기 위해서이다.

② 지능형 로봇

지능형 로봇은 ①외부환경을 인식하고, ②상황을 판단하여, ③자율적으로 동작하는 기계를 의미한다. 지능형 로봇은 크게 제조업용 로봇과 서비스용 로봇으로 분류되고, 서비스용 로봇은 다시 전문서비스용과 개인서비스용으로 구분된다. 전문서비스용 로봇은 군사·의료·구조·건설·물류 등 특수한 목적의 서비스를 제공하며, 개인서비스용 로봇은 가사·장애인 보조·엔터테인먼트 등의 서비스를 제공한다.

③ 지능형 감시시스템

지능형 감시시스템은 ①영상 정보를 수집하고, ②자동으로 특정 개체나 행위를 감지하여, ③필요시 사용자에게 알리는 시스템이다. 강력범죄, 재난·재해 예방 및 즉각적 대응에 초점을 맞춘 사회안전망의 필요성이 높아지면서 지능형 감시시스템이 빠르게 도입되고 있다. 현재 상용화가 이루어지고 있는 지능형 감시시스템은 활용 목적에 따라 크게 보안·안전, 교통 관제, 비즈니스 인텔리전스 등의 분야로 구분된다.

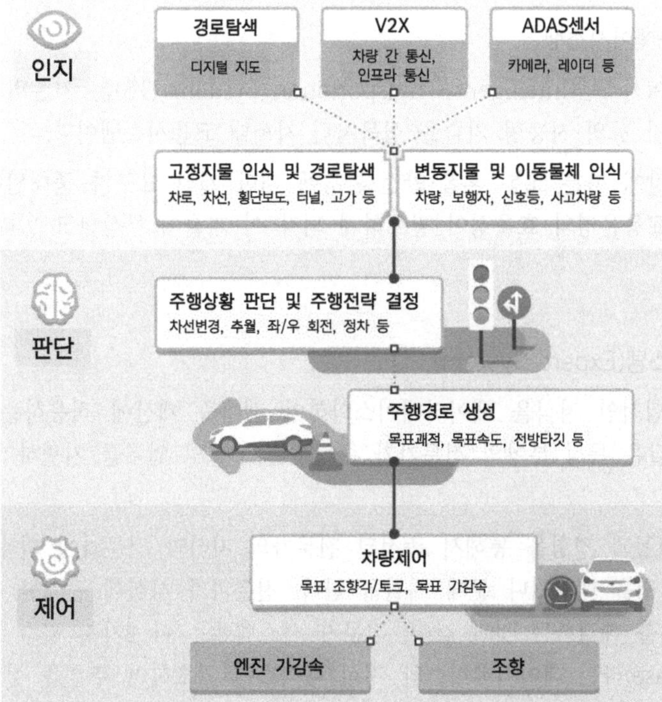

그림 6-24 자율주행 자동차 주행 프로세서

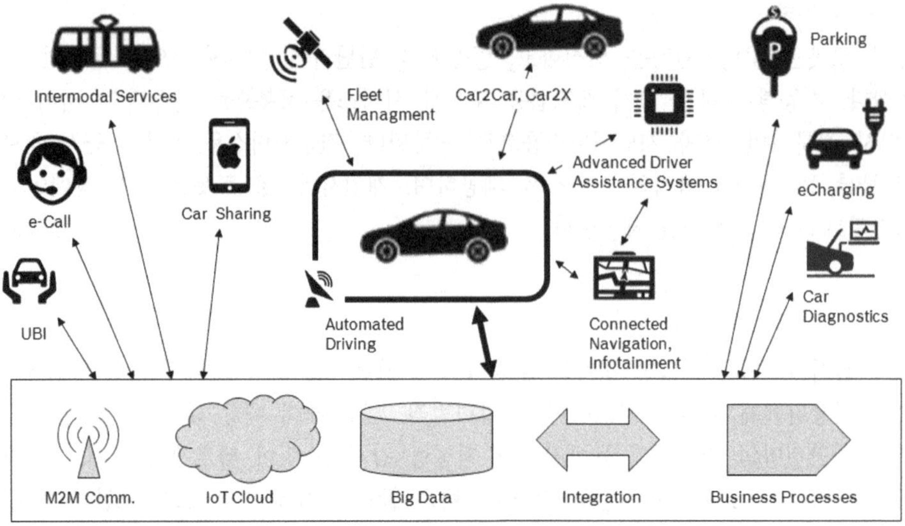

그림 6-25 지능형 교통제어시스템

④ 지능형 교통제어시스템

지능형 교통제어시스템(Intelligent Transportation System, ITS)은 기존의 교통체계에 정보통신, 제어, 전자 등의 지능형 기술을 접목시킨 차세대 교통시스템이다.

급증하는 교통량에 따른 교통 혼잡·안전·환경에 대한 개선 요구가 증대됨에 따라 교통체계의 지능화 및 교통운영의 효율성이 필요하게 되자 이 기술이 부상하고 있다.

(5) 전문가 시스템(Expert System)

전문적이고 경험적인 지식을 데이터베이스화하여 제어측 계산에 적용하는 제어기법으로서, 의료 진단 등과 같은 특정 분야의 전문가가 수행하는 고도의 업무를 지원하기 위한 컴퓨터 응용 프로그램이다.

인간의 지적 활동과 경험을 통해서 축적된 전문가의 지식과 전문가에 의해 정의된 추론 규칙을 활용하여 결정을 내리거나 문제 해결을 한다. 전문가가 사실에 근거한 지식과 추론 능력을 활용하여 문제를 해결하는 것과 같이, 전문가 시스템에는 이 2가지 필수 요소가 지식 베이스(knowledge base)라는 데이터베이스와 지식 베이스에 기초하여 추론을 실행하는 추론 기구(inference engine)에 포함되어 있다.

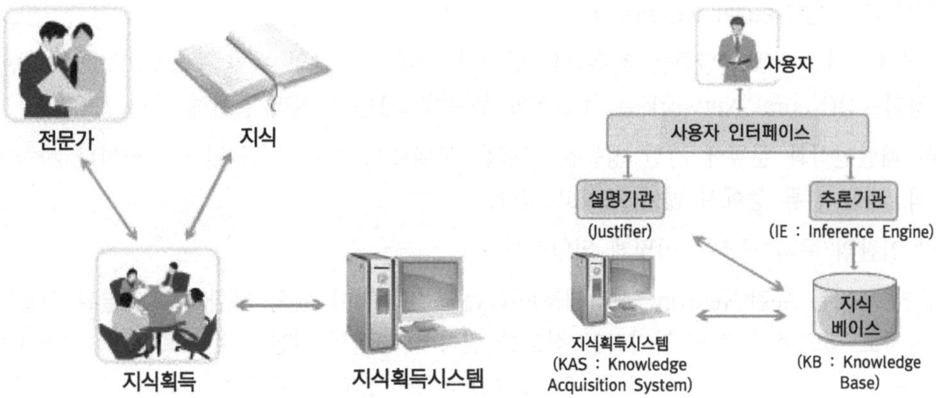

그림 6-26 전문가 시스템

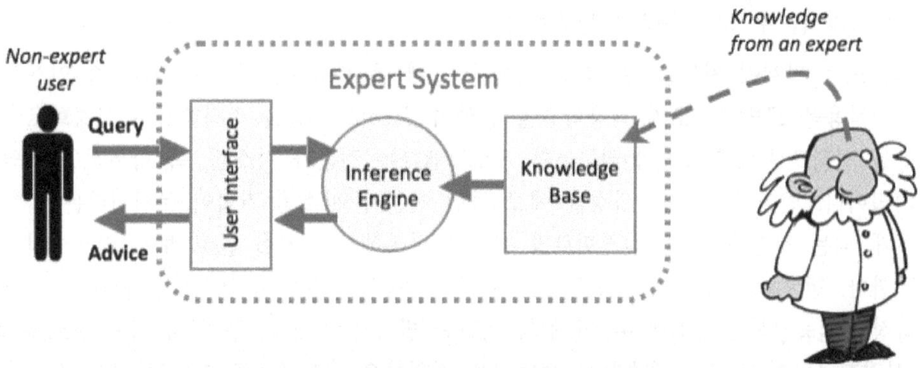

그림 6-27 전문가 시스템(Expert System)

지식 베이스는 제목에 관한 구체적 사실과 규칙을 제공하며 추론 기구는 전문가 시스템이 결론을 도출할 수 있도록 하는 추론 능력을 제공한다. 전문가 시스템은 또 사용자 인터페이스와 설명 기능이라는 형태의 툴을 제공한다. 사용자 인터페이스는 다른 응용 프로그램에서와 마찬가지로 사용자가 질의와 정보를 입력하는 등 시스템과 상호 작용할 수 있게 한다.

전문가 시스템의 특징 중 하나인 설명 기능은 시스템으로 하여금 시스템 자신이 도출한 결론에 대해 설명하거나 정당화할 수 있게 하며, 개발자로 하여금 시스템의 작동을 검사할 수 있게 한다.

전문가 시스템은 화학, 지질 조사, 의료 진단, 금융 투자, 보험 등 특정 분야에 사용되며, 모든 문제에 대응하는 범용 전문가 시스템은 아직 존재하지 않는다.

(6) 신경회로망(Neural Network)

1960년대 인간처럼 판단하는 컴퓨터를 만들기 위해서 인간의 두뇌 구조를 모방하여 만들어진 신경회로망(Neural Network)은 대표적인 블랙박스모델로 여러 분야에 널리 사용되고 있다.

특히 패턴인식과 분류에 강한 성능을 보이는 모델로 손으로 쓴 글씨의 인식이나 사물의 형태 인식, 제품 분류 등에서 많이 쓰이고 있다.

그럼 인간의 두뇌 구조는 어떻게 되었을까?

인간의 두뇌는 뉴런(Neuron: 신경세포)이라는 신경조직이 거의 무한대로 연결된 그물망 구조를 가지고 있으며 뉴런은 전기적인 신호를 받아서 연결된 다른 뉴런으로 새로운 신호를 재출력해준다. 실제로 인간은 뉴런을 약 1,000억 개 정도를 가지고 있으며 하나의 뉴런은 1,000~10,000개의 다른 뉴런과 연결 되어있다. 이는 인간이 만들어 내기란 거의 불가능하다.

각 뉴런의 계산속도는 현재 PC의 CPU보다 아주 느리지만 뉴런이 모여 있는 인간의 두뇌는 컴퓨터가 따라 올 수 없는 능력을 발휘한다.

컴퓨터 또는 기계에 지능을 부여하는 방법을 크게 두 종류로 나눌 수 있다. 즉 인간의 생물학적 두뇌작용을 모방함으로써 적응학습을 통하여 스스로 지능을 축적해가는 신경회로망 기법과 지능을 법칙으로 표현하여 논리구조를 프로그램하는 전문가 시스템, 즉 학문적 용어의 인공지능 기법이다. 언어를 배우는 과정을 예로 들면 전문가 시스템 기법이 문법이라는 법칙에 의해 배우게 되는 것인데 비해, 신경회로망 기법은 반복해서 문장을 듣고 보게 함으로써 언어를 배우게 한다. 한 예로 네트토크 (NET talk) 라는 신경회로망은 어린이가 말을 배우는 것과 유사한 과정(웅얼웅얼하는 발음에서부터 점차 명확한 발음으로 학습) 을 거쳐 책을 읽도록 학습되었다. 신경회로망이 비교적 단순한 학습법칙을 정의함으로써 주위환경으로부터 스스로 지식을

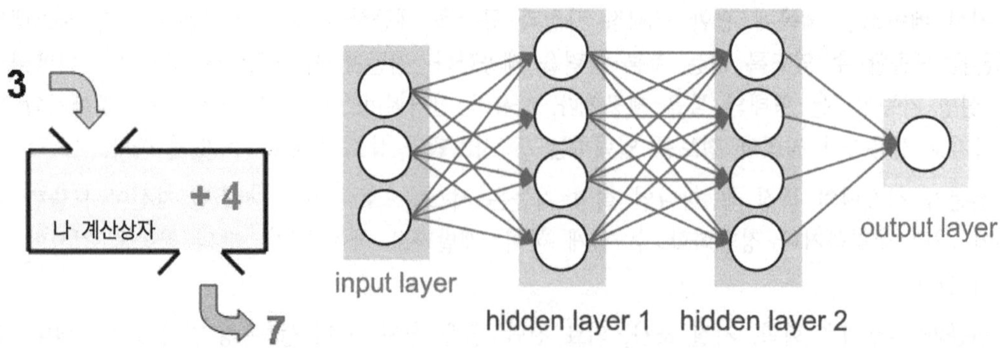

그림 6-28 신경회로망(Neural Network)

축적하는 것에 비해, 인공지능은 구현하고자 하는 지능에 따라 프로그램 개발자가 구체적인 법칙을 추출해내야 하는 어려움이 있다. 그러나 실세계에서 요구되는 모든 법칙을 찾는 것은 거의 불가능한 일이므로, 명확한 법칙이 있는 비교적 단순한 응용분야 외에는 큰 성과를 보여주지 못하고 있다. 반면에 파리 등 원시적인 동물들도 시각, 청각, 촉각, 후각 및 미각 등 5 각으로부터 정보를 수집하고 분석 판단한 후, 날개를 움직이는 매우 지능적 행동을 취하게 된다.

역사적으로 보면 학문적 의미의 인공지능과 신경회로망은 1940년대부터 서로 경쟁적으로 발전해왔다. 특히 로젠블랫(Rosenblatt)은 1958년과 1962년의 논문에서 신경세포와 유사한 단순 계산기능을 갖는 요소로 구성된 입력층과 출력층을 갖는 인식자(perceptron)라는 신경회로망 모델을 제시하고, 입력과 출력 사이의 연결 세기를 학습시킬 수 있음을 보였다. 퍼셉트론은 패턴의 특징을 모르더라도 비교적 단순한 입력 패턴들을 분류할 수 있어 매우 큰 반향을 일으켰고, 이후 약 10 년간은 신경회로망 연구가 활발히 진행되었다 그러나 1969년 민스키(Minsky)와 패퍼트 (Papert)가 쓴 '인식자들 (perceptrons)'이라는 책에서 그들은 인식자 모델이 선형분리 기능밖에 없어 많은 실세계 문제를 해결하지 못한다는 것을 밝혔다. 이는 신경회로망 연구를 급격히 냉각시켜, 이후 10여년을 법칙추출과 프로그램에 의한 인공지능이 지능 구현의 주류를 이루게 했다. 전문가 시스템으로 대별되는 인공지능이 법칙추출의 어려움으로 인해 매우 제한적인 분야에서만 성공을 거두었음에 반해, 1980년대 중반부터 신경회로망은 다시 활발히 연구되기 시작하여 1990년대에는 지능 구현의 주도적 위치를 확보했다.

신경회로망의 부활은 다층구조 인식자(multi-layer perceptron) 모델을 위한 오차역전파(error backpropagation) 학습법칙의 개발에 크게 기인한다. 사실 민스키와 패퍼트 조차도 다층구조로 확장된 퍼셉트론의 가능성은 인지했으나 이를 학습시킬 수 있는 적절한 학습법칙을 개발하진 못했다. 또한 컴퓨터 계산능력의 향상은 제안되는 학습법칙의 복잡한 문제에 대해 시뮬레이션을 해볼 수 있는 길을 열었고, 다층구조 인식자 모델이 임의의 패턴인식과 함수 근사화가 가능함이 알려짐으로써, 신경회로망 연구를 보다 촉진시켰다. 현재 신경회로망은 음성인식, 문자인식, 적응제어, 주가예측, 위험도예측 등 많은 실세계 문제의 해결을 위한 핵심기술로 사용되고 있으며, 미래에 보다 많은 응용이 기대되고 있다.

영화 트랜센던스(사진)에서는 주인공 조니 뎁의 부인이 그의 뇌를 컴퓨터로 이식시켜 인공지능으로 만든다. 방사능오염으로 죽을 날을 받은 윌은 죽기 전 자신의 기억을 포함한 모든 것을 컴퓨터로 전송시키며, 어느날 잠자다가 그대로 사망하게 되지만 그는 인공지능 컴퓨터 안에서 다시 살아나게 된다. 사진=워너 브라더스〉

HIVEC 자동변속기

- HIVEC(Hyundai Intelligent Vehicle Electronic Control) 자동변속기는 부드럽고 안정된 변속감, 정숙성 및 운전자 개개인의 운전성향에 따른 변속을 실현하기 위해 최첨단 제어 기술인 신경망 제어(Neural Network Control) 이론을 세계 최초로 도입. 주행 중 다양한 주행상태를 파악하여 최상의 변속단을 얻을 수 있게 하고 (전 운전영역 최적제어) 또한 다양한 특성의 운전자들을 모두 만족시키기 위하여 각 운전자의 기호,습성,취향에 맞게 최적의 변속단을 자동적으로 선택(학습제어)하는 등 운전자의 만족도를 종래 대비 비약적으로 향상 시켰다.
- HIVEC의 컴퓨터에는 수많은 운전자가 다양한 운전 조건하에서 주행할 때의 최적인 수동변속레버 조작이 입력 되어 있다. 이에따라 컴퓨터는 현재 주행중의 스로틀 개도, 차속, 브레이크 등의 신호를 입력받아 현재차량의 주행상태를 파악하여 최적의 변속이 이루어 질 수 있도록 적절한 SHIFT 조작을 출력한다. 이와같이 HIVEC 자동변속기는 어떠한 도로 조건하에서도 최적의 변속단을 얻을 수 있다.

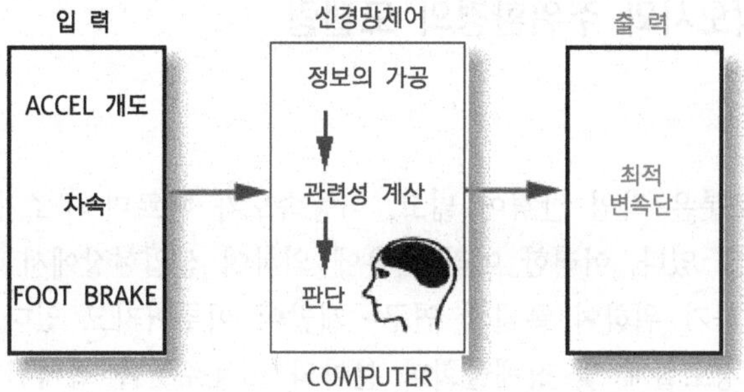

신경회로망 연구의 최종목표는 인간의 두뇌기능을 수행하는 '인공 두뇌' 를 개발하는 것이다. 물론 인간과 같은 수준의 인공두뇌를 개발하는 것은 불가능할 것이나. 인간 수준에 훨씬 못 미치는 기능도 제한된 활동영역에서는 인간을 크게 도울 수 있다. 물론 인간 수준에 가까울수록 효과는 더욱 크다. 인공두뇌는 시청각에 해당하는 인공시각 패턴인식과 음성인식 기능과 추론, 제어 기능이 핵심을 이룬다. 즉 인공두뇌는 신경회로망 연구를 종합한 종착점이 된다. 음성합성 기능도 포함되나 이미 잘 개발된 기술이므로 별도의 연구가 필요하지는 않다. 인공두뇌의 개발을 위해서는 각 응용 부분의 융합과 동시에 효율적인 하드웨어 구현이 요구된다.

6.2 동작오차와 주위환경의 모델링

바퀴형 이동로봇은 작업 반경이 넓고, 이동속도가 빠르며 구조가 단순하고 제어가 용이하다는 장점을 가지고 있다. 이러한 여러 이유에 의하여 산업현장에서 기존의 고정된 매니퓰레이터의 역할을 대신하기 위하여 폭넓게 연구·개발이 이루어지고 있다. 이동로봇에 대한 연구분야를 일반적으로 경로설계 및 장애물회피 분야와 이동로봇을 목적위치로 이동시키는 구동분야로 구분할 수 있는데, 현재까지 대부분의 이동로봇에 대한 연구는 주어진 작업을 수행하기 위한 이동로봇의 응용분야에 대한 연구에 집중되어 왔다. 또한 대부분의 제어 시스템은 설정되지 않은 주위환경에 의하여 발생할 수 있는 외부오차에 대한 고려는 거의 없는 실정이었다.

이동로봇의 정확한 위치제어를 위하여 수학적인 모델링과 더불어 제어 시스템의 구성이 중요하다. 이동로봇의 일반적인 궤환 제어 시스템은 위치와 방향을 하나의 루프로 묶어서 궤환하는 방법을 사용하였다. 그러나 본 장에서는 정확한 위치제어에 있어 큰 오차의 원인이 되는 방향오차의 최소화를 위하여 이동로봇의 구동 시 발생할 수 있는 오차를 내부오차와 외부오차로 구분하였다.

이동로봇의 시상수 혹은 시스템 매개변수의 잘못된 입력에 의하여 발생할 수 있는 오차를 내부오차로 취급하였으며, 이러한 오차의 최소화를 위하여 구동루프의 위치-방향에 대하여 각각 궤환 루프를 갖는 위치-방향 궤환 제어 시스템을 구성하였다.

대부분의 제어 시스템은 설정되지 않은 주위 환경에 의하여 발생 할 수 있는 외란과 같은 오차에 대한 고려는 거의 없는 실정이나, 본 장에서는 베어링 마찰력의 차이 혹은 마모에 의한 구동바퀴 반경의 차이 등을 외부오차로 취급하였다. 이동로봇의 방향 변경은 두 구동바퀴의 속도 차에 의하여 이루어지기 때문에 바퀴의 정확한 구동속도가 요구되어진다. 또한 이동로봇이 일정 시간동안에 일직선 운동을 할 경우, 두 구동바퀴의 구동속도와 이동거리는 동일해야 한다. 그러나 구동바퀴의 마모로 인하여 바퀴 반경의 차가 생기게 되면 동일한 구동바퀴의 속도에 대하여 이동거리의 차가 발생하며, 정확한 위치 이동이 불가능하다. 이러한 경우 이동거리의 차를 연산하여 구동바퀴의 속도에 각각 보상해주는 제어 시스템의 구성이 요구된다.

외부오차의 보상을 위하여 구동바퀴의 속도와 구동된 바퀴 이동거리의 차를 연산하여 그 결과를 각각의 구동바퀴 속도에 보상하는 제어 시스템을 구성하였다. 외란에 의한 오차의 최소화를 위하여 구성한 제어기는 직접적으로 가장 중요한 오차의 하나인 방향 오차를 최소화 할 수 있으며 훌륭한 외란 방지 역할을 한다.

본 장에서는 이동로봇의 제어를 위하여 구성되는 제어시스템은 이동로봇의 정확한 위치제어를 위하여 가장 큰 문제점으로 대두되는 방향오차의 최소화에 중점을 둔다.

그림 6-29 wheels sliding

이동로봇 시스템의 구분

구분	내 용
일반적인 제어시스템	· 이동로봇의 위치와 방향을 하나의 루프로 묶어 궤환
위치-방향 제어시스템	· 내부오차의 제어를 위하여 위치와 방향을 각각 분리하여 궤환
내부-외부오차 제어시스템	· 이동로봇 방향오차의 최소화를 위하여 내부오차와 외부오차 궤환 시스템으로 분리 구성

6.2.1 오차의 원인

이동로봇의 동작오차의 원인은 내부 오차와 외부 오차로 분리할 수 있다. 시간에 따라 거의 변하지 않으나 잘못한 선택이나 측정에 의한 값의 입력으로 발생할 수 있는 오차를 내부오차로 취급하였으며, 외부오차는 설정되지 않은 주위 환경에 의하여 이동로봇의 구동시에 시간에 따라 변화 할 수 있는 여러 요인들을 외부오차로 취급하였다.

내부오차의 주된 원인은 시상수의 차이, 시스템 매개변수의 차이 등이며, 외부오차는 각각의 구동루프에 작용하는 베어링 마찰력의 차이와 구동바퀴의 마모에 의한 구동바퀴 반경의 차이 등이 있다.

그 외에도 오차의 원인은 1) 구동바퀴의 잘못된 배열 2) 바퀴의 미끄럼 3) 바닥의 거칠기 등이 있으나, 본 장에서는 이동로봇의 이동속도가 빠르지 않고 평면을 움직인다는 가정하에서 이루어지므로 이와 같은 오차의 원인은 무시하고자 한다. 이와 같은 오차가 이동로봇의 구동에 미치는 영향은 다음과 같다.

첫째, 바퀴 반경의 차이 :

두개의 구동바퀴가 다른 반경을 가지고 동일한 속도로 구동되는 경우, 이동로봇은 일직선의 경로 대신에 커브를 그리게 될 것이다. 구동바퀴 반경의 차이는 부하나 혹은 부하분배의 변화에 의하여 발생하며 바퀴의 마모에도 영향을 받는다.

둘째, 구동바퀴의 잘못된 배열 :

구동바퀴의 잘못된 배열의 결과는 이동로봇을 한쪽 방향으로 일정하게 당긴다. 이 오차의 원인은 제조상의 문제와 부하 분배에 있다.

셋째, 바퀴의 미끄럼 :

바퀴의 미끄럼은 dead-reckoning에 의한 이동로봇의 현재 위치의 계산에 가장 큰 문제점으로 발생한다. 이는 근원적인 오차는 아니며 순간의 짧은 시간에 발생할 수 있다. 하지만 미끄럼은 일반적으로 바퀴가 감속 혹은 가속하거나 커브의 경로를 움직일 경우에 발생한다.

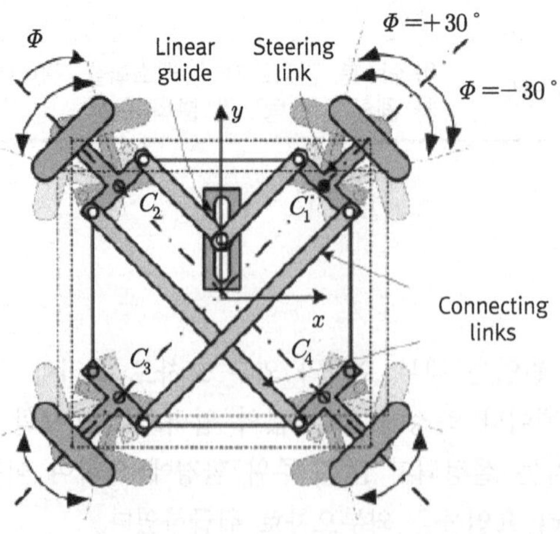

그림 6-30 Variable Wheel Arrangement Mechanism.

넷째, 바닥의 거칠기 :

이동로봇이 거친 바닥을 이동할 경우에 바퀴는 충돌을 통해 아래·위를 움직인다. 이 동안에 실제적으로 이동로봇의 이동거리에 많은 오차가 발생하게 된다.

오차의 구분

구분	내 용
내부오차	1) 시상수의 차이 2) 시스템 매개변수의 차이 등
외부오차	1) 구동루프에 작용하는 베어링 마찰력의 차이 2) 구동바퀴의 마모에 의한 구동바퀴 반경의 차이 등
기타오차	1) 구동바퀴의 잘못된 배열 2) 바퀴의 미끄럼 3) 바닥의 거칠기 등이 있으나, 이동로봇의 이동속도가 빠르지 않고 평면을 움직인다는 가정 하에서 이루어지므로 이와 같은 오차의 원인은 무시

6.2.2 오차의 분석

이동로봇에서 동작 오차는 그림 6-31과 같이 e_θ, e_c, e_t 로 분리 할 수 있다. 여기서 e_θ는 이동로봇의 실제 방향과 목적 방향사이의 차이로서 정의되는 방향오차이다. 방향오차는 외관상의 오차에서 나타나는 결과이기 때문에 가장 뚜렷한 오차이며, 동작의 정확도에 가장 큰 영향을 미치는 오차의 원인이 된다. e_c는 실제 이동로봇의 위치와 원하는 이동로봇 위치사이의 거리로서 정의되며, e_t는 추적 오차로서 이동 방향에서 실제 위치와 원하는 위치사이의 거리로서 정의한다.

추적오차(e_t)는 이동로봇의 동작의 정확도에는 큰 영향은 미치지 않고, 원하는 이동 속도의 변화에 의하여 제어 할 수 있다. 차동-구동 이동로봇에서 동시에 여러개의 오차를 제어 할 수는 없다. 방향오차의 최소화는 이동로봇이 원하는 경로와 나란히 이동할 수 있게 하며 결과적으로 방향 오차를 최소화 할 수 있다.

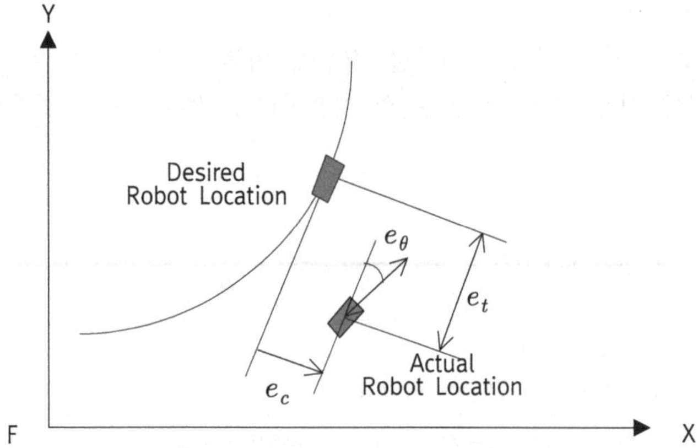

그림 6-31 동작 오차의 분해

오차의 구분

- e_θ : 이동로봇의 실제 방향과 목적 방향사이의 차이로서 정의되는 방향오차. 방향오차는 외관상의 오차에서 나타나는 결과이기 때문에 가장 뚜렷한 오차이며, 동작의 정확도에 가장 큰 영향을 미치는 오차의 원인이 된다.
- e_c : 실제 이동로봇의 위치와 원하는 이동로봇 위치사이의 거리로서 정의
- e_t : 추적 오차로서 이동 방향에서 실제 위치와 원하는 위치사이의 거리로서 정의한다.

6.2.3 주위환경의 모델링

이동로봇이 움직이는 평면에서, 바닥 좌표축 F는 고정된 기준 좌표축이며, 이동로봇은 몸체 기준점 B에 대하여 정의한다. 좌표(X, Y)는 이동로봇에 부착되어 있다고 가정한다.

고정된 로봇 매니퓰레이터는 좌표 시스템의 할당을 위해 Denavit- Hartenburg 표기법을 사용하는 반면에, 이동로봇에서 좌표 시스템을 할당하기 위하여 Sheth-Uicker 표기법을 적용한다. 이는 조인트의 접촉방법이 prismatic이나 혹은 revolute인 lower-pair인 경우와 점, 선 접촉을 갖는 higher-pair의 경우와 구분된다.

바퀴형 이동로봇의 대표적인 예로서, 4-바퀴 2-자유도를 갖는 이동로봇에 대한 형태는 그림 4-47, 4-48에서 나타낸다. 바닥 좌표 시스템의 Z축은 이동로봇의 이동 표면에 직교하게 설정하며, 이동로봇 좌표 시스템 B은 바닥에 대해 수직인 Z축을 갖는 이동로봇 몸체에 할당한다.

이동로봇 좌표 시스템의 동작은 이동로봇의 동작으로서 해석된다. 이동로봇 몸체의 중앙에 이동로봇 좌표 시스템을 할당하고, 접촉점 좌표 시스템 C_i(i=1, 2, 3, 4)는 바퀴의 방향에 평행한 Y축을 갖는 바닥과 각각의 바퀴사이의 접촉점에 위치한다.

고정된 매니퓰레이터의 조인트는 prismatic이나 revolute 조인트에 의해 전이 혹은 회전 동작을 갖으며, 공통표면은 이웃하는 링크와 접하는 lower-pair이다. lower-pair를 갖는 이동로봇의 경우 움직이는 방향이 명확하기 때문에 링크의 이동 속도를 알면, 속도의 적분과 방향에 의하여 현재의 위치를 파악할 수 있다. 이러한 시스템을 일컬어 “홀로노믹 제약(holonomic constraint)를 갖는다”라고 한다.

반면에 이동로봇은 이동표면과 바퀴사이에 점이나 선 접촉을 갖는 higher-pair이다. 이는 여러 종류가 있지만 대부분 임의의 조향장치에 의하여 방향을 변경하거나 혹은 구동바퀴의 속도 차에 의하여 몸체의 이동방향을 임의로 변경하는 것이 가능하다. 즉, 현재 이동로봇의 몸체 속도를 알고 있을지라도 이동방향은 예측할 수가 없어, 현재의 알고 있는 몸체 속도로부터 이동로봇의 위치를 파악하는 것은 불가능하다. 이러한 시스템을 일컬어 “비-홀로노믹 제약를 갖는다” 라고 한다. 이는 이동로봇의 몸체속도의 적분에 의하여 직각 좌표 시스템에서 이동로봇 위치를 구할 수 없다는 의미와 일치한다. 비-홀로노믹 제약에 대한 설명은 순간 일치 좌표 시스템의 도입에 의해 쉽게 설명할 수 있다.

외부오차와 내부오차를 제어하기 위하여 내부·외부오차 제어기는 본 장에서 기준 모델로 설정한 4-바퀴 2-자유도를 갖는 이동로봇에 적용한다. 내부·외부오차 제어기는 두 구동바퀴의 방향과 속도제어에 의하여 직접적으로 가장 중요한 오차의 하나인 방향 오차를 최소화 할 수 있으며, 훌륭한 외란 방지 역할을 한다.

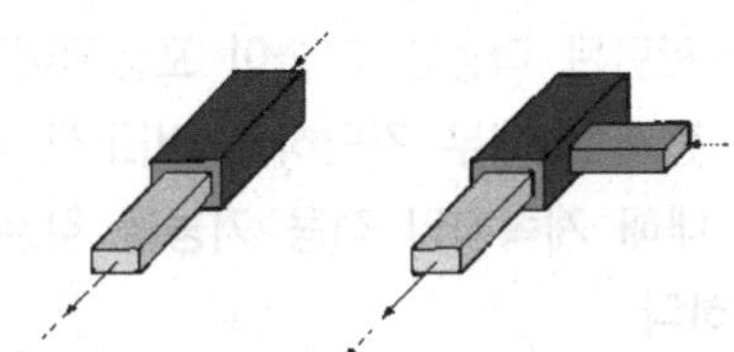

그림 6-32 prismatic joint

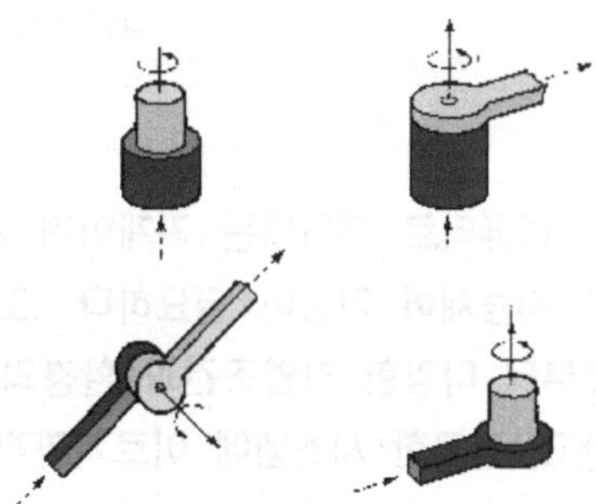

그림 6-33 revolute joint

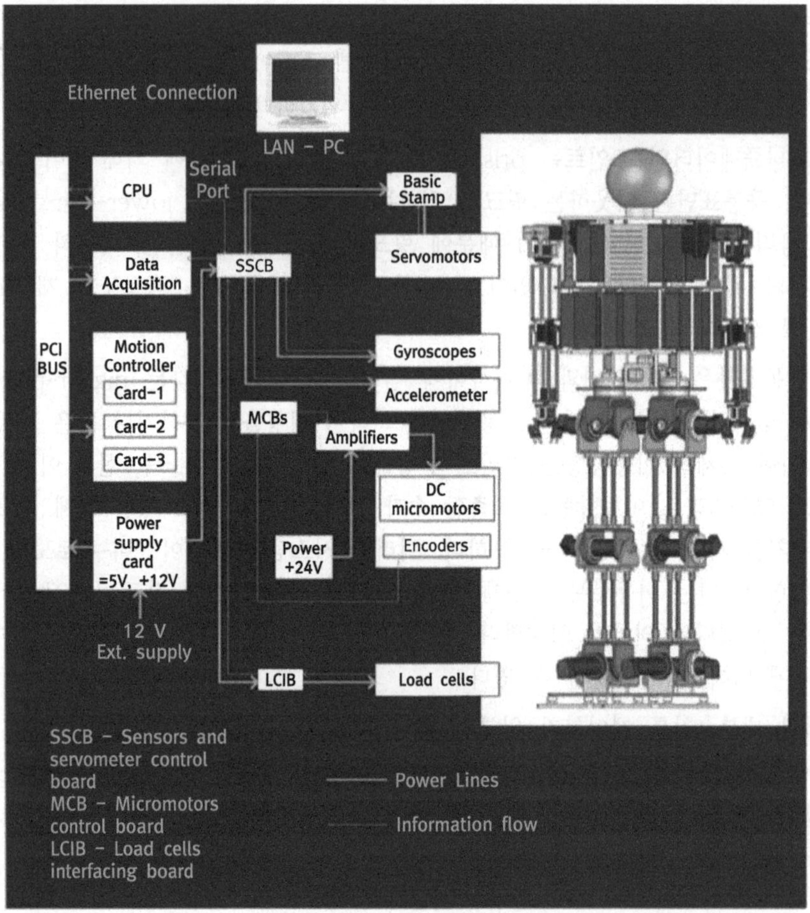

그림 6-34 로봇의 제어시스템

로봇은 컴퓨터로 제어되는 기계이며 자동화와 관련된 다양한 기술이 포함되어 있다. 로봇은 지능제어 기능이 필요하다. 그 기능의 형태는 매우 간단하고, 비교적 제한된 형태로부터 다양한 작업조건과 환경의 변화에 대해 계속적인 적응 기능을 갖춘 매우 복잡하고, 정교한 시스템에 이르기까지 광범위하다.

Chapter 7 로봇의 미래

1970년대 말부터 우리나라에 로봇이 도입되어 생산현장에 투입되기 시작하였으며, 자동차 생산공정에 다점 용접용 로봇이 최초로 선보였다. 이후 자동차산업의 급속한 발전과 산업용 로봇의 생산라인 공급이 본격화 되었다. 1980년대 중반에 보유대수가 200여대였던 산업용 로봇은 자동차산업은 물론 전기와 전자산업 등으로 파급되기 시작하였으며 그 공급영역을 점차적으로 확대하였다.

1980년대 초, 우리나라 기업들은 로봇 중에서 주로 산업용 로봇에 관심을 갖고 개발에 착수했으며 1990년대 초반까지 업체별로 다양한 용도의 로봇을 개발했다. 특히 1980년대 말 급격한 임금상승에 따른 자동화 설비 수요의 확산과 기업들의 생산성 향상에 대한 필요성 등으로 로봇 수요가 급격히 늘어나고 있는 추세이다.

7.1 로봇혁명은 시작됐다

로봇기술과 산업이 IT와 BT, CT 등 여타 첨단 산업과 융합하면서 변화무쌍한 모습으로 급속히 진화하고 있다. 인간을 닮은 휴머노이드 로봇, 인간의 표정이나 몸짓을 보며 감정을 읽거나 인터넷을 통해 스스로 지식을 축적해갈 수 있는 인공지능 로봇이 속속 등장하고 있다. 영화 속에서나 볼 수 있었던 로봇이 아침을 여는 세상이 성큼 다가오고 있다.

로봇시장의 무게중심이 인간을 돕는 서비스 로봇 쪽으로 기우는 것은 산업상 통계수치를 넘어선 의미를 내포한다. 지난 90년대 이후 PC와 휴대폰이 현대인의 생활패턴을 완전히 바꿔놓았듯이 일상 속에서 로봇에 의존하는 새로운 삶의 양식이 도입되기 때문이다.

최근 MS의 빌 게이츠 회장은 로봇산업을 1970년대의 PC산업과 비교하면서 로봇혁명의 시대가 왔음을 선언한 바 있다. 집집마다 사람과 유사한 지능을 가진 로봇제품이 온갖 서비스를 제공하는 상황은 경제, 문화, 사회전반에 혁명적인 파장을 가져올 것이다. 지금이야 로봇이 집안에서 청소와 같은 허드렛일이나 담당하지만 머지않아 인간의 능력을 무한히 확장하는 도구로서 존재가치를 입증할 것이다.

의료종사자들은 로봇을 이용해 지구 저편에 떨어진 환자들을 치료하게 된다. 보안, 구조, 국방, 상거래분야에서도 로봇은 새로운 역할을 맡을 것이다. 초창기 인터넷, 휴대폰이 그랬듯이 로봇혁명이 어떤 식으로 인간을 행복하게 해줄지는 확실치 않다.

그림 7-1 휴보

7.1.1 각국의 로봇 육성전략

선진 각국은 지능형 로봇을 새로운 성장동력산업으로 선정하고 로봇시장의 패권을 잡기 위해 다각적인 지원과 노력을 기울이고 있다. 특히 일본과 미국은 전자와 IT에서 누렸던 세계시장 패권을 지능형 로봇에서도 다시 한번 재연하겠다는 각오로 심혈을 기울이고 있다.

미국은 민수용보다 항공, 우주, 국방분야의 압도적 우위를 유지하는데 포커스를 맞추고 있다. 미국의 벤처투자자들은 오랜 세월 민간 로봇산업에 필요한 투자와 위험부담을 기피해 왔다. 이 때문에 로봇업체들은 대부분의 로봇개발 프로젝트는 미국방부에 의존하고 있다. 위험지역을 정찰하는 소형 정찰로봇, 무인장갑차, 무인 정찰기 등이 대표적 산물이다. 국방관련 로봇 수요는 향후 10년간 1000억달러 이상에 달할 계획이다. 미국방부 산하의 고등연구계획국(DARPA)은 군용차량의 1/3을 자율주행기능을 갖춘 로봇차량으로 대체하는 '미래 전투 시스템(Future Combat Systems)'을 진행하고 있다. DARPA는 캘리포니아의 모하비 사막을 횡단하는 로봇차량 대회 '그랜드 챌린지'를 개최한데 이어서 실제 도심을 달리는 '어반 챌린지(urban challenge)'를 시도했다. 무인차량에 적용된 많은 아이디어와 기술은 이미 자동차 시장에서 도입돼 경제적 파급효과를 일으키고 있다.

그림 7-2 Stanford university - Stanley

그림 7-3 Robot Grand Challenge 포스터

DARPA 로봇공학 챌린지(DRC)대회 우승

- 휴보는 미 국방부 산하 방위고등연구계획국(DARPA) 주최로 열린 'DARPA 로봇공학 챌린지(DRC)' 결선 대회에서 미국, 일본, 독일 등 로봇 강국의 로봇들을 제치고 정상에 올랐다. 2위는 플로리다대 인간기계연구소(IHMC)의 '러닝 맨', 3위는 미국 카네기멜론대의 '타르탄 레스큐'가 차지했다.
- DRC는 2011년 후쿠시마 원자력발전소 사고와 같은 극한의 재난 상황에서 인간을 대신할

재난수습 로봇이 필요하다는 취지로 2013년 시작됐다. DARPA 국장은 "이번 대회를 통해 재난극복을 위한 인류의 새로운 도전이 시작됐다"면서 "이번 대회에 참가한 로봇의 소프트웨어를 모두 공개, 누구나 자유롭게 연구하고 활용할 수 있도록 할 것"이라고 밝혔다.

· 3위를 차지한 '타르탄 레스큐'를 제작한 미국 카네기멜런대의 교수는 "휴보가 주변 환경에 따라 유연하게 대처하는 모습이 인상적이었다"면서 "참가팀 중에서 가장 재난 현장에 적합한 로봇을 구현해냈다"고 평가했다. MIT의 한 연구원은 "일본만 경쟁자라고 생각했는데 이제 한국도 동등하게 봐야 할 것 같다"고 말했다.

DRC 휴보2 로봇이 차량을 운전하는 모습

DRC 휴보2 로봇이 밸브를 손으로 돌려 잠그는 모습

· 결승에 진출한 24개팀 중 8개팀이 한국산 로봇 본체나 부품을 사용했다는 점도 의의가 크다. 독일 본 대학팀은 한국 로봇기업 '로보티즈'가 개발한 액추에이터(구동장치)를 사용해 4위에 올랐다. 미국 라스베이거스 네바다대팀도 휴보에 독자 소프트웨어를 적용해 8위를 차지했다. 이 대회에서 6개팀에 로봇을 공급한 로보티즈 김병수 대표는 "역사가 오래된 산업용 로봇 시장은 일본이 장악하고 있지만 한창 기술 발전이 이뤄지고 있는 인간형 로봇이나 교육용 로봇 분야는 한국이 선점할 수 있다"고 말했다.

일본은 지난 80년대부터 우위를 유지해온 산업용 로봇시장의 정체상황을 서비스 로봇분야로 돌파구를 마련하는데 주력하고 있다. 일본 로봇산업의 마스코트는 인간의 모습을 닮은 휴머노이드 로봇이지만 일본 로봇업체들은 실생활에 사용될 수 있는 다양한 로봇제품개발에 누구보다 열심이다. 또 일본정부는 서비스 로봇시장의 활성화를 위해 기계가공에서 전자, 오락, 가전산업 등 로봇제조에 필요한 부품 공급망을 체계화하는 정책도 진행하고 있다. 현재 일본의 로봇 R&D에 많은 투자를 하는 기업들은 혼다, 도요타와 같은 자동차업체와 도시바, 미쓰비시 등 전자업체가 양대 축을 형성하고 있다.

일본의 자존심을 세워준 아시모

- 일본이 로봇 산업에 기대를 걸고 많은 개발과 투자를 시작한 이유 중 하나는, 1인당 국민소득이 3만 달러가 넘는데도 불구하고 미국과 같은 소프트웨어 등 지식 중심 산업으로의 구조조정에 한계를 보이고 있었기 때문이다.
- 또한 일본 기업들은 인구의 노령화로 가전, 자동차, 조선 등 기존 산업의 경쟁력을 유지하기도 어려운 상황이다. 현재 일본은 세계 최고의 노령사회에 진입했다. 70년 이후 낮은 출산율에다 식문화와 의학기술의 발전을 기반으로 한 낮은 사망률 덕에 일본은 선진국 중 가장 짧은 기간인 24년 만에 고령사회에 진입했다. 현재 일본의 65세 이상 인구비율이 23%를 넘었고 2050년경에는 인구의 반이 노인으로 구성될 것이라고 한다. 이에 따라 일본 기업들은 기존 제조업의 경쟁력을 이어가기 위해 인력부족을 대체해 줄 로봇 개발에 주력할 수밖에 없게 됐다.

서울모터쇼에 나타난 아시모

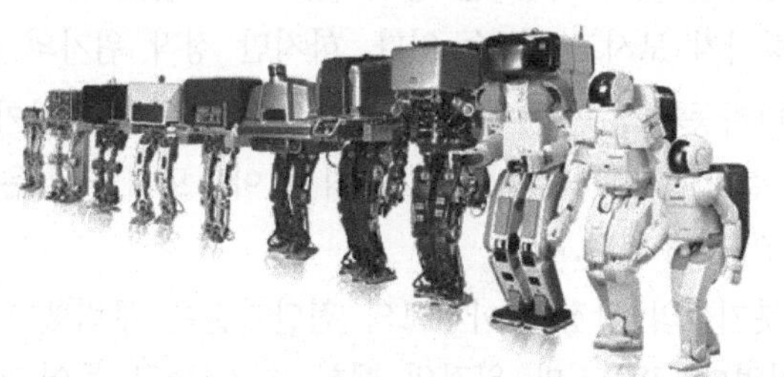

asimo-history

- 일본의 혼다(HONDA)사는 자사의 자동차 기술을 바탕으로 2000년대 들어 '아시모'라는 지능형 로봇을 선보이게 된다. 아시모는 키 1.2 m에 몸무게 43 kg의 체구를 가진 로봇으로서 두 다리로 걷는 모습이 사람과 흡사하다. 최근에는 걷는 것에서 벗어나 뛰는 동작까지 수행하며 다양한 기능과 퍼포먼스를 보여준다. 휴머노이드 로봇은 지금까지의 과학기술의 총집합

체라고 할 수 있다. 기계, 전자, 컴퓨터 등 어느 하나 필요하지 않은 것이 없다. 결국 혼다의 아시모는 일본의 과학 기술력을 전세계 과시하는, 일본 과학 기술의 상징이 되었다.

7.1.2 실용위주의 로봇

1963년에 나온 일본 애니메이션에 등장하는 주인공 로봇 '아톰'은 일본 로봇 업계의 꿈이었다. 현재 강아지 로봇에서부터 사람 실물과 거의 똑같은 로봇까지 일본은 로봇 천국이다.

하지만 2011년 3월 대지진과 쓰나미로 인하여 후쿠시마 제1 원자력발전소에서 사고가 발생하고 이사고의 수습을 위하여 원전에 투입된 로봇이 자국 로봇이 아닌 미국 로봇이 본격적으로 활약을 시작하자 일본은 초조한 분위기라고 일본 케이블TV 등이 보도했었다.

이번 일본 후쿠시마 제1 원전의 제3호기가 폭발했지만, 그 건물에는 사람의 접근이 불가능해서 사후처리조차 못하고 있었는데, 미국에서 사람 아닌 로봇을 보내옴으로써, 그 건물에 그 로봇을 들여보내서 필요한 작업을 했다. 그 로봇은 미국 아이로봇(iRobot)사 제품으로 방사선량 측정기 등이 갖추어져 있으며, 자체의 힘으로 그 곳의 방사선량 등을 측정할 수 있다. 사람이 먼 곳에서 그 로봇이 찍은 사진을 보아가면서 원격조작을 하는데, 그 방에 들어갈 때도 로봇이 자기의 팔로 도어의 핸들을 돌려 안으로 들어간 것이다.

무너진 일본원전으로 들어간 미국 아이로봇, 그 실용주의의 힘

전 일본 방위상은 이 상황을 목격하고 "후쿠시마 원전에 들어갈 로봇이 '로봇 대국'이라는 일본에 없었다는 것이 가장 큰 충격이었다"고 말했다. 일본의 로봇은 바이올린도 연주하고 노인을 목욕탕까지 모시고 갈 수 있다. 하지만 정작 위기의 순간에 일본을 지키지 못한 것이다.

일본 혼다자동차가 만든 아시모는 아톰의 꿈을 구현하기 위해 100억엔 이상을 투입한 인간형 로봇의 걸작이다. 하지만 대지진 직후 아시모의 역할은 지진 피해지역 어린이들 앞에서 재롱을 떤 것이 전부였다.

일본 로봇기술의 상징인 아시모의 첨단기술은 무력했다. 위기의 일본을 구한 것은 미제 로봇 '팩봇'이었다. 후쿠시마 원전의 폐허 속을 뚫고 들어가 고농도 방사선에 오염된 잔해를 수거해 구원의 길을 연 로봇. 원전에 투입된 두 로봇은 군사용 로봇이다. 목숨을 걸고 적과 폭탄이 있는 건물에 인간 대신 들어간다. 테러 현장에서도 여러 구조 임무를 수행했다. 그것은 청소기 회사로 유명한 미국 아이로봇(iRobot)사의 '팩봇(PackBot)'과 '워리어(Warrior)'였다. 아시모와 같은 화려한 팔다리도, 단정한 얼굴도 없는 직육면체 몸통, 탱크형 캐터필러 다리, 180㎝의 포클레인형 외팔로 일본 원전내부의 '방사선 지옥'을 청소하였다.

그림 7-4 iRobot사의 '팩봇(PackBot)

그림 7-5 iRobot사의 워리어(Warrior)

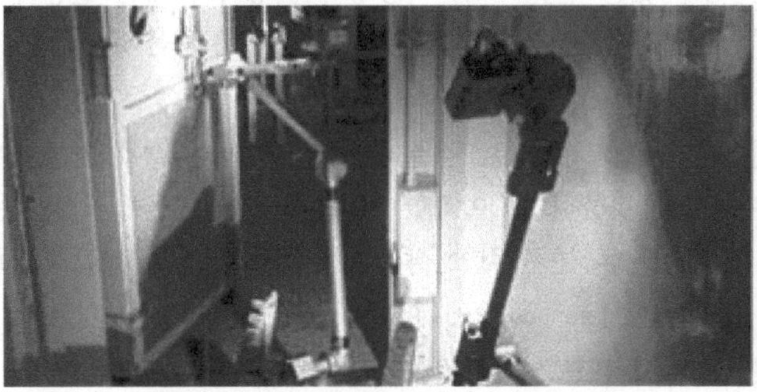

그림 7-6 팩봇의 일본 원자로내 이중문 진입

그림 7-7 운용 요원이 원격 조작

일본 대기업은 자신의 기술과 자본을 과시하기 위해 마스코트와 같은 로봇만 만들었다. 그러나 미국의 아이로봇 벤처에서는 실용위주 로봇에 주력했다. 그래서 '인간과 같은' 로봇이 아니라, '인간을 위한' 로봇을 만들었다.

도요다 자동차가 개발한 노약자 이동용 보조 로봇

일본의 대표적인 자동차 업체인 도요다 자동차는 하이테크 헬스-케어 시장에 대한 많은 관심을 가지고 있다. 그중 한 분야는 병원 침대에서 움직이지 못하는 환자를 들어 올리거나 걷도록 도울 수 있는 실험용 로봇이다.

이 회사는 독립적 보행을 도울 수 있는 장치 같은 제품을 상업화하는 것이 목표이다. 즉, 세계에서 가장 급속도로 고령화 사회로 나가는 중인 일본에서 거대한 잠재적 가치를 지닌 시장에 진입하려고 노력중이다.

연구진은 폴리오(polio, 소아마비의 병원체로 폴리오 바이러스에 의한 전염성 질환)에 의해 마비된 환자의 오른쪽 다리에 컴퓨터화된 금속 보조기를 스트랩한 도보 보조장치를 선 보였다.

동경에 있는 도요다 자동차 공장에서 개발된 보조기가, 무릎에 필요한 만큼 얼마나 구부러져서 현재 사용하는 발목 보조기보다 더욱 자연스럽게 걷고 더욱 쉽게 의자에서 일어설 수 있음을 보도진들에게 입증해 보였다. 연구진에 의하면, Toyota의 기계장치를 환자들에게 시험했고 이동을 제한했던 뇌졸중과 다른 질병으로부터 훨씬 빨리 사람들을 회복시킬 수 있음을 확신하게 되었다.

“미래를 예측하는 것이 힘들 수도 있지만, 고령화 사회의 시대는 분명히 오고 있다. 우리는 인생을 풍부히 하고자 파트너 로봇이 필요하다.”라고 연구진은 말한다.

또한, 도요다 자동차는 헬스 케어 직원들이 장애인들을 침대에서 들어 올리고 그들을 주위로 이동시키는 것을 도울 수 있는 패드 있는 팔을 가진 지능형 기계장치에 대한 실증화 시험을 시행했다. 사람들이 균형감각을 다시 배우는 것을 돕고자 다른 이동성 도움 요소들이 스케이트 보드처럼 작동했다.

도요다 자동차 관계자에 의하면, 센서, 모터 그리고 컴퓨터 소프트웨어와 같이 자동차에 사용되는 기술은 사람들이 주위로 이동하는 것을 돕는 이러한 컴퓨터화된 장치들에 사용되는 중이며, 사람들의 이동성 향상을 위해 기능을 하는 이러한 장치들은 미래의 자동차에 사용될 것이다.

도요타 자동차는 과거에 트럼펫과 바이올린을 연주하는 사람-형상의 로봇을 보여준 바 있으며, 그것들이 전시공간에서 주위를 이동하면서 도요타 자동차에 대해 얘기한다.

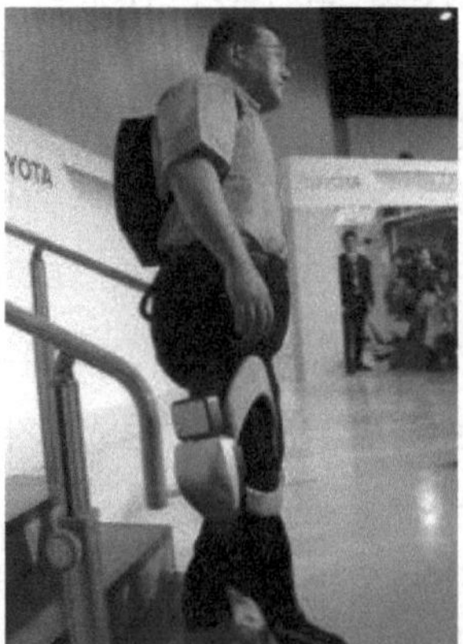

그림 7-8 도보 보조 장치

일본의 라이벌 자동차 제작회사인 Honda Motor사는, 달리고 말하며 춤출 수 있는 Asimo라고 불리는 심오한 휴머노이드 로봇을 개발했다. 그러나 Asimo는 전시실과 실험실에 제한되어 있으며 병원이나 가정에 사용되기에는 멀었다.

도요타는 헬스 케어 비즈니스로 진입하기 위한 장치 개발에 전력을 다하는 다른 제조회사와의 경쟁에 직면해 있다. 또한, 혼다 자동차는 일부 대학교에서 보유 중인 것처럼 사람들이 움직이는 것을 돕는 다리를 가진 기계장치의 실증화 시험을 시행했다.

7.1.3 몸 속을 여행하며 치료하는 로봇

효과는 최대, 부작용은 최소로 만드는 나노봇

암에 걸려도 수술 없이 치료한다. 바이러스와 박테리아가 침투하면 찾아서 공격한다. 다친 세포는 건강하게 만든다. 이는 몸속을 여행하는 나노봇의 활약상이다.

'나노'는 10억분의 1을 나타내는 단위다. 난쟁이라는 뜻의 고대 그리스어 '나노스'에서 유래된 말이다. 나노미터는 10억분의 1미터로 분자 정도의 크기를 말한다. 맨눈으로 볼 수 있는 게 가장 작은 크기가 0.1밀리미터, 즉 1만분의 1미터라니 나노 크기를 짐작하기가 쉽지 않다.

나노기술은 나노미터 단위의 원자와 분자를 결합시키거나 조작해 새로운 물질을 만드는 기술이다. 이 개념은 1959년 노벨물리학상을 수상한 리처드 파인만에 의해 처음 제시됐다.

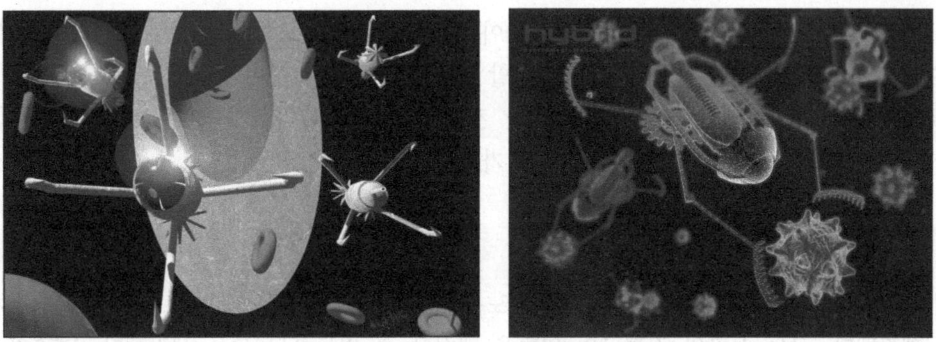

그림 7-9 나노봇(Nanobots)

1980년대에 초소형 기계 등장 예견

과학자인 레이 커즈와일도 나노기술의 미래를 점쳤다. 그는 '환상적 여행: 영원히 오래 살기(Fantastic Voyage: Live Long Enough to Live Forever)'라는 책에서 '나노봇(Nanobots)'이라는 아주 작은 로봇이 곧 발명될 것이고, 이를 이용해 인간의 모든 질병을 치료해 영생불멸의 길을 걷게 될 것이라고 주장했다.

그는 혈관 지름 크기의 나노봇 수백만 개가 몸을 돌아다니며 뼈와 근육, 혈관, 뇌세포 등을 치료해 심장질환과 암, 당뇨, 간질환 등 사망을 유발하는 질병의 90% 이상이 완치될 것이라고 내다봤다.

사실 나노 분야가 시작된 초기에는 어디에 어떻게 활용될 수 있을지 몰라 연구가 활발하지 않았다. 그러다 나노의 세계가 일반적인 모습과 매우 다른 기능과 새로운 성질을 띤다는 사실이 밝혀지면서 전 세계가 나노 연구에 뛰어들었고, 지금과 같은 나노 열풍이 불게 됐다.

최근 다양한 분야에서 나노기술을 이용해 획기적인 변화를 꾀하고 있다. 이 중에서도 컴퓨터 분야와 함께 가장 많이 연구되는 분야가 바로 나노바이오와 나노의학이다. 나노기술(NT)과 바이오기술(BT)이 융합된 새 분야다.

사실 둘의 만남은 오래전부터 예견됐다. 생명체의 기본단위인 세포에서 일어나는 활동은 전부 나노 수준에서 정밀하게 조절되기 때문이다. 지름이 10마이크로미터, 즉 10만분의 1미터 정도인 세포 속에는 단백질로 이뤄진 수십 나노미터 크기의 수많은 바이오센서와 분자기계가 작동한다. 따라서 나노기술을 활용하면 이들의 기능을 밝힐 수 있다. 또 세포 소기관의 기능을 모방한 나노봇을 만들어 지금까지 해내지 못한 새로운 치료와 진단법을 개발할 수 있다. 이러한 시도가 바로 나노바이오와 나노의학 연구다.

현재 많은 나노 전문가들이 질병 치료에 이용할 수 있는 나노기술을 연구하고 있다. 머지않은 미래에 우리가 상상하는 나노봇이 탄생할 수 있을까? 나노봇이 우리의 삶을 어떻게 바꿀 수 있을까? 나노봇이 레이 커즈와일이 말한 것처럼 제대로 활약하기까지는 아직 많은 시간이 필요하다. 하지만 그의 상상은 계속 현실과 가까워지고 있다.

숨 안 쉬고도 빨리 달리게 한다.

에릭 드렉슬러의 아이디어에서 출발한 나노봇은 나노의학의 선구자인 로버트 프리타스에 의해 구체화됐다. 그는 사람의 적혈구의 역할을 대신할 수 있는 나노봇을 생각했다. '호흡세포'라는 이름의 로봇이다. 이 로봇을 우사인 볼트와 같은 단거리 달리기 선수의 몸에 넣으면 십분 동안 숨을 한 번도 쉬지 않고 달릴 수 있다.

로버트 프리타스는 다이아몬드 모양을 한 1마이크로미터 크기의 저장탱크가 혈액을 타고 우리 몸 전체로 산소를 전달할 수 있다고 주장했다.

그의 주장대로라면 신진대사 유지는 물론 혈액의 산소가 줄어 조직이 손상되는 것도 막을 수 있다. 보통 적혈구가 있는 혈액 1리터에는 0.2리터(L)의 산소가 들어있다. 반면 현재까지 개발된 호흡세포로 만들어진 혈액 1리터에는 530리터의 산소가 압축해 들어간다.

이처럼 호흡세포는 일반 혈액보다 2000배가 넘는 효율성을 가지고 있다. 적혈구세포가 혈액의 반을 차지하는 것을 고려한다면 호흡세포를 이용하면 적혈구보다 1만배가 넘는 효율성을 기대할 수도 있다.

인공 식세포는 가장 활동적인 나노봇으로 백혈구와 비슷한 역할을 한다. 우리 몸에 해로운 미생물을 잡아먹는 역할이다. 인공 식세포에는 두 개의 탱크가 있다. 인공 식세포가 미생물을 잡으면 첫 번째 탱크에 넣어 잘게 부순다.

그리고 두 번째 탱크로 옮겨 효소로 미생물을 아미노산, 글리세롤, 무지방산, 단순한 당 등 우리 몸에 해롭지 않은 물질로 바꾼다. 미생물이 인공 식세포를 만나면 화학 물질로 분해되는 것이다.

우리 몸에서 가장 가는 혈관인 모세혈관의 지름은 4마이크로미터로 나노봇은 이보다 작다. 이렇게 작은 로봇을 만들 수 있다는 것, 또 이들이 미생물을 자르고 분해하도록 만들 수 있는 과학기술이 매우 놀랍지 않은가. 더구나 인공 식세포의 '소화와 방출' 시스템은 자연적인 식세포보다 더 빠르고 더 깨끗하다고 한다.

상처를 발견하면 반창고를 붙이는 로봇

혈액은 크게 적혈구와 백혈구, 혈소판으로 이뤄져 있다. 혈소판은 우리 몸에서 피를 멎게 하는 역할, 즉 지혈작용을 한다. 상처가 났을 때 피가 계속 흐르지 않도록 딱지가 생기는데 혈소판 때문이다.

그런데 혈소판에 이상이 생기면 어떻게 될까? 상처가 난 곳에서 피가 멈추지 않을 것이다. 이런 조건의 사람은 상처가 나지 않도록 항상 조심하며 살아야해 생활이 매우 불편해진다. 이런 사람들을 도울 수 있는 것이 인공 혈소판으로 자연 혈소판의 지혈능력을 대신할 수 있다.

지름이 약 2마이크로미터인 공 모양의 인공 혈소판은 지혈을 바로 할 수 있도록 자체동력을 갖추고 있다. 인공 혈소판은 표면센서가 몸에 상처가 난 것을 감지하면 얇은 필름형태의 그물을 펼친다. 이 그물은 시간이 흐름에 따라 녹으면서 혈액세포를 잡아 상처부위의 피를 굳게 만든다.

일반적으로 우리는 아플 때 치료에 필요한 양보다 훨씬 많은 양을 먹는다. 주사를 맞을 때도 필요 이상의 약물이 들어간다. 그 이유는 약물이 필요한 부위까지 도달할 때 다른 곳에 흡수되거나 배출되기 때문이다. 이렇게 손실되는 양을 감안하다보니 꼭 필요한 양보다 많은 양을 처방할 수밖에 없다.

그런데 필요한 양을 초과해서 약물을 먹거나 맞다보면 우리 몸은 원치 않는 약물로 인해 약물중독이 될 수 있다. 또 약물 부작용으로 다른 부위에 병이 생기기도 한다. 이런 과다약물에 따른 부작용을 없애려고 새로운 약물전달방법이 연구되고 있다.

필요한 부위에만 약물을 딱 필요한 만큼만 정확하게 전달하는 방법이다. 우리 몸에 들어간 약물이 레이저가 표시된 부위로 모이게 하는 방법, 미세바늘로 모세혈관은 피하고 신경에 직접 약물을 전달하는 방법 등이 연구 중이다. 나노봇을 이용한다면 약물을 필요한 부위에 정확히 전달해 부작용없이 병을 치료할 수 있을 것이다.

막힌 혈관 시원하게 뚫는 드릴 나노봇

어른들은 나이가 들면 성인병에 잘 걸린다. 그런데 많은 성인병이 고혈압 때문에 발생한다. 고혈압은 혈관이 좁아져서 혈액이 제대로 흐르지 못해서 생긴다. 혈액이 제대로 흐르지 못하다보니 몸 이곳저곳에서 문제가 발생하는 것이다.

혈액 내에 콜레스테롤이 많아지면 이들이 혈관에 쌓이면서 혈액의 흐름을 방해해 혈관이 좁아진다. 또 지혈 작용을 돕는 혈소판이 혈액 내의 다른 세포와 뭉쳐 혈관을 막는 경우도 종종 있다.

하지만 나노봇이 있다면 문제없다. 나노봇은 막힌 혈관을 찾아 직접 혈관에 쌓인 노폐물을 제거할 수 있다. 나노봇에 달린 드릴이 혈소판과 뒤엉킨 혈관 내 세포를 분리시킨다. 그러면 좁아진 혈관이 다시 뻥 뚫려 혈액이 제대로 흐르게 된다.

수술 없이 암을 치료하는 나노봇

하지만 나노봇을 어떻게 만드냐에 따라 여러 가지 기능을 수행할 수도 있다. 즉 나노봇이 병의 원인을 찾고, 약물을 투여하고, 손상된 세포도 치료하는 등 다양한 역할을 할 수 있다.

대표적인 예로 나노봇은 두 가지 방법으로 암세포를 제거할 수 있다. 드릴과 같은 기구로 암세포를 파괴할 수도 있고, 주사기로 암세포에 치명적인 약물을 투여할 수도 있다.

에너지를 만들거나 세포처럼 복제하는 나노봇

아데노신3인산(ATP, adenosine triphosphate)은 우리 몸에서 신진대사를 담당하는 단백질들의 에너지원이이다. ATP는 미토콘드리아에서 만들어진다. 그런데 미토콘드리아 세포가 손상되면 어떻게 될까? ATP를 만들지 못해 결국 에너지원 부족으로 몸에 이상이 생긴다. 하지만 앞으로는 인공 미토콘드리아가 이러한 상황에서 부족한 ATP를 채워주는 역할을 할 예정이다.

연구 중인 인공 미토콘드리아는 금으로 싸인 유리구슬이 달려 있고, 속이 빈 나노크기의 고분자 캡슐로 둘러싸여 있다. 외부의 빛에 반응하도록 개발되기 때문이다. 미토콘드리아에 달린 금 유리구슬이 가열되면 금이 변형을 일으킨다. 그러면 캡슐 표면이 부풀거나 줄면서 내부에 포함돼 있던 ATP가 방출된다.

나노봇이 우리 몸 속을 돌아다니며 병을 치료할 때 중요하게 생각해야 할 것이 하나 있다. 바로 수명이다. 나노봇이 맡은 임무를 수행하기도 전에 망가지거나 기능이 멈춘다면 무슨 소용이 있겠는가.

크기가 작은 나노봇은 인체 내의 세포나 장기에 의해 손상될 수 있다. 그러면 제 기능을 잃을 수 있다. 또 나노봇을 움직일 수 있게 에너지를 주기적으로 공급해줘야 한다.

이런 문제를 해결하기 위해 복제가 가능한 나노봇이 연구되고 있다. 복제하는 나노봇은 인체 내에서 자신들에게 맡겨진 작업을 하는 동시에 복제도 한다.

어떤 기능을 잃거나 기능이 퇴화하기 전에 주기적으로 복제를 하는 것이다.

복제하는 나노봇이 개발되면 나노봇 분야에서 엄청난 파급효과를 갖게 될 것이 분명하다. 평상시 나노봇의 상태가 어떤지를 판단하기가 쉽지 않다. 하지만 나노봇이 스스로를 복제를 한다면 나노봇이 손상됐는지를 걱정할 필요가 없어진다. 또 나노봇이 장기간 몸에 머무르면서 꾸준하게 치료를 할 수 있다.

상상은 곧 현실이 될 것

아우리가 기대하거나 상상하는 나노봇들은 분자나노기계와 함께 나노바이오센서, 나노약물전달시스템 등 다른 부속품이 개발되고 통합돼야 실현될 수 있다. 그래서 아직까지는 미래의 얘기일 수밖에 없다.

나노의학은 현재 시작 단계다. 나노크기의 재료나 구조물을 이용해 생물에 이용하는 수준이다. 하지만 이것은 처음 연구가 시작됐을 때보다 100배에서 1000배 향상된 성능이다. 또 분자모터라 일컬어지는 지름 8나노미터에 높이 14나노미터 크기의 생체회전모터가 개발돼 프로펠러를 돌리는 수준까지 와있다.

앞으로 나노봇은 더 복잡하고 효율적인 기술로 개발될 것이다. 아직까지는 영화에서나 볼 수 있는 기술이다. 하지만 나노봇이 우리 삶에 없어서 안 되는 때가 멀지 않았다.

7.2 또 하나의 IT혁명 '지능형 로봇'

"주인님, 6시예요. 오늘 주가가 급등할 거랍니다."

로봇이 들려준 뉴스 하나가 잠을 확 깨운다. 눈을 뜬 것을 확인한 로봇은 증시를 어둡게 하던 에너지문제가 해결된 뉴스를 전해주곤 '비가 올 것이니 우산을 준비하라'고 일러준다. 출근 준비를 마친 아내는 아이에게 들려줄 동화 목록을 로봇에 지정하고 있다. 점심시간. 청소를 하고 있는 로봇에게 전화를 걸어 아이를 비춰달라고 하자 장난감을 쥔 아이가 아빠를 보고 학교에서 배운 노래를 불러준다.

공상과학영화의 한 장면이 아니다. 청소기능도 갖추고 있으며 로봇의 화상카메라를 통해 아이와 영상전화도 할 수 있다.

7.2.1 정말 로봇이 한식구가 되는 것일까

1980년대 자동차·전자산업 같은 노동집약적 산업이 발달하자 산업용 로봇이 대거 제조 현장에 등장했다. 산업용 로봇시장은 1990년대까지 꾸준히 발전하다가 2000년대에 들어서면서 정체현상을 보이고 있다. 그 틈을 비집고 들어선 것이 국민로봇 같은 지능형 로봇시장이다.

지능형 로봇은 외부 환경을 인식하고 스스로 상황을 판단하여 자율적으로 동작하는 로봇을 말한다. 즉 프로그램대로 같은 동작을 반복하는 조립 로봇과 달리 사람의 얼굴을 알아보고, 말을 알아듣고 그때그때 원하는 서비스를 해줄 수 있다. 비약적으로 발전한 IT기술이 고령화, 핵가족화 사회와 만나 새로운 로봇시장을 창출해낸 것이다. 혼수품의 필수 품목이 된 청소로봇이 그 가능성을 이미 입증했다.

그렇지만 영화에 나오는 로봇처럼 사람과 똑같은 동작을 하고 지능도 어느 정도 갖추게 하기엔 아직 기술이 부족하다. 하자고 들면 비슷하게는 만들 수 있겠지만 동작이나 지능도 미숙한데다 가격도 만만치 않아 상품성이 거의 없을 것이다. 청소로봇처럼 한 가지 기능만 가진 로봇은 만들기 쉽겠지만 다른 가전제품과 차별성이 없다.

7.2.2 경제성 있는 로봇의 탄생

'유비쿼터스 네트워크 로봇(URC·Ubiquitous Robotic Companion)': 이는 말 그대로 언제 어디서나 나와 함께 하며 필요한 서비스를 제공하는 로봇이다. 로봇 하나가 감당하기 어려운 기능과 정보는 현재 발달돼 있는 통신 네트워크를 이용해 대용량 서버에 접속함으로써 해결할 수 있다. 자연 부품 수와 가격이 떨어진다.

또 네트워크를 이용하면 직접 얼굴을 마주보는 것뿐 아니라 휴대전화기와 같은 다양한 통신 단말기로 언제 어디서든 로봇과 정보 교환이 가능하다. 전통적인 로봇처럼 주어진 작업을 할 뿐 아니라 사람과 사람, 사람과 컴퓨터를 잇는 새로운 통신 수단도 되는 것이다. 이달 중 전국 가정에 들어갈 국민로봇도 초고속 통신망을 이용해 원격 제어가 가능하며, 육아 교육 콘텐츠와 뉴스를 서버에서 받아 사람에게 전해준다.

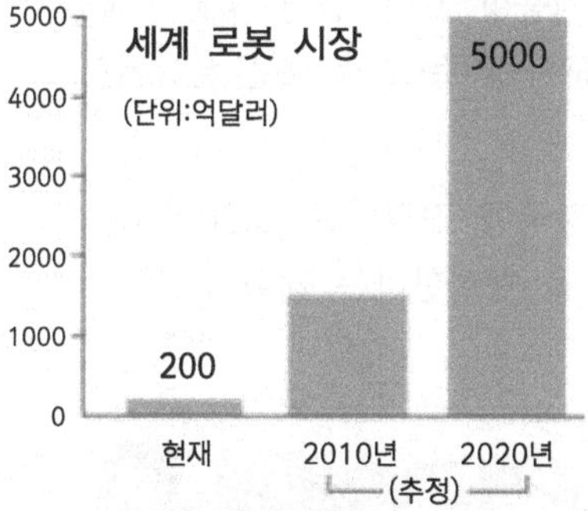

그림 7-10 세계 로봇시장 전망

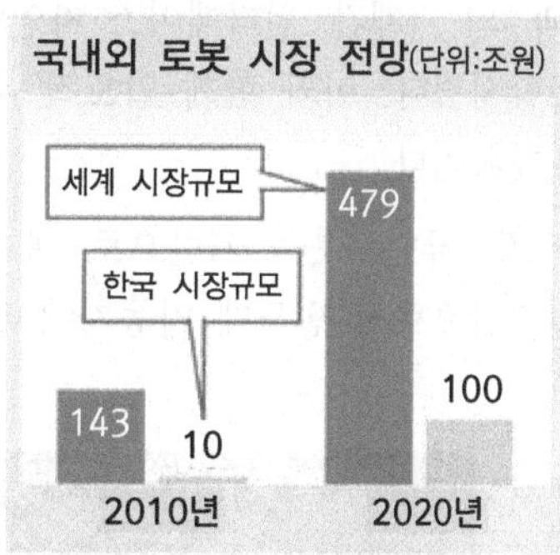

그림 7-11 국내외 로봇시장 전망

한·미·일 3국의 로봇 수준 비교

연구분야		미국	일본	한국
우주용 로봇		★★★	★★	-
휴머노이드		★★	★★★★★	★★★★
산업용 로봇		★★	★★★★★	★★
공공 서비스용 로봇		★★★	★★★	★★★★
가정용 로봇		★★	★★★★★	★★★★
의료용 로봇		★★★★	★★	★★

그림 7-12 한미일 로봇수준비교

7.2.3 일본은 네트워크, 미국은 인공지능 중심

세계 각국은 지능형 로봇을 새로운 성장동력으로 정하고 미래 시장을 선점하기 위해 치열한 경쟁을 벌이고 있다. 로봇시장 세계 1위인 일본은 네트워크를 이용한 지능로봇의 장점을 간파, 우리의 유비쿼터스 로봇 개념과 비슷한 '네트워크 로봇' 개발사업을 2004년부터 추진 중이다. 일본은 또 지능형 로봇을 '메이드 인 재팬(Made in Japan) 7대 성장 산업'으로 선정했다. 일본의 미래형 로봇산업은 혼다와 소니·도시바 같은 대기업들이 주도하고 있다.

세계 2위 로봇 생산국인 미국은 지능형 로봇에 들어갈 인공지능 연구를 집중 지원하고 있다. 일본처럼 걷고 달리는 능력과 새로운 서비스 기능을 개발하기보다는 근본적으로 인간에 가까운 지능을 개발하는 데 집중하고 있다. MIT의 코그(Cog)나 키스멧(Kismet)이 대표적인 예다. 이 로봇들은 사람의 행동과 말을 통해 스스로 학습을 하는 기능을 갖추고 있다. MIT는 로봇디자인과 뇌·기계간 인터페이스·자연어 처리 등 지능형 로봇 관련 3개 기술을 미래 10대 기술에 포함시켰다. 이와 함께 압도적 우위에 있는 군사·우주·보안 로봇 분야에서도 시장을 선도한다는 계획이다.

우리나라도 국민로봇을 기반으로 세계 3대 로봇 강국에 진입하고 2020년에는 1가구 1로봇 시대를 실현함으로써 반도체·자동차에 버금가는 시장을 형성한다는 계획이다.

그림 7-13 MIT의 코그(Cog)

그림 7-14 Ubiquitous Robot

7.2.4 인간친화 로봇의 개발전망

로봇산업은 세계적으로 기술투자와 표준화가 진행되면서 향후 10~20년 내에 엄청난 규모로 성장하여, 2020년경에는 로봇산업이 자동차산업을 능가하여 1가구 1로봇 시대가 실현될 것으로 예상된다. 즉 RT(Robot Technology) 산업이 IT 및 BT에 이어 거대시장을 형성하는 차세대 핵심 산업으로 급부상할 것으로 많은 전문가 들은 전망하고 있다.

산업사회에서 정보화 사회를 거쳐 지식기반 사회로 발전함에 따라 로봇의 패러다임은 노동대체 수단으로서의 '전통적 로봇'에서 인간 친화적인 '지능형 로봇'으로 변화되고 있다. 최근 로봇은 수백 배로 빨라진 데이터 처리 기술과 다양한 센서의 개발로 스스로 학습하고 인간과 감정을 교류하는 수준으로까지 발전했다.

인간친화 로봇은 인간이나 동물과 유사한 체형을 가진 기계이다. 이 신체를 움직여 희로애락을 표현할 수 있는 것이 로봇의 특권이며 동시에 의무이기도 하다. 인간이나 동물의 신체동작에 의해 감정을 표현하는 데에는 꽤 일관성 있는 수리적 규칙이 있다. 최초 연구는 다윈이 제안하였으며 다윈의 이론을 기초로 무용가인 라반 등은 신체동작의 물리적 특징과 감정표현을 연결하는 법칙을 구축하였다.

로봇이 인간과 정서적인 대화관계를 맺으려면, 먼저 로봇이 희로애락을 자연스럽게 표현하여야 한다. 언어를 사용하지 않는 대화관계 즉 비언어 대화관계는 애매한 요소로부터 만들어진다고 생각하는 경향이 있지만, 무용분야에서 라반이론(LMA: Laban Movement Analysis)과 정보전달효율과 같이 극히 수리적인 변수로 말할 수 있다. 이들 변수를 로봇의 제어목표로 하면 대인 사회심리를 제어하는 것도 가능하다.

지금까지의 인간친화형 로봇연구는 구현중심의 기술위주로 이루어져 사용자 중심의 디자인 연구는 미흡한 실정이다. 따라서 인간과 로봇이 이상적으로 상호 작용될 수 있는 디자인 측면의 기반연구가 절실히 요구된다. 국내 대학과 연구소마다 유지하고 있는 로봇 연구센터는 기업과 연계하여 향후 확산될 인간친화 로봇시장을 대비한 실용적 로봇개발에 전력하기를 기대한다.

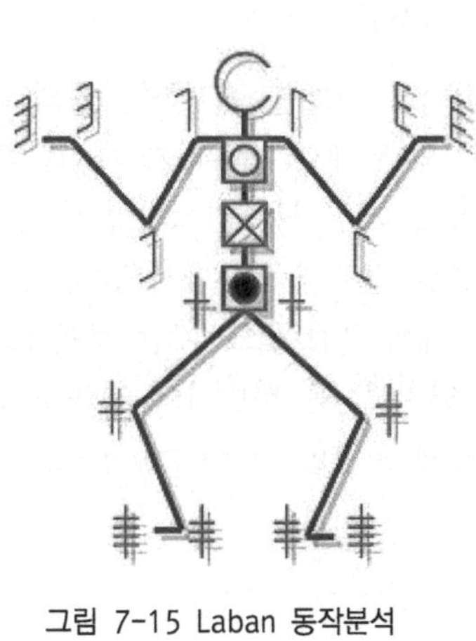

그림 7-15 Laban 동작분석

7.3 새로운 일자리 창출

로봇시장은 그동안 전통적인 산업용 로봇 강국인 미국·유럽·일본이 주도해왔다. 우리나라도 인터넷과 결합된 '서비스 로봇'이라는 새로운 개념을 무기로 선진국의 뒤를 맹렬히 좇아가고 있다. 가정·오락·교육용 등으로 활용될 수 있는 서비스 로봇은 가정마다 보급될 수 있어 시장이 얼마든지 확대될 수 있는 게 장점이다.

빌 게이츠 마이크로소프트(MS) 회장이 미국 과학 잡지인 사이언티픽 아메리칸에 게재한 칼럼에서 "로봇산업이 차세대 핵심분야가 될 것"이라고 말했듯이 로봇이 향후 PC처럼 각 가정에 보급될 것이라는 예측이다.

국제로봇연맹(IFR)은 세계 로봇시장이 2020년 5000억 달러 규모로 성장할 것으로 예측하고 있다. 이때가 되면 산업용 로봇과 서비스 로봇 시장규모가 거의 대등해질 것으로 추정되고 있다.

7.3.1 로봇, PC처럼 각 가정에 보급된다

서비스 로봇의 상용화 분야는 지금까지 한국과 일본이 경쟁하는 구도이다. 미국은 세계 최고 수준의 인공지능 기술을 바탕으로 연구는 활발하지만, 상업화에서는 한 발 뒤처져 있다는 평가를 받고 있다.

우리나라의 전략은 발달된 인터넷을 이용한 유비쿼터스(ubiquitous·'언제 어디서나'라는 뜻) 지능형 로봇을 확산시키겠다는 것이다.

유비쿼터스 로봇 자체는 움직이고 정보를 표시하는 등의 기본적 기능만 갖고 있다. 로봇의 머리 역할은 인터넷망에 연결된 외부 대형 컴퓨터가 대신한다. 따라서 날씨 정보를 물으면 로봇은 인터넷을 통해 외부 컴퓨터가 제공하는 기상정보를 받아서 사람에게 전달한다. 인터넷에만 연결되면 언제 어디서나 필요한 정보를 외부에서 받을 수 있기 때문에 '유비쿼터스'란 말이 쓰였다. 네트워크에 연결됐다고 해서 '네트워크 기반 로봇'으로도 불린다. 실제로 국내 기업들은 각종 서비스용 로봇 개발을 마치고, 올 하반기에 제품을 출시할 계획이다. 정부에서는 우리나라의 로봇산업이 수년 내에 크게 도약할 것으로 예상하고 있다.

7.3.2 한국의 경쟁자는 일본

로봇시장 세계 1위인 일본도 2004년부터 우리의 유비쿼터스 로봇 개념과 비슷한 '네트워크 로봇' 개발에 박차를 가하고 있다. 혼다와 소니·도시바 등 일본을 대표하는 대기업들이 지능형 로봇 개발에 막대한 투자를 진행 중이다.

로봇 기술 특허 분야에서는 일본의 소니·마쓰시타·혼다, 한국의 삼성·LG전자가 치열하게 경쟁하고 있다. 소니는 일본·미국·유럽 특허등록 1위이며, 한국에선 3위를 차지했다. 삼성전자는 한국에서 1위를 차지했고, 미국에서 2위, 일본에서 4위를 기록하고 있다.

세계 2위 로봇 생산국인 미국은 상용화보다 근본적으로 인간에 가까운 로봇 지능 개발에 주력하고 있다. 사람의 행동과 말을 통해 스스로 학습을 하는 MIT대의 코그(Cog)나 키스멧(kismet)이 대표적 예. 미국은 대학이나 연구소 차원의 기초기술이 세계 최고 수준이어서 언제든 시장을 주도할 수 있다는 것이 전문가들의 평가다.

한국과 일본의 로봇 기술

- 국제로봇연맹의 '세계 로봇연감'에 따르면 일본의 로봇 가동대수는 전 세계 로봇의 48%를 차지하고 있다. 로봇시장의 99%를 차지하는 산업용 생산액을 보면 정보기술 (IT) 버블 붕괴로 전년도의 거의 절반 수준인 6,575억 엔 (약 6조 5,750억 원)에 머물렀다. 하지만 이는 2위인 미국에 비해선 무려 3.7배에 달하는 규모다.
- 2000년대 이후 출원된 로봇관련 출원을 보면 격차가 더 벌어진다. 일본이 1만 4,400건인 데 비해 미국은 1천건, 유럽도 역내 국가를 다 합해봐야 1,900건이다.
- 우리나라의 주력 산업인 자동차산업과 반도체/디스플레이 산업은 로봇 없이는 생산이 불가능한 산업이기 때문에 이러한 산업과 함께 로봇은 발전해 왔다. 세계로봇연맹 (IFR)의 자료에 의하면 산업인구 10,000명당 제조업용 로봇 사용밀도에서 일본이 1위, 한국이 2위를 차지하고 있다. 사용대수 면에서는 일본, 미국, 독일, 다음으로 4위를 차지고 있다.
- 우리나라는 현재 로봇생산 세계 5위, 사용 대수 4위, 로봇 밀도 2위로 미국·일본 등 세계 로봇 선진국들과 어깨를 나란히 하고 있다.

7.4 한국로봇 산업의 현주소

7.4.1 선진외국의 로봇산업현장

일본은 로봇산업에서 세계 제일의 경쟁력을 갖추고 있으며, 제조현장의 요구에 신속하고 정확하게 대응하는 메이커의 기술개발력도 매우 뛰어나다. 2004년 출하 기준을 보면 99%가 제조업용인데 이중 자동차 및 전자기계분야가 60%이상을 점하고 있다. 일본은 로봇의 높은 보급률과 안정적인 가동율이 제품품질의 안정과 생산 코스트 절감을 가능하게 함으로써 압도적인 강세를 보이고 있는 것이다. 콘트롤러나 모터 등 핵심부품메이커들이 기술력이 뛰어나고 오랜 기간에 걸친 수요업체들과 협력체제로 노하우가 축적돼 신속하게 생산현장이 요구하는 로봇을 개발할 수 있다는 것이 일본 로봇산업의 강점이다.

세계 2위의 로봇산업 경쟁력을 갖고 있는 미국은 민수용보다 항공, 우주, 국방분야에서 압도적 우위를 유지하는 데 포커스를 맞추고 있다. 벤처투자자들은 민간 로봇산업에 필요한 투자와 위험부담을 기피하기 때문에 로봇업체들은 대부분의 로봇개발 프로젝트를 국방부에 의존한다. 위험지역을 정찰하는 소형

경찰로봇, 무인장갑차, 무인정찰기 등이 대표적 산물이다. 국방 관련 로봇수요는 향후 10년간 1000억 달러 이상 달할 계획이다.

미국방부 산하의 고등연구계획국(DARPA)은 군용차량의 1/3을 자율주행기능을 갖춘 로봇차량으로 대체하는 '미래 전투 시스템(Future Combat Systems)'을 진행하고 있다. DARPA는 캘리포니아의 모하비 사막을 횡단하는 로봇차량 대회 '그랜드 챌린지'와 실제 도심을 달리는 '어반 챌린지' 등을 진행하고 있다. 무인차량에 적용된 많은 아이디어와 기술은 이미 자동차 시장에서 도입돼 경제적 파급효과를 일으키고 있는데, 이는. 미국 로봇기술의 저력을 보여주는 사례다.

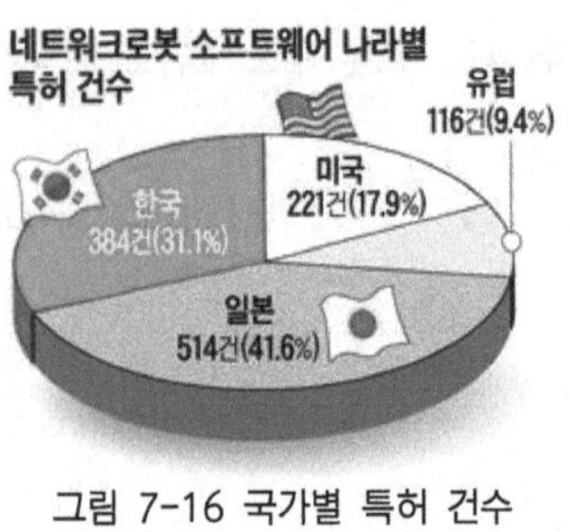

그림 7-16 국가별 특허 건수

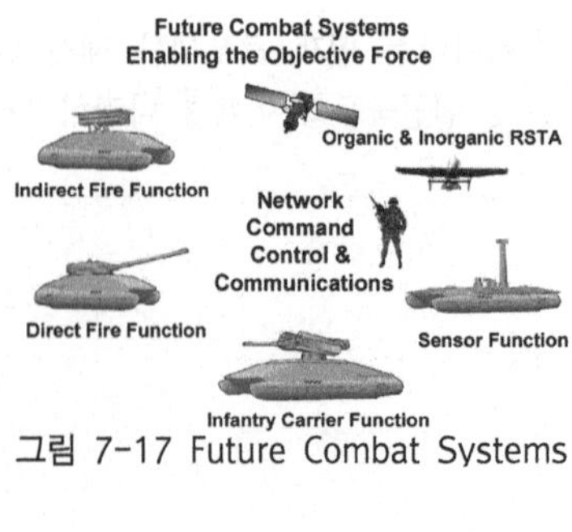

그림 7-17 Future Combat Systems

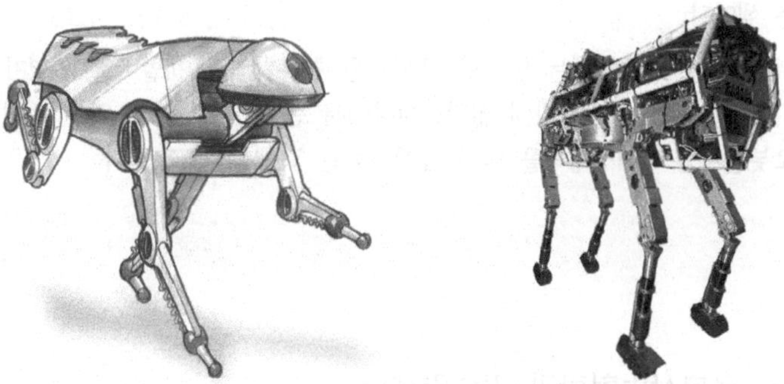

그림 7-18 미국 다이내믹스사의 4족 보행로봇인 'BigDog'

로봇의 세계 표준 싸움

· 일본은 아시모라는 지능형 로봇을 이용하여 자국의 과학 기술력에 대한 이미지를 높이려 하고 있다. 이렇게 형성된 이미지는 일본 제품의 기술력과도 직결될 것이고 곧 일본 제품의 매출액에도 영향을 미칠 것이다. 실제로 휴머노이드 기술이 앞선 일본에서는 인간형 로봇으로 당장 돈을 벌기보다는 이미지광고의 수단으로 널리 활용되는 추세다.

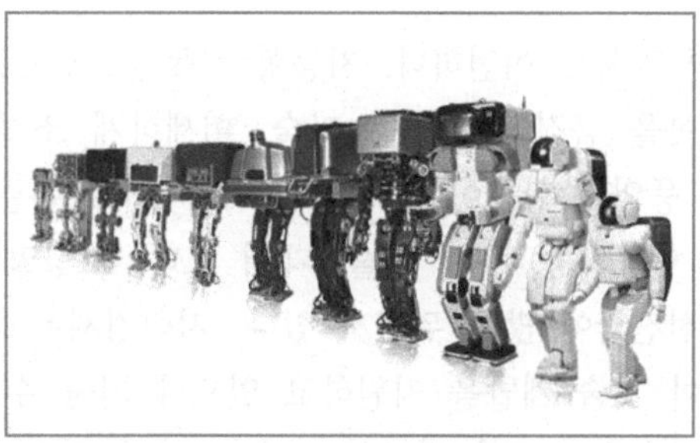

ASIMO의 변천사

· 혼다의 경우는 아시모의 첨단 이미지를 자동차 광고에 교묘히 응용해 수천억 원 이상의 기업홍보 효과를 거두고 있다. 일본 로봇이 사람처럼 일자리도 얻고 뉴욕증시 개장행사에 참석했다는 식의 '화제성' 뉴스를 흘리는 것만으로 일본 과학기술계는 입지를 강화하고 자국의 국가적 위상까지 덩달아 올리고 있는 것이다.

· 일본은 한발 앞서 나가고 있는 로봇기술을 토대로 세계 표준을 만들려는 노력이 한창이다. 자국의 로봇을 플랫폼으로 활용하도록 세계 각국과 제휴를 시도하고 있다. PC의 기본운용체계 (OS)가 미국 독점이라면 현재 로봇 분야에서는 단연 일본이 사실상 표준을 확보하고

있는 셈이다.

· 하지만 일본이 자랑하는 인간형 로봇들은 천문학적인 개발비를 들였기 때문에 시중에 판매하기에는 너무 비쌀 수밖에 없다. 시장에서 큰 호응을 얻고 있는 수십만 원대의 한국산 청소로봇들처럼 가격경쟁력을 빨리 갖춰야하는 과제를 안고 있다.

7.4.2 우리나라 로봇산업현황과 기술경쟁력

현재 한국은 일본·미국·독일·이탈리아에 이은 세계 5위의 로봇 생산 국가다. 앞으로 5년 내에 3위권에 들겠다는 목표지만 로봇산업의 성적표는 아직까진 초라하다. 전 세계 시장 점유율은 5.4%에 불과하다. 한국의 로봇 생산은 올해 2조원을 넘길 것으로 예상되는데, 그 중 미래 성장 동력으로 관심을 두고 있는 지능형 로봇은 20%도 채 안 될 것으로 추정된다. 현재 출시되는 지능형 로봇 제품이 소비자들의 높은 기대를 채워주지 못하고 있기 때문에 시장 확대에 한계가 있는 것이다. 가장 대중적인 인기가 있는 청소용 로봇은 청소 용량이 적은 데다 무작위로 움직이는 자동 기계 수준이고, 교육용 로봇은 움직이는 컴퓨터에 불과하다는 평가를 받기도 한다. 안내용 로봇도 고장이 잦아 설치했을 때만 반짝 언론에 보도되다가는 정작 현장에선 찾아보기 힘들다.

선진국과의 기술 격차도 여전하다. 지능형 로봇은 스스로 판단하는 인공지능, 주변을 인식하는 센서 기술, 로봇을 움직이는 구동 기술, 미세하게 조절하는 제어 기술, 소리를 듣고 말을 하는 음성화 기술 등의 종합체이다. 한국이 세계 최고 수준의 정보 통신 기술과 생산 기술 등을 갖추고 있으나 인공지능, 센서 기술, 제어 모터, 고정밀 감속기 등 고난이도의 정밀 기술이 필요한 분야에선 선진국에 많이 뒤처져 있다. 지식경제부에 따르면 정부에서 매년 600억~700억원의 예산을 쏟아 기술 개발을 지원하고 있으나 기술 수준은 선진국 대비 80% 수준에 머무르고 있다. 원천 기술은 3~5년 정도의 기술 격차가 있다. 핵심 부품의 국산화율도 20% 수준에 불과하다.

또 산업을 선도하는 대기업이 없는 데다 주요한 중소기업의 역량마저 취약하다. 국내 로봇기업 170여개 중 연 매출액 100억원 이상 기업은 16개에 불과하다. 전체 기업의 90%가 중소기업이다. 대기업들은 대부분 산업용 로봇의 개발에 치중하고 있다.

향후 국내 로봇산업의 문제점과 환경에 유연하게 대처하고, 산업의 경쟁력을 강화할 수 있는 방안들을 모색해야 할 것이다.

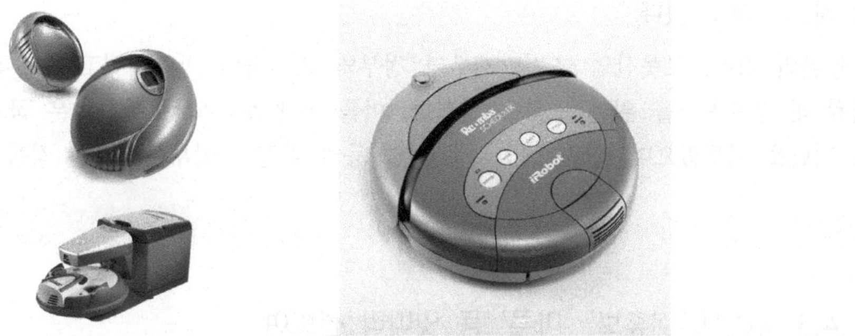

(a) 트릴로바이트 (b) 룸바

그림 7-19 청소로봇

첫째, 관련 산업의 기술수준을 제고해야 한다. 업체들의 기계 및 전자 기술 등을 향상시킬 수 있는 금융 및 세제지원을 포함한 정책적 지원이 장기적으로 지속되어야 한다. 이는, 로봇산업의 경우 제품의 상용화가 이루어지기 위해서는 많은 연구개발비가 투입되어야 하기 때문이다. 또한 관련 해외 선진기술을 습득하는 것이 로봇산업의 기술발전을 좌우할 수 있는 중요한 요인이므로 해외 선진업체와의 전략적 기술제휴가 필요하다.

둘째, 현재 이용되는 로봇의 가격인하와 신뢰도 향상을 위한 관련 부품산업의 육성이 필요하다. 대부분 수입에 의존하는 핵심부품에 대한 연구개발 투자는 물론 부품의 수요확대를 위해 관련 산업과 원활하게 이용이 가능하도록 표준화가 이루어져야 할 것이다.

셋째, 현재 우리나라 로봇산업은 하드웨어 측면에서는 일본, 소프트웨어 측면에서는 미국에 비해 매우 뒤처져 있는 편이다. 이를 극복하기 위한 방안으로 로봇산업에 있어서 하드웨어에 기반을 둔 소프트웨어의 개발을 들 수 있다. 예를 들면, 휴대폰 시장에서 보여준 바와 같이, 우리나라의 독자적인 하드웨어 기술에 벤처 성격이 강한 소프트웨어를 결합하는 방식을 로봇 시스템 분야에 도입하는 것이라 할 수 있다.

끝으로 로봇산업은 정책적인 지원과 업체의 관심에 의해서 크게 좌우될 수 있다. 일본의 로봇산업은 미국에 비해 6년 정도 출발은 늦었으나, 현재 미국을 제치고 세계시장에서 우월적인 지위를 차지하고 있다는 건 우리에게 많은 시사점을 준다.

미래의 성장 산업인 지능형 로봇 분야를 놓치지 않기 위해선 정부, 기업, 소비자 모두의 지속적인 노력이 필요하다. 국제로봇연맹에 따르면 작년 세계 로봇 시장 규모는 85억달러로 추정된다. 그러나 국제 로봇연맹 등은 2010년 이후 로봇 시장이 폭발적으로 성장해서 2020년쯤에는 자동차 산업의 규모를 능가하는 5000억달러 규모의 거대 시장으로 성장할 것으로 예측하고 있다. 한국의 지능형로봇사업기획단은 2020년쯤이면 국내에도 1가구 1로봇 시대가 도래

할 것으로 보고 있다.

일본의 경우, 로봇산업 초기단계부터 정부와 기업들의 장기적이고 효율적인 기술개발 투자 지원 및 수요창출을 위한 노력을 펼쳤다. 이를 통해 일본의 로봇산업은 국가적인 산업의 하나로 기반을 이루었으며, 관련 핵심부품 기술 등의 발전이 이루어졌다는 점을 배워야 할 것이다.

7.4.3 국내서도 '휴보' '마루' 등 잇따라 선보여

우리나라의 지능형 로봇은 2001년 한국과학기술원(KAIST) 양현승 교수가 내놓은 '아미'가 효시격이나 본격적인 지능형 로봇 개발의 테이프를 끊은 것은 같은 대학의 오준호 교수가 만든 '휴보'를 꼽는다.

휴보는 인간처럼 두 발을 이용해 시속 1.25 km 속도로 걸을 수 있고, 다섯 손가락이 자유롭게 움직이며 음악에 맞춰 춤까지 추는 수준이다.

휴보는 일본이 자랑하는 인간형 로봇 '아시모'에 비해 걷는 속도가 조금 느리고 계단을 오르지는 못하지만, 다섯손가락을 자유자재로 움직일 수 있고 부속장치들을 내부에 장착해 훨씬 날렵한 몸매를 가졌다는 점에서 일본과의 기술 격차를 크게 줄인 것으로 평가받고 있다.

휴보에 이어 한국과학기술연구원(KIST) 지능로봇연구센터는 세계 최초의 네트워크 기반 휴머노이드 로봇 'NBH-1'을 선보여 세계를 놀라게 했다. 인터넷 공모를 통해 '마루'와 '아라'라는 애칭을 얻은 이 로봇은 네트워크로 외부의 대용량 컴퓨터와 연결해 고도의 지능을 가질 수 있다.

일본이나 미국에 비해 시작은 늦었지만 우리나라도 지능형 로봇 개발에 속도를 내고 있다. 한국과학기술연구원(KIST)에서 인공지능 로봇인 '아미'를 개발한 것을 시작으로 2004년에는 '휴보'와 '마루' '아라' 등 지능형 로봇이 잇따라 선보였다.

특히 국내 최초로 두발로 직립할 수 있는 로봇인 '휴보'는 일부 기능에서 '아시모'보다 낫다는 평가를 받았다. 또 '마루'와 '아라'는 외부 중앙통제 시스템에서 무선으로 정보와 신호를 보내 움직이도록 설계돼 세계 최초의 네트워크 휴머노이드로 꼽히기도 했다.

얼마 전에는 노래하는 로봇인 '에버투'가 등장해 관심을 모았다. 이 로봇은 13개 자음과 모음을 표현할 수 있는 립싱크 기능과 율동기능에 8가지의 감정을 얼굴 표정을 통해 표현할 수 있다.

7.4.4 IT기술력으로 로봇 3대 강국 도전

글로벌 경제시대에서 앞선 기술력은 국가경쟁력의 가장 중요한 요소다. 새로운 기술, 새로운 제품 하나가 전 세계 인류 생활패턴을 변화시키면서 수백조원의 시장을 창출하기도 한다. 지난 10여 년간 우리 경제를 이끌어온 반도체와 휴대폰이 대표적인 예다. 그 뒤를 이을 만한 신기술, 새로운 성장동력 확보를 위해 기업들이 앞장서고 있다. 인류의 미래를 여는 새로운 기술분야에 도전하는 우리 기업들의 노력과 현황을 살펴보고 글로벌시장에서 성공 가능성을 짚어본다.

특히 지능형 로봇 산업은 전후방 산업 파급 효과가 크고, 첨단기술 혁신을 촉진하는 고부가 가치 산업이어서 지능형 로봇이 본격화되는 2020년에는 자동차 산업을 앞설 것이란 전망까지 나오고 있다. 그러다보니 일본과 미국, 유럽 등 주요 선진국들은 지능형 로봇 개발에 사활을 걸고 있다.

일본, 미국 등 지능형 로봇 개발 주력 지능형 로봇의 3대 핵심기술은 1) 인공시각, 인공청각, 인지추론, 휴먼인터페이스 기술 등 스스로 정보를 입력해 판단하도록 하는 지능기술 2) 로봇 팔, 다리, 적응제어 등 자연스러운 움직임을 가능하게 하는 제어기술 3) 센서, 구동기, 제어기 등 부품기술로 분류된다.

이같은 지능형 로봇 기술 분야에서 가장 앞선 나라는 일본이다.

일본은 앞선 하드웨어 기술을 기반으로 지능형 로봇 메커니즘과 디자인 면에서 우위를 점하고 있다.

그중 대표적인 기업이 소니다. 소니는 지난 99년 세계 최초로 애완용 강아지 로봇인 '아이보'를 선보여 지능형 로봇 시대를 열었다. '아이보'는 감정과 본능 표현은 물론 130가지 움직임을 연출할 수 있으며, 성장경험과 주변환경을 통한 학습이 가능한 로봇으로 최초의 상업화된 지능형 로봇으로 꼽힌다.

그림 7-20 아이보

그림 7-21 큐리오

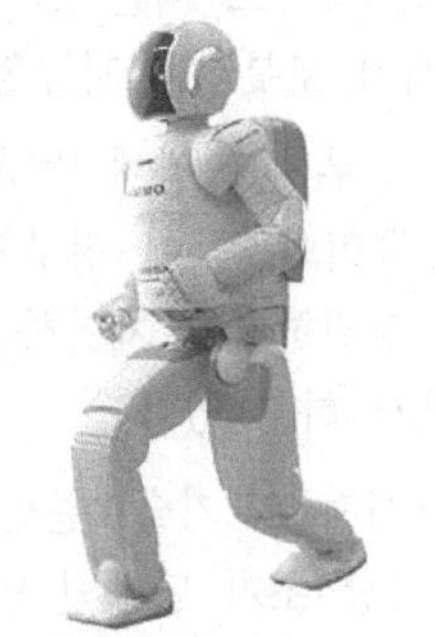

그림 7-22 아시모

소니는 또 2003년 '큐리오'를 개발했다. '달리는 로봇'이라 불리기도 한 큐리오는 1분에 14 m를 뛸 수 있고, 점프도 할 수 있으며 옆으로 이동하거나 회전, 공던지기 등 다양한 운동동작을 구현할 수 있다.

일본 자동차 회사인 혼다는 2000년 두발로 걷는 로봇 '아시모'를 개발했다. 아시모는 120 cm 키에 몸무게 43 kg으로 계단이나 경사면도 자유롭게 이동할 수 있고 간단한 인사말과 대화도 가능해 인간과 가장 비슷한 로봇이라는 평가를 받았다.

이처럼 앞서 있는 기술력을 토대로 일본은 정부차원에서 지능형 로봇 시장 주도권을 이어가기 위한 노력을 기울이고 있다. 지난 2001년 '21세기 로봇챌린지 프로그램' 계획을 발표한 일본 경제산업성은 2004년 '네트워크로봇 기술개발사업'을 출범시켰고, 2005년에는 '메이드인 재팬 7대 성장산업'으로 로봇을 선정하는 등 지능형 로봇 산업을 집중 육성하고 있다.

일본에 이어 세계 2위 로봇 생산국인 미국도 핵심기술 경쟁력을 바탕으로 첨단 로봇시스템과 인공지능 연구를 선도해가고 있다.

특히 대기업들을 중심으로 우주 군사용은 물론 개인용 가사용 로봇 등으로 지능형 로봇 개발 분야를 확대해가고 있다. IS로보틱스사가 세계 최초로 인터넷으로 원격 조작할 수 있는 '아이로봇'을 개발해 경비와 노인 간호에 사용하고 있는 것이나 사르코스사가 애완용 오락 로봇인 '일렉트릭 로봇'을 만들어 영화 소품 등으로 각광받고 있는 것은 대표적인 예다.

미국은 지능형 로봇을 미국이 반드시 갖춰야할 6대 첨단기술의 하나로 분류하고 미국 안보에 중대한 영향을 미칠 기술로 지정하기도 했다.

국내 로봇기술이 빠르게 성장하고 있지만 아직 선진국 수준에는 못 미친다. 산업자원부가 자체 평가한 우리나라의 로봇산업 기술 수준은 선진국 대비 80% 수준이다.

우리나라의 로봇 원천기술은 3~5년의 기술격차가 있는 것으로 평가되고 있다. 하지만 세계 최고 수준의 IT 및 생산기술을 보유하고 있으며, 새로운 기술과 문화에 대해 개방적인 시장 기반을 갖추고 있어 성장 잠재력은 큰 편이다.

산업자원부는 또 최근 27개 중장기 기술개발과제를 선정하면서 '지하주차장을 지키는 로봇'과 '헬스케어 로봇' 등 지능형 로봇을 성장동력 기술로 포함시켰다.

이같은 정부 움직임에 발맞춰 로봇전문기업들도 지능형 로봇 기술 개발에 박차를 가하고 있다. 특히 국회의원들이 정부와 산업계, 학계 등이 유기적으로 연계해 지능형 로봇산업을 국가 전략으로 추진하자고 제안하는 등 정치권까지 관심을 쏟고 있어 우리나라 지능형 로봇산업의 앞날을 밝게 하고 있다.

업계 관계자는 "기술수준만 놓고 보면 아직 일본과 미국에 뒤져 있는 게 사실"이라며 "하지만 아직 시장 초기 단계인 만큼 정부와 연구기관, 기업들이 어떻게 준비하느냐에 따라 상용화 시점에서 세계적인 경쟁력을 갖출 수 있을 것"이라고 말했다.

7.5 로봇은 한국을 먹여 살릴 주력산업

반도체의 뒤를 이어 한국이 앞으로 먹고살 산업은 무엇일까?

빌 게이츠 마이크로 소프트 회장은 "PC의 뒤를 이을 분야는 로봇산업"이라고 단언했다. 지금 PC가 없는 집이 드물듯이 얼마 뒤에는 집집마다 로봇을 보유하게 된다는 것이다. 그러고 보면 20여년 전 PC가 나올 당시 상황과 지금의 로봇시장은 비슷한 점이 많다.

로봇의 세계시장 규모는 연평균 57%씩 증가했고 국제로봇연맹의 전망에 의하면 **2020년엔 7000억 달러에 이를 것으로 예상된다.** 전문가들은 국내의 로봇 기술을 미국·일본 등 선진국 대비 약 80% 수준으로 평가한다. 인간형 로봇인 '휴보'를 내놓아 세계의 주목을 받기도 했지만 전반적 기술 수준이나 투자에선 아직 미흡한 점이 많다.

마이크로소프트(MS)의 빌게이츠 회장이 로봇이 PC 산업의 뒤를 이을 것이라고 밝힌바와 같이 MS는 로보틱스 스튜디오(MSRS)라는 로봇용 S/W 플랫폼을 내놓은 이후 MSRS를 보급 · 확산하기 위해 공격적 마케팅을 지속하고 있다. MS뿐 아니라 혼다와 도요타 등도 앞 다퉈 로봇 제품을 선보이고 있다.

얼핏 보기에 로봇과 무관해 보이는 다국적 기업이 이 분야에 주목하는 까닭은 무엇일까?

경제성장을 견인해 온 반도체 · 자동차 등이 시장은 이미 포화 상태에 다다랐다. 여기에 중국 · 인도 등 개발도상국의 후발기업들이 풍부한 노동력과 자원의 이점을 안고 선진국을 맹렬히 추격하고 있다. 이런 현실에서 지속적인 기술우위를 유지할 수 있는 분야로 전자 · 기계 · 재료 · S/W 등이 총망라된 첨단융합산업인 로봇산업이 부각되고 것이다.

또 다른 이유로 로봇산업의 미래성장 가능성을 꼽을 수 있다. 현재 로봇산업의 세계시장 규모는 삼성전자의 D램 반도체 매출보다 작다. 하지만 향후 로봇시장은 본격적 시장성장 단계에 진입한 후, 2018년엔 1천억달러 시장을 형성할 전망이다. 여기에 로봇기술과 타 산업 간 융합으로 발생하는 로봇융합산업을 추가하면 로봇 자체 시장 대비 2~3배 시장을 형성할 것으로 기대되고 있다.

이러한 성장 가능성에 주목하여 세계 각국은 로봇시장과 기술을 선점하기 위해 경쟁적으로 투자에 나서고 있다. 일본 경제산업성은 21세기 경제를 견인할 7대 신산업으로 로봇을 선정하고, '21세기 로봇챌린지' 계획을 수립하여 로봇시장을 현재의 자동차시장 규모로 육성할 계획을 세우고 있으며, 혼다의 '아시모', 도요타의 '파트너 로봇' 등 대기업들도 경쟁적으로 서비스 로봇을 내놓고 있다.

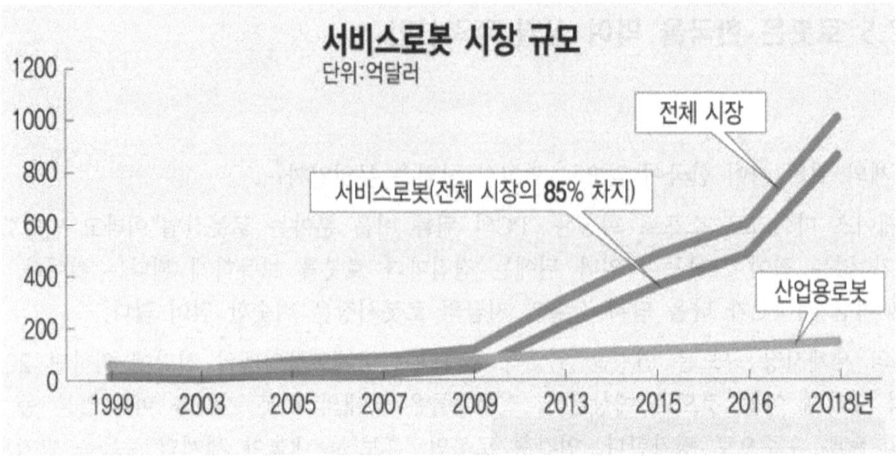

그림 7-23 서비스 로봇 시장규모

세계 2위의 로봇생산국인 미국은 지능형 로봇기술을 6대 첨단기술의 하나로 분류하고, 인공지능 등 핵심기술의 경쟁력을 갖추어 가고 있다. 특히 미방위고등연구계획국(DARPA)을 중심으로 국방로봇 분야에 핵심기술을 보유하고 있으며, 견마(犬馬)형 국방로봇인 '빅독(Big Dog)', 의료로봇인 '다빈치(da Vinci)' 등 전문 서비스로봇 분야에서 두각을 나타내고 있다.

정부도 고령화 사회의 도래와 삶의 질 향상에 따라 환경 · 실버 · 의료 · 경비 · 교육 등 다양한 분야에서 지능형 로봇 수요가 크게 증가할 것으로 전망하고 있으며, 산업용 로봇과는 달리 시장형성 단계에 있어 세계시장을 선점할 수 있는 가능성이 높다는 판단 아래 지능형 로봇 개발에 주력하고 있다. 그 결과 지난해 국내 로봇시장 규모는 세계5위 규모로 성장했다.

그러나 이 같은 성장에도 불구하고 아직 국내 로봇시장 규모는 미미한 것이 사실이다. KAIST에서 개발한 '휴보' 등은 우리의 기술수준과 발전 가능성을 확인하고 대중의 관심을 불러일으키긴 했으나, 로봇하면 '아톰'이나 '로보트 태권브이'를 우선 떠올리는 수요자의 기대에 미치지 못하고 있으며, 수요자의 니즈(needs)에 부합하는 서비스를 제시하지 못함에 따라 수요로 이어지지 못한 경우가 적지 않았다.

이와 같은 서비스로봇 시장의 확대 부진은 우리보다 한참 앞서나간 일본도 같은 상황이다. 최근 개최된 일본 로봇산업진흥회의 기조강연에서는, 일본 서비스로봇 시장이 현재 100억엔 미만으로 서비스로봇 개발에서 '만들고 즐거워하는' 것은 달성되어 있으나 현장에서 즐겁게 사용할 만한 로봇을 제공하지 못함에 따라 '팔고 괴로워하고, 사고 괴로워하는' 상황이 이어지고 있다고 지적된 바 있다.

정부는 이러한 한계를 극복하기 위해 시장형성 시기별 3대 제품군에 따른 차별화된 맞춤형 진흥정책을 제시했다. ①시장확대형 전략으로 제조·교육용 로봇 등 현재 시장이 형성되어 있는 제품군은 상용화 기술 및 사업화를 중심으로 지원하고 ②신시장 창출형 전략으로 의료·사회안전로봇 등 5년 후 주력제품으로 성장 가능한 제품군은 신시장 창출을 위한 기반 마련에 집중하며 ③생활서비스로봇 등 10년 후 시장을 목표로 하는 제품군은 로봇원천기술에 투자함으로써 산업의 기초체력을 강화해 나갈 계획이다.

정부는 세계 3대 로봇강국 도약을 목표로 세계 시장 20% 점유, 신규 인력 8만명 창출 등 로봇산업을 차세대 주력산업으로 육성하겠다고 발표했다. 이를 위해 지식경제부는 6대 신산업 분야에 로봇을 선정하고 로봇산업은 민·관의 투자와 함께 빠르게 덩치를 키울 전망이다.

로봇산업을 자동차, 반도체를 이을 차세대 일등산업으로 키운다는 방침인 것이다.

기술 강국 코리아(뉴욕타임스)

- 일본은 앞으로도 로봇 분야 1위 자리를 놓치지 않을 것인가? 꼭 그렇지만은 않다. 우리나라가 일본보다 앞서서 시도하고 있는 사례들과 이미 앞서 있는 분야들 또한 많이 있기 때문이다. 한국이 세계 로봇시장을 주도할 날이 멀지 않았다는 전망도 조심스럽게 나오고 있는 터이다.
- 지난해 뉴욕타임스(NYT)는, 한국은 공상과학소설이 현실이 되는 곳으로 가고 있고, 세계에서 무선통신이 가장 발달된 한국이 로봇 혁명을 준비 중이라고 보도하였다. "가정의 72%가 초고속 인터넷을 즐기고 4,800만 명 중 1,700만 명이 싸이월드에 가입한 나라, 휴대폰을 통해 텔레비전을 보고 있으며, 세계 최초의 휴대용 초고속 인터넷인 와이브로 (WiBro) 서비스가 실시되고 있는 기술 강국"이라고 소개했다.
- 이 신문은 이어 아이들에게 영어와 노래를 가르치는 가정용 로봇, 우체국에서 고객을 안내하는 로봇, 방범 로봇 등의 지능형 네트워크 로봇이 내년부터 상용화에 들어갈 예정이라고 전했다. 또한, 정보통신부 예측자료를 들어 2015년~2020년 사이에 한국의 모든 가정에 이 같은 지능형 로봇이 보급될 것이라고 소개했다.
- KAIST 연구팀이 개발한 휴보(HUBO)는 2002년부터 본격적인 연구를 시작하여 불과 3년 만에 세상에 선을 보였다. 이는 일본의 아시모가 15년에 걸쳐 개발한 것에 비하면 정말 놀라운 일이다. 제작비도 아시모가 3,000억 원 가량 들어간 반면 휴보는 10억 원 정도로 알려져 있다.

우리나라는 로봇시장이 급팽창할 수 있는 세계 최고 수준의 IT 인프라를 보유하고 있다. 자동차 · 통신 · 가전 · 조선 등 다양한 로봇 잠재시장이 있으며, 정형화된 주거환경(아파트), 첨단기기에 대한 빠른 국민의 수용성 등 로봇산업 초기시장 선점 측면에서 특유의 장점을 지니고 있다. 이 같은 강점과 정책적 노력을 결합한다면 세계 3대 로봇강국으로의 도약이 불가능한 이야기만은 아닐 것이라 확신한다.

글로벌 시장 조사·컨설팅기업은 최근 글로벌 로봇 시장의 성장 가능성을 분석한 보고서에서 전체 로봇 시장이 2020년이면 70조원 규모로 성장한다는 내용이 담겨 있다. 글로벌 가전 시장에 버금가는 수준이다. 한국이 로봇산업에 주목해야 하는 이유다

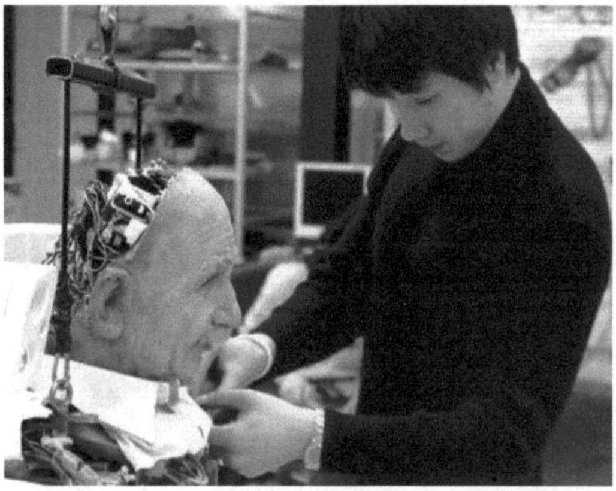

그림 7-24 KAIST의 인간형 로봇 알버트 휴보

정부는 세계 3대 로봇강국 도약을 목표로 세계 시장 20% 점유, 신규 인력 8만명 창출 등 로봇산업을 차세대 주력산업으로 육성하겠다고 발표했다. 이를 위해 지식경제부는 6대 신산업 분야에 로봇을 선정하고 지속적인 투자할 예정이어서 로봇산업은 민•관의 투자와 함께 빠르게 덩치를 키울 전망이다. 로봇산업을 자동차, 반도체를 이을 차세대 일등산업으로 키운다는 방침인 것이다.

찾아보기

로봇공학개론

2017년 2월 5일 초판 인쇄

2019년 2월 26일 2 쇄 발행

저 자 정용욱, 정구섭

발 행 인 송기수

발 행 처 도서출판 GS인터비전

편 집 처 도서출판 GS인터비전

인 쇄 처 트윈벨미디어

등록번호 제 25100-2016-000050 호

I S B N 979-11-5576-136-6(93550)

주 소 서울 은평구 증산로 15길 69 2층

전 화 02-976-7898, 02-3272-7898.

팩 스 02-6468-7898

홈페이지 gsintervision.co.kr

E-Mail gsinter7@gmail.com

정 가 28,000원